中国互联网发展报告 2018

中国互联网协会
中国互联网络信息中心 编

电子工业出版社
Publishing House of Electronics Industry
北京·BEIJING

内 容 简 介

《中国互联网发展报告 2018》客观、忠实地记录了 2017 年以来中国互联网行业的发展状况，对中国互联网发展环境、资源、重点业务和应用、主要细分行业和重点领域的发展状况进行总结、分析和研究，既有宏观分析和综述，也有专项研究。报告内容丰富、重点突出、数据翔实，图文并茂，对互联网相关从业者具有重要的参考价值。

未经许可，不得以任何方式复制或抄袭本书之部分或全部内容。
版权所有，侵权必究。

图书在版编目（CIP）数据

中国互联网发展报告.2018 / 中国互联网协会，中国互联网络信息中心编. —北京：电子工业出版社，2018.9
ISBN 978-7-121-34962-1

Ⅰ.①中… Ⅱ.①中… ②中… Ⅲ.①互联网络—研究报告—中国—2018 Ⅳ.①TP393.4

中国版本图书馆 CIP 数据核字（2018）第 198810 号

策划编辑：徐蔷薇
责任编辑：徐蔷薇　　　　特约编辑：劳嫦娟
印　　刷：涿州市京南印刷厂
装　　订：涿州市京南印刷厂
出版发行：电子工业出版社
　　　　　北京市海淀区万寿路 173 信箱　邮编　100036
开　　本：787×1092　1/16　印张：29.25　字数：756 千字
版　　次：2018 年 9 月第 1 版
印　　次：2018 年 9 月第 1 次印刷
定　　价：1280.00 元

凡所购买电子工业出版社图书有缺损问题，请向购买书店调换。若书店售缺，请与本社发行部联系，联系及邮购电话：（010）88254888，88258888。
质量投诉请发邮件至 zlts@phei.com.cn，盗版侵权举报请发邮件至 dbqq@phei.com.cn。
本书咨询联系方式：xuqw@phei.com.cn。

《中国互联网发展报告 2018》
编辑委员会名单

顾　问
　　胡启恒　　中国工程院院士

主任委员
　　邬贺铨　　中国工程院院士、中国互联网协会理事长

编辑委员会委员（按姓氏笔画排序）

　　丁　磊　　网易公司首席执行官、中国互联网协会副理事长

　　于慈珂　　国家版权局版权管理司司长、中国互联网协会常务理事

　　马化腾　　腾讯公司首席执行官兼董事会主席、中国互联网协会副理事长

　　毛　伟　　北龙中网董事长、中国互联网协会副理事长

　　卢　卫　　中国互联网协会秘书长

　　石现升　　中国互联网协会副秘书长

　　田舒斌　　新华网总裁、中国互联网协会副理事长

　　刘九如　　电子工业出版社副社长兼总编辑

　　刘正荣　　新华社秘书长

　　刘　多　　中国信息通信研究院院长、中国互联网协会副理事长

　　李国杰　　中国工程院院士

　　李彦宏　　百度公司董事长兼首席执行官、中国互联网协会副理事长

　　吴建平　　中国工程院院士、中国教育和科研计算机网网络中心主任、中国互联网协会副理事长

　　沙跃家　　中国互联网协会副理事长

　　张　晓　　中国互联网络信息中心副主任

张朝阳	搜狐公司董事局主席兼首席执行官、中国互联网协会副理事长
陈忠岳	中国电信集团公司副总经理、中国互联网协会副理事长
赵志国	工业和信息化部网络安全管理局局长
侯自强	中国科学院原秘书长
钱华林	中国互联网络信息中心首席科学家
高卢麟	中国互联网协会副理事长
高新民	中国互联网协会副理事长
黄澄清	中国互联网协会副理事长
曾　宇	中国互联网络信息中心主任
曹国伟	新浪公司董事长
曹淑敏	北京航空航天大学党委书记、中国互联网协会副理事长
韩　夏	工业和信息化部信息通信管理局局长、中国互联网协会副理事长
雷震洲	中国信息通信研究院教授级高工
廖方宇	中国科学院计算机网络信息中心主任、中国互联网协会副理事长

总 编 辑

卢 卫

副总编辑

石现升

执行编辑

王 朔　刘 鑫

编 辑

李 娟　张 威　张佩佩　张 震　罗莉玮　陆 畅　李思明　田 宇

撰稿人（按章节排序）

侯自强	王 朔	张 威	张佩佩	李 原	汤子健	苏 嘉	杨 波
付永振	吴双力	范灵俊	欧中洪	于培华	袁 野	于佳宁	狄前防
罗 兰	陈 赛	周晓龙	冯富元	陈志伟	董宏伟	裴 宏	冯 飞
姜 旭	胡姝阳	陈 婕	窦新颖	侯 伟	严寒冰	丁 丽	李 佳
李 挺	郭 晶	王小群	徐 原	姚 力	朱芸茜	朱 天	高 胜
张 腾	何能强	徐 剑	饶 毓	肖崇蕙	贾子骁	张 帅	韩志辉
杨 楠	李 珂	连 迎	陈逸舟	张宏宾	赵文聘	王会娥	赵亚利
苗 权	刘叶馨	李 玲	韩兴霞	于 莹	张文娟	殷 红	王一飞
焦 松	孙楚原	李 晗	吴雨俭	曹开研	杨彦超	郑夏育	付 彪
冯步方	唐 亮	李连源	李 娟	李志强	申涛林	程超功	

前　言

《中国互联网发展报告2018》（以下简称《报告》）是记录中国互联网行业发展轨迹，分析互联网行业前沿热点的编年体综合性大型研究报告。《报告》由中国互联网协会理事长、中国工程院院士邬贺铨担任编委会主任委员，中国工程院院士胡启恒担任编委会顾问，中国互联网协会秘书长卢卫担任总编辑。

《中国互联网发展报告》自2003年以来，每年出版一卷，已经持续14年，为互联网管理部门、从业企业、研究机构及专家学者提供翔实的数据、专业的参考和借鉴，是一本对互联网从业者具有重要参考价值的工具书。

结构上，《报告》分为综述篇、资源与环境篇、应用与服务篇、附录四篇，共32章，力求保持《报告》整体结构的延续性。

本卷《报告》在往年的基础上，进一步细化了研究颗粒度，加强了对各领域主要企业及典型案例的深度剖析。通过对2017年互联网发展情况进行宏观综述，对基础设施建设、云计算、大数据等横向性发展环境进行细致论述，对电子商务、网络游戏及音视频服务等垂直领域应用进行针对性分析，从而形成了"纵观全局—横向支撑—纵向应用—创新点"的网格化研究体系，通过翔实的数据、针对性分析，为所有互联网从业者提供支撑与帮助。

回顾2017年，我国互联网基础设施建设投入规模持续增长，网民规模稳步提升，互联网基础资源发展情况良好，各垂直领域应用与服务不断深耕细作，新技术、新应用、新升级层出不穷；市场规模频频突破新高，共享经济、新媒体的影响力令人刮目相看；网络文化建设稳步推进；专业网络信息服务持续发展；移动互联网突飞猛进；工业互联网助推传统制造业提质增效；人工智能、泛终端等新兴领域逐渐从战略部署走向实施。纵观全局，互联网的影响力与日俱增。

《报告》的编撰工作得到了政府、科研机构、互联网企业等社会各界的关心、支持和参与，来自工业和信息化部、中国科学院、国家互联网应急中心、中国信息通信研究院、工业和信息化部信息中心、北京邮电大学、艾瑞咨询集团、北京易观智库网络科技有限公司等诸多部门和单位的专家和研究人员等86人参与了《报告》的编撰工作，编委会委员对《报告》内容进行了认真和严格的审核，保障了《报告》的质量和水平。

历年《报告》的积累，积极促进着行业研究与咨询服务。中国互联网行业协会不断加大力度，聚焦互联网前沿技术、产品、应用及行业创新成果，为政府的决策服务、为行业的发展服务、为产业的繁荣服务。

《中国互联网发展报告》以其权威性和全面性得到政府、业界的持续关注及高度评价，为互联网管理部门、从业企业及业界专家提供了翔实的数据、专业的参考和借鉴，成为带动互联网行业研究、产业发展和政府决策的重要支撑。

目 录

第一篇 综述篇

第1章 2017年中国互联网发展综述 ··· 3
  1.1 中国互联网发展概况 ··· 3
    1.1.1 网民 ·· 3
    1.1.2 基础资源 ·· 4
    1.1.3 互联网经济市场规模 ··· 5
  1.2 中国互联网应用服务发展概况 ··· 7
    1.2.1 移动互联网 ··· 7
    1.2.2 工业互联网 ··· 8
    1.2.3 电子商务 ·· 9
    1.2.4 互联网金融 ··· 9
    1.2.5 网络广告 ··· 10
    1.2.6 网络视频 ··· 12
    1.2.7 网络游戏 ··· 14
    1.2.8 社交网络平台 ·· 15
    1.2.9 搜索引擎 ··· 16
    1.2.10 云计算 ·· 17
    1.2.11 大数据 ·· 18
    1.2.12 人工智能 ··· 18
    1.2.13 物联网 ·· 19
  1.3 中国互联网新技术发展情况 ··· 19
    1.3.1 云计算和人工智能的融合 ··· 19
    1.3.2 智能物联网平台 ··· 19
    1.3.3 物联网操作系统和芯片 ·· 20
    1.3.4 低功耗广域网 LPWAN ·· 20
    1.3.5 区块链 ·· 20
  1.4 中国互联网资本市场发展情况 ·· 21
  1.5 中国互联网信息安全与治理 ··· 21
  1.6 互联网+产业互联网 ··· 22
  1.7 中国互联网经济社会影响 ·· 23

第 2 章　2017 年国际互联网发展综述 ... 25

- 2.1 国际互联网发展概况 ... 25
  - 2.1.1 网民 ... 25
  - 2.1.2 基础资源 ... 25
- 2.2 国际互联网应用 ... 29
  - 2.2.1 电子商务 ... 29
  - 2.2.2 移动支付 ... 29
  - 2.2.3 社交媒体 ... 30
  - 2.2.4 搜索引擎 ... 30
  - 2.2.5 网络直播 ... 30
  - 2.2.6 虚拟现实 ... 30
- 2.3 国际互联网投融资与并购 ... 31
  - 2.3.1 国际互联网产业投融资 ... 31
  - 2.3.2 国际互联网产业并购 ... 31
- 2.4 国际互联网安全 ... 32
  - 2.4.1 各国主要网络安全政策 ... 33
  - 2.4.2 网络安全大事件 ... 33
- 2.5 国际互联网治理活动 ... 35
  - 2.5.1 世界互联网大会 ... 35
  - 2.5.2 联合国信息社会世界峰会（WSIS） ... 35
  - 2.5.3 巴西会议（NETmundial） ... 36
  - 2.5.4 联合国互联网治理论坛 ... 36

第二篇　资源与环境篇

第 3 章　2017 年中国互联网基础资源发展情况 ... 39

- 3.1 网民 ... 39
  - 3.1.1 网民规模 ... 39
  - 3.1.2 网民结构 ... 42
- 3.2 IP 地址 ... 44
  - 3.2.1 IPv4 ... 44
  - 3.2.2 IPv6 ... 45
- 3.3 域名 ... 46
  - 3.3.1 .CN 域名 ... 47
  - 3.3.2 中文域名 ... 47
- 3.4 网站 ... 48

	3.5	网页	48
	3.6	网络国际出口带宽	48

第4章 2017年中国互联网络基础设施建设情况 ... 50

	4.1	基础设施建设概况	50
	4.2	互联网骨干网络建设	51
	4.2.1	网间互联架构持续优化调整，网间互通性能持续提升	51
	4.2.2	骨干网络扁平化程度不断提升，智能化网络建设大力推进	52
	4.2.3	骨干网设备全面向400G迈进，应对高带宽业务承载需求	53
	4.2.4	中国国际互联网建设进一步推进	53
	4.3	下一代互联网建设与应用	53
	4.3.1	基础网络IPv6支持能力持续增强	53
	4.3.2	网络应用支持IPv6能力有待进一步提升	54
	4.3.3	政府强力推动IPv6建设和商用推广	54
	4.4	移动互联网建设	55
	4.5	互联网带宽	55
	4.6	互联网交换中心	57
	4.7	内容分发网络	58
	4.8	网络数据中心	58

第5章 2017年中国云计算发展状况 ... 60

	5.1	发展概况	60
	5.2	发展特点	62
	5.3	各类云服务发展情况	64
	5.3.1	公有云	64
	5.3.2	私有云	64
	5.3.3	混合云	66
	5.4	行业应用	66
	5.4.1	金融行业	66
	5.4.2	电信行业	66
	5.4.3	政务云	67
	5.4.4	医疗云	67
	5.5	用户需求分析	68
	5.6	发展趋势	68

第6章 2017年中国物联网发展状况 ... 70

	6.1	发展概况	70
	6.1.1	总体情况	70
	6.1.2	国际概况	70

		6.1.3 国内概况	71
	6.2	关键技术	72
		6.2.1 LPWAN 技术	72
		6.2.2 新兴交叉技术	73
	6.3	产业应用场景	74
		6.3.1 智慧农业	74
		6.3.2 工业物联网	74
		6.3.3 智慧城市	75
		6.3.4 智能家居	75
		6.3.5 智慧物流	76
		6.3.6 产品溯源	77
		6.3.7 物联网金融	77
		6.3.8 共享单车	78
		6.3.9 无人商店	78
		6.3.10 无人自助终端	79
	6.4	发展趋势	79

第 7 章 2017 年中国大数据发展状况 · · · · · · · 81

	7.1	发展概况	81
	7.2	市场规模	83
	7.3	关键技术	84
		7.3.1 数据的采集清洗技术	84
		7.3.2 数据的存储管理技术	84
		7.3.3 数据的挖掘分析技术	84
		7.3.4 深度学习	85
		7.3.5 区块链	85
	7.4	行业应用	85
		7.4.1 金融大数据	85
		7.4.2 农业大数据	86
		7.4.3 能源大数据	86
		7.4.4 制造业大数据	87
	7.5	需求分析	88
	7.6	发展趋势	89

第 8 章 2017 年中国人工智能发展状况 · · · · · · · 92

	8.1	发展概况	92
		8.1.1 政策环境	92
		8.1.2 重点领域	93
	8.2	市场情况	94

	8.2.1	产业规模	94
	8.2.2	投资情况	95
	8.2.3	专利情况	95
	8.2.4	企业数量	95
8.3	关键技术		96
	8.3.1	自然语言处理技术	96
	8.3.2	计算机视觉	96
	8.3.3	机器学习	97
	8.3.4	深度学习	97
	8.3.5	知识图谱	97
8.4	应用场景		97
	8.4.1	智能驾驶	97
	8.4.2	智能机器人	98
	8.4.3	视觉识别	99
	8.4.4	语音识别	99
8.5	发展趋势		100

第9章 2017年中国智慧城市发展状况 … 103

9.1	发展概况		103
9.2	发展特点		106
9.3	应用场景		108
	9.3.1	智慧医疗	108
	9.3.2	智慧社区	109
	9.3.3	智慧政务	109
	9.3.4	智慧物流	109
9.4	典型案例		110
9.5	发展趋势		111

第10章 2017年中国互联网泛终端发展状况 … 113

10.1	发展概况		113
10.2	智能终端设备		114
	10.2.1	智能手机	114
	10.2.2	可穿戴设备	114
	10.2.3	新一代物联网终端	115
10.3	互联网泛终端		116
	10.3.1	虚拟现实与增强现实	116
	10.3.2	智能家居	117
	10.3.3	车联网及自动驾驶汽车	118
	10.3.4	智能机器人	120

10.3.5 无人机 ... 121
10.3.6 康复辅助器具设备 ... 121

第11章 2017年中国共享经济发展状况 ... 123

11.1 发展概况 ... 123
    11.1.1 政策环境 ... 123
    11.1.2 技术环境 ... 124
    11.1.3 社会环境 ... 124
11.2 市场情况 ... 124
    11.2.1 市场规模 ... 124
    11.2.2 市场格局 ... 125
    11.2.3 平台生态 ... 126
11.3 细分领域 ... 126
    11.3.1 共享单车 ... 127
    11.3.2 共享生产 ... 127
    11.3.3 共享医疗 ... 128
    11.3.4 共享住房 ... 128
11.4 吸纳就业 ... 128
11.5 发展趋势 ... 129
    11.5.1 规范化发展 ... 129
    11.5.2 技术发展 ... 130
    11.5.3 信用体系建设 ... 130

第12章 2017年中国网络资本发展状况 ... 131

12.1 中国创业投资及私募股权投资市场概况 ... 131
12.2 互联网融资概况 ... 135
12.3 中国互联网公司上市情况 ... 138
12.4 互联网企业并购 ... 140

第13章 2017年中国互联网政策法规建设状况 ... 142

13.1 产业互联网 ... 142
13.2 互联网金融 ... 143
13.3 电子商务 ... 144
13.4 电子政务 ... 144
13.5 互联网+医疗健康 ... 145
13.6 互联网+便捷交通 ... 146
13.7 互联网+广告 ... 147
13.8 数字内容产业 ... 147
13.9 互联网知识产权 ... 148

13.10	互联网市场监督	149
13.11	网络安全	150
13.12	综合性公共政策	151

第14章 2017年中国互联网知识产权保护状况 ... 152

14.1	发展概况	152
14.2	知识产权审批登记情况	152
14.3	立法修法、行政执法和司法保护	153
	14.3.1 修法情况	153
	14.3.2 行政执法情况	154
	14.3.3 司法保护情况	154
14.4	互联网专利保护	155
14.5	互联网商标保护	156
14.6	互联网版权保护	158

第15章 2017年中国网络信息安全状况 ... 161

15.1	网络安全形势	161
15.2	计算机恶意程序传播和活动情况	162
	15.2.1 木马和僵尸网络	162
	15.2.2 蠕虫监测情况	165
	15.2.3 恶意程序传播活动监测	167
15.3	移动互联网恶意程序传播和活动情况	168
	15.3.1 移动互联网恶意程序监测情况	168
	15.3.2 移动互联网恶意程序传播活动监测	170
15.4	网站安全监测情况	171
	15.4.1 网页篡改情况	171
	15.4.2 网站后门情况	173
	15.4.3 网页仿冒情况	174
15.5	安全漏洞通报与处置情况	175
	15.5.1 CNVD漏洞库收录总体情况	175
	15.5.2 CNVD行业漏洞库收录情况	177
	15.5.3 漏洞报送和通报处置情况	177
	15.5.4 高危漏洞典型案例	178
15.6	网络安全组织发展情况	182
15.7	网络安全热点问题	183

第16章 2017年中国互联网治理状况 ... 185

16.1	发展概况	185
16.2	专项行动	186

16.3　行业自律 ··· 187
16.4　企业自律 ··· 188
16.5　互联网治理机制建设 ·· 189
　　16.5.1　网站备案管理 ·· 189
　　16.5.2　网络不良与垃圾信息举报受理 ·· 190
16.6　个人信息保护 ··· 190
16.7　互联网行业信用体系建设 ·· 191
16.8　互联网公益 ··· 192

第三篇　应用与服务篇

第17章　2017年中国移动互联网应用与服务状况 ·· 197
17.1　发展概况 ··· 197
17.2　市场规模 ··· 202
17.3　移动终端 ··· 203
17.4　用户分析 ··· 204
　　17.4.1　性别结构及偏好 ·· 204
　　17.4.2　年龄结构及偏好 ·· 204
　　17.4.3　消费能力分布及偏好 ·· 205
　　17.4.4　地域分布及偏好 ·· 207
17.5　细分市场规模 ··· 209
　　17.5.1　移动支付市场 ·· 209
　　17.5.2　移动购物市场 ·· 209
　　17.5.3　移动旅游市场 ·· 210
　　17.5.4　移动出行市场 ·· 211
　　17.5.5　移动营销市场 ·· 212
　　17.5.6　移动团购市场 ·· 213
　　17.5.7　移动游戏市场 ·· 214
　　17.5.8　移动医疗市场 ·· 215
　　17.5.9　移动阅读市场 ·· 216
　　17.5.10　移动音乐市场 ··· 216
　　17.5.11　移动教育市场 ··· 216
　　17.5.12　移动招聘市场 ··· 217
　　17.5.13　移动婚恋市场 ··· 218
17.6　应用领域及平台 ·· 219
　　17.6.1　移动应用 ··· 219
　　17.6.2　移动应用平台 ·· 220

		17.6.3 细分领域 APP 应用	221
	17.7	发展趋势	229

第 18 章　2017 年中国工业互联网发展状况　232

	18.1	发展概况	232
	18.2	工业互联网三大体系建设	234
		18.2.1 网络体系	234
		18.2.2 平台体系	235
		18.2.3 安全体系	235
	18.3	典型案例和应用实践	236
		18.3.1 新一代二三层智能以太网系列交换机	236
		18.3.2 "云模式"的新一代智能技术工业互联网平台	237
		18.3.3 基于工业互联网的智能制造集成应用示范平台	237
		18.3.4 面向互联网+工业及智能设备信息安全北京市工程实验室	238
	18.4	发展趋势	238

第 19 章　2017 年中国农业互联网发展状况　240

	19.1	发展概况	240
	19.2	农业信息服务	241
	19.3	涉农电商	242
	19.4	农业生产与物联网融合发展	243

第 20 章　2017 年中国电子政务发展状况　245

	20.1	发展概况	245
	20.2	政府门户网站建设	247
		20.2.1 整体情况	247
		20.2.2 主要特点	248
		20.2.3 完善举措	249
	20.3	政府信息公开	250
		20.3.1 部委政府网站	250
		20.3.2 地方政府网站	251
	20.4	信息惠民建设	252
		20.4.1 政府网站在线办事	252
		20.4.2 政府网站互动交流	253
		20.4.3 政府网站应用功能	255

第 21 章　2017 年中国电子商务发展状况　257

	21.1	发展概况	257
	21.2	市场规模	258

21.3 细分市场情况 259
 21.3.1 网络购物市场 259
 21.3.2 企业间电商交易市场 262
 21.3.3 电商交易服务市场 263
21.4 第三方支付 263
21.5 电商物流 264
21.6 发展趋势 265

第22章 2017年中国互联网金融服务发展状况 267

22.1 发展环境 267
 22.1.1 政策环境 267
 22.1.2 市场环境 267
22.2 网络支付 267
 22.2.1 市场规模 268
 22.2.2 发展特点 268
22.3 供应链金融 269
22.4 金融服务创新与发展 269
 22.4.1 P2P行业 270
 22.4.2 众筹行业 270
 22.4.3 现金贷 271
22.5 互联网银行创新与发展 271
 22.5.1 互联网银行国内外发展状况 271
 22.5.2 银行业技术创新进展 272
22.6 金融征信与大数据风控 273
 22.6.1 金融征信 273
 22.6.2 大数据风控 274
22.7 区块链 274
 22.7.1 区块链企业分类 275
 22.7.2 区块链行业的发展特点 278
22.8 互联网金融信息安全与监管政策 278
 22.8.1 信息安全 278
 22.8.2 监管政策 279

第23章 2017年中国网络媒体发展状况 281

23.1 发展概况 281
 23.1.1 政策环境 281
 23.1.2 监管与自律环境 282
 23.1.3 经济环境 282
 23.1.4 社会文化环境 283

23.1.5 技术环境···283
23.2 发展特点··283
23.3 用户分析··284
23.4 细分市场··284
    23.4.1 网络新闻媒体···284
    23.4.2 社交新媒体···285
    23.4.3 自媒体···285
    23.4.4 网络直播···286
23.5 发展趋势··287

第24章 2017年中国网络音视频发展状况·························288

24.1 发展概况··288
    24.1.1 政策环境···288
    24.1.2 经济环境···289
    24.1.3 技术环境···289
24.2 市场格局··289
24.3 商业模式··291
24.4 典型企业分析··291
24.5 用户分析··293
    24.5.1 用户规模···293
    24.5.2 用户结构···294
    24.5.3 消费行为···295
24.6 发展趋势··296

第25章 2017年中国网络游戏发展状况·····························298

25.1 发展概况··298
25.2 市场情况··299
    25.2.1 市场规模···299
    25.2.2 细分市场结构···299
25.3 移动游戏··300
    25.3.1 市场规模···300
    25.3.2 用户规模···301
    25.3.3 产品分析···302
25.4 发展趋势··302

第26章 2017年中国搜索引擎发展状况·····························305

26.1 发展概况··305
26.2 市场规模··306
26.3 商业模式··307

26.4 典型企业分析···308
26.5 用户分析···312
    26.5.1 用户规模··312
    26.5.2 用户特征··312
26.6 发展趋势···314

第27章 2017年中国社交网络平台发展状况···316

27.1 发展概况···316
    27.1.1 总体情况··316
    27.1.2 移动社交··316
27.2 用户分析···319
27.3 微信···320
    27.3.1 用户规模··320
    27.3.2 用户分析··320
    27.3.3 用户行为··321
    27.3.4 衍生应用··322
    27.3.5 发展趋势··322
27.4 微博···323
    27.4.1 用户规模··323
    27.4.2 用户分析··324
    27.4.3 内容结构··325
27.5 发展趋势···326

第28章 2017年中国网络教育发展状况···328

28.1 发展概况···328
28.2 政策环境···328
28.3 市场情况···329
    28.3.1 国际市场··329
    28.3.2 中国市场··330
    28.3.3 融资情况··330
    28.3.4 课程资源··330
28.4 商业模式···331
    28.4.1 传统教育产业链模式··331
    28.4.2 "双师教学"模式···331
    28.4.3 知识付费模式··332
28.5 典型企业···333
    28.5.1 北京大米未来科技有限公司··333
    28.5.2 沪江教育科技（上海）股份有限公司··333
    28.5.3 上海证大喜马拉雅网络科技有限公司··333

28.6 用户分析···334
　　28.6.1 学前网络教育···334
　　28.6.2 K12网络教育··334
　　28.6.3 高等网络教育···334
　　28.6.4 职业网络教育···335
28.7 发展趋势···335
　　28.7.1 网络教育市场规模持续扩大，垂直细分领域迎来机遇··············335
　　28.7.2 网络教育市场面临政策调整与规范发展·······························335
　　28.7.3 新技术推动网络教育应用服务模式迭代升级··························336
　　28.7.4 网络教育的资源广义化和认证体系化成为新方向·····················336

第29章 2017年中国网络健康服务发展状况·······································337
29.1 发展概况···337
29.2 市场情况···339
29.3 商业模式···340
　　29.3.1 互联网医疗健康···340
　　29.3.2 智慧养老··341
29.4 典型案例分析···342
29.5 发展趋势···343

第30章 2017年中国网络出行服务发展状况·······································345
30.1 发展概况···345
30.2 市场情况···346
30.3 细分市场···346
　　30.3.1 网约车··346
　　30.3.2 共享单车··351
　　30.3.3 共享汽车··354
30.4 发展趋势···358

第31章 2017年中国网络广告发展状况···360
31.1 发展概况···360
31.2 市场情况···361
　　31.2.1 市场规模··361
　　31.2.2 各种形式网络广告···361
　　31.2.3 媒体类型网络广告···361
31.3 不同类型广告···363
　　31.3.1 原生广告··363
　　31.3.2 搜索广告··363
　　31.3.3 在线视频广告···364

31.3.4 社交广告 ·· 365
31.4 发展趋势 ·· 366

第32章 2017年其他行业网络信息服务发展状况 ·· 368

32.1 房地产信息服务发展情况 ·· 368
 32.1.1 市场情况 ·· 368
 32.1.2 网站情况 ·· 369
 32.1.3 用户情况 ·· 370
32.2 IT产品信息服务发展情况 ·· 370
 32.2.1 市场情况 ·· 370
 32.2.2 网站情况 ·· 371
32.3 网络招聘服务发展情况 ·· 371
 32.3.1 市场情况 ·· 372
 32.3.2 网站情况 ·· 372
 32.3.3 用户情况 ·· 373
32.4 在线旅游信息服务发展情况 ·· 374
 32.4.1 发展概况 ·· 374
 32.4.2 市场情况 ·· 374
 32.4.3 市场格局 ·· 376
 32.4.4 用户情况 ·· 376
 32.4.5 发展趋势 ·· 379
32.5 网络文学服务发展情况 ·· 379
 32.5.1 市场情况 ·· 379
 32.5.2 网站情况 ·· 380
 32.5.3 用户情况 ·· 381
32.6 体育信息服务发展情况 ·· 382
 32.6.1 市场情况 ·· 382
 32.6.2 网站情况 ·· 383
 32.6.3 用户情况 ·· 384
32.7 婚恋交友信息服务发展情况 ·· 385
 32.7.1 市场情况 ·· 385
 32.7.2 网站情况 ·· 386
 32.7.3 用户情况 ·· 386
32.8 母婴网络信息服务发展情况 ·· 387
 32.8.1 市场情况 ·· 387
 32.8.2 网站情况 ·· 389
 32.8.3 用户情况 ·· 390

第四篇 附 录

附录 A 2017年中国互联网产业发展综述与2018年发展趋势 …………………… 393

附录 B 2017年影响中国互联网行业发展的十件大事 …………………………… 408

附录 C 2017年中国互联网企业100强分析报告 ………………………………… 415

附录 D 2017年中国通信业统计公报 ……………………………………………… 428

附录 E 2017年中国电子信息制造业运行情况 …………………………………… 438

鸣谢 …………………………………………………………………………………… 443

第一篇

综述篇

 2017年中国互联网发展综述

 2017年国际互联网发展综述

第 1 章 2017 年中国互联网发展综述

1.1 中国互联网发展概况

1.1.1 网民

截至 2017 年年底，中国网民规模约为 7.72 亿人，普及率达 55.8%，超过全球平均水平（51.7%）4.1 个百分点，超过亚洲平均水平（46.7%）9.1 个百分点（见图 1.1）。2017 年，中国网民规模继续保持平稳增长，全年共计新增网民 4074 万人，增长率为 5.6%。互联网商业模式不断创新、线上线下服务融合加速及公共服务线上化步伐加快，成为网民规模增长的推动力。信息化服务快速普及、网络扶贫大力开展、公共服务水平显著提升，让广大人民群众在共享互联网发展成果上拥有了更多获得感。

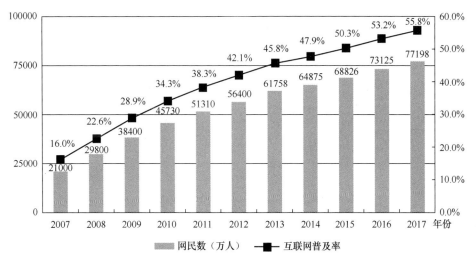

图1.1 2007—2017年中国互联网网民规模和普及率

截至 2017 年年底，中国手机网民规模约为 7.53 亿人，网民中使用手机上网人群的占比由 2016 年的 95.1%提升至 97.5%（见图 1.2）；与此同时，使用电视上网的网民比例也提高 3.2 个百分点，达 28.2%；台式电脑、笔记本电脑、平板电脑的使用率均有所下降，手机不断挤占其他个人上网设备的使用空间。以手机为中心的智能设备，成为"万物互联"的基础。车联网、智能家电促进"住""行"体验升级，构筑个性化、智能化应用场景。移动互联网服务场景不断丰富、移动终端规模加速提升、移动数据量持续扩大，为移动互联网产业创造了更多价值挖掘空间。

图1.2　2007—2017年中国手机网民规模和普及率

截至2017年年底，中国农村网民约为2.09亿人，占比为27.0%，较2016年年底增加793万人，增幅为4%。城镇网民约为5.63亿人，占比为73.0%，较2016年年底增加3281万人，增幅为6.2%（见图1.3）。

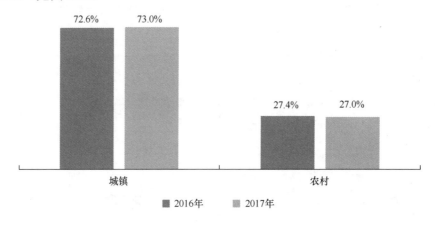

图1.3　2017年中国网民城乡结构

1.1.2　基础资源

基础资源保有量稳步增长，资源应用水平显著提升。截至2017年年底，中国域名总数同比减少9.0%，但".CN"域名总数实现了1.2%的增长，达到约2085万个（见图1.4），在域名总数中的占比从2016年年底的48.7%提升至54.2%。

	2016年12月	2017年12月	年增长量	年增长率
IPv4（个）	338102784	338704640	601856	0.2%
IPv6（块/32）	21188	23430	2242	10.6%
域名（个）	42275702	38480355	-3795347	-9.0%
其中，.CN域名（个）	20608428	20845513	237085	1.2%
国际出口带宽（Mbps）	6640291	7320180	679889	10.2%

图1.4 2017年中国互联网资源增长情况

2017年，中国国际出口带宽实现10.2%的增长，达7320180Mbps（见图1.5）。

图1.5 2011—2017年中国互联网国际出口带宽及增长率

此外，光缆、互联网接入端口、移动电话基站和互联网数据中心基础设施建设稳步推进。在此基础上，网站、网页、移动互联网接入流量与APP数量等发展迅速，均在2017年实现显著增长，尤其是移动互联网接入流量自2014年以来连续三年实现翻番增长。

1.1.3 互联网经济市场规模

2017年，中国PC和移动互联网经济市场营收规模分别为7946.1亿元和10487.8亿元（见图1.6）。

根据数据测算，2017年中国网络经济营收规模18433.9亿元。其中，PC网络经济营收贡献率为43%，移动网络经济营收贡献率为57%。

截至2017年年底，中国境内外互联网上市企业总体市值为8.97万亿元，较2016年年底增长66.1%。其中，腾讯、阿里巴巴和百度的市值分别为3.1万亿元、2.9万亿元和0.5万亿元。在美国上市的互联网企业总市值最高占总体的54.8%，在中国香港地区和沪深两市上市的互联网企业总市值各占总体的 37.5%和 7.7%（见图 1.7）。

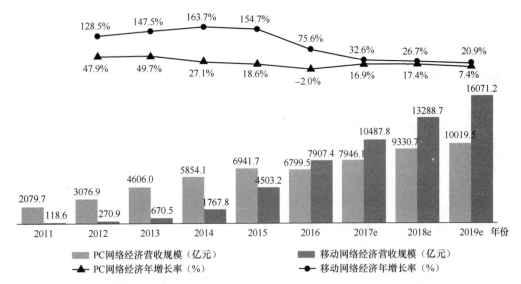

图1.6 2011—2019年中国PC和移动网络经济营收规模及增长率

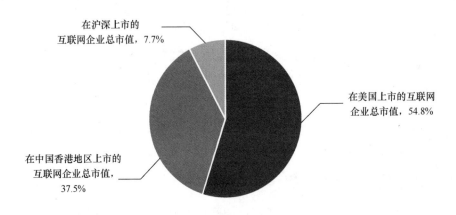

图1.7 2017年中国互联网上市企业市值分布

据工业和信息化部数据显示，2017 年中国互联网业务收入快速增长，我国规模以上互联网和相关服务企业完成业务收入 7101 亿元，比 2016 年增长 20.8%，增速同比提高 3.4 个百分点。

在研发投入上，全行业研发投入 414 亿元，较 2016 年增长 30.3%。据重点企业监测数据显示，网络游戏企业研发投入保持较高强度，研发投入强度接近 10%；电子商务企业普遍完成初期建设，研发投入增速有所回落；网络视频企业进入平稳运行期，研发投入比 2016 年大幅下降。

1.2 中国互联网应用服务发展概况

1.2.1 移动互联网

2017 年，中国移动互联网月度活跃设备总数稳定在 10 亿台以上，从 2017 年 1 月的 10.24 亿台增长至 12 月的 10.85 亿台，增速进一步放缓，同比增长率也呈逐月递减的趋势，智能手机在全社会的渗透率趋近饱和，设备生命周期不断延长，行业增长疲软。

在移动用户黏性方面，2017 年移动用户人均单日上网时长为 236.8 分钟，即约 3.95 小时，稳中微升；在移动用户地域分布方面，一线城市用户占比最高，北、上、广、深等超一线城市网民共占 49.2%，二三线城市网民分布均衡，占比分别为 20.4%和 20.1%；在移动用户消费偏好方面，以拥有中高及中等消费能力的轻奢一族为主，占比为 60.2%，其中拥有中高消费能力的人群占比为 27.5%，中等消费能力的人群占比为 32.7%，拥有高消费能力的人群占比最低，仅为 6.3%。

2017 年，中国移动互联网市场规模增速降至 48.8%，总量为 82298.8 亿元；移动购物在移动互联网市场中的份额高达 73.7%，依然保持绝对优势；移动旅游市场和移动出行市场进入成熟期，市场规模增幅放缓，导致移动生活服务份额降低 2.8 个百分点，占比仅为 14.8%。受 4G 网络建设和提速降费等政策影响，流量费在移动互联网的市场占比下滑至 6.7%。

在移动应用方面，2017 年中国移动互联网市场上的 APP 数量已超过 406 万款。12 月，中国第三方应用商店与苹果应用商店中新上架 18.2 万款移动应用，新增数量较 11 月减少 6.5 万款。截至 12 月底，中国本土第三方应用商店移动应用数量超过 236 万款，苹果商店（中国区）移动应用数量超过 172 万款。其中，第三方应用商店分发数量超过 9300 亿次。从用户使用频次来看，排名前 35 的 APP 已经能满足近 80%移动网民的全部需求。社交、购物、音乐、新闻和视频等热门行业，排名前三的 APP 应用的用户覆盖率均在 50%以上，移动社交领域尤为突出，微信、QQ 和微博是中国最大的社交产品，它们的使用时长总体占比高达 96.2%。

2017 年，互联网巨头聚焦"平台+生态"竞争，进一步加强对移动互联网市场的布局。移动互联网主流应用市场份额基本被 BAT 占据，各"独角兽"为进一步强化其领先地位，其产品均向平台化方向发展。在移动应用活跃用户渗透率 TOP20 中，腾讯占 11 席，阿里占 4 席，百度占 3 席，BAT 合计共占 18 席，北京字节跳动科技有限公司（今日头条）和上海连尚网络科技（WiFi 万能钥匙）各占一席。2017 年 12 月各热门行业 APP 用户使用时长集中度如图 1.8 所示。

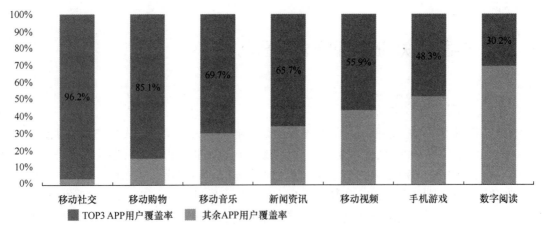

资料来源：QuestMobile TRUTH中国移动互联网数据库2017年12月。

图1.8 2017年12月各热门行业APP用户使用时长集中度

1.2.2 工业互联网

工业互联网作为新一代信息技术与制造业深度融合的产物，日益成为新工业革命的关键性支撑点，成为深化"互联网+先进制造业"的重要基石，对未来工业发展产生了全方位、深层次、革命性的影响。工业互联网通过系统构建网络、平台、安全三大功能体系，打造人、机、物全面互联的新型网络基础设施，形成智能化发展的新兴业态和应用模式，是推进制造强国和网络强国建设的重要基础，是全面建成小康社会和建设社会主义现代化强国的有力支撑。

2016年，在工业和信息化部的指导下，百余家单位发起成立工业互联网产业联盟，联盟成员分别来自工业、信息通信业及互联网产业等多个领域。目前会员数量已突破400家，设立了"8+8"组织架构，分别从产业需求、技术标准、应用推广、安全保障、国际合作等方面务实开展工作，发布了多项研究成果，推动工业互联网产业应用实践取得实质性进展。

2017年11月27日，国务院发布《关于深化"互联网+先进制造业"发展工业互联网的指导意见》，提出到2020年，工业互联网平台体系初步形成，支持建设10个左右跨行业、跨领域平台，建成一批支撑企业数字化、网络化、智能化转型的企业级平台。培育30万个面向特定行业、特定场景的工业APP，推动30万家企业应用工业互联网平台开展研发设计、生产制造、运营管理等业务，工业互联网平台对产业转型升级的基础性、支撑性作用初步显现。到2025年，重点工业行业实现网络化制造，工业互联网平台体系基本完善，形成3~5个具有国际竞争力的工业互联网平台，培育百万个工业APP，实现百万家企业上云，形成建平台和用平台双向迭代、互促共进的制造业新生态。

2017年出现了多种工业互联网云平台，如航天云网——INDICS，已累计接入各类工业设备超过5万台，已汇聚近200家各类企业的300多款APP应用，涉及32个专项领域，累计下载总次数100余万次。用户已达128万人，基于平台发布金额接近3500亿元，整体成交额超过 1400 亿元。三一重工的树根互联的根云平台已经接入设备 40 余万台，赋能 42 个细分行业，连接资产数千亿元，服务 45 个国家和地区。海尔的 COSMOplat 平台已在全球建立 9 大互联工厂样板，这些样板复制到建陶、家居、农业、服装等 12 个行业，服务全球 3.2 亿用户和 390 万家企业，实现交易额 3133 亿元，产品不入库率达 69%，订单交付周期缩短了 50%。

1.2.3 电子商务

据商务部数据显示，2017 年中国电子商务交易额达 29.16 万亿元，同比增长 11.7%，增速有所放缓（见图 1.9）。其中，商品类电子商务交易额 16.87 万亿元，同比增长 21%，较 2016 年提升 8.7 个百分点；服务类电子商务交易额达 4.96 万亿元，同比增长 35.1%，较 2016 年提升 13.2 个百分点。

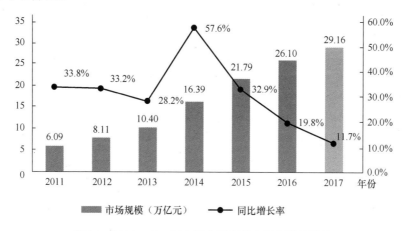

图1.9 2011—2017年中国电子商务市场规模及增速

在"六大消费工程""十大扩消费行动"等政策措施的协调推动下，我国居民消费持续扩大升级，已进入消费需求持续增长、消费结构加快升级、消费拉动经济作用明显增强的重要阶段。2017 年，中国网络零售交易额 7.18 万亿元，同比增长 32.2%；全国网络购物用户规模达 5.33 亿人，较 2016 年增长 14.3%；全国电子商务从业人员达 4250 万人。

2017 年，中国农村实现网络零售额达 1.24 万亿元，同比增长 39.1%；农村网店达 985.6 万家，较 2016 年增加 169.3 万家，同比增长 20.7%；农村实物类产品网络零售额达 7826.6 亿元，同比增长 35.1%，占农村网络零售总额的 62.9%。

2017 年，中国网络购物市场中 B2C 市场规模占比达 60.3%，较 2016 年提高 5.1 个百分点；从增速来看，2017 年 B2C 网络购物市场增长 40.9%，远超 C2C 市场 15.7%的增速。随着网购市场的成熟，产品品质及服务水平逐渐成为影响用户网购决策的重要原因，未来这一诉求将推动 B2C 市场继续高速发展，成为网购行业的主要推动力。而 C2C 市场具有体量大、品类齐全的特征，满足长尾市场的需求，未来规模也会持续增长。

1.2.4 互联网金融

中国人民银行数据显示，2017 年中国非银行支付机构发生网络支付业务 2867.47 亿笔，同比增长 74.95%；支付金额达 143.26 万亿元，同比增长 44.32%。2017 年，中国银行业金融机构共处理电子支付业务 1525.8 亿笔，支付金额达 2491.2 万亿元。其中，网上支付业务 485.78 亿笔，支付金额 2075.09 万亿元；移动支付业务 375.52 亿笔，支付金额 202.93 万亿元。

2017 年，中国网络支付用户规模达 5.31 亿人，较 2016 年增长 5661 万人，同比增长 11.9%，使用率达 68.8%；手机网络支付用户规模达 5.27 亿，较 2016 年增长 5783 万人，同比增长 12.3%，使用率达 70%。在用户规模增速及使用率上，移动端均优于整体发展态势。

消费金融（或消费贷、消费信贷）是指以消费为目的的信用贷款，信贷期限在 1~12 个月，金额一般在 20 万元以下。互联网消费金融是指借助互联网进行线上申请、审核、放款及还款全流程的消费金融业务。2017 年，中国互联网消费金融放贷规模约为 4.4 万亿元，同比增长 904.0%（见图 1.10）。

图1.10　2012—2021年中国互联网消费金融放贷规模及增速

2017 年，互联网消费金融放贷规模大增，推动该增长的原因包括较低的资金成本、房贷的互联网转移、金融理念渗透与互联网消费金融场景布设。快速增长的背后，出现了过度授信、暴力催收等不合规经营方式，2017 年 6 月以来，相继出台了有关规范校园贷、整顿"现金贷"和暂停批设网络小额贷款公司等各项资质、业务监管政策，行业进入整顿期。

供应链金融是指以核心企业为出发点，对供应链上下游中小企业的物流、资金流、信息流进行管理，为供应链上下游企业提供融资服务。供应链金融的主体结构不仅是融资方和借款方，它还包括产业链中的所有利益相关者，如管理部门、各种金融机构和信息服务提供商等。从管理流程看，供应链金融涵盖了交易流、物流、管理流和信息流的综合组织和管理。在区块链技术搭建的多方信任机制的环境下，企业真实的交易数据就可以成为其获取融资的信用数据，该信用数据可成为企业获取融资的凭证，实现基于产业链上的数据即信用。供应链金融起到的不仅仅是承担一个债权产品的作用，其核心目标是提高整个供应链的效率。

1.2.5　网络广告

据国家工商总局数据显示，2017 年全国广告经营额为 896.41 亿元，同比增长 6.3%。2017 年，中国网络广告市场规模达 3828.7 亿元，在中国广告市场中的占比超过 50%（见图 1.11）。受数字媒体使用时长增长、网络视听业务快速增长等因素推动，未来几年，报纸、杂志、电视广告市场规模将继续下滑，而网络广告市场还将保持较快速度增长。

注释：1.网络广告市场规模按照媒体收入作为统计依据，不包括渠道代理商收入；2.此次统计数据包含搜索联盟的联盟广告收入，也包含搜索联盟向其他媒体网站的广告分成。
资料来源：根据企业公开财报、行业访谈及艾瑞统计预测模型估算。

图1.11 2013—2020年中国网络广告市场规模及预测

2017年，在中国不同媒体类型中，电商、社交、门户及资讯与在线视频广告占比均比2016年有所增加，其中，受到信息流广告的带动，社交广告收入份额与2016年相比增加了1.2个百分点，门户及资讯广告收入份额增长0.6个百分点（见图1.12）。

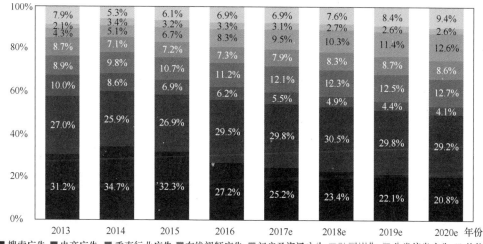

注释：1.搜索广告包括搜索网站的搜索关键字广告及联盟广告；2.电商广告包括垂直搜索类广告以及展示类广告，例如淘宝、去哪儿及导购类网站；3.分类广告从2014年开始核算，仅包括58同城、赶集网等分类网站的广告营收，不包含搜房等垂直网站的分类广告营收；4.在线视频广告包含独立视频网站，也包含互联网集团旗下视频网站广告收入；5.门户及资讯广告包含独立新闻资讯网站及APP，也包含互联网集团旗下的新闻资讯广告收入；6.社交广告包含独立社交网站及APP，也包含互联网集团旗下的社交产品广告收入。
资料来源：根据企业公开财报、行业访谈及艾瑞统计预测模型估算。

图1.12 2013—2020年中国不同媒体类型网络广告市场份额

1.2.6 网络视频

截至 2017 年年底，网络视频用户规模达 5.79 亿人，占比为 75%，较 2016 年年底增加 3437 万人。手机网络视频用户规模达 5.49 亿人，占比为 72.9%，较 2016 年年底增加 4870 万人。用户付费能力明显提升，用户付费比例达 42.9%，用户满意度达 55.8%。2016 年在线视频行业市场规模已达 641.5 亿元，2017 年同比增长 48.5%，实现超过 900 亿元的整体规模（见图 1.13）。

图1.13 2013—2020年中国在线视频行业收入规模及预测

2017 年网络视频广告市场规模达 2957 亿元，在前几年增速持续放缓的环境下，2017 年市场增速重新攀升，同比增长达 28.8%（见图 1.14）。

图1.14 2010—2017年中国网络广告市场规模和增长率

2017 年，短视频行业迎来成熟期，传统视频网站纷纷布局短视频，一方面，将长视频剪辑成多个短视频，适应用户碎片化的观看习惯；另一方面，通过引入部分短视频内容，丰富了平台的内容库。2017 年，短视频用户规模达 4.1 亿人，短视频使用时长占移动互联网总使用时长的 5.5%。2016 年短视频兴起，早期短视频平台开始进行初步的商业变现尝试；2017 年短视频火热，用户规模的增长和广告主的关注带动整体市场规模提升。2017 年，短视频行业市场规模达 57.3 亿元，同比增长达 183.9%，成为各类互联网应用领域中主要增长点之一。2016—2020 年中国短视频行业市场规模及预测如图 1.15 所示。

图1.15　2016—2020年中国短视频行业市场规模及预测

2017 年，泛娱乐直播市场规模达 440.6 亿元，同比增长 92.8%（见图 1.16），其中来自用户付费的营收规模占比超过 90%。

图1.16　2014—2020年中国泛娱乐直播市场规模及预测

截至2017年年底，网络直播用户规模达4.22亿人。其中，游戏直播用户规模达2.4亿人，真人秀直播用户规模达2.2亿人。在线体育赛事直播用户达1.6亿人，成直播行业新的增长点。

1.2.7 网络游戏

截至2017年年底，中国网络游戏用户规模达4.42亿人，占整体网民的57.2%。移动游戏用户规模达4.07亿人，较2016年增长5543万人，在移动网民中的用户覆盖率达54.1%。

2017年，中国网络游戏市场规模约2354.9亿元，同比增长31.6%，预计到2021年中国网络游戏市场规模将超过4000亿元（见图1.17）。

图1.17　2011—2022年中国网络游戏市场规模及预测

在2017年的中国游戏市场细分中，移动游戏市场规模进一步上升，突破60%。随着用户移动化、碎片化娱乐需求的提升，以及移动设备性能的更新迭代，未来移动游戏的占比将会进一步上升（见图1.18）。

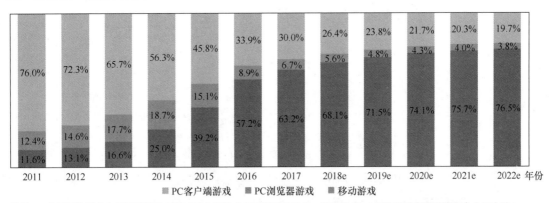

图1.18　2011—2022年中国游戏市场细分结构

1.2.8 社交网络平台

2017年,中国社交APP月度独立设备数自1月以来保持平稳增长,于11月底达约6.24亿台,移动社交用户规模缓慢提升(见图1.19)。

资料来源:mUserTracker.2017.11,基于日均400万手机、平板移动设备软件监测数据,与超过1亿移动设备的通信监测数据,联合计算研究获得。

图1.19 中国社交APP月度独立设备数走势

在社交平台的典型应用中,微博以在短视频和移动直播上的布局使其有较快速增长(见图1.20)。

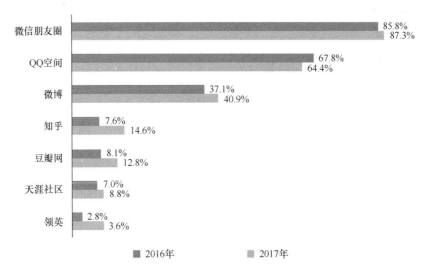

资料来源:CNNIC中国互联网络发展状况统计调查。

图1.20 典型社交APP的使用率

2017 年,中国社交广告规模预计为 364.2 亿元,同比增速达 52%。社交平台作为与用户互动性较强,更需要用户自主进行内容生产的平台,原生广告为其商业化价值找到了新的增长点,也拉动了社交广告整体的发展(见图 1.21)。

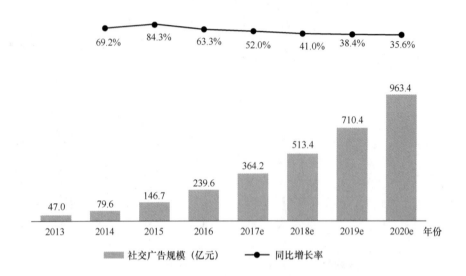

图1.21 2013—2020年中国社交广告市场规模及预测

2017 年,微信依然是社交应用领域的领头羊,但其用户增长及用户活跃度已经大幅放慢。在微信增速放缓的同时,微信小程序呈爆发式增长,截至 12 月底,小程序用户占比微信用户总数将近 50%,有近 4 亿微信用户使用微信小程序。在自媒体平台领域,微信公众号以 63.4% 的市场份额遥遥领先。

1.2.9 搜索引擎

截至 2017 年年底,中国搜索引擎用户规模达为 6.40 亿人,年增长率为 6.2%,使用率为 82.8%;手机搜索用户达 6.34 亿人,年增长率为 8.5%,使用率为 82.0%。

2017 年,搜索引擎企业营收市场规模突破 1100 亿元,较 2016 年增长超过 200 亿元,增速达 24%(见图 1.22)。

语音交互、视觉识别、自然语言处理及更广泛的人工智能技术研究水平和商业化落地能力,将成为搜索企业决胜未来的关键所在。

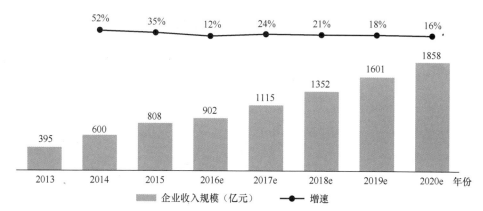

注释：搜索引擎企业收入规模为搜索引擎运营商营收总和，不包括搜索引擎渠道代理商营收。其中，计入奇虎360关键字广告营收，但不计入其他营收。
资料来源：综合企业财报及专家访谈，根据艾瑞统计模型核算，仅供参考。

图1.22　2013—2020年中国搜索引擎企业收入及趋势

1.2.10　云计算

2017 年 4 月，工业和信息化部发布了《云计算发展三年行动计划（2017—2019 年）》，提出到2019 年，中国云计算产业规模突破 4300 亿元，云计算服务能力达到国际先进水平。

中国公有云服务逐步从互联网向各传统行业市场延伸。中国信息通信研究院统计数据显示，2017 年公有云市场规模达 246 亿元，比 2016 年增长 44.8%，增速较 2016 年有所放缓。预计未来几年中国公有云市场仍将保持高速增长态势，到2020 年市场规模将达到604 亿元（见图 1.23）。

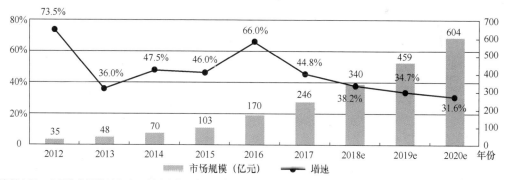

资料来源：中国信息通信研究院《中国公共云发展调查报告2017年》。

图1.23　2012—2020年中国公有云市场规模

2017 年，中国私有云市场规模达 426.8 亿元，相比 2016 年增长 23.8%，增速有所放缓。预计未来几年中国私有云市场仍将保持稳定增长，到 2021 年市场规模将超过 950 亿元。私有云主要用于金融等领域，以确保数据安全可控。

2017 年，越来越多的企业开始启用云服务，上云企业占比达 54.7%，较 2016 年上升了 9.9%，其中只采用私有云的企业占比为 13.4%，较 2016 年小幅度上升，企业对于私有云的接受程度进一步提高。2017年中国云计算市场结构依然以硬件建设为主，云服务尚未起到市场主导作用。

1.2.11 大数据

中国信息通信研究院数据显示，2017年中国大数据市场规模达358亿元，年增速达47.3%，规模已是2012年（35亿元）的10倍，预计2020年市场规模将超过700亿元。

2017年，大数据软件市场规模约为103.0亿元，同比增长41.9%；大数据服务市场规模为60.1亿元，同比增长44.9%（见图1.24）。软件市场占比高于服务市场的原因是用户更习惯于软件许可授权的付费模式。企业逐渐认同数据作为无形资产存在的价值，并意识到大数据对企业发展的重要性。

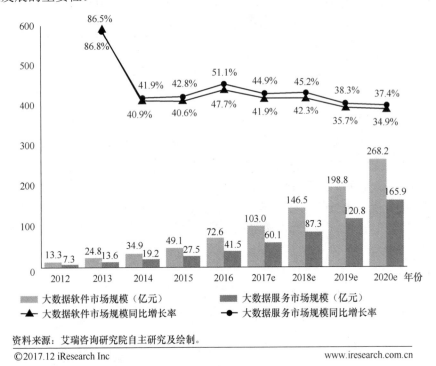

图1.24 2012—2020年中国大数据软件和服务市场规模及预测

2017年，大数据市场交易需求十分旺盛，生态环境逐渐形成，交易规范和标准也在不断完善。贵阳大数据交易所、上海数据交易中心、浙江大数据交易中心、重庆大数据交易市场、华中大数据交易平台等平台纷纷提供数据交易、结算、交付、安全保障及数据资源管理等服务，大数据已经不再被视为一种新兴技术，而是被广泛应用于精准营销、金融风控、供应链管理等诸多实践领域。

1.2.12 人工智能

2017年，中国人工智能研究高速发展，吸引了大量资金投入，在多个领域有较好的发展，初步的应用场景得到实现。中国人工智能市场正以每年近50%的增速快速发展，中国人工智能产业2017年增长率达51.2%,产业规模达152.1亿元。

截至2017年6月30日,中国人工智能企业共计592家,全球排名第二。中国人工智能企业融资金额达635亿元,占据该领域全球总融资额的33.18%,仅次于美国,位居世界第二。2016年中国人工智能相关专利年申请数为30115项,近20年持续增长。未来人工智能技术商业化进程将进一步展开,资本投资也将趋于理性。

1.2.13 物联网

2017年,国内物联网产业抓住NB-IoT商用机遇,在政策、投资、技术和产品等各领域都取得阶段性成果,中国已逐渐形成全球最大的NB-IoT网络、市场和产业链。继中国电信第一家宣布商用后,中国移动宣布完成了全国346个城市的NB-IoT的连续覆盖。

在产品方面,以无人自助终端为代表的物联网应用已逐渐成熟,步入新的发展阶段。不同于物联网智慧城市应用和智能家居应用,无人自助设备直接进行交易和交付,商业模式清晰,产品定义清晰,2017年不同领域、不同品类都出现大量无人自助设备,是物联网产品发展的新方向。

在技术方面,除了以NB-IoT为代表的低功耗广域网络技术给物联网应用带来规模化效应之外,人工智能、区块链等技术在应用中,均呈现和物联网融合发展的趋势。

1.3 中国互联网新技术发展情况

1.3.1 云计算和人工智能的融合

阿里云推出ET大脑,将AI技术、云计算、大数据能力与垂直领域行业知识相结合,基于类脑神经元网络物理架构及模糊认知反演理论,实现了从单点智能到多体智能的技术跨越。ET大脑是具备多维感知、全局洞察、实时决策、持续进化等类脑认知能力的超级智能体,具有一个开放的AI生态。ET大脑整合城市管理、工业优化、辅助医疗、环境治理、航空调度等全局能力于一体,全面布局产业AI。

腾讯云提出AI即服务,在软件层面、算法框架服务、基础设施服务等多维度提供新的AI开放服务层,开放计算机视觉、智能语音识别、自然语言处理三大核心能力。已提供25种AI服务,包括应用服务8种、平台服务15种、框架服务2种。例如,开放OCR识别(光学字符识别)、人脸核身、图片处理、鉴黄等多项智能云服务。

百度云推出XPU(云计算加速芯片)、FPGA/GPU云服务器、ABC-STACK(技术栈)等代表ABC(AI、Big Data、Cloud Computing)技术融合的新产品和服务框架。

1.3.2 智能物联网平台

阿里巴巴Link物联网平台为物联网云端一体化平台,为生活、工业、城市三大领域的智联网建设提供支撑。该平台融合了云上网关、规则引擎、共享智能平台、智能服务集成等产品和服务,使开发者能够实现全球快速接入、跨厂商设备互联互通、调用第三方智能服务等,快速搭建稳定、可靠的物联网应用。阿里云的一机一密物联网安全解决方案ID^2-SIM可广泛应用于智能家居、无人值守设备、共享单车等物联网智能生活设备。

中国移动物联网开放平台 OneNET 实现了 NB-IoT 接入平台的能力，支持 CoAP+LWM2M 协议，可广泛应用于智能家居、新能源、环境保护、车联网等行业，帮助开发者轻松实现设备接入与设备连接，快速完成产品开发部署。

中兴通讯搭建了新一代物联网平台 ThingxCloud 兴云。作为中兴通讯物联网 3.0 的第三代 PaaS 平台，该平台上承应用、下联设备、内生数据、赋能物联网、助力生态圈，通过共享数据，从中创新挖掘新的机会。

1.3.3 物联网操作系统和芯片

阿里巴巴的面向 IoT 领域的轻量级物联网嵌入式操作系统 AliOS Things 和轻量化操作系统相继开源。相比 AliOS Things，同样由阿里巴巴研制的 AliOS Lite 开源系统可以支持更多任务处理，支持语音交互、视觉计算等智能处理，适用于 CPU 性能和内存需求较低的 IoT 设备，如智能音箱、智能手表、智能摄像头等。目前已经有包括英特尔（Intel）、恩智浦（NXP）、联发科技（MediaTek）、展讯（Spreadtrum）等 17 家主流芯片厂商计划支持 AliOS Lite。

Huawei LiteOS 操作系统内嵌在 Huawei Boudica 芯片中，基于 Open API，终端厂商可以完成设备侧应用程序快速开发，并与 NB-IoT 网络和华为 OceanConnect IoT 平台完成无缝对接，降低 NB-IoT 终端的开发难度，加速产品的商用。

1.3.4 低功耗广域网 LPWAN

作为低功耗广域网 LPWAN 的主要应用领域，NB-IoT 在授权频谱技术的支持下迅速发展，中国电信和中国移动陆续完成了全球规模最大的 NB-IoT 网络建设。中国移动完成了全国 346 个城市的 NB-IoT 的连续覆盖，将提供 10 亿元物联网专项补贴用于 NB-IoT 建设。相比之下，非授权频谱技术 LoRa 等的发展没有那么顺利，中国国内仅有 3 个公开发布的 LoRa 网络。

1.3.5 区块链

2017 年以来，国内区块链市场投资热情高涨，阿里巴巴、腾讯、百度等互联网公司，纷纷启动建设区块链解决方案的部门。腾讯发布《腾讯可信区块链方案白皮书》，自主研发 Trust SQL 平台。微众银行、万向区块链、矩阵元技术三方共同开发区块链底层平台技术（BCOS），聚焦于企业级应用服务的区块链技术开源平台，进一步推动分布式商业生态系统的形成。阿里巴巴集团旗下的蚂蚁金服和支付宝在"听障儿童重获新声"慈善公益项目中引入区块链技术，实现善款的透明和可追溯性。阿里巴巴与普华永道合作，运用区块链技术打造海外食品加工企业到中国消费者的追溯系统，协助打击食品造假行为。阿里巴巴还推出国内首个区块链技术在医疗方面的应用。天猫国际宣布升级全球原产地溯源计划，未来将覆盖全球 63 个国家和地区，3700 个品类，14500 个海外品牌，也将向全行业开放，赋能整个行业。百度加入超级账本项目，并成为首要会员。百度依托区块链的超级账本，根据用户搜索行为进行使用偏好分析，从而对搜索算法进行优化。除此之外，点融、京东、360、华为、网易、人人、小米等国内知名互联网公司都相继开发、投资基于区块链的项目。在如此火热的市场环境下，各种行业联盟和研究组织相继成立。它们致力于开发区块链业务，服务区块链社区，整合及协调行业内的研究资源。

1.4 中国互联网资本市场发展情况

2017年，中国创业投资及私募股权投资机构新募集828支基金，募集金额为3979亿美元，实际完成1775亿美元。私募基金规模与2016年相比呈下滑势态，显示2017年募资环境相对困难。随着一系列国家利好政策的出台，地方政府设立引导基金的积极性显著提高，从2015年开始呈现全国遍地开花的井喷之势，但到了2017年，政府引导基金发展趋于饱和，并未延续前两年爆发式的增长趋势。截至2017年11月，全国共设立994支政府引导基金，总规模达32233.746亿元，平均单支基金规模约为32.43亿元。2017年，创投VC市场总投资数量为2947笔，投资金额为388.6亿美元，较前两年有明显下降。2017年，中国创投市场按行业案例数量和金额占比排名，互联网行业均居首位，IT行业次之。2017年，中国私募股权PE投资1426笔，投资金额为627亿美元。与前两年大体持平，稍有下降。2017年1—11月，中国互联网私募股权投资金额合计71.17亿美元，在各行业中仅次于IT行业，位居第二。

根据中国信息通信研究院的数据，2017年互联网融资案例为1262起，融资金额为4838亿美元。资本市场投资更加理性，致力于提高投资质量。互联网产业结束了飞速发展的探索时代，行业开始统筹规划，加强监管。2017年，中国互联网行业融资规模仅次于美国，位列全球第二名，为第一梯队；融资案例为609起，融资规模超过百亿美元；与电子商务、行业网站一起占据市场的绝大份额。2017年，有11家互联网中国企业完成IPO，募资总规模达28.72亿美元，与2016年相比，IPO数量增长57.14%，募资总规模增长459.1%。

互联网行业的IPO在经历了2年的低迷后，终于在2017年有所好转，无论从IPO中企数量看，还是从募资总规模看，都有一定程度的回温，但距2014年的鼎盛阶段还相差很远。4家互联网中国企业于国内A股上市，7家于海外板块上市。2017年，互联网企业募资总规模达187亿元，纽交所上市2家，IPO共募资14.85亿美元，位于各板块首位，分别为趣店9亿美元、搜狗5.85亿美元。IPO退出方面，有20家VC/PE机构或基金获账目退出。其中最大一笔为趣店上市，凤凰资本获14亿美元退出回报。

2017年，互联网行业并购交易数量及规模均大幅回落，并购案例宣布686起，完成555起，数量降幅25%以上；宣布并购规模200亿美元，完成123亿美元，降幅38%以上。经历过2015年的野蛮增长后，互联网行业并购交易持续降温，行业步入整合转型阶段，资本市场普遍减少非理性投资，转战有潜力、相对成熟稳健、可持续发展的互联网公司。跨境电商并购火热，国内电商中企积极布局海外市场。

1.5 中国互联网信息安全与治理

2017年6月1日，《网络安全法》正式颁布实施，作为网络领域的基础性法律，此法的公布和实施不仅从法律上保障了广大人民群众在网络空间的利益，有效维护了国家网络空间的主权和安全,同时将严惩破坏我国网络空间安全的组织和个人。在其指导下,全行业协同机制凸显,网络安全建设卓有成效。

2017年,中国网络安全整体保持平稳态势,但用户信息泄露、网络黑客勒索和通信信息诈骗等问题仍频繁出现。名为"WannaCry"和"Petya"的勒索蠕虫先后在5月和6月肆虐全球,给超过150个国家的金融、能源、医疗等众多行业造成影响,使得政企机构越发重视自身网络安全的潜在风险。

2017年,CNCERT共监测发现中国境内感染网络病毒"终端"2095万个,相比2016年下降29.8%。其中,受木马病毒"暗云Ⅲ"在国内互联网大量传播的影响,6月感染终端达532万个。2017年,中国境内被篡改网站数量累计6084个,较2016年下降10%。其中,政府网站1605个,与2016年持平。2017年,被植入后门网站累计43928个,较2016年下降62%。其中,政府网站2062个,较2016年下降46.7%。

2017年,国家信息安全漏洞共享平台收集整理的信息系统安全漏洞累计15981个,较2016年增加47.7%。其中,高危系统安全漏洞累计5678个,较2016年增加37.1%。

2017年,APT攻击持续进行,并向平台组合化方向发展,其中双尾蝎(APT-C-23)组织在2017年表现活跃,包括中国在内的全球多个国家均是APT攻击的受害国。医疗、教育和金融成为APT攻击的新目标。

1.6 互联网+产业互联网

随着互联网+的推进,一批紧跟全球技术潮流、服务我国转型需要的工业互联网平台规模化商用,网络、安全等自主标准、产品、解决方案不断涌现。智能化生产、网络化协同、服务化延伸、个性化定制等工业互联网应用模式,由家电、服装、机械等向航空、石化、钢铁、橡胶等更广泛领域普及,促进了新旧动能接续转换。来自工业领域、通信领域、互联网领域的各类企业,发挥各自技术专长、业务优势,广泛、积极参与,多元化合作不断深化,汇聚各领域、各行业企业与研究机构的工业互联网产业联盟,已成为我国工业互联网生态建设的重要载体和旗帜。工业和信息化部作为行业主管部门多措并举持续支持工业互联网发展,上海、广东、福建、河南等地方政府也都加快推进本地工业互联网布局。

2017年11月,国务院印发《关于深化"互联网+先进制造业"发展工业互联网的指导意见》,该指导意见从我国工业互联网发展的现实基础出发,确立了"遵循规律、创新驱动""市场主导、政府引导""开放发展、安全可靠""系统谋划、统筹推进"的32字基本原则,为因势利导进一步壮大我国工业互联网良好发展态势奠定了总基调。主要任务是:打造网络、平台、安全三大体系,推进大型企业集成创新和中小企业应用普及两类应用,构筑产业、生态、国际化三大支撑7项任务。提出到2020年,要支持建设一批跨行业、跨领域的国家级平台,以及构建一批企业级平台,培育30万个以上的工业APP即工业应用程序,推动30万家企业应用工业互联网平台。到2025年,基本形成具备国际竞争力的基础设施和产业体系,形成3～5个达到国际水准的工业互联网平台,实现百万工业APP培育及百万企业上云,形成一批具有国际竞争力的龙头企业。到2035年,建成国际领先的工业互联网网络基础设施和平台。到 21 世纪中叶，工业互联网网络基础设施全面支撑经济社会发展，工业互联网创新发展能力等全面达到国际先进水平，综合实力进入世界前列。

1.7 中国互联网经济社会影响

在 2017 年 7 月召开的 G20 峰会上，习近平总书记指出，"我们要主动适应数字化变革，培育经济增长新动力，积极推动结构性改革，促进数字经济同实体经济融合发展。中国是经济大国、互联网大国，也是数字经济大国，发展数字经济，是紧跟时代步伐顺应历史规律的发展要求，是着眼全球提升国际综合竞争力的客观要求，是立足国情推动新旧动能接续转换的内在要求。发展数字经济，对建设制造强国、网络强国、科技强国意义重大，将为实现两个百年目标提供强大动力"。10 月 18 日，习近平总书记代表第十八届中央委员会向大会作了题为《决胜全面建成小康社会 夺取新时代中国特色社会主义伟大胜利》的报告，报告中曾八次提及互联网行业。习近平总书记强调，"加快建设制造强国，加快发展先进制造业，推动互联网、大数据、人工智能和实体经济深度融合，在中高端消费、创新引领、绿色低碳、共享经济、现代供应链、人力资本服务等领域培育新增长点、形成新动能。支持传统产业优化升级，加快发展现代服务业，瞄准国际标准提高水平。"

互联网正在成为拉动中国经济增长的重要引擎，互联网行业景气指数增长速度显著高于中国宏观经济景气指数，表明中国互联网行业持续快速发展已经成为经济社会转型发展的新增长点和动力源泉。

互联网正在成为重要的经济转型驱动力。从 O2O 的商业浪潮开始，直到今天的共享经济和新零售的大浪，线上和线下的边界越来越模糊。随着中国成为移动支付渗透率最高的国家，新的线上线下结合的创新产品层出不穷。互联网产品的思维方式不断被运用到线下的生态中，而每一次互联网产品模式的升级都带来了线下生活的升级。互联网巨头投资入股零售企业，发挥线上优势，用大数据、人工智能、社交资源、供应链等资源达到做强线下零售的目的。阿里的"盒马鲜生"大获好评，无现金支付、用户数据分析、生鲜冷链的配送等为新零售增光，也给许多传统零售企业以启示，不少企业都开始尝试"盒马模式"。2017 年，大量资本涌入无人值守零售，支撑行业发展初期的创新与试错。无人值守便利店的封闭货柜式项目获得更多融资，无人值守货架中开放式货架更吸引资本。

2017 年，中国共享经济市场交易额约为 49205 亿元，比 2016 年增长 47.2%；其中非金融共享领域交易额为 20941 亿元，比 2016 年增长 66.8%。共享经济领域融资规模约为 2160 亿元，比 2016 年增长 25.7%。2017 年，中国提供共享经济服务的服务者人数约为 7000 万人，比 2016 年增加 1000 万人；共享经济平台企业员工数约为 716 万人，比 2016 年增加 131 万人，占当年城镇新增就业人数的 9.7%。共享经济满足市场优化资源配置需求，深入衣食住行各领域；随着监管政策落地，共享经济行业洗牌结束，市场逐渐步入有序增长期。2017 年，中国新增超过 50 家共享经济企业，有近 30 家共享经济企业倒闭或宣布停止服务。

互联网在推进加快数字社会普惠化方面发挥了重要作用，人人可以便捷地获取所需的服务。宽带接入网络全面覆盖城乡社区，人人拥有宽带接入的权利，为数字经济数字社会提供网络基础。在线支付和互联网理财促进普惠金融发展，2017 年年底中国网上支付用户规模达

5.31 亿人，其中手机支付用户达 5.27 亿人，相当一部分实物货币结算支付被电子支付替代。购买互联网理财的网民达 1.29 亿人，成为理财的一种重要方法。移动政务正在成为政府提供基本公共服务的重要手段。政务微信、政务客户端成为便民服务新平台，2017 年年底在线政务服务用户规模达 4.85 亿人，其中通过支付宝或微信城市服务平台获取政务服务的使用率为 44%。

智慧城市方案促使我国城镇化建设进程提速。紧密结合中国城镇化发展现状，创新运用云计算、物联网、移动互联网、智能终端、GIS、3S 等集成化信息技术，与城乡规划、城市管理、市政基础设施建设和安全运行、建筑节能、城市公共信息平台、便民服务和产业发展等方面紧密结合，最终促进城市发展模式向资源节约型、环境友好型转变，城市管理由粗放型、经济型向信息化、智能化转变。

数字经济规模可以被视为互联网对社会经济的影响的定量标志。中国信息通信研究院发布的《中国数字经济发展白皮书（2017）》指出，2016 年中国数字经济总量达 22.6 万亿元，同比增长接近 19%，占 GDP 的比重超过 30%，同比提升 2.8 个百分点。数字经济已成为近年来带动经济增长的核心动力，2016 年中国数字经济对 GDP 增长的贡献接近 70%。其中，数字经济融合部分（传统产业由于应用数字技术，所带来的生产数量和生产效率提升）规模为 17.4 万亿元，占 GDP 比重为 23.4%，同比增长 22.4%。衡量数字经济发展水平的主要标志之一是人均信息消费水平，即从"信息的消费"转向"信息+消费"，由线上为主向线上线下融合的新消费形态转变，信息服务从通信需求转向应用服务和数字内容消费，信息产品从手机、电脑向数字家庭、智能网联汽车、共享单车等新型融合产品延伸。

（侯自强、王朔）

第 2 章 2017 年国际互联网发展综述

2.1 国际互联网发展概况

2017 年，全球互联网已进入中速发展阶段，用户总体规模持续增长，普遍服务快速推进，网络流量保持高位增长。同时，全球移动互联网爆发式扩张浪潮退却，全球互联网连接增长步入动力转换阶段，从"人人相联"向"万物互联"迈进，产业互联网发展全球提速，工业互联网和车联网成为两大热点。随着互联网持续演进、广泛渗透、跨界融合，全球互联网治理体系也面临着一些挑战。

2.1.1 网民

据 We Are Social 和 Hootsuite 的研究，2017 年年底，全球使用移动设备的用户人数已突破 50 亿人，占总人数的 2/3，个人移动设备的拥有率达到 67%。移动宽带业务增长迅猛，过去 10 年全球移动设备用户人数持续上涨。

国际电信联盟发布的《2017 年衡量信息社会报告》表明，全球有一半以上的住户可以上网，发达国家的家庭在线人数几乎是发展中国家的 2 倍，比不发达国家高出 5 倍。发达国家的性别数字差距相对较小，在发展中国家较为明显，而不发达国家最为显著，只有 1/7 的女性使用互联网，非洲的性别数字鸿沟在过去 5 年增长显著。全球 15~24 岁的网民比例超过 70%。

2.1.2 基础资源

1. 域名

据威瑞信（VeriSign, Inc.）发布的 2017 年第四季度《域名行业简报》显示，截至 2017 年年底，全球顶级域名（Top-Level Domains，TLD）的注册总数达到约 3.324 亿个，较 2016 年同期增长 2.9%。.com 域名的注册总数为 1.319 亿个，.net 域名的注册总数为 1450 万个。其中，2017 年第四季度互联网新增了约 170 万个域名。

2. IPv4 地址

据中国教育和科研计算机网（CERNET）2017 年年报 2017 年全球 IPv4 地址分配数量为 789B。获得 IPv4 地址数量列前三位的国家/地区，分别为美国 555B，埃及 28B，巴西 18B（见

表 2.1）。

表 2.1 2015—2017 年 IPv4 地址分配情况（B 类）

年份	2015	2016	2017
国家地区/分配数量	983	578	789
1	美国（US）568	美国（US）256	美国（US）555
2	埃及（EG）113	摩洛哥（MA）48	埃及（EG）28
3	塞舌尔（SC）32	塞舌尔（SC）33	巴西（BR）18
4	南非（ZA）31	中国（CN）20	加纳（GH）17
5	突尼斯（TN）28	巴西（BR）19	南非（ZA）17
6	巴西（BR）22	南非（ZA）18	突尼斯（TN）12
7	中国（CN）20	印度（IN）16	摩洛哥（MA）12
8	印度（IN）19	埃及（EG）16	肯尼亚（KE）10
9	加拿大（CA）17	肯尼亚（KE）16	加拿大（CA）10
10	加纳（GH）9	阿尔及利亚（DZ）16	德国（DE）9

资料来源：CERNET。

亚太地区、欧洲地区、拉美地区、北美地区的 IPv4 地址池相继耗尽，非洲地区也进入 IPv4 地址耗尽的第一阶段。2017 年获得 IPv4 地址较多的国家/地区，依次是美国、埃及、巴西、加纳、南非、突尼斯、摩洛哥、肯尼亚、加拿大、德国等。值得一提的是，美国、中国等国家在其所属地区 IPv4 地址耗尽后，通过 IPv4 地址的转让交易，仍获得了较多的 IPv4 地址。

截至 2017 年年底，全球 IPv4 地址分配总数为 3656779576 个，地址总数排名前十位的国家/地区如表 2.2 所示。

表 2.2 2017 年 IPv4 地址分配总数排名前十位的国家/地区

排名	国家/地区	地址总数（个）
1	美国（US）	1611648000
2	中国（CN）	3399396608
3	日本（JP）	203714048
4	英国（GB）	122848792
5	德国（DE）	120312448
6	韩国（KR）	112439552
7	巴西（BR）	84173568
8	法国（FR）	80934960
9	加拿大（CA）	70080768
10	意大利（IT）	54102080

资料来源：CERNET。

3. IPv6 地址

2017年，全球 IPv6 地址分配数量为 19979 块/32，与 2015 年、2016 年相比，基本持平，略有下降。2017 年获得 IPv6 地址分配数量较多的国家/地区，依次是中国、美国、俄罗斯、德国、荷兰、西班牙、印度、英国、巴西、法国（见表 2.3）。

表 2.3 2015—2017 年 IPv6 地址分配情况对比（/32）　　　　　　　　　　单位：个

年份	2015	2016	2017
国家地区/分配数量	20230	25293	19979
1	南非（ZA）4441	英国（GB）9587	中国（CN）2245
2	中国（CN）1797	德国（DE）1511	美国（US）1481
3	英国（GB）1277	荷兰（NL）1305	俄罗斯（RU）1359
4	德国（DE）1269	美国（US）1135	德国（DE）1357
5	荷兰（NL）1010	俄罗斯（RU）1005	荷兰（NL）1321
6	俄罗斯（RU）864	法国（FR）926	西班牙（ES）1170
7	巴西（BR）755	巴西（BR）732	印度（IN）1087
8	西班牙（ES）716	西班牙（ES）702	英国（GB）1080
9	意大利（IT）707	意大利（IT）687	巴西（BR）1049
10	美国（US）660	中国（CN）597	法国（FR）722

资料来源：CERNET。

截至 2017 年年底，全球 IPv6 地址申请（/32 以上）总计 36932 个，分配地址总数为 225626 块/32，地址数总计获得 4096 块/32（/20）以上的国家/地区有美国、中国、英国、德国、法国、日本、澳大利亚、意大利、荷兰、韩国等，如表 2.4 所示。

表 2.4 2017 年 IPv6 地址数总计获得 4096 块/32（/20）以上的国家/地区（/32）

排名	国家/地区	地址数（/32）	申请数（个）
1	美国（US）	44445	5384
2	中国（CN）	23427	1416
3	英国（GB）	17958	1644
4	德国（DE）	17486	1898
5	法国（FR）	12148	941
6	日本（JP）	9673	550
7	澳大利亚（AU）	8959	1198
8	意大利（IT）	7622	682
9	荷兰（NL）	6156	1260
10	韩国（KR）	5242	152
11	俄罗斯（RU）	5219	1462
12	阿根廷（AR）	4950	660
13	南非（ZA）	4675	220

续表

排名	国家/地区	地址数（/32）	申请数（个）
14	巴西（BR）	4596	4924
15	欧盟（EU）	4342	68
16	波兰（PL）	4159	637
17	埃及（EG）	4106	12

资料来源：CERNET。

据 APNIC Labs 提供的全球 IPv6 用户数及 IPv6 用户普及率的报告，截至 2017 年年底，全球 IPv6 用户数排名前十位的国家/地区，依次是印度、美国、德国、日本、巴西、英国、法国、加拿大、比利时、马来西亚，中国 IPv6 用户数排在第 14 位。而全球 IPv6 用户普及率排在前十位的国家/地区，依次是比利时、印度、德国、美国、希腊、瑞士、卢森堡、英国、乌拉圭、葡萄牙，中国 IPv6 用户普及率排在第 67 位。

4. 4G 网络情况

截至 2017 年第三季度，4G 网络已基本实现全球覆盖。在全球 224 个国家/地区中，除中非和中东两大区域的 54 个国家/地区（含岛屿）外，已有 200 个国家/地区建成了 644 个 LTE 公共网络。

据 Open Signal 报告，运营商的 4G 网络覆盖日趋完善，新加坡位列第一，4G 平均下载速度为 45.62Mbps；韩国位列第二，4G 平均下载速度为 43.46Mbps，之后依次为匈牙利、挪威、荷兰。美国的 4G 平均下载速度仅为 14.99Mbps，全球排名第 59 位，不到新加坡移动设备用户 4G 下载速度的 1/3。至于最差的网络覆盖，主要集中在印度、伊拉克、乌克兰等移动通信产业不太发达的地区。

截至 2017 年 6 月底，全球 LTE 用户数达到 23.6 亿。此外，未来 5 年，GSM 用户将持续减少，3G WCDMA 用户只能实现 4%的年平均增长率，LTE 用户有望保持 14.87%的年平均增长率，到 2018 年超过 30 亿，到 2022 年达到 50 亿,用户数量有望超过移动总用户数的 50%。5G 方面，从 2019 年开始，用户数将逐年增长，到 2022 年有望达到 3 亿左右的规模。

中国 4G 用户总数已达到 7.34 亿，4G 总机站数 249.8 万个，已建成全球规模最大的 4G 网络。中国主导制定的 TD-LTE-Advanced 已成为 4G 国际标准之一。

5. 5G 网络发展现状

2017 年，5G 不断加速奔跑，预计 2018 年，全球将迎来 5G 的最初商用。随着标准步伐的不断加速，各国的 5G 战略就位，行业企业也在紧锣密鼓地进行测试与部署。

2017 年年初，3GPP 国际通信标准组织正式宣布"5G"将成为下一代移动网络连接技术的正式名称，同时发布了 5G 网络的官方标志，随着官方标志的敲定，5G 的"形象"也越来越清晰。

2017 年 12 月 21 日，在里斯本举行的 3GPP TSG RAN（第三代合作项目：无线接入网络）全体会议上，成功完成了首个可实施的 5GNR 标准。该标准早于计划半年发布，标准的完成为全球移动行业开启 5GNR 的全面发展、支持 2019 年尽早实现 5GNR 大规模试验和商用部署奠定了基础，是支持 5GNR 高效、全面发展的重要里程碑。现阶段，随着"互联网+"模式的发展和移动互联网的普及应用，5G 是目前通信产业中最重要的技术革新，将以全新的网络架构，提供至少 10 倍于 4G 的峰值速率、毫秒级的传输时延和千亿级的连接能力，开启万物广泛互联、人机深度交互的新时代，5G 已经成为全球业界争夺的新焦点。

2.2 国际互联网应用

2.2.1 电子商务

2017 年，全球经济继续呈现温和复苏态势，国际贸易持续低迷。互联网和电子商务加快发展，全球市场效率提升，商品信息更加对称，贸易门槛逐步降低。跨境电商给全球贸易格局带来了新的变化，世界各国、各地区的经济联系越发紧密。数字经济、人工智能对人类社会和经济产生了深刻影响。

据 CIECC《2017 年世界电子商务报告》，2017 年，全球网络零售交易额达到 2.304 万亿美元，同比增长 24.8%，占全球零售总额的比重由 2016 年的 8.6% 上升至 10.2%。全球已有 7 个国家网购用户数量超过 1 亿人，中国作为全球最大的互联网用户市场，2017 年电子商务交易总额达到 29.2 万亿元，B2C 销售额和网购消费者人数均排全球第一位，是全球规模最大、最具活力的电子商务市场。美国是电子商务发展最早且最成熟的国家，2017 年美国网络零售交易额达到 897 亿美元，成为全球零售市场的强劲拉动力。英国是欧洲最大的电子商务市场，互联网普及率达到 93%，电子商务销售额占 GDP 的比例达到 7.16%。拉丁美洲是最受欢迎的电子商务新兴市场，2017 年巴西电子商务市场规模达到 534 亿雷亚尔，成为拉丁美洲最大的电子商务市场，远超拉丁美洲其他地区。

目前，全球共有约 16.6 亿消费者使用移动端进行网购，使用移动端进行支付的消费者占比已达 12%。其中，中国使用移动端进行网购的消费者占 88%，排名第一。从网购人数增长区域来看，未来几年增长最快的地区将是中东和非洲地区。

世界各国纷纷加大力度支持电子商务发展。目前，超过 70% 的国家已经通过了《电子交易法》，而通过《网上消费者保护法》的国家比重最低，不到 50%。

2017 年，全球电商行业投融资活动回转，总投资额有望突破 200 亿美元。电商行业种子/天使轮的融资次数开始逐年下降，已从 2013 年的 54% 下降到了 2017 年的 38%。后期投资项目火热，全球电商行业迈向成熟。中国、美国、印度是最大的市场，分别占全球投资额的 30%、24%、17%。美国电子商务交易活动最为频繁，占全球的 47%。

2.2.2 移动支付

GSMA 发布的《2017 State of the Industry Report on Mobile Money》报告指出，截至 2017 年年底，移动支付已覆盖全球 90 个国家，创收超过 24 亿美元。6.9 亿人注册了移动支付账号，相比 2016 年增长 25%，其中 1.68 亿移动支付账号正被活跃使用，平均每天处理移动交易支付 10 亿美元。

维萨（Visa）2017 年的数字研究报告显示，欧洲移动支付主要集中于线上支付，对于各种线下支付场景的支持力度不够。2017 年，欧洲只有 3% 的店内付款由手机完成。相比之下，在印度、肯尼亚等发展中国家，移动支付快速发展。在肯尼亚、卢旺达、坦桑尼亚和乌干达，66%的成年人经常使用移动支付。肯尼亚是全球移动支付最发达的国家之一，有近50%的民众使用支付软件的移动钱包服务。此外，印度成为全球移动支付增长最为迅速的国家之一，印度的移动支付在其国内的占有率从2016年的1.5%增至2017年的8%。

2.2.3 社交媒体

Hootsuite 和 We Are Social 进行了全球社交网络的调查并发布了 *Digital in 2017 Global Overview* 报告，该报告显示，截至2017年年底，全球社交网络总用户规模为30.28亿，相当于全球人口的40%；手机用户达到27.8亿，相当于全球人口的37%。

除用户分布范围广之外，Facebook 在用户总量上也处于绝对统治地位。2017年年底，Facebook月活跃用户量达到20.61亿，占全球社交媒体用户的66.7%。在对抗Facebook系列产品的战争中，只有YouTube仍然坚挺。YouTube在2017年8月的活跃用户数已达到15亿，仅次于Facebook，成功超过了同属Facebook系的WhatsApp（第三名）和Messenger（第四名），位居第二。中国互联网巨头腾讯旗下的社交软件微信、QQ、Qzone 分别以9.6亿、8.8亿和6.06亿的活跃用户列第五、第六、第八位。Instagram 和 Twitter 的月活跃用户有所下降，居第七、第九位。新浪微博排名第十位，排在Line之前。

该报告同时指出，社交网络的总用户规模正以每天100万人的速度增长，社交功能渐渐赶超搜索功能。印度活跃用户数量已经超过美国，成为Facebook活跃用户数量最多的国家，"潜在用户"达到2.41亿，超过美国（2.4亿）。

2.2.4 搜索引擎

据Net Applications最新数据，2017年8月，Google-Global以66.74%的份额轻松夺冠，但环比上月减少3.48%，持续遭遇蚕食，颓势明显扩大。Bing和Yahoo-Global分获亚军和季军，份额相近，依次为10.80%和10.05%。其余五强份额均不足10%，其中第4名的百度表现较为突出，实现大幅增长，份额达到9.24%。

2.2.5 网络直播

2017年，网络直播市场成为行业热海，各方资本纷纷涌入，市场竞争十分激烈。目前，国外直播平台已形成"三足鼎立"的局面。Periscope、Facebook Live 和 YouTube 移动直播，凭借各自庞大的用户群体，得到了快速发展。中国市场上共有200多家直播创业公司，与各垂直领域都有结合，在新闻、视频、电商、社交领域的应用最为广泛，而在体育、教育培训、实时监控等领域也有很大的应用空间。截至2017年年底，Facebook的直播用户数已经超过16亿人。

2.2.6 虚拟现实

2017年，VR硬件制造商占据了市场的主导地位。索尼、Facebook、Google和三星占据了市场的半壁江山，其中索尼以30%的占有率独占鳌头，Facebook（11%）紧随其后，排名第三、第四位的是Google（8%）和三星（7%）。凭借各自的品牌知名度及技术优势，Facebook

和 Google 在 2017 年获得了上亿美元的收入。HTC 得益于与 Valve 的合作关系，占据 6%的市场份额。

VR/AR 技术仍不断向前发展，这背后不乏资本力量的推动。2015—2016 年，新成立的中国 VR 公司共获得 5.43 亿美元的风险投资。中国现有 3000 个虚拟现实体验馆遍布全国，小米占 4%的份额，腾讯已在印度尼西亚立足。

2.3 国际互联网投融资与并购

全球科技行业 IPO 经历了 2016 年的黯淡后，于 2017 年开始了新的增长。2017 年全球有 100 多起科技企业 IPO，总数相比 2016 年增长了 85%。美国市场的复苏及亚洲市场的持续强势表现带动了全年的数量增长。与 2016 年同期相比，大宗 IPO 驱动的融资总额增长达到 168%。

2.3.1 国际互联网产业投融资

2017 年是 2007 年以来 IPO 市场最繁忙的一年，但传统企业股价猛涨占据船头，互联网公司退居船尾。据 Renaissance Capital 报告，2017 年美国市场共有 160 起 IPO，共融资 356 亿美元，其中，有 15 起来自中国企业。亚洲地区的 IPO 数量已超美国，约占全球 IPO 总数的 1/3。在科技领域，共有 37 起 IPO，融资 99 亿美元。预计 2018 年美国市场的科技 IPO 数量将显著增加。

互联网软件及服务行业在融资总额和数量上占领先地位。该子行业囊括了 2017 年市场上最大宗的几起 IPO。但与 2016 年的表现相比，该子行业在融资数量上发生了 22%的缩减，在融资总额上有 59%的增长。电子及半导体行业在融资规模和融资总额上在过去六年中表现最优。

受中国企业在海外及香港特区上市数量增加的影响，2017 年下半年中国 TMT 企业 IPO 数量基本维持了自 2016 年第三季度以来的增长势头，共有 49 起 IPO，融资额约计人民币 502 亿元。2017 年下半年，中国 TMT 企业中有 41%选择在深圳创业板上市，27%选择在主板上市，而选择在深圳中小板和香港特区及海外上市的占比均为 16%。

2.3.2 国际互联网产业并购

1. 惠普收购敏捷存储

3 月 7 日，惠普以 10 亿美元收购敏捷存储公司（Nimble Storage），该举是惠普专注开拓混合 IT 市场战略的一部分，旨在提高其下降的存储业务销售额。按交易协议规定，惠普将承担 Nimble 价值约 2 亿美元的未行权股权奖励。

2. Intel 收购 Mobileye

3 月 13 日，Intel 宣布以 153 亿美元的价格收购了以色列科技公司 Mobileye。Mobileye 公司于 2014 年在纽交所上市，当时的市值已达到 50 亿美元。Mobileye 与 Intel 合作推出了将用于完全自动驾驶汽车的第五代芯片，计划在 2021 年上市。

3. 阿里巴巴收购大麦网

3月21日，阿里巴巴宣布对演出票务平台大麦网全资收购。据相关数据显示，2014年7月阿里巴巴以D轮投资人身份进入大麦网，并持有大麦网32.44%的股份。阿里巴巴此次收购大麦网，将打通阿里文娱版块的阿里音乐与大麦网的业务。

4. 华芯投资收购 Xcerra

4月10日，华芯投资旗下基金Unic Capital Management（以下简称Unic）与美国半导体测试设备厂商Xcerra宣布，两家公司达成价值人民币40亿元的收购协议，Unic将以现金方式收购Xcerra。此前，美国外国投资委员会已叫停多起半导体行业收购交易。

5. 宣亚国际收购映客

5月9日，映客以28.95亿元被宣亚国际收购。据宣亚国际发布的公告，此次交易完成后，宣亚国际将成为蜜莱坞的控股股东，持有37.50%的股权。

6. Canyon Bridge 收购 Imagenation

据英国金融时报9月23日报道，苹果手机主要的硬件供货商之一，英国著名手机GPU开发商Imagination在半年前惨遭苹果抛弃，公司股价一夜之间下跌超过70%。在危难关头，中国的私人资本Canyon Bridge出手5.5亿英镑（约49亿元）收购了Imagination。

7. 今日头条收购 Musical.ly

11月10日，今日头条与北美知名短视频社交产品Musical.ly正式签署了全资收购协议，目前Musical.ly的市场估值接近10亿美元，交易完成后，今日头条旗下的音乐短视频产品"抖音"将与Musical.ly进行合并。这是今日头条第二款面向北美市场的短视频产品。

8. 博通收购博科

11月17日，博通宣布已完成对网络设备制造商博科的收购。收购博科，可令博通在数据中心产品市场获取到更多份额。博通以每股12.75美元的价格收购博科，总价格约为59亿美元。此外，博通将向博科支付55亿美元的现金，并承担博科4亿美元的净债务。

9. Marvell Technology 收购 Cavium

11月20日，芯片制造商Marvell Technology正式宣布，收购规模较小的竞争对手Cavium公司，以此来拓展无线通信相关业务。根据收购协议，Marvell将以"现金+股票"的方式收购Cavium，即Marvell公司为每股Cavium股票支付40美元的现金、外加2.1757股Marvell股票，相当于每股Cavium股票的收购价格为80美元，交易总金额约为60亿美元。

2.4 国际互联网安全

据赛迪智库《2017年网络安全发展十大趋势》报告，2017年，世界范围物联网智能终端引发的安全事件更加频繁且严重，全球各国之间的网络安全合作进一步提升，全球爆发大规模网络冲突的风险进一步增加。随着手机实名制、快递实名制、APP实名新规等政策的深入实施，通过大数据和社会工程学分析等技术实施的精准网络诈骗将逐渐成为趋势，传统"撒网"式电信诈骗将逐渐退出舞台。

据相关数据显示,约20%的移动用户支付时遭遇过经济损失,且近90%的损失难以追回。安全可控的国产基础软硬件是保障关键信息基础设施网络安全的重要基础,各国将进一步加强网络空间部署,抵御网络恐怖主义和潜在威胁国家的网络攻击,全球网络空间局势将更加复杂,面临的网络安全外部形势也将越发严峻。

后"棱镜门"时代,世界各国掀起了网络安全建设的高潮,各国政府和企业机构逐渐开始重视对网络内容安全的管理,目前全球许多国家都通过立法及技术手段来保卫本国的互联网基础设施,保障网络内容的健康和绿色,为网络内容安全管理市场的发展创造了条件,全球行业未来增速有望超过当前主流预期。国际信息安全行业市场增长较快,2010—2017年的增长速度均在10%左右,2017年全球信息安全行业市场规模超过900亿美元。

2.4.1 各国主要网络安全政策

2017年1月13日,美国白宫国家经济委员会发布《金融科技框架白皮书》,明确六项政策目标,明晰了包括消费者保护、技术标准、提升透明度、网络安全和隐私保护、提升金融基础设施效率等在内的十项基本原则。

2017年2月23日,韩国提出《智能信息社会基本法案》,旨在解决智能信息技术自动化带来的各种社会结构和伦理问题。该法案是韩国国会首次提出的关于智能信息社会的概括性法律文件,该法案对于智能信息技术和智能信息社会等基本定义进行了明确的创新性定义,对其他国家探索建立类似制度具有现实的借鉴意义。

2017年3月,法国国会发布《共享经济税收法》,开启对共享经济的系统化监管。该法案从税收政策角度入手,将共享经济从业者纳入自由职业者范畴并按其实际收入征税,通过税收手段进行调节,在一定程度上可以缓解共享经济对传统经济的冲击,规范市场竞争并减少税收流失。

2017年4月,英国通过《数字经济法案》。该法案规定了建设数字基础设施和服务、完善数据共享、限制未成年人访问色情网站、打造数字政府和加强数字知识产权保护等内容。该法案针对发展数字经济中如何构建法律框架并明确监管机构职能等问题进行了规定,弥补了相关领域的法律空白,是继《英国数字战略》之后又一重磅性文件,是英国打造世界领先的数字经济和全面推进数字转型的重要部署。

2017年5月31日,日本《个人信息保护法修正案》正式施行。此次修正案的实施将使日本的隐私规则发生重大变化,影响到公司处理个人信息的方式,特别是在第三方的披露、国际转让及收集和使用敏感个人信息等方面。该修正案引入了"敏感信息"概念及转让个人信息的新规则。

2017年9月13日,欧盟委员会发布了"促进非个人数据在欧盟境内自由流动"立法建议,旨在通过立法改善欧盟境内非个人信息的自由流动。立法建议提出,服务提供商有自由选择建立提供服务所在地的权利。

2.4.2 网络安全大事件

1. Rasputin攻击60多所大学和政府机构系统

2017年2月,俄罗斯黑帽黑客Rasputin利用SQL注入漏洞获得了系统访问权限,"黑掉"

了 60 多所大学和美国政府机构的系统，并从中窃取了大量敏感信息。遭到 Rasputin 攻击的受害者包括 10 所英国大学、20 多所美国大学及大量美国政府机构，如邮政管理委员会、联邦医疗资源和服务管理局、美国住房及城市发展部、美国国家海洋和大气管理局等。

2. CloudFlare 泄露海量用户信息

2017 年 2 月，著名的网络服务商 CloudFlare 又曝出"云出血"漏洞，导致用户信息在互联网上泄露长达数月。经过分析，CloudFlare 漏洞是一个 HTML 解析器惹的祸。由于程序员把">="错误地写成了"=="，仅仅一个符号之差，就导致内存泄露情况。CloudFlare 的网站客户也大面积遭殃，包括优步（Uber）、密码管理软件 1password、运动手环公司 FitBit 等多家企业用户隐私信息遭到泄露。

3. 维基解密"7 号军火库"泄露

2017 年 3 月，维基解密（WikiLeaks）网站公布了大量据称是美国中央情报局（CIA）的内部文件，其中包括 CIA 内部的组织资料，对电脑、手机等设备进行攻击的技术，以及进行网络攻击时使用的代码和真实样本。利用这些技术，不仅可以在电脑、手机平台上的 Windows、iOS、Android 等各类操作系统下发起入侵攻击，还可操作智能电视等终端设备，甚至可以遥控智能汽车发起暗杀行动。维基解密将这些数据命名为"7 号军火库"（Vault 7），其中共包含 8761 份文件，包括 7818 份网页及 943 个附件。

4. 影子经纪人入侵 NSA 黑客武器库

2017 年 4 月，影子经纪人（Shadow Brokers）公开了一大批 NSA（美国国家安全局）"方程式组织"（Equation Group）使用的极具破坏力的黑客工具，其中包括可以远程攻破全球约 70%Windows 机器的漏洞利用工具，任何人都可以使用 NSA 的黑客武器攻击别人的电脑。其中，有十款工具最容易影响 Windows 个人用户，包括永恒之蓝、永恒王者、永恒浪漫、永恒协作、翡翠纤维、古怪地鼠、爱斯基摩卷、文雅学者、日食之翼和尊重审查。这一系列工具的公开，如同"潘多拉魔盒"被打开，随之而来的是各种利用漏洞制作的病毒（如之后的 WannaCry）在全球肆虐。

5. 超过 1000 家酒店客户信息遭泄露

2017 年 4 月，洲际酒店旗下超过 1000 家酒店遭遇支付卡信息泄露的问题，受影响的品牌包括洲际旗下的假日酒店、皇冠假日酒店、英迪格酒店和伍德套房酒店。大部分遭到黑客攻击的酒店均位于美国，另有一家位于波多黎各。通过卡上的磁条，可能泄露的数据类型包括持卡人姓名、信用卡号、截止日期、内部验证码。

6. WannaCry 勒索病毒全球爆发

2017 年 5 月 12 日，WannaCry 勒索病毒事件全球爆发，以类似于蠕虫病毒的方式传播，攻击主机并加密主机上存储的文件，然后要求以比特币的形式支付赎金。WannaCry 爆发后，至少 150 个国家、30 万名用户中招，造成损失达到 80 亿美元，已经影响金融、能源、医疗等众多行业，造成了严重的危机管理问题。中国部分 Windows 操作系统用户遭受感染，校园网用户首当其冲，受害严重，大量实验室数据和毕业设计被锁定加密。部分大型企业的应用系统和数据库文件被加密后，无法正常工作，影响巨大。

7. 美国 2 亿选民资料泄露

2017 年 6 月,美国安全研究人员发现有将近 2 亿人的投票信息泄露,主要是由美国共和党全国委员会的承包商 Deep Robot Analytics 误配置数据库导致的。泄露的 1.1TB 数据包含超过 1.98 亿美国选民的个人信息,包括姓名、出生日期、家庭地址、电话号码、选民登记详情等。UpGuard 表示,这个数据存储库"缺乏任何数据访问保护",任何可以访问互联网的人都可以下载这些数据。

8. Petya 勒索病毒变种肆虐

2017 年 6 月,Petya 勒索病毒的变种开始从乌克兰扩散。与 5 月爆发的 Wannacry 相比,Petya 勒索病毒变种的传播速度更快。它不仅使用了 NSA "永恒之蓝"等黑客武器攻击系统漏洞,还会利用"管理员共享"功能在内网自动渗透。在欧洲国家重灾区,新病毒变种的传播速度达到每 10 分钟感染 5000 余台电脑,多家运营商、石油公司、零售商、机场、ATM 机等企业和公共设施沦陷,甚至乌克兰副总理的电脑也遭到感染。

9. 消费者联名起诉亚马逊

2017 年 11 月,42 名消费者联名起诉亚马逊,称在亚马逊网购之后,不法分子利用网站多处漏洞,如隐藏用户订单、异地登录无提醒等登录网站个人账户植入钓鱼网站,然后再冒充亚马逊客服以订单异常等要求为客户退款,实则通过网上银转账、开通小额贷款等方式套取支付验证码诈骗用户。

10. Office 高危漏洞导致恶意邮件正大规模窃取隐私

2017 年 12 月,利用 Office 漏洞(CVE-2017-11882)实施的后门攻击呈爆发趋势。恶意文档通过带有"订单""产品购买"等字样的垃圾邮件附件传播,诱骗点击并盗取隐私。恶意邮件每天传播量达千余次且正持续快速增长。该漏洞危害巨大,可影响所有主流 Office 版本,打开文档就会中招,且不排除黑客通过后门实施其他恶意操作。

2.5 国际互联网治理活动

2.5.1 世界互联网大会

2017 年 12 月 3—5 日,第四届世界互联网大会·乌镇峰会在浙江省乌镇举行。本次大会由中国国家互联网信息办公室和浙江省人民政府联合主办,以"发展数字经济促进开放共享——携手共建网络空间命运共同体"为主题,在全球范围内邀请来自政府、国际组织、企业、技术社群和民间团体的互联网领军人物,围绕数字经济、前沿技术、互联网与社会、网络空间治理和交流合作五个方面进行探讨交流。

2.5.2 联合国信息社会世界峰会(WSIS)

2017 年 3 月 18—22 日,联合国信息社会世界峰会在瑞士日内瓦盛大召开。论坛由国际电联、联合国教科文组织(UNESCO)、联合国开发计划署(UNDP)和联合国贸发会议(UNCTAD)联合组织,以"发展数字经济促进开放共享——携手共建网络空间命运共同体"

为主题,在全球范围内邀请来自政府、国际组织、企业、技术社群和民间团体的互联网领军人物,围绕数字经济、前沿技术、互联网与社会、网络空间治理和交流合作等进行探讨交流。

信息社会世界峰会论坛是一个为全球多利益相关方创建的交流平台,旨在促进实施信息社会世界峰会的行动方针,推进全球信息社会的可持续发展。该论坛为参会者提供了信息交流、知识创新和展示最优实施方案的平台,同时考察不断演进的信息技术和知识社会发展现状,确定信息科技新趋势和促进新型伙伴关系的建立。

2.5.3 巴西会议(NETmundial)

2017年4月23日,互联网治理的未来——全球多利益相关方会议(简称巴西会议)在巴西圣保罗召开。会议由巴西政府(巴西互联网指导委员会,CGI.br)和1Net联合举办,这次会议被称为互联网治理界的"世界杯"。

2.5.4 联合国互联网治理论坛

2017年12月18日,第十二届联合国互联网治理论坛在瑞士日内瓦万国宫开幕。论坛以"打造数字未来"为主题,与会代表重点围绕互联网中断、加密和数据流等问题展开了积极交流与探讨。IGF是联合国经济及社会理事会的重要会议,旨在促进各利益相关方在互联网公共政策方面的讨论和对话。IGF自2006年起每年举办一届。本届论坛为期4天,来自全球政界、商界、学界及区域与国别倡议社群等2000余名代表与会。

会议指出,信息和通信技术是实现可持续发展目标的重要手段。根据联合国《2030年可持续发展议程》通过的第9项可持续发展目标,要大幅提升信息和通信技术的普及度,力争到2020年在最不发达国家以低廉的价格普遍提供因特网服务。

(张威)

第二篇

资源与环境篇

- 2017年中国互联网基础资源发展情况
- 2017年中国互联网络基础设施建设情况
- 2017年中国云计算发展状况
- 2017年中国物联网发展状况
- 2017年中国大数据发展状况
- 2017年中国人工智能发展状况
- 2017年中国智慧城市发展状况
- 2017年中国互联网泛终端发展状况
- 2017年中国共享经济发展状况
- 2017年中国网络资本发展状况
- 2017年中国互联网政策法规建设状况
- 2017年中国互联网知识产权保护状况
- 2017年中国网络信息安全状况
- 2017年中国互联网治理状况

第3章 2017年中国互联网基础资源发展情况

3.1 网民

3.1.1 网民规模

1. 总体网民规模

截至 2017 年 12 月，中国网民规模达到 7.72 亿人，全年共计新增网民 4074 万人，年增长率约为 5.6%。中国互联网普及率为 55.8%，较 2016 年年底提升 2.6 个百分点，超过全球平均水平 4.1 个百分点，超过亚洲平均水平 9.1 个百分点（见图 3.1）。

资料来源：CNNIC《第41次中国互联网络发展状况统计报告》。

图3.1 2007—2017年中国网民规模和互联网普及率

2017 年，我国网民规模继续保持平稳增长。互联网商业模式不断创新、线上线下服务融合加速及公共服务线上化步伐加快，成为助推网民规模增长的三大动力。

2017 年，习近平总书记在党的十九大报告中多次提及互联网，互联网在经济社会发展中的地位更加凸显，中国互联网产业发展加速融合，我国向网络强国建设目标持续迈进。过去一年里，"互联网+"持续助推传统产业升级，大数据、人工智能和实体经济融合纵深推进；数字经济成为经济发展新引擎，数字经济规模达到 27.2 万亿元，同比增长 20.3%，占 GDP

的比重达到32.9%,数字经济规模位居全球第二[1]。

2. 手机网民规模

截至2017年12月,我国手机网民规模达到7.53亿人,较2016年年底增加5734万人,年增长率约为8.2%,移动网民增幅超越了整体网民增幅。其中,手机上网人群的占比由2016年的95.1%提升至97.5%(见图3.2)。使用台式电脑、笔记本电脑及平板电脑上网的比例分别为53%、35.8%和27.1%,较2016年年底均有所下降。手机成为应用最广泛的个人上网设备。

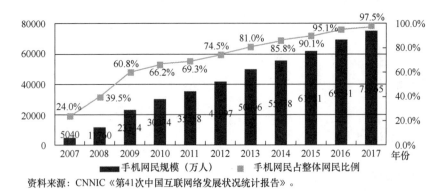

资料来源:CNNIC《第41次中国互联网络发展状况统计报告》。

图3.2 2007—2017年中国手机网民规模和网民占比

2017年,移动互联网步入稳健发展期,逐渐成为拉动中国经济增长、加速产业转型升级的核心动力之一,并呈现出"深融合、广连接"的发展特点,技术与模式创新空前活跃,应用场景更加多元化,终端设备更加智能化,移动数据量持续扩大,社会共享型消费模式蓬勃发展。

首先,应用场景更加多元化,尤其是在泛生活服务领域,社交、信息服务、金融、交通出行、教育、招聘及民生服务等功能不断丰富,移动互联网加快了传统行业的转型升级。其次,以手机为中心的智能设备,成为"万物互联"的基础,车联网、智能家电、可穿戴设备等促进"住行"体验升级,构筑个性化、智能化应用场景。再次,在人口红利逐渐消失、网民规模趋于稳定的同时,海量移动数据成为新的价值挖掘点,"大数据"产业成为新的价值挖掘空间。最后,共享经济借助移动互联网生根发芽,让点对点供给与需求实现对接,带来性价比更高、更加个性化的消费体验。

3. 农村网民规模

截至2017年12月,我国农村网民规模为2.09亿人,占比为27.0%,较2016年年底增加793万人,增幅为4.0%;城镇网民规模为5.63亿人,占比为73.0%,较2016年年底增加3281万人,增幅为6.2%(见图3.3)。

农村网民规模虽然持续增长,但城乡普及差异依然较大。截至2017年12月,我国城镇地区互联网普及率为71.0%,农村地区互联网普及率仅为35.4%。另外,不同地区互联网应用的使用率也存在明显差异,这种差异主要来源于应用类型和区域特点的不同。一方面,由

---

[1] 国家互联网信息办公室发布的《数字中国建设发展报告(2017年)》。

于使用门槛相对较高,农村地区网民在商务金融类应用领域与城镇地区差异较大,网络购物、旅行预订、网上支付及互联网理财等应用的差距在20%~25%;另一方面,外卖、网约车、共享单车等具有明显区域化特点的应用,城镇地区使用率更为突出,各种应用使用率均超过农村地区20%左右。而对于即时通信、网络音乐、网络视频等基础类应用,城乡网民使用差异并不明显,差异率均在10%左右。

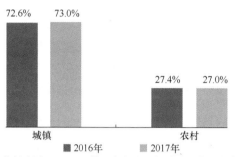

资料来源:CNNIC《第41次中国互联网络发展状况统计报告》。

图3.3 2016—2017年中国网民城乡结构

4. 非网民现状分析

农村人口是非网民的主要组成部分。截至2017年12月,我国非网民规模为6.11亿人,其中城镇非网民占比为37.6%,农村非网民占比为62.4%。

阻碍非网民上网的重要原因依然是上网技能缺失及文化水平限制。调查显示,因不懂电脑/网络,不懂拼音等文化程度限制而不上网的非网民占比分别为53.5%和38.2%;受年龄太大/太小因素影响的非网民占比为14.8%;由于不需要/不感兴趣而不上网的非网民占比为9.6%(见图3.4)。

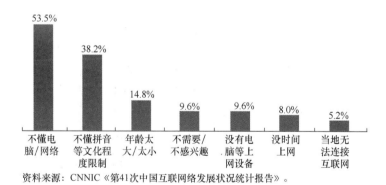

资料来源:CNNIC《第41次中国互联网络发展状况统计报告》。

图3.4 2017年中国非网民不上网原因

提升非网民上网技能,降低上网成本及提升非网民对互联网的需求依然是推动非网民上网的主要动力。调查显示,非网民中愿意因为免费的上网培训而选择上网的人群占比为31.9%;由于上网费用降低及提供可以无障碍使用的上网设备而愿意上网的非网民占比分别为28.9%和25.4%;出于沟通、增加收入和方便购买商品等需求因素而愿意上网的非网民占比分别为 32.0%、26.4% 和 17.5%（见图 3.5）。

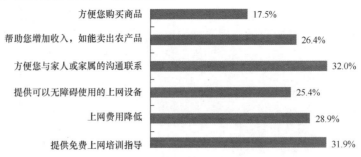

资料来源：CNNIC《第41次中国互联网络发展状况统计报告》。

图3.5　2017年中国非网民上网促进因素

3.1.2　网民结构

1. 性别结构

截至 2017 年 12 月，中国网民男女比例为 52.6∶47.4，2016 年中国人口男女比例为 51.2∶48.8，网民性别结构进一步接近人口性别比例（见图 3.6）。

资料来源：CNNIC《第41次中国互联网络发展状况统计报告》。

图3.6　2017年中国网民性别结构

2. 年龄结构

中国网民以 10~39 岁群体为主，截至 2017 年 12 月，10~39 岁群体占整体网民的 73.0%。其中 20~29 岁年龄段的网民占比最高，达到 30.0%；10~19 岁、30~39 岁群体占比分别为 19.6%、23.5%，与 2016 年年底基本持平。与 2016 年年底相比，60 岁以上高龄群体的占比有所提升，高龄网民人数继续增加（见图 3.7）。

资料来源：CNNIC《第41次中国互联网络发展状况统计报告》。

图3.7　2017年中国网民年龄结构

3. 学历机构

网民中具备中等教育水平的群体规模最大。截至 2017 年 12 月，初中、高中/中专/技校学历的网民占比分别为 37.9%、25.4%，其中，初中学历网民占比较 2016 年年底增长 0.6 个百分点（见图 3.8）。

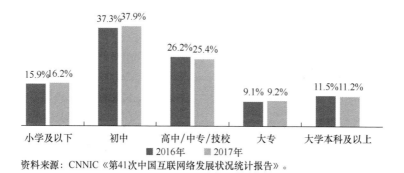

资料来源：CNNIC《第41次中国互联网络发展状况统计报告》。

图3.8　中国网民学历结构

4. 职业结构

网民职业结构中，学生群体的规模最大。截至 2017 年 12 月，学生群体占比为 25.4%；其次为个体户/自由职业者，比例为 21.3%。企业/公司的管理人员和一般职员占比合计达到 14.6%，我国网民职业结构基本保持稳定（见图 3.9）。

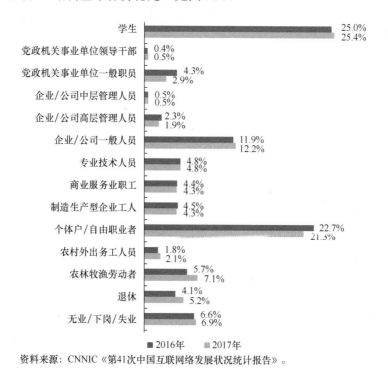

资料来源：CNNIC《第41次中国互联网络发展状况统计报告》。

图3.9　2017年中国网民职业结构

5. 收入结构

月收入在中高等水平的网民群体占比最高。截至2017年12月,月收入在2001~3000元、3001~5000元的群体占比分别为16.6%和22.4%。2017年,我国网民中高收入群体所占比例有所提升,月收入在5000元以上群体占比较2016年年底增长3.6个百分点(见图3.10)。

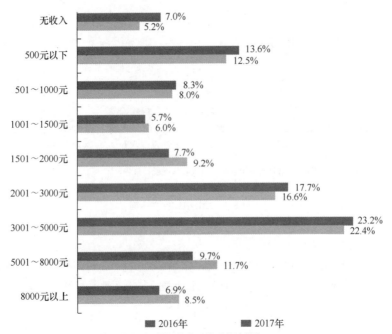

资料来源:CNNIC《第41次中国互联网络发展状况统计报告》。

图3.10　2017年中国网民个人月收入结构

3.2　IP地址

截至2017年12月,我国IPv4地址数量为338704640个,拥有IPv6地址23430块/32,年增长率为10.6%(见表3.1)。

表3.1　2016—2017年中国IP地址变化情况

项目	2016年12月	2017年12月	年增长量	年增长率
IPv4(个)	338102784	338704640	601856	0.2%
IPv6(块/32)	21188	23430	2242	10.6%

3.2.1　IPv4

IP地址是互联网发展不可或缺的核心基础资源。IPv4是首个被广泛使用的互联网协议版本,地址总量约为43亿个,经过几十年的消耗,全球IPv4地址数已于2011年2月分配完毕,自2011年开始我国IPv4地址总数基本维持不变(见图3.11)。

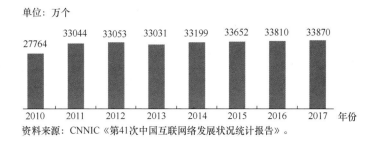

资料来源:CNNIC《第41次中国互联网络发展状况统计报告》。

图3.11 2010—2017年中国IPv4地址资源变化情况

3.2.2 IPv6

IPv6 是 IETE（互联网工程小组）在 1995 年 12 月公布的互联网协议的第六个版本，其主要使命就是凭借海量的地址空间应对 IP 地址的枯竭，继续支撑全球互联网的发展。截至 2017 年 12 月底，我国 IPv6 地址分配总数为 23430 块/32，居全球第二位，我国 IPv6 地址总数占全球已分配 IPv6 地址总数的比例达到 10.38%（见图 3.12）。

资料来源:CNNIC《第41次中国互联网络发展状况统计报告》。

图3.12 2010—2017年中国IPv6地址数量

近年来，各国政府都在积极推进 IPv6 迁移，亚太互联网信息中心的数据显示，截至 2017 年 12 月，全球 IPv6 用户数排名前十位的国家/地区依次是印度、美国、德国、日本、巴西、英国、法国、加拿大、比利时、马来西亚。其中，美国 IPv6 用户数已占其网民总数的 37%；印度为推动 IPv6 的应用，制定了 IPv6 规划路线图，政府专门成立监督委员会、指导委员会和工作组三级 IPv6 推广行动小组进行推进，让原本 IPv6 应用相对落后的印度超过美国，成为全球拥有 IPv6 用户最多的国家，其 IPv6 用户占比达到 46%。中国 IPv6 用户数排在第 14 位。

虽然我国进入 IPv6 领域的时间较早、政策保障较好，发展也取得了一定进展，但整体发展状况相比发达国家仍有所欠缺。据亚太互联网信息中心数据，我国 IPv6 地址总数排名虽然靠前，但是 IPv6 用户普及率却排在第 67 位，IPv6 用户数占国内网民数的比例仅为 0.39%，表明我国 IPv6 实际应用程度很低。截至 2017 年 12 月 31 日，在权威网站排名公司 Alexa 发布的中国排名靠前的网站中，只有少数网站支持或部分支持网页、邮箱及域名服务的 IPv6 访问。例如，腾讯的网页、邮箱服务支持 IPv6 访问，百度的网页服务部分支持 IPv6 访问，知乎的邮箱服务支持 IPv6 等。从总体上看，我国网站应用对于 IPv6 的支持度仍然很低，提升互联网应用服务对于 IPv6 的支持度依然任重而道远。

2017 年年初，工业和信息化部正式发布了《信息通信行业发展规划（2016—2020 年）》及《信息通信行业发展规划物联网分册（2016—2020 年）》。这个规划是指导信息通信行业未来五年发展、加快建设网络强国、引导市场主体行为、配置政府公共资源的重要依据。规划从基础设施建设、应用开发、工业互联网和基础资源管理等方面对 IPv6 提出了要求。

2017 年 11 月 26 日，中共中央办公厅、国务院办公厅印发了《推进互联网协议第六版（IPv6）规模部署行动计划》，提出"用 5 到 10 年的时间，形成下一代互联网自主技术体系和产业生态，建成全球最大规模的 IPv6 商业应用网络"。

国务院印发的《"十三五"国家信息化规划》也明确提到，到 2018 年，我国 IPv6 将大规模部署和商用，到 2020 年，互联网全面演进升级至 IPv6。

这些政策对我国 IPv6 产业的发展起到了巨大的推动作用，国内 IPv6 产业进入高速发展的新周期。

3.3 域名

截至 2017 年 12 月，中国域名总数为 38480355 个，".CN"域名总数约为 2085 万，".COM"域名数量约为 1131 万，占比为 29.4%；".中国"域名总数达到约 190 万，年增长率为 299.8%。根据《全球域名发展统计报告》数据：截至 2017 年年底，全球新通用顶级域名注册量共有 2408 万个，其中近一半注册量在中国（见表 3.2 和表 3.3）。

表 3.2 2016—2017 年中国域名变化情况

项 目	2016 年 12 月	2017 年 12 月	年增长量	年增长率
域名（个）	42275702	38480355	-3795347	-9.0%
.CN 域名（个）	20608428	20845513	237085	1.2%

表 3.3 2017 年中国分类域名数

项 目	数量（个）	占域名总数比例
.CN	20845513	54.2%
.COM	11307915	29.4%
.中国	1895745	4.9%
.NET	1288239	3.3%
.INFO	1170601	3.0%
.ORG	253819	0.7%
.BIZ	154322	0.4%
其他	1564201	4.1%
合计	38480355	100%

资料来源：CNNIC《第 41 次中国互联网络发展状况统计报告》。

3.3.1 .CN 域名

".CN"域名是以 CN 作为域名后缀的国家和地区顶级域名（ccTLD），是在全球互联网上代表中国的英文国家顶级域名。截至 2017 年 12 月，我国域名总数约为 3848 万个，同比减少 9.0%，但".CN"域名数同比增长 1.2%，达到约 2085 万个，在域名总数中占比提升至 54.2%（见表 3.4）。国家级域名保有量的不断突破，进一步提升了我国信息化建设水平，推动了我国互联网的稳步发展，为我国早日建成网络强国提供了基础资源保障。

表 3.4　2017 年中国分类 CN 域名数

项目	域名数量（个）	占域名总数比例
.CN	16727922	80.2%
.COM.CN	2360535	11.3%
.ADM.CN	1309978	6.3%
.NET.CN	233738	1.1%
.ORG.CN	149957	0.7%
.GOV.CN	47941	0.25%
.AC.CN	9017	—
.EDU.CN	6360	—
.MIL.CN	65	—
合计	20845513	100%

3.3.2 中文域名

中文域名是指含有中文字符的域名，".中国"域名是指以".中国"作为域名后缀的中文国家顶级域名，它是在全球互联网上代表中国的中国顶级域名，同".CN"一样，全球通用，具有唯一性，是用户在互联网上的中文门牌号码和身份标识。

截至 2017 年年底，我国注册的中文域名数量达到 244 万个，同比 2016 年增长 114.7%，增长 130 万个。".中国"域名总数达到 190 万，年增长率为 299.8%。".网址"域名更是全球注册量第一的新增多语种顶级域名。近几年中文域名市场不但在存量市场上成为全球第二大域名市场，更是在新增域名市场上成为全球第一大市场，成为全球域名增长的强力引擎。

工业和信息化部 2017 年 1 月印及《信息通信行业发展规划（2016—2020 年）》，强调要强化 IP 地址、域名等互联网基础资源管理及国际协调。鼓励域名创新应用，推动".CN"".中国"等国家顶级域名和中文域名的推广和应用。

2017 年 9 月 1 日，工业和信息化部公布了修订后的《互联网域名管理办法》（工业和信息化部令第 43 号）并于 2017 年 11 月 1 日起施行。该法案第一条特别强调将推动中文域名和国家顶级域发展应用。

2017 年 5 月 15 日，国务院通过并印发了《政府网站发展指引》，新规明确指出政府网站要使用以.gov.cn 为后缀的英文域名和符合要求的中文域名。这标志着中文域名应用已经上升到政府国家的高度，中文域名的发展势必会得到更大助力。

3.4 网站

截至2017年12月，中国网站数量为533万个（见图3.13），年增长率为10.6%，其中".CN"域名下网站数为315万个，总体占比为59%，年增长率为21.8%。

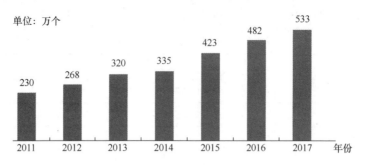

图3.13 2011—2017年中国网站数量

注：数据中不包含.EDU.CN下网站。

3.5 网页

截至2017年12月，中国网页数量约为2604亿个，年增长率为10.3%。其中，静态网页数量约为1969亿个，占网页总数量的75.6%；动态网页数量约为635亿个，占网页总量的24.4%（见表3.5）。

表3.5 2017年中国网页数

项目	2016年	2017年	增长率
网页总数（个）	235997583579	260399030208	10.3%
静态网页（个）	176083292929	196908897175	11.8%
静态网页（总体占比）	74.6%	75.6%	1.3%
动态网页（个）	59914290650	63490133033	6.0%
动态网页（总体占比）	25.4%	24.4%	-3.9%
网页体量（KB）	13539845117041	17107296355296	26.3%
平均每个网站网页数（个）	48922	48828	-0.2%
平均每个网页的字节（KB）	57	66	15.8%

3.6 网络国际出口带宽

截至2017年12月，国际出口带宽为7320180Mbps，年增长率为10.2%（见图3.14）。2017年中国主要骨干网络国际出口带宽数如表3.6所示。

图3.14 2011—2017年中国国际出口带宽及其增长率

表3.6 2017年中国主要骨干网络国际出口带宽数

主要骨干网络	国际出口带宽数（Mbps）
中国电信	3625830
中国联通	2081662
中国移动	1498000
中国教育和科研计算机网	61440
中国科技网	53248
合计	7320180

（张佩佩、李娟）

第 4 章 2017 年中国互联网络基础设施建设情况

4.1 基础设施建设概况

2017年，在国家"构建网络强国基础设施"战略的推动下，各级政府与行业多方入手，深入推进"宽带中国"战略，加快构建高速、移动、安全、泛在的新一代信息基础设施。我国高速光纤网络建设大力推进，国际互联网及国内骨干网大幅扩容，互联互通顶层架构进一步优化调整，宽带和4G网络基础设施建设水平保持国际先进水平，下一代互联网IPv6推进加速，应用基础设施发展迅猛，整体覆盖和服务能力显著提升，网络技术创新能力不断提升，应用部署水平基本与国际保持同步。互联网基础设施的战略地位日益突出，全面服务于国民经济和社会的健康发展。

截至2017年年底，我国三家基础电信企业固定互联网宽带接入用户净增5133.3万户，总数达到3.49亿户，光纤接入（FTTH/O）用户净增6626.9万户，总数达到2.94亿户，占宽带用户总数的比重较2016年提高7.6个百分点，达到84.2%。其中，50Mbps及以上接入速率的固定互联网宽带接入用户总数达到2.44亿户，占总用户数的70%，较2016年提高27.4个百分点；百兆及以上接入速率的固定互联网宽带接入用户总数达到1.35亿户，占总用户数的38.9%，较2016年提高22.4个百分点。3G和4G移动宽带用户总数达到11.3亿户，全年净增1.91亿户，占移动电话用户总数的79.8%。4G用户总数达到9.97亿户，全年净增2.27亿户。

2017年，我国基础电信运营企业深入推进扁平化改造，容量持续增长，网络架构不断优化，网络承载能力日新月异。运营企业骨干网新平面建设初步完成，第三张网建设起步，着力打造智能化承载网络，有力地支撑数据中心网络承载需求。杭州、贵阳、福州3个第二批新增骨干直联点建设开通，原有骨干直联点不断扩容，互联网顶层网间架构进一步优化。新型业务驱动骨干网络容量持续高速增长，多样化新型技术开展验证并逐步进入骨干网络。国内运营商100G OTN网络继续规模化建设，200G/400G OTN测试验证继续开展，ROADM开始规模应用。我国国际互联网出入口扩容提速，总带宽达到5.8Tbps，较2016年同比增长90%；海外POP部署重心持续向亚欧非转移。全国国际数据专用通道申报呈爆发式增长，地方凸显了布局国际网络的意愿，开封、长沙等6个城市获批建设专用通道，昆明获批建设区域局，成为网络拉动地方经济发展的重要手段之一。

基础电信运营企业进一步落实网络提速要求,光改成果显著,FTTH 网络覆盖巨幅增长。2017 年,互联网宽带接入端口数量达到 7.79 亿个,较 2016 年净增 6601.5 万个,同比增长 9.3%。互联网宽带接入端口"光进铜退"趋势更加明显,xDSL 端口比 2016 年减少 1639 万个,总数降至 2248 万个,占互联网接入端口的比重由 2016 年的 5.5%下降至 2.9%。光纤接入(FTTH/O)端口比 2016 年净增 1.2 亿个,达到 6.57 亿个,占互联网接入端口的比重由 2016 年的 75.5%提升至 84.4%。全国新建光缆线路 705.3 万公里,光缆线路总长度 3747.4 万公里,同比增长 23.2%,整体保持较快增长态势。

随着 4G 业务的发展和服务不断优化,中国基础电信企业移动网络设施建设步伐加快,2017 年新增移动通信基站 59.3 万个,总数达到 619 万个。其中 4G 基站新增 65.2 万个,总数达到 328 万个,移动网络覆盖范围和服务能力继续提升。移动互联网接入流量消费达 246 亿 GB,同比增长 162.7%,较 2016 年提升 38.7 个百分点。全年月户均移动互联网接入流量达到 1775MB,同比增长 2.3 倍。其中,通过手机上网的流量达到 235 亿 GB,同比增长 179%,在总流量中的比重达到 95.6%。

中国多方着力完善数据中心发展与布局,数据中心进入规模云化的新阶段。知名云企业数据中心逐步布局海外,阿里、腾讯首入 Gartner 魔力象限,全球布局迅速。数据中心网络架构不断优化,内部网络带宽越来越高,单端口速率由 40G/100G 向 200G/400G 不断迈进,SDN/NFV 在数据中心智能化重构中得到越来越广泛的应用。国内 CDN 发展受云服务商的刺激推动而不断加速。网宿科技公司依托收购和海外基础设施布局等手段,逐步打造全球化业务平台,在 2017 年成为仅次于美国 Akamai 的全球第二大 CDN 服务商。我国域名解析服务设施增长明显,万网、DNSPod 等国内著名权威解析服务商的公共解析节点已逐步走向海外。

网络性能方面,我国骨干网络性能虽劣于发达国家,处于全球中等水平,但较 2016 年同期提升明显。例如,骨干网内丢包率为 0.11%,较 2016 年提升 57.7%。我国固定宽带接入速率大幅提升,提速成效明显,常用网站文件的下载速率全球排名第一。现有网络条件可满足视频流畅播放需求,我国应用视频体验进入"秒开"时代。

从总体上看,2017 年,中国互联网规模和覆盖范围持续扩大,带宽迅速增长,接入手段日益丰富便捷,基础设施能力不断完善,服务能力大幅提升。网络基础设施水平的不断提高和技术创新能力的持续提升,直接带动了我国设备制造业和网络信息服务的发展,成为推动社会信息化和经济社会创新发展的新抓手,为推动经济转型升级和社会进步提供了重要支撑。

4.2 互联网骨干网络建设

4.2.1 网间互联架构持续优化调整,网间互通性能持续提升

中国互联网顶层架构持续优化调整。2017 年,我国大力推进第二批新增直联点建设工作,杭州、贵阳和福州 3 个骨干直联点顺利建成开通。目前,我国骨干直联点总数达到 13 个,各互联单位网间互通流量在这些点上统一调度承载、均衡协调,全国网间互联格局进一步优化。

自新增骨干直联点建设开通以来,随着网间互联架构持续优化,互通质量总体不断改善。我国网间互联互通总体时延性能近几年不断提升,从 2014 年开通前的 68.18ms 降至 2017 年的 49.45ms,降幅达到 27.47%;其中联通和移动全国网间互通时延从 70.19ms 降至 45.92ms,降幅达到 35.24%。近两年各直联点所在省市到全国的网间互通性能总体上改善更为明显(见图 4.1)。

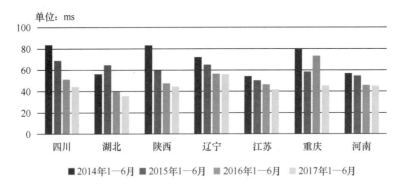

图4.1　首批直联点开通后所在省市与全国互通性能变化情况

4.2.2　骨干网络扁平化程度不断提升,智能化网络建设大力推进

中国骨干网络架构优化调整工作持续进行,网络结构扁平化、去中心化程度不断提高。同时,智能化承载网络建设启动推进,网络云化逐步演进(见图 4.2)。

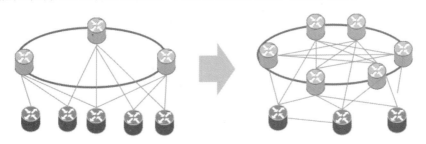

图4.2　骨干网络架构变化趋势

2017 年,中国电信运营商深入推进骨干网络扁平化改造,高效互联的新平面建设基本完成。中国电信 ChinaNet 新平面建设将全国网络划分为 6 个地区,共计建设 10 个核心节点,在流量调度上以大区内疏导和跨区疏导相结合,区块内部和全国其他重点省份之间根据流量互通需求实现充分的省际直连,不同区块之间的层级连接仅用于承载某些非重点省份之间的互通流量或备份流量。中国移动 CMNet 新平面建设共计建设 16 个骨干核心节点并实现全互联,流量承载更加高效。中国联通继续推进全网重点省份直连,China169 网络在网内有选择性地进行跨省汇聚路由器的直接互联,实现了 16 个以上重点省份间的直接网状互联。

随着数据中心的建设发展及随之而来的东西向流量迅速增长,骨干网络第三张网建设起步,智能化承载水平不断提升。中国电信基于 ChinaNet 和 CN2 网络,打造第三张骨干网用于数据中心节点互联,初步实现云管端协同的随选网络;联通利用 SDN 技术搭建 DCI 网络，计划覆盖全国；国内外大型互联网企业结合 DC 建设也正在加快 DCI 网络部署。

4.2.3 骨干网设备全面向 400G 迈进，应对高带宽业务承载需求

随着互联网业务持续增长及 4K 视频、VR/AR 等高带宽业务迅速发展，骨干网流量也正持续高速增长，对骨干数据网设备和骨干传送网的承载能力不断提出新的要求，我国骨干网的建设也不断升级换代，网络能力迅速提升。目前，我国骨干网路由器已全面升级至 400G 平台，1000G 平台已在部分省份进行试点部署。国内运营商 100G OTN 网络继续规模化建设，200G/400G OTN 测试验证继续开展，其多样化的光模块产品正逐步推出。随着城域流量增速加快，干线和城域网将按需逐步引入 200G 和 400G。

另外，骨干传送网架构也正向更为灵活和智能的方向发展。随着 SDN 等技术研究和网络部署的不断推进，骨干传送网也开始积极探索结合 SDN 技术的智能化管控方式，实现传输网络资源的灵活调度和合理高效利用。基于光层（ROADM）和电层（OTN）的 SDON 技术也将开展更大规模的测评或试验，ROADM 节点预计在干线和城域网将开展更大规模的部署并支持智能化管控功能。

4.2.4 中国国际互联网建设进一步推进

2017 年，中国国际通信需求更为凸显，各部委及地方纷纷加大了对国际通信基础设施建设的关注和投入。2017 年，我国新增开封、洛阳、大连、长沙、徐州、兰州、济南 7 个国际互联网数据专用通道，提升了 7 个城市企业的国际访问质量；新增了昆明区域性国际通信业务出入口，进一步增强了面向东南亚的国际通信服务能力。截至 2017 年年底，我国共设立了 9 个国际通信业务出入口、8 个区域性国际通信业务出入口、3 个海峡两岸通信局、15 个国际互联网转接点、23 条国际互联网数据专用通道和 92 个海外 POP 点。

中国国际通信传输网络建设持续推进，已辐射周边绝大多数国家和地区，并且横跨太平洋、贯穿印度洋，连通了我国与亚太地区、非洲大陆、欧亚大陆及北美洲国家和地区之间的信息通道。2017 年，我国退役 1 条国际海缆；新开通 7 条跨境陆缆，通达蒙古、中亚、东南亚等地区。截至 2017 年年底，我国拥有 10 条登陆海缆和 44 条跨境陆缆，通过 24 个国际信道出入口疏通。

4.3 下一代互联网建设与应用

4.3.1 基础网络 IPv6 支持能力持续增强

中国互联网基础网络的 IPv6 升级改造持续推进，电信运营企业骨干网、城域网、数据中心、LTE 网络等对 IPv6 的支持度不断提高，网间互联和国际出口对 IPv6 的支持度也有所提升。2017 年，中国电信、中国联通和中国移动骨干网已全部支持 IPv6 并开启双栈功能。在城域网层面，中国电信 95%的城域网已开启双栈；中国联通超过 98%的城域网设备已支持双栈但未开启 IPv6 功能；中国移动近几年入网新设备均支持 IPv6，北京等 10 个省市已开启 IPv6

功能。在接入网层面，中国电信所有接入网已支持 IPv6 各类单播、组播报文透传，中国联通 99%的 OLT 设备已支持 IPv6 但未开启功能，中国移动接入网和城域网支持情况一致。从移动核心网来看，中国电信所有省份 LTE 核心网 EPC 设备均已支持 LTE IPv6 并部分启用，中国联通移动核心网设备已全部支持双栈，中国移动 LTE 核心网计划全面支持 IPv6，同时 VoLTE 采用纯 IPv6 接入。从网间互联来看，中国移动与中国电信、中国联通、教育网已实现 IPv6 互通。从国际出口来看，中国电信和中国联通出口设备已支持并开启 IPv6 功能，中国移动尚不支持；从对外 IPv6 互通来看，三大运营商骨干网络 IPv6 对等互联数均不过百，相比国际差距较大。在 IDC 层面，中国电信大型 IDC 网络设备均已支持 IPv6，中国联通 IDC 出口设备支持比例超过 98%，中国移动 28 个 IDC 已改造支持 IPv6。在 DNS 层面，中国电信 DNS 已全面支持 IPv6 解析，中国联通 16 个省市支持双栈，中国移动骨干和省网 DNS 已全部支持 IPv6，而我国常用公共递归 DNS 也已全部支持 IPv6 解析；但我国通用顶级域 IPv6 支持度还较差，落后国际先进水平。

4.3.2 网络应用支持 IPv6 能力有待进一步提升

中国商用网站直接支持 IPv6 的应用比例较低，成为制约我国 IPv6 发展的重要瓶颈。目前，我国能够直接提供 IPv6 接入服务的商业网站数量还比较少，国内网站和应用软件 IPv6 支持度很低，落后于国外网站和应用软件；根据中国信息通信研究院互联网监测分析平台统计，我国 TOP100 网站中仅有 9 个支持 IPv6 解析，支持 IPv6 访问的也仅有 4 个。另外，根据国外对全球网站 IPv6 DNS 解析的统计数据，2017 年 12 月，我国 ALEX TOP500 网站已有 28%支持 IPv6 DNS 解析（不反映网站自身对 IPv6 的支持）。

接入和终端层面对 IPv6 的支持存在空缺，间接影响 IPv6 业务的部署应用。目前，伴随着 VoLTE 业务的开展，国内支持 IPv6 的智能终端型号不断增多，路由型家庭网关已基本能够满足规模商用部署的需求，但国内自主研发的终端基础应用软件对 IPv6 的支持度还较差，依然是影响 IPv6 业务应用推广的接入侧阻碍。

4.3.3 政府强力推动 IPv6 建设和商用推广

随着近两年发达国家加快 IPv6 的建设发展，我国政府部门和相关行业管理机构已充分认识到加快下一代互联网产业建设发展的重要性和现实紧迫性。近年来，在国家宏观规划和行业规划中一直将下一代互联网产业作为重要战略发展方向，在中共中央办公厅和国务院办公厅 2016 年 7 月联合发布的《国家信息化发展战略纲要》及国务院 2016 年 12 月发布的《"十三五"国家信息化规划》中，将下一代互联网确定为支撑国家信息化建设发展的核心先进技术和重要的宽带基础设施，明确提出要加快其商用部署进程。2017 年 11 月，中共中央办公厅和国务院办公厅联合印发《推进互联网协议第六版（IPv6）规模部署行动计划》，吹响了我国加快建设发展 IPv6 的号角。该计划要求，用 5 到 10 年的时间，形成我国下一代互联网自主技术体系和产业生态，建成全球最大规模的 IPv6 商业应用网络，实现下一代互联网在经济社会各领域的深度融合应用，成为全球下一代互联网发展的重要主导力量；同时特别强调，通过以应用为切入点和突破口，加强 IPv6 应用升级和特色应用创新，带动网络、终端协同发展。在政府和行业的共同推动下，2018年我国下一代互联网商用部署有望迎来新的突破。

4.4 移动互联网建设

中国4G网络建设进入平稳发展期。随着国内提速降费政策的深入，我国移动用户进入新一轮增长期。截至2017年8月，我国移动用户达到13.8亿户，普及率达到97.4%，LTE用户占比达到67%。4G网络经过4年的建设，城区及人口密度较大的中东部农村地区均已实现较好覆盖。到2017年8月，4G投资已达到540亿元，较2016年同期有所下降。其中，中国移动累计完成4G基站建设约171.4万个，中国联通累计建成4G基站65.7万个，中国电信在全国318个本地网进行LTE混合组网，累计建成4G基站73.9万个。

5G进入标准研制的关键阶段。我国高度重视5G战略地位，通过网络强国、制造强国、"十三五"规划等战略对5G做出重要部署，大力推进5G技术、标准、产业、服务与应用发展。在频谱方面，我国5G目标频段基本明确，2017年6月工信部就5G系统使用3300～3600MHz和4800～5000MHz频段相关事宜公开征求意见，正式规划于2017年11月公开发布。在研发试验方面，2017年9月完成5G技术研发试验第二阶段（技术方案验证）无线部分测试，全面满足ITU性能指标，同时建成了全球最大的5G试验外场。

物联网持续加速发展，NB-IoT成为产业热点。LPWAN是物联网广域网发展热点，各国家和地区选择有所差异。NB-IoT、LoRa和Sigfox是目前发展最为迅速的三类LWPAN技术，市场优势较大，其中NB-IoT频段灵活，中国、德国、西班牙、荷兰等国已宣布计划商用。截至2017年7月，全球共开通6个NB-IoT商用网络，分别是韩国KT/LGU+、德国电信、Vodafone（荷兰/西班牙）、南非Vodacom、阿联酋电信、中国联通；全球共开通3个eMTC商用网络，分别是AT&T、Verizon、阿联酋电信；14家运营商计划部署NB-IoT或eMTC。2018年我国进入NB-IoT建设元年，工业和信息化部发布NB-IoT发展指导意见，国内三大运营商均加速推进物联网建设和发展，先期均优先部署NB-IoT，扩大网络规模，抢占市场先机；后期将适时引入eMTC中速技术，进一步拓宽业务领域。

4.5 互联网带宽

中国百兆以上高接入带宽用户占比成倍增加。截至2017年年底，全国固定宽带用户达到3.49亿户，其中50Mbps及以上用户占比达到70.0%，100Mbps及以上用户占比达到38.9%，是2016年的2.2倍，其中，天津、河北、甘肃的100Mbps及以上用户更是超过六成。随着光纤宽带加快普及，我国光纤接入（FTTH/O）覆盖数达到11.3亿户，用户总数达到2.94亿户，占固定宽带用户总数的84.3%。

中国骨干网带宽超过500Tbps。2017年，随着大流量互联网应用的快速发展，骨干网压力日渐增大，各基础电信运营商一方面推动骨干网络不断扁平化，增加连接方向，减少转接跳数；另一方面随着中国电信和中国移动骨干网新平面的建成，以及各基础电信运营商DCI网络的启用，骨干网络全面升级至400G平台，从而推动我国骨干网络带宽较2016年增长超过60%，总带宽超过500Tbps。

我国骨干网网间带宽扩容再创新高。2017年，随着贵阳、福州、杭州骨干直联点的相继启用，我国骨干直联点总数达到13个，网间互联带宽扩容1588Gbps，扩容数为前两年之和，网间互联带宽达到5600Gbps（见图4.3）。

图4.3　2009—2017年中国互联网网间带宽扩容情况

从网间带宽扩容分布来看，2013年以后新增的10个骨干直联点成为扩容主要渠道，占比高达84%；81%的扩容带宽主要集中在电信—联通方向（见图4.4）。

国际互联网出入口带宽持续提升。根据TELEGEOGRAPHY统计，2017年年底，我国国际互联网出入口带宽（含港澳）达到20.3Tbps，年增长率达到34%，在全球171个国家/地区中位列第6位，仅次于美国、德国、法国、英国和荷兰（见图4.5）。

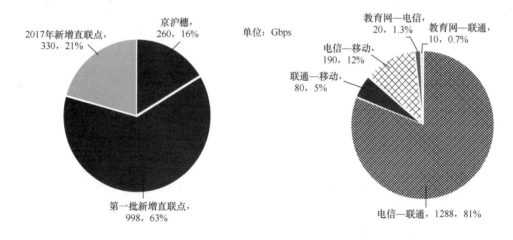

图4.4　2017年中国互联网网间带宽扩容分布情况

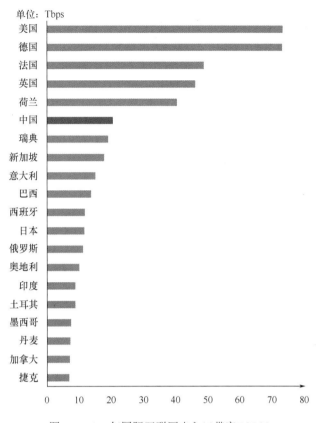

图4.5　2017年国际互联网出入口带宽TOP20

4.6　互联网交换中心

互联网交换中心已成为网间互联架构的重要组成部分。随着互联网内容的不断丰富，交换中心作为分发内容资源的有力推手，在全球范围内迅速发展，并进一步推动网间互联架构网状网演进。根据 Peeringdb 统计数据，目前全球交换中心已达到 600 多个，遍及 119 个国家；交换中心建立的互联关系约为直联的 2 倍；全球交换中心流量保持50%～100%的年增长率，顶级交换中心承载流量达到 Tbps 量级，全球流量互通枢纽地位日益突出。根据 PCH 的统计，大型互联网交换中心接入了数百家网络主体。

云互联需求将推动互联网交换中心持续演进。随着云计算的快速兴起，全球企业开始广泛使用云资源，部分企业根据自身需要及不同云公司的服务特点，甚至接入多个云资源。根据 RightScale《2017 年云计算调查报告》统计数据，1002 家受访企业中的 95%使用云服务，在使用云服务的企业中，20%的企业接入多个公有云，平均每个企业接入 1.8 个公有云。云资源的广泛使用催生多种云互联需求，包括公有云内部互联、公有云和私有云互联、公有云之间互联等。互联网交换中心通过提供多云接入能够扩大业务服务的地理覆盖范围；能够通过自动部署及高级业务监控管理简化操作及业务部署时间；基于一对多连接的流量聚合能够提高带宽使用效率，从而以更低价格服务更多客户；其安全、高吞吐量、低延时的网络能够促使客户将更多服务迁移至云端;还能够加入数据中心的企业客户生态中,所有的这些利好促使交换中心朝着云交换中心方向变迁。国际上已经出现 Equinix 和 Megaport 等云交换中心企业,这些企业将多家云服务商(Google Cloud、Amazon AWS、Microsoft Azure 等)汇聚接入,为企业客户提供按需、动态、灵活的云计算接入服务。

中国正在探索新型互联网交换中心发展模式。受国内政策环境、市场竞争等因素限制,我国交换中心还存在建设数量少、参与主体有限、网络规模小、疏导互通流量比例低、业务模式单一等诸多问题,京沪穗的国家级交换中心已多年不再扩容,蓝汛 CHN-IX、上海领骏 WeIX 等商业交换中心接入用户几十家,流量已上百 G,但与国际大型互联网交换中心仍难以比肩。2018 年部省两级政府都在积极尝试探索交换中心发展模式,计划开展新型互联网交换中心试点建设。借着交换中心向云交换中心转变的东风,我国有望推出国家级新型互联网交换中心。

4.7 内容分发网络

CDN 市场保持高速发展,市场格局悄然变化。2017 年,中国 CDN 市场容量为 136.1 亿元,同比增长 29.1%。随着在线直播、短视频、AR 及 AI 等各类新型互联网应用的兴起,CDN 将迎来更大市场,预计到 2019 年国内 CDN 市场容量将接近 250 亿元,增长率保持在 35%以上。截至 2018 年 3 月,全国共有 111 家企业获得 CDN 牌照,其中 34 家兼有 CDN 和云服务牌照,11 家企业允许在全国经营 CDN 业务。从市场份额来看,传统 CDN 企业网宿仍排在第一位,但受"价格战"及云厂商介入影响,其市场容量大幅缩小,2017 年其利润同比下降近 1/3;互联网云厂商的竞争力不断提升,阿里云位列市场份额第 2 位,已拥有 1300 多个全球加速节点,全球带宽储备总量超过 85Tbps。

新型 CDN 架构引发关注,CDN 行业进入新蓝海。作为关键应用基础设施,CDN 对于促进直播、在线视频及 AI 各类即时应用的发展起到重要作用。2017 年以来,CDN 与 AI、边缘计算、物联网相融合的趋势日渐清晰,网宿、腾讯、阿里等企业均发力新型 CDN 架构布局。网宿正在构建边缘计算平台,把计算、存储、安全、应用处理等能力直接推到边缘侧,把 CDN 节点升级为边缘计算节点;腾讯云 CDN 与 AI 技术结合,使传统流量型 CDN 节点与 TPG 图片压缩技术、超分辨率技术 TSR 融合,在保证图片质量的同时缩减文件大小,节省了 75%的带宽;阿里云陆续发布 Link Edge、ENS 两款边缘计算产品,结合边缘计算、中心计算能力,推动形成"云边端"的新架构,以满足用户实时响应的要求。

4.8 网络数据中心

IDC 资源供给量快速增加,呈现结构性供给过剩状态。随着云计算、大数据的快速发展及摩尔定律失效,我国各地政府和企业积极参与网络数据中心建设,国内 IDC 基础设施保持高速增长,截至 2017 年年底,全球 8%的超大规模数据中心建在我国,我国 IDC 机架总规模约为 110 万个。分区域来看,北京、上海、广州、深圳等一线城市数据中心资源最为集中,新建增速放缓,可用资源有限,其周边地区数据中心资源充足。此外,中部、西部、东北地区可用数据中心资源丰富，规模较大，价格优势明显。国内企业数据中心出海进程提速，2018年年初随着中国香港地区、美国、印度陆续开启数据中心，腾讯云已在全球23个地理区域运营42个可用区；2017年，阿里已在全球布局超过200个飞天数据中心。

边缘计算推动数据中心从核心向边缘延伸。随着高速移动互联网和物联网的发展，所有连接都产生大量数据，特别是IoT、4K、AR/VR、自动驾驶等应用对于海量数据处理、高速传输和实时响应的需求不断增加，将数据传回云数据中心处理的效率变得低下。为此，边缘计算从数据源头入手，以实时、快捷的方式与云计算进行应用互补。边缘数据中心处于核心数据中心和用户之间，通过广域网与核心数据中心保持实时数据更新，在最接近终端的位置为用户提供服务，避免传递重复数据，使当地用户获得与访问核心数据中心无差异的服务。根据IDC统计数据，到2020年将有超过500亿个终端与设备联网，超过50%的数据需要在网络边缘侧分析、处理和存储。

国内IDC行业管理不断完善，地方政策引导优化区域布局。在政策层面，通过发布《关于数据中心建设布局的指导意见》，推进新型工业化示范基地（数据中心）建设，引导数据中心资源布局优化；构建全周期IDC业务管理体系，细化IDC业务事前准入标准，推进"放管服"改革，完善IDC事中事后管理体系；大力推进绿色数据中心建设，推进试点工作，新建大型数据中心PUE普遍低于1.5。在区域布局方面，京津冀三地着力构建国家大数据综合试验区，协同发展战略驱动三地加强IDC统筹布局；贵州省推动数据中心整合利用，加快建设中国南方数据中心示范基地。

（李原、汤子健、苏嘉、杨波）

第5章　2017年中国云计算发展状况

5.1　发展概况

经过近10年的发展,云计算已从概念导入进入广泛普及、应用繁荣的新阶段,已成为提升信息化发展水平、打造数字经济新动能的重要支撑。

2017年,中国云计算保持稳定增长,公有云IaaS市场规模进一步扩大,以阿里云为代表的国内云计算公司跻身Gartner全球IaaS(基础设施即服务)市场报告榜单前三,互联网企业向用户服务进一步渗透,PaaS和SaaS服务同样得到高速发展。同时,私有云市场规模也进一步扩大,保持较快增长,已经建设私有云的企业纷纷发展PaaS和SaaS平台,在注重安全和可控的同时,加快向服务化方向转型,在技术方面越来越多的企业选择开源技术,开源技术得到长足发展,企业对开源私有云管理平台的认可程度持续提升,以OpenStack、Docker为代表的开源技术得到重用,软件定义网络、软件定义存储、DevOps运维等技术进一步得到广泛推广,国内开源生态圈雏形已初步形成。

2017年,云计算创新发展、网络安全、互联网+及大数据等领域的国家政策相继出台,进一步支撑了云计算的发展。2017年4月,国家出台《云计算发展三年行动计划(2017—2019年)》,结合"中国制造2025"和"十三五"系列规划部署,提出了未来三年我国云计算发展的指导思想、基本原则、发展目标、重点任务和保障措施,有利于推动我国云计算进一步健康、快速发展。

2017年,中国云计算厂商在国际业务能力方面取得了很大的进步。2017年6月,Gartner报告显示,阿里云处于魔力象限的Visionaries(有远见者、愿景者)区域。此次评估针对的是其国际业务能力,这是Gartner首次将中国云计算厂商的国际业务列入评比范畴,阿里云强势崛起成为这一核心领域的前四名,排在阿里云之前的是AWS、微软和Google(见图5.1)。

同时,在云存储方面,中国企业也突飞猛进,除了阿里云,腾讯也开始提供基于对象存储的服务,已入围Gartner2017年7月全球公有云存储服务魔力象限(见图5.2)。

第 5 章　2017 年中国云计算发展状况

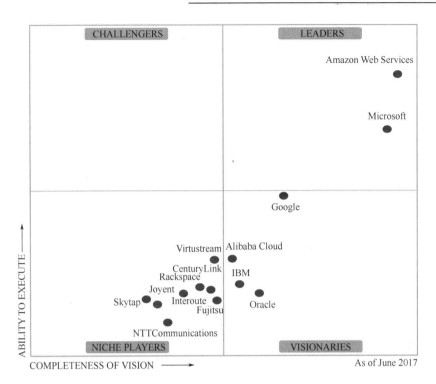

图5.1　2017年云计算厂商业务能力魔力象限评估

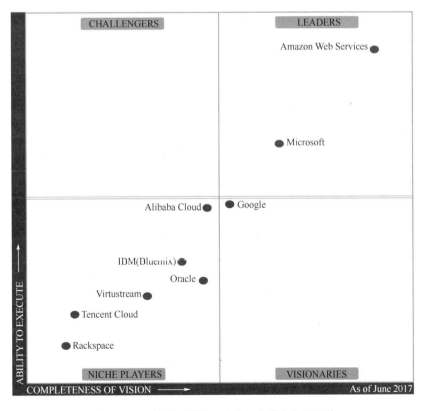

图5.2　2017年云存储厂商业务能力魔力象限评估

5.2 发展特点

如今,云计算的关注点已从早期的资源虚拟化整合,过渡到以应用为中心,为如何实现对各类应用创新的支撑保障提供解决方案。技术焦点也从"虚拟化+Openstack"转向"容器+DCOS",系统弹性获得了很大的扩展,同时呈现以下特点。

1. 多元化

各领域企业具有多样性和复杂性特点,不管是大型企业,还是中小型企业,都存在特征各异的云需求,从而促使各类新型云服务不断产生,多元化的云创新已不断涌现。如今,云计算提供商还不能够满足整个市场的各类需求,企业以单独或联合的方式,使用公有云、私有云、定制云、专用云、本地云,还有各种行业云,如政务云、医疗云、金融云、广电云、能源云等,为各行各业提供着全方位的服务。

2. 技术融合

各领域的技术融合已成为云计算发展路径的重要趋势。例如,公有云和私有云的融合、开发和运维的融合;又如,IaaS、PaaS 和 SaaS 的融合,云计算产业、大数据产业和人工智能产业的融合。世界在加速走向开源,从简单开放走向各开源技术、业态之间的深度融合;随着物联网的快速发展,对数据存储和计算量的需求将带来对云计算能力的更高要求,于是就有了"云物联"这一基于云计算技术的物联网服务,在云计算技术的支持下,物联网被赋予了更强的工作能力,其使用率逐年上升,所涉及的领域也随之越来越广泛,云计算承载的物联网有着更为广阔的发展空间。同时,云计算、大数据及人工智能深度结合,三位一体为新兴行业和传统行业融合带来了丰富的生命力。以云计算为基础,提供基础资源和平台服务;以大数据为分析手段,提供传统分析方式所无法企及的海量数据分析能力,从各种各样类型的数据中,快速获得有价值的信息;人工智能作为核心动能切入至物流、智能家居、医疗、金融、智能终端等领域,用新的技术颠覆传统行业的运行模式。

3. 混合云

作为私有云和公有云的混合形态,混合云在 2017 年迎来了爆发期。如今的混合云方案中,并不是单纯地呈现为"私有云+公有云"形态,而更多地体现为"私有云+"——在构建完成私有云的基础上,借助公有云的能力形成混合云。借助混合云管理平台(CMP)的能力,实现多云的管理、跨云的资源和服务编排、云费用分摊和成本优化等功能。通过构建混合云,企业可以实现统一管理公有云和私有云、跨国跨区域的业务系统部署、关键数据的云灾备、应对短时的云爆发业务需求、全局的高可用性和性能需求、各云服务提供商的优势/高性价比服务选择、成本分摊及优化能力等,目前越来越多的云厂商开始提供混合云解决方案。

4. 云生态

云厂商基于自身能力,发展生态合作伙伴,形成横跨 IaaS、PaaS、SaaS 多层云架构的服务能力。2017 年,亚马逊云可提供 90 多种云服务,并拥有数千家第三方合作伙伴,数百万的活跃用户;阿里云有 1200 多家 ISV、5000 多家生态伙伴,联合提供 6000 余款云上应用和服务;腾讯云帮助合作伙伴实现了整体收入激增 10.9 倍的成果;华为公司云计算解决方案能够提供30多种IaaS和30多种PaaS平台服务。电信运营商也在云计算领域构建自己的生态，中国移动在2017年8月举办云计算大会，进一步推进中国移动"大云""移动云"产品和服务在政务、金融、制造等领域市场拓展，促进打造中国移动云计算、大数据生态圈；10月，中国联通宣布与阿里和腾讯在云计算上开展深度合作。

5. 容器化

Micro-Service、Severless/FaaS、CI/CD无疑是2017年云计算行业最火的几大热词，然而贯穿其中的正是容器技术。云计算发展的本质是要简化IT，以腾出更多的资源来加强应用服务能力，然而这一理念在容器技术的应用普及前却显得步履蹒跚。开源云计算Openstack的发展壮大，给人们带来了草根上云的希望，却又设下了高不可攀的门槛。直到容器技术的应用推广，一切才得以改变！容器技术已渗透至云计算的每个层面，容器化运行云计算集群、在云计算虚机中运行容器集群，容器化可以提升IaaS、PaaS和SaaS等结构高级运行。2017年年初，容器化运行Openstack的Kolla项目开始稳定并进入生产环境，一跃成为社区最热门的项目之一，2017年年底，Openstack社区联合中美20余家企业发布最新容器项目Kata，容器弱隔离带来的安全问题将得到改善。对微服务架构、函数即服务、持续集成/持续交付和DevOps而言，容器都是最佳的载体，而容器编排引擎Kubernetes在2017年的火热，使得容器技术如虎添翼，也从一个侧面印证了云计算容器化的势不可当。

6. 云安全

云计算的发展也为网络安全带来了挑战，传统安全威胁在云数据中心仍然存在，同时虚拟化、资源共享等新特性，给云数据中心引入新的安全威胁及需求，数据安全、虚拟化安全、应用安全、服务可用性是各方关注的重点。云服务需求与安全问题的映射关系如图5.3所示。

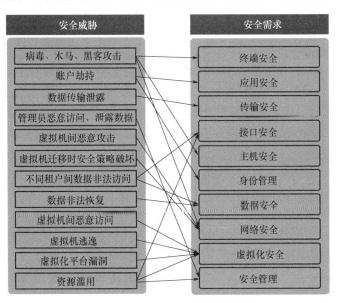

图5.3 云服务需求与安全问题的映射关系

数据中心内部网络边界越来越模糊、虚拟机东西向流量存在隐患，云安全在注重传统安全防护手段（双层异构防火墙、IPS、抗DDoS）的同时，需要采用软件定义防火墙和无代理防病毒技术（全面防护虚拟化环境 Windows 和 Linux 等系统，实现虚拟化环境东西/南北向安全控制）支撑整个资源池的安全防护工作。

云数据中心注重安全域划分，资源池划分为三个网络平面：业务网络、存储网络和管理网络，业务网络可进一步分为核心交换区、核心生产区、DMZ 区、测试区、接入维护区及互联网络区。

5.3 各类云服务发展情况

近两年，云计算市场呈现出全面爆发的大好形势，各类云服务市场规模进一步扩大。2015 年国内企业云服务市场规模为 394 亿元，2016 年为 520.5 亿元，2017 年达到 693.1 亿元。预计未来几年仍将保持约 30%的年复合增长率。经过长时间的技术积累与概念的宣传和普及，云计算已经逐步深入应用层面，更加全面、具体地服务于企业和开发者。

5.3.1 公有云

中国公有云服务逐步从互联网向各传统行业市场延伸，根据中国信息通信研究院统计数据，2017 年公有云市场规模达到 246 亿元，比 2016 年增长 44.8%，增速较 2016 年有所放缓。预计未来几年中国公有云市场仍将保持高速增长态势，到 2020 年市场规模将达到 604 亿元（见图 5.4）。

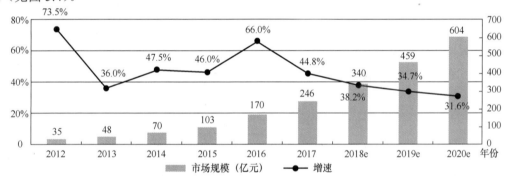

资料来源：中国信息通信研究院《中国公共云发展调查报告2017年》。

图5.4 2012—2020年中国公有云市场规模

根据《2017 年云计算调查报告》统计数据，在使用云服务的企业中，20%的企业接入多个公有云，平均每个企业接入 1.8 个公有云。根据 IDC 发布的 2017 年上半年中国公有云 IaaS 市场份额调研结果，2017 年上半年阿里云 IaaS 营收约为 5 亿美元，占据 47.6%的中国市场份额，腾讯云和金山云分列第二、第三位（见图 5.5）。

5.3.2 私有云

2017 年，中国私有云市场规模达到 426.8 亿元，相比 2016 年增长 23.8%，增速有所放缓。预计未来几年中国私有云市场仍将保持稳定增长，到 2021 年市场规模将超过 950 亿元（见图 5.6）。

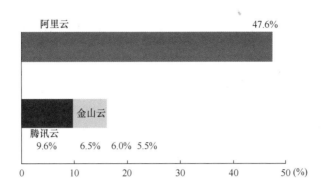

图5.5 2017年上半年中国公有云市场结构

资料来源：中国信息通信研究院。

图5.6 2013—2021年中国私有云市场规模

2017年，在私有云细分市场结构中，硬件市场规模为303.4亿元，占比为71.1%，比2016年下降0.6个百分点；软件市场规模为66.6亿元，占比为15.6%，与2016年相比上升了0.2%；服务市场规模为56.8亿元，较2016年提高了0.4%。硬件依然占据私有云市场的主导地位，但相比2016年占比有所下降（见图5.7）。随着用户对软件和服务的需求增速加快，未来占比将继续提升。

资料来源：中国信息通信研究院。

图5.7 2016年和2017年中国私有云市场结构

5.3.3 混合云

混合云如今正在被越来越多的企业所重视，2016年我国企业采用混合云占云计算应用的比例已超过10%。Gartner预测，到2020年，90%的组织将利用混合云管理基础设施。因此，混合云服务方案将被越来越多的企业采纳，对大多数企业而言，混合云已成为最优化的云战略方案。

企业使用混合云的驱动因素包括成本、灾难恢复、业务峰值负载分担、应用测试等。目前，众多云计算厂商纷纷推出自己的混合云，如阿里云推出混合云专线服务、混合云托管服务等。

混合云典型的用户应用场景包括负载扩充、灾难恢复、数据备份和应用部署。以灾难恢复为例，它一般采用主从架构，如果都使用私有云的话，运维成本较高。在混合云架构里，可以考虑把备用部分放在公有云上，用于在主服务器宕机时，短时内保证服务的连续性，同时也可节省成本，如医院混合云模式。

5.4 行业应用

2017年，企业"上云"进程正在加速，特别是在以人工智能技术为代表的新一波技术浪潮的推动下，越来越多的行业开始选择公有云、私有云和混合云，以降低企业运维成本，同时基于云计算等基础资源开展大数据分析和人工智能应用，并从中受益。在各云应用领域中，行业云成为"新战场"，政务云竞争白热化、金融云初进轨道、人工智能云将兴起、工业云普遍处在酝酿期。

5.4.1 金融行业

目前，国内传统金融机构使用云计算技术主要采用私有云和行业云两种部署模式，但对公有云的接受程度相对落后于其他行业，这与金融行业的高度监管是紧密相关的。

作为中国金融云建设的里程碑事件，原银监会在《中国银行业信息科技"十三五"发展规划监管指导意见（征求意见稿）》中首次对银行业云计算明确发布了监管意见，提出积极开展云计算架构规划，主动和稳步实施架构迁移，支持金融行业的行业云。随着金融行业改革，互联网金融孕育而生，其依托于支付、云计算、社交网络及搜索引擎等互联网工具而产生的一种新兴金融模式，主要包括第三方支付平台模式、P2P网络小额信贷模式、基于大数据的金融服务平台模式、众筹模式、网络保险模式、金融理财产品网络销售等模式，均是以云计算应用作为基础的。

5.4.2 电信行业

在电信行业，虽然国外一些运营商和IT设备商纷纷退出了公有云市场，但国内运营商依旧在扩大布局，中国电信在2017年云计算规划方面做了进一步布局，天翼云平台推向了全国31个省市，打造云资源池超过50个；中国联通着力打造开放性的沃云数据中心和资源池，规划布局超大型的云数据中心12个；中国移动从内环、中环、外环三个方向构建开放生态系统，基于大云的 Openstack 体系环境开发了比较全面的产品，可提供云主机、云存储、云专线等服务。

在私有云方面，以中国移动为例，从 2011 年开始私有云建设，到 2017 年已形成"一级平台，两级管理"的技术架构，是国内乃至全球最大规模的私有云，目前服务器已超过两万台，使用自主研发的云管理平台，支撑了全国及各省 IT 支撑系统的建设和发展。同时，未来网络设备形态将向软件定义和服务化方向转变，为适应下一代网络发展，满足用户网络切片等随需定义、灵活组合、敏捷部署等个性需求，中国移动已开展多年 NFV/SDN 网络云化转型技术研究，致力于通过解耦基础设施与业务逻辑构建下一代网络，目前已基本完成部分阶段测试工作，下一步将启动 IT 基础网络建设，构建基础电信云资源池，电信云将作为与基础通信相关的所有网元、网管的重要载体，大量核心网元和业务平台都将部署在电信云上，实现网络功能虚拟化，支撑电信网络资源按需分配。由于电信业务的特性，对电信云在稳定性、安全性等方面提出了更高的要求，电信网络功能虚拟化将带来云计算业务的快速发展。

5.4.3 政务云

传统电子政务系统主要面向部门内部事务处理，存在信息孤岛难以打破、系统构建僵化、扩展性差、业务模式有待完善等问题，使其无法满足新型政府提供多样化和高效的公共服务的需求。云技术的发展为政务信息化注入了新的活力，目前国内各地区政务云建设向购买服务模式发展的趋势明显，近期出台的国家政策大力鼓励社会资本参与政务云建设，国内政务云建设案例中采用购买服务方式的比例大幅上升，其中不乏具有标杆性意义的案例，如海南省党政信息中心政务云、上海电子政务云等。

从应用上来看，未来政务云的发展方向将是向纵深发展。现阶段政务云将云资源合理分配、整合，实现部门之间的信息流转和共享等功能只是初级的基本功能，随着云计算技术越来越完善，云计算与大数据等技术将更紧密地结合，未来的政务云将实现大数据的共享、分析流转等功能。

5.4.4 医疗云

随着云计算技术的不断完善，云计算在医疗健康行业的应用加快了医疗信息资源的建设，实现了信息资源共享，提高了整个医疗机构的服务水平。通过推动医疗卫生服务和管理机构之间的标准建设、数据共享、信息整合，有效规划信息系统建设和整合，提高医疗卫生机构的医疗质量和服务能力，运营管理效率，从而实现以患者为中心的医疗信息化系统建设。推动医疗卫生行业在战略与发展、运营和流程、信息技术应用不同层面的发展。近年来，云计算在国内医疗健康行业的应用快速发展，2017 年中国医疗云市场规模达到 50.1 亿元，医疗健康行业云计算应用已完成市场培育，即将进入快速发展阶段。

云计算在医疗健康领域以公有云、私有云、混合云三种模式为主，实现各类互联网医疗应用。公有云通常指第三方提供商为用户提供的能够使用的云，公有云一般可通过公网直接使用。混合云模式由医院、第三方机构及政府管理部门共同投资，管理权归医院和政府部门所有，委托第三方机构进行技术托管和支持维护，开发给区域内的卫生医疗机构使用，并针对居民和药品厂商、专业医疗研究机构提供增值服务。私有云是为某一个医疗机构单独使用而构建的,因而提供对数据、安全性和服务质量的最有效控制。医疗机构拥有基础设施,并可以控制在此基础设施上部署应用程序的方式。私有云可部署在医院数据中心的防火墙内,也可以部署在一个安全的主机托管场所,私有云的核心属性是专有资源。

根据统计结果,私有云是目前医疗用户主选的云计算,46%的用户选择私有云部署方式,从安全角度出发,医院尤其是三级医院云化的方向仍是以自建的私有云为主。公有云的部署占比为 19%,医疗行业用户对公有云的接受度有所提升。

5.5　用户需求分析

根据中国信息通信研究院调查数据,越来越多的企业开始使用云计算,这一比例于 2017 年达到 54.7%,相比 2016 年上升了 9.9%,其中只采用私有云的企业占比为 13.4%,比 2016 年小幅上升,企业对于私有云的接受程度进一步提高。

用户选择私有云还是公有云主要还是从安全性和可控性两方面考虑,有些用户开始采用混合云方案,通过企业私有云与公有云对接,将公有云作为企业管理系统冷数据的应急备份方案,如医院混合云,混合云存储方案即构建"私有云存储热数据和公有云存储冷数据"的混合云存储方案。所谓热数据,就是经常被用到的数据,冷数据就是调阅量非常少的数据,将两种数据在私有云、公有云上分开存储,在保障医院数据安全和系统可靠性的基础上,间接地降低了基础设施的管理成本。

用户对于开源技术的认知进一步提升,80%以上的企业已应用开源技术,技术成熟度和可持续性依然是企业选择开源技术的优先考虑因素。超过 60%的企业已经应用 OpenStack 或正在测试环境,该比例比 2016 年上升了 9.9%,近半数企业选择购买基于 OpenStack 开发的商业版软件,并由供应商提供技术支持;超过三成的企业已经应用了容器技术,运维自动化是容器技术应用最为广泛的场景,从而实现应用的快速部署和灰度升级,同时接近 60%的企业选择 Docker 作为其容器技术;六成以上的企业已经应用软件定义存储技术或正在进行环境测试,近 3/4 的企业选择使用开源的软件定义存储技术。

5.6　发展趋势

1. 用户群体基数和范围持续扩大

云计算早期仅于 IT 企业进行部署,重在自身 IT 基础结构的改良与优化。随着云计算技术的深化,以及和应用的结合,越来越多的企业和开发者将业务转移到云服务器,并开始接触和使用更广泛的云应用和云服务。而且随着云计算市场竞争的加剧,云计算供应商纷纷进行差异化创新,向垂直领域拓展,逐步涉及政务、金融、教育、医疗等领域,并推出多种多样的定制化云计算服务解决方案。

2. 从部分云化向原生云平台转移

在云计算发展初期,企业和开发者使用云计算主要面向外部用户群,如将网站或应用托管到云服务器,使之面向用户提供基于云架构和网络的 Web 访问服务。现在,随着企业和开发者对云计算理解的深入而产生更高的信任度,越来越多的企业开始将企业内部 IT 系统架构全面迁移上云，利用云端原生应用部署 IT 架构。

3. 私有云发展路径

企业在搭建自己的云架构以后，将会更关注云平台的运维管理和自服务能力，未来的云管理平台的运维能够根据系统硬件或应用变化自动做出反应，实现自动预警和智能预处理，减少人工干预。同时基于容器的应用将会越来越多，相比传统虚拟化，更容易实现应用在同构异构资源池环境中的部署、发布、迁移和扩展，容器毫无疑问是未来云建设的热点，包含容器技术的云管理平台将成为未来的主流趋势，云管理平台将向 PaaS 发展。

4. 从公有云、私有云到混合云融合

在云计算发展初期，业界对于公有云和私有云的选择问题存在较大争论，但随着我们对云计算认识的深入，在云计算服务类型方面，大家已形成基本的共识，公有云和私有云并非相互对立，而是相互融合，逐步向混合云方向发展。基于公有云开发的云服务器，价格实惠，稳定安全，可操作性强，适合中小企业和开发者部署网站或应用。

5. 从概念到部署，云计算服务更加务实

经过长时间的云计算概念的宣传和推广，我们对云计算已经形成较为清晰的认识。云计算服务商已逐步将重心放到云服务器等云产品的研发与优化上。作为 IaaS 基础设施服务，云服务器等基础服务已趋于成熟，越来越多的云服务供应商开始向 PaaS、SaaS 挺进，试图将云计算真正转化为更加具体、更加细化的服务产品，使之真正成为未来智能化社会的重要公共基础设施，普惠每个家庭。

6. 云安全重视程度不断提升

云安全是任何云体系架构中都不可或缺的关键部分，特别是对于私有云用户而言，安全性更是解决方案选择中首要考量的因素。随着云相关产品的推广，针对云计算的行业合规和信息安全等级保护条例将会更加细化。此外，虚拟化安全、数据安全、访问控制、安全审计、多租户资源安全隔离等安全措施也将被广泛应用到各厂商的云管理平台中。

（付永振）

第6章 2017年中国物联网发展状况

6.1 发展概况

6.1.1 总体情况

2017年，中国物联网技术积累逐渐成熟，厂商纷纷调整战略方向，启动新的规模化网络部署，物联网广域网络基础设施在2017年呈爆发增长态势，国际巨头在物联网方面投入持续加大，包括亚马逊、微软、高通、爱立信、诺基亚和运营商在内的企业都发布了自己的物联网战略。国内在工信部政策的指引下，三大运营商快速开展了网络部署，基站规模上超额完成工信部规划任务，地方政府对物联网应用的推进力度也逐步加大。

NB-IoT标准和产业链成熟，工信部政策快速支持，三大运营商积极响应，为物联网发展打下了技术和基础设施基础。其他非授权频段技术标准也逐渐扩大应用范围，市场活跃度逐步提升，形成新的市场增量。以摩拜等共享单车为代表的物联网智能终端在2017年大规模部署，并快速获得用户，为物联网应用的扩展和商业模式的创新带来了全新的思路。以阿里云为代表的互联网巨头分别在智能家居、智慧城市、产业互联网等方向切入物联网产业，并作为未来重要战略方向。巨头的投入和布局为国内物联网产业向高端发展，以及更深入、广泛的应用起到了引领作用。中国作为物联网产业的领先国家，基本保持了各方面和国际先进水平的同步发展，在应用方面还略有超前。

6.1.2 国际概况

2017年，全球物联网设备的总数为84亿台，比2016年增加31%[1]。全世界商用移动物联网络41个，其中NB-IoT网络31个，LTE-M网络9个[2]。有43个国家部署了LoRaWAN网络[3]。51个运营商部署了Sigfox网络。物联网广域网络基础设施在2017年呈爆发增长态势。

国际巨头在物联网方面的投入持续加大。亚马逊在物联网云平台方面持续发力，接连发

---

1 数据来源：Gartner。
2 数据来源：GSMA。
3 数据来源：LoRa联盟。

布了 6 项物联网云服务。同时，还发布了 Amazon FreeRTOS，赋能终端。2017 年年底，亚马逊收购 Blink，直接涉足物联网硬件产业。亚马逊爆红的产品 Alexa 也与智能家居等物联网应用密切相关。2017 年，微软在 Azure IoT 的基础上，进一步推出 Microsoft IoT Central 简化物联网的部署。各电信运营商也在 2017 年明确地提出物联网战略，设备商高通、爱立信、诺基亚都是 NB-IoT 的重要支持者，运营商沃达丰、Verizon、KPN 都发布了自己的物联网战略，积极部署移动物联网。

以法国为代表，国外也呈现出中小企业聚集发展的趋势，如在 LoRa-Alliance 内部，就有法国中小企业 56 家之多，同时另一种低功耗广域网络的技术服务商 Sigfox 也是法国创业公司。瑞士也有 28 家以上 LoRa-Alliance 成员，荷兰有 22 家成员企业[1]，在 2017 年年初成员数接近中国，可见欧洲先进国家已经在物联网方向形成产业聚集发展趋势。

6.1.3 国内概况

2017 年，国内物联网产业抓住 NB-IoT 商用的机遇，在政策、投资、技术和产品等各领域都取得阶段性成果。

工信部在 2017 年 6 月先后发布《关于 NB-IoT 系统频率使用要求的公告》《全面推进移动物联网（NB-IoT）建设发展的通知》，规定了 NB-IoT 的频率使用，规划移动物联网发展的目标，提出到 2017 年年末，实现 NB-IoT 网络覆盖直辖市、省会城市等主要城市，基站规模达到 40 万个。到 2020 年，NB-IoT 网络实现全国普遍覆盖，面向室内、交通路网、地下管网等应用场景实现深度覆盖，基站规模达到 150 万个。2017 年实现基于 NB-IoT 的 M2M（机器与机器）连接数超过 2000 万，2020 年总连接数将超过 6 亿[2]。在工信部政策的指引下，三大运营商快速开展了网络部署，基站规模超额完成工信部规划任务。此外，三大运营商在网络部署的基础上迅速公布了资费政策、补贴政策。可以说，NB-IoT 是近年来标准形成最快、商用最快的网络标准。2017 年 12 月，为进一步规范非授权频段各种无线应用，工信部发布了《微功率短距离无线电发射设备技术要求（征求意见稿）》，该征求意见稿特别提到各种物联网应用要求。业界企业也积极沟通反馈，为未来非授权频段物联网技术和应用的发展做好了铺垫。

4G 投资高峰已过，5G 尚未来临，运营商的投资开始进入下滑通道，物联网投资成为唯一增长点。2017 年 8 月，中国移动采购与招标网先后发布《中国移动 2017—2018 年蜂窝物联网工程无线和核心网设备设计与可行性研究集中采购招标公告》和《2017—2018 年窄带物联网天线集中采购项目招标公告》，规划在 2 年内建设 40 万个 NB-IoT 基站，工程总投资 395 亿元。其中，2017 年，中国移动将在全国 346 个城市建设 14.5 万个基站，投资规模约为 100 亿元。中国电信全网 31 万个 NB-IoT 基站升级需要约 200 亿元。为达到工信部的规划目标，电信运营商在物联网基础设施方面的投资将达到千亿元水平。在产业界，投资也再度活跃，百度于 2017 年年初收购涂鸦科技。由无锡金投、梁溪城投、赛伯乐绿科、无锡市政建设集团共同筹建的 50 亿元的物联网产业基金于 9 月正式成立。2017 年，物联网领域投资事件增加 160%。而在和物联网相关的单车大战中，投入的资金也超过了 200 亿元。

---

1 数据来源：LoRA 联盟。

2 数据来源：工信部网站。

国内地方政府对物联网应用的推进力度加大。江西省鹰潭市联合三大运营商，在全国率先实现NB-IoT全区域覆盖。移动、电信、联通三大运营商在鹰潭已投资1.7亿元，共建成开通962个NB-IoT基站，实现鹰潭城区、县城、乡镇全域覆盖，大型自然村覆盖率达到100%。依托完善的基础设施，鹰潭目前已经成功孵化出NB-IoT产品30余种，在实际场景试点应用的领域15个，形成了一批可向全省、全国、全球推广的应用案例。截至2017年年底鹰潭智能终端数量已经接近10万个[1]。2017年，无锡市同时建设了鸿山和雪浪两个物联网小镇，杭州建设了滨江物联网小镇。地方政府结合低功耗物联网络部署，示范应用带动，领军企业入驻，进一步促进了物联网产业的发展。

在产品方面，以无人自助终端为代表的物联网应用已逐渐成熟，步入到新的发展阶段。不同于物联网智慧城市应用和智能家居应用，无人自助设备直接进行交易和交付，商业模式清晰，产品定义清晰，在2017年不同领域、不同品类都出现大量无人自助设备，是物联网产品发展的新方向。以共享单车为例，2017年全国投入2000万辆，是2016年的10倍。每辆共享单车都是联网控制，数据上传到物联网终端。其他领域像无人咖啡机、按摩椅、健身房、橙汁机、抓娃娃机、唱歌机、洗车机和各种售货机更是层出不穷，总数和品类呈爆发增长趋势。而在智慧城市应用中，由于低功耗广域网络的应用，智能抄表、市政监测类产品部署成本大大降低，规模效应显现。在智能家居领域，以智能音箱为代表的人工智能产品的加入，进一步促进了产品的多样化和实用化，从而更加贴近用户的实际需求。在工业互联网领域，头部厂商产品和平台也接近成熟商用。2017年是物联网产品落地速度大大加速的一年。

在技术方面，除了以NB-IoT为代表的低功耗广域网络技术给物联网应用带来规模化效应之外，人工智能、区块链等技术在应用中，也呈现出和物联网融合发展的趋势。在应用中有一个形象的比喻，即人工智能是大脑，物联网是身体，区块链是价值与生产关系。例如，在预测性维护场景中，物联网起到了采集数据的作用，人工智能起到了判断问题、发现问题的作用，而物联网采集的各种数据可以通过区块链进行交易，因此涌现出一批人工智能+物联网、区块链+物联网项目。

6.2　关键技术

6.2.1　LPWAN 技术

2017年，低功耗广域网络技术已经被广泛使用。目前，市场上主流的广域网协议有NB-IoT、LoRa、Sigfox、Weightless及RPMA等。根据不同的广域网协议的技术特点，可以将主流的广域网协议分成扩频技术、超窄带技术、窄带技术和PRMA四类（见图6.1）。

NB-IoT是物联网（Internet of Things，IoT）领域一个新兴的技术，支持低功耗设备在广域网的蜂窝数据连接，也被称为低功耗广域网（LPWAN）。与基于2G移动网络的传统物联网终端相比，NB-IoT物联网终端具有待机时间长（终端电池可达10年）、覆盖能力强（比现有的网络增益20dB）、多连接（一个扇区支持10万个连接）、成本低等优势，因此可以支持更广泛的场景下的创新业务。

---

[1] 数据来源：鹰潭市工信委网站。

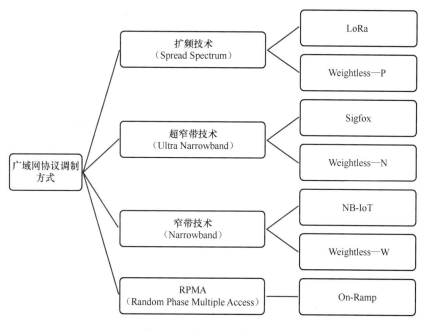

图6.1 广域网协议技术分类

NB-IoT 技术目前在中国已获得政策支持，运营商进行了大量投资，技术研发方面各公司也投入巨大。2017 年，共有 13 家芯片企业投产了 NB-IoT 芯片，其中国内 7 家，国外 6 家。国内的 7 家企业分别是深圳市海思半导体有限公司、深圳市中兴微电子技术有限公司、上海移芯通信科技有限公司、紫光展锐、北京松果电子有限公司、苏州简约纳电子有限公司、创新维度科技（北京）有限公司。2017 年，在 MulteFire 联盟中，NB-IoT 开始非授权频段的标准化进程。预计相应标准将在 MulteFire1.1 版本中发布[1]。蓝牙联盟 2017 年也发布了蓝牙 5.0 标准，支持了网状网结构，并把传输距离扩展到 1 千米，是一个面向物联网的全新版本[2]。

6.2.2 新兴交叉技术

随着物联网在产业中的落地，人工智能、区块链和物联网产生了新的组合与交叉，形成应用场景智能化的发展趋势。

人工智能领域的语音识别、人脸识别已经达到商用程度，并形成产业热潮。语音识别技术上进步巨大，2017 年 3 月，IBM 通过结合 LSTM 模型和带有 3 个强声学模型的 WaveNet 语言模型，在"集中扩展深度学习应用技术领域取得了 5.5%词错率的突破"。在语音产品领域，2017 年产业界掀起了智能音箱发布热潮，京东、百度、小米、阿里巴巴、华为、联想等都发布了具有语音识别功能的智能音箱产品，在音箱产品上都加入和智能家居互联的功能，和物联网技术进行了融合。工业界在人脸识别技术方面也有了飞速的发展，大数据驱动的深度学习在人证合一验证方面已经远超人类。1：N 静态照片检索识别率也有了提升。因此，2017 年带有人脸识别功能的物联网产品爆发式增长，实名制自助验证闸机在火车站规模应

---

1 数据来源：MulteFire 联盟。
2 数据来源：蓝牙联盟。

用,部分城市宾馆入住也开始使用人脸识别。物品识别技术在物流快递分拣、智能冰箱、无人零售领域也广泛应用。总之,人工智能技术在物联网领域已经交叉应用。

区块链技术 2017 年迅猛发展,并在物联网领域开始应用。国内区块链和物联网的结合以技术应用为主。2017 年 12 月,沃尔玛、京东、IBM、清华大学共同宣布成立中国首个安全食品区块链溯源联盟。在供应链管理、充电桩交易、共享经济等方面国内都出现了区块链和物联网相结合的项目。

6.3 产业应用场景

6.3.1 智慧农业

2017 年 8 月,国家发展改革委、财政部、农业部联合印发《关于加快发展农业生产性服务业的指导意见》,提出大力发展多元化、多层次、多类型的农业生产性服务,带动更多农户进入现代农业发展轨道,全面推进现代农业建设。

随着多方面技术日渐成熟,智慧农业研发成果在各地方逐步落地实施。太仓璜泾镇为发展"智慧农业",将一整套物联网技术"植入"现代农业园大棚,形成"设施园艺区、经济林果区、蔬菜经作区、水稻生态区、特色水产区"五大产业格局;农业部智慧农业物联网项目在新疆阜康市德天利王母桃园建成并投入使用,通过对各类农作物种植过程的相关参数的数据采集、分析和上报,技术人员能及时对病虫害进行研判,并调整管理措施,有效预防或及时处理各类农作物出现的问题,实现自动化精细化管理、远程监测、全程溯源的智能化模式;在赣县建设国家现代农业示范区,300 多个传感器、800 多个摄像头监测点遍布 18 个农业生产基地,通过手机或电脑实时监测每一株作物的状态,及时调整温度、湿度、光照度等指标。

2017 年 9 月 20 日,全国规模最大的一次植保无人机联合作业在新疆巴州尉犁县实施,示范作用明显。来自全国各地的 600 多名植保无人机操作员和 1000 余架无人机聚集尉犁县,作业面积超过 200 万亩,持续时间为 6 周。当前,无人机打药已在南、北疆地区得到越来越多农户的认可,被广泛应用到辣椒、棉花、小麦等农作物的栽培中,带来增加农民收入、节省人力、提高农产品质量等多重利好。

6.3.2 工业物联网

工信部于 2017 年 1 月 17 日发布的《关于印发信息通信行业发展规划(2016—2020 年)的通知》指出,到 2020 年,具有国际竞争力的物联网产业体系基本形成,包含感知制造、网络传输、智能信息服务在内的总体产业规模突破 1.5 万亿元,智能信息服务的比重大幅提升。2016 年 12 月 27 日,教育部、人力资源和社会保障部、工业和信息化部联合印发《制造业人才发展规划指南》,该文件作为《中国制造 2025》的重要配套文件,是 1+X 规划体系的重要组成部分,也是促进制造业人才发展、为实现制造强国的战略目标提供人才保证的重要举措。同时,全球家电业首个智能制造创新联盟发布了由海尔主导制定的包括大规模定制、工业云平台建设、智能制造执行系统在内的三项标准。

工信部发布的《2017年消费品工业"三品"专项行动计划》明确指出，在支持骨干企业发展智能节能家电的背景下，各地企业纷纷加快推进工业物联网的建设。BOE（京东方）成都第6代柔性AMOLED生产线总投资465亿元，是中国首条采用全球最先进的蒸镀工艺的AMOLED生产线，实现年产值有望超过300亿元；深圳德富莱率先建成国内首条工业4.0智能工厂生产示范线，完全实现自动化生产、物流、数字化、信息化全面智能控制，将原本需要59人的生产线减至2人；由海尔和菲尼克斯电气联合打造的首条海尔智能家电互联工场示范线采取智能化、模块化的设计理念，实现家电产物从云端下单的特性化定制、智能组装、智能测试、特性化打印、智能包装、到智能入库的临盆制作的全智能化过程。

2017年5月，工信部成立智能制造专家咨询委员会，搭建推进智能制造发展的战略性、全局性、专业性决策咨询平台，主要职责是：对国内外智能制造发展进行跟踪和前瞻性研究，把握智能制造技术路线和方向，提出咨询意见和建议；为智能制造发展规划、智能制造工程实施和国家智能制造示范区创建等提出咨询意见和建议。

6.3.3 智慧城市

截至2017年4月，我国100%的副省级城市、87%的地级以上城市，总计超过500个城市，均已明确提出或正在建设智慧城市。

2017年，各地政府积极推进新型智慧城市建设，在政策法规、顶层设计、体制机制、基础设施、公共服务、城市治理、信息资源、投融资模式、网络安全等方面不断探索实践，不断取得积极进展，涌现了一批新型智慧城市建设的典型经验和优秀案例。山东省枣庄市发布2017年智慧城市建设工作要点，南宁市、湖南省相继出台智慧城市建设实施方案，石家庄、淄博市出台相关行动计划，蚌埠市发布《蚌埠市推进新型智慧城市建设（2017—2018年）工作分工》，河北雄安新区管委会与阿里巴巴集团签署战略合作协议，香港特区政府公布《香港智慧城市蓝图》，大同市审议通过《大同市智慧城市促进条例（草案）》。

国内企业也在配合各地政府积极推动技术与解决方案的实施落地，并取得一定进展。2017年10月，阿里巴巴城市大脑1.0正式发布，为杭州市逾900万常住人口的快速出行提供实时分析和智能调配，通过各类数据感知交通态势进而优化信号灯配时，实现了120救护车等特种车辆的优先调度，以及事件报警、信号控制与交通勤务快速联动。

2017年12月20日，新型智慧城市建设部际协调工作组编著的《新型智慧城市发展报告2017》正式发布。这是全球首创的评价指标体系最全、评价覆盖范围最广、网络化平台使用和第三方市民体验调查规模最大的智慧城市评估实践。

国家标准委在10月14日世界标准日发布了一批重要国家标准，其中《智慧城市技术参考模型》（GB/T 34678—2017）、《智慧城市评价模型及基础评价指标体系 第1部分：总体框架及分项评价指标制定的要求》（GB/T 34680.1—2017）、《智慧城市评价模型及基础评价指标体系 第3部分：信息资源》（GB/T 34680.3—2017）、《智慧矿山信息系统通用技术规范》（GB/T 34679—2017）四项国家标准获批发布。

6.3.4 智能家居

《2018—2024年中国智能家居行业市场深度调研及投资战略分析报告》显示，2017年我国智能家居市场规模为 908 亿元，预计 2020 年将突破 2000 亿元。从市场占比来看，家电类产品在智能家居当中占比最高，智能空调、智能冰箱和智能洗衣机三者市场占比合计超过 70%。受到价格等因素的影响，智能锁、运动手环、家用摄像头等即时类产品的市场增速较快[1]。奥维云网（AVC）线下检测数据显示，2017 年，中国智能电视的零售额渗透率已经达到 95%，智能化普及已基本完成。中国冰箱、洗衣机、空调的智能产品零售额渗透率则分别达到 18.3%、41.9%和 31.1%[2]。

放眼国内家电市场，主流家电企业均已搭建自己的智能家居系统平台，2017 年跨界合作频繁，越来越多的生态体系开始出现。腾讯和美的集团合作，实现家电产品的连接、对话和远程控制；百度与海尔、美的等家电厂商合作，利用 DuerOS 赋能智能家电；大自然家居携手海尔 U+全方位开展智能家居领域的合作；阿里智能与鸿雁电器共建智能家居平台；京东携手康佳、乐视、海信、三星、夏普、小米、腾讯视频等数百家合作伙伴共同发起成立智能大屏产业联盟；小米与百度合作，将百度的 AI 技术、海量数据、信息与服务生态与小米的智能硬件、大数据、智能设备生态链等进行结合。

随着消费升级，以及物联网、大数据等新技术的不断发展，越来越多的企业选择在智能家居产品中增添语音助手功能，跨平台、跨系统的智能语音助手应用层出不穷。从 2015 年智能家居受关注以来，入口之争一直持续，2017 年依旧是企业讨论的重点。2017 年智能音箱市场呈现井喷式发展，前有亚马逊 Echo、谷歌 Home 等硅谷大佬群雄逐鹿，后又有阿里天猫精灵、小米小爱同学等国内企业奋起直追，科技领域俨然已经大张旗鼓地开启了一场关于"音箱"的竞赛。

6.3.5 智慧物流

2017 年，物流行业通过人工智能手段开始对全自动分拣设备、无人机、无人车送货等领域进行尝试，智能化的物流配送已开始逐步成为现实。

菜鸟联盟全自动化仓库实现了包裹传送、商品分拣、商品包装等过程及仓库商品搬运、上架等过程的自动化；京东建成全流程无人仓，从入库、存储，到包装、分拣，真真正正地实现全流程、全系统的智能化和无人化；顺丰、京东先后拿到区域无人机空域批文，着力布局无人机支干线物流。

智能化涵盖到物流的各个环节，技术新红利正在重塑物流价值，为物流业转型升级提供新的动力。依靠 RFID 技术，依靠 3G/4G 网络与云服务器同步相关数据并反映到用户手机 APP 上，对产品的生鲜度、品质进行细致、便捷、实时的管理。同时，政府将物流业作为衔接生产和消费的拉动性产业给予持续支持，让资本越来越介入物流业的产品创新与体系整合中。

在物流的末端，快递柜深入小区，意欲破解快递的最后一公里的难题。2017 年，由于资本市场的推动，智能快递柜被推向了风口浪尖。尽管智能快递柜呈现出各种弊端、商业模式尚不成熟，但是物流最后一公里的用户需求依然存在，是物流体验升级的一大重要环节。

---

1 数据来源：智研咨询《2018—2024 年中国智能家居行业市场深度调研及投资战略分析报告》。
2 数据来源：奥维云网（AVC）。

6.3.6 产品溯源

商务部联合工业和信息化部、公安部、农业部、国家质检总局、国家安全监督管理总局、国家食品药品监督管理总局印发的《关于推进重要产品信息化追溯体系建设的指导意见》，强调重要产品信息化追溯体系建设要坚持兼顾地方需求特色、发挥企业主体作用、注重产品追溯实效、建立科学推进模式等基本原则，从追溯管理体制、标准体系、信息服务、数据共享交换、互联互通和通查通识、应急管理等方面提出了建设目标，力争到 2020 年建成覆盖全国、统一开放、先进适用、协同运作的重要产品信息化追溯体系。

农业部在《关于做好 2017 年水产品质量安全可追溯试点建设工作的通知》提出，水产品质量安全可追溯试点建设要以责任主体和流向管理为核心、以追溯二维码为载体，推动追溯管理与市场准入相衔接，逐步实现水产品"从池塘到餐桌"全过程追溯管理，切实做到"信息可查询、来源可追溯、去向可跟踪、责任可追究"。

在国家相关指导意见的推动下，各地政府也建立了自己的产品溯源体系。天津、河北种养殖基地与北京市批发市场签署《食用农产品"场地挂钩"供应保障协议》，为京津冀三地食用农产品生产经营者搭建对接平台，研究确定食用农产品产地证明样式、快速检测报告样式及两地互认的第三方检测机构名单，实现合格证明文件制式和快检数据互认，减少重复检测；宁夏建立中药材（枸杞）流通追溯体系，覆盖批发市场及 80 家商户、14 家枸杞产业集团业务需求与销售等数据的采集、上报传输和追溯节点链条的合成，并通过与商务部平台对接实现了数据的实时上传；烟台积极推进建立食品安全追溯体制机制，烟台市 85 家大型商超、2210 家批发企业、全部婴幼儿配方奶粉经营企业建立了电子追溯体系；厦门农产品追溯体系一方面加强与农业部、省农业厅、市相关追溯平台的互联互通，实现检测、认证、预警、评估、执法、追溯、标准化等信息的及时共享，另一方面继续扩大农产品可追溯管理面。

6.3.7 物联网金融

有观点认为，"物联网+金融+实体经济"将是下一轮互联网金融或金融科技发展的重点和亮点，物联网金融将开启下一个百万亿级蓝海市场。伴随着近年来互联网与金融的不断融合创新，互联网金融的业态形成已经于法定层面达成各界共识，在服务实体经济方面不断深耕普惠金融领域，做好传统金融的有效补充。而物联网金融尚未形成一定的科学体系。目前，物联网仍然主要作为辅助金融实现的一种工具，物联网金融将资金、信息、实体相结合，全面降低了虚拟经济的风险，将深刻而深远地变革银行、证券、保险、租赁、投资等众多金融领域的原有模式。

阳光产险与中国移动签署车联网战略合作框架协议，实现对车险用户的差异化定价，将用户的驾驶行为和车况做动态化分析，为用户提供更有效、更贴心的保险保障。苏宁金融研究院成立金融科技研究中心，囊括数据风控实验室、物联网实验室、区块链实验室、金融 AI 实验室和金融云实验室，同时优化风控技术，独创的风控安全大脑 CSI 系统，实现了从"设备、位置、行为、关系、习惯"五个维度，覆盖事前、事中、事后的全方位实时风险监控。

6.3.8 共享单车

2017年,共享单车用户规模为2.09亿人,市场规模为102.8亿元。预计到2018年,用户规模将达到2.98亿人,市场规模为178.2亿元;到2019年,用户规模将达到3.76亿人,市场规模为236.8亿元。

2017年8月1日,交通运输部等10部门联合发布了《关于鼓励和规范互联网租赁自行车发展的指导意见》,明确了规范停车点和推广电子围栏等,并提出共享单车平台要提升线上线下服务能力。

ofo建立了"奇点"大数据系统,通过对出行大数据的分析利用,不断优化车辆的投放、调度,提升运营效率;不断迭代软硬件技术,积极配合试点电子围栏技术,探索"正面清单+负面清单"的电子围栏管理模式;倡导并全面推行城市"网格化"运营模式,充实运维人员,建设"线上+线下"融合的运维团队。

摩拜单车配备了自主研发的智能锁,内置"北斗+GPS+格洛纳斯"多模卫星定位芯片及新一代移动物联网芯片,时刻掌握车辆位置和运营状态。综合运用物联网、大数据和人工智能等技术,与多地城市规划管理部门、社区、企业及其他机构通力协作,研发和落地"摩拜单车智能停车点",目前已在北、上、广、深等全国数十个城市部署了超过4000个智能停车点。

6.3.9 无人商店

2017年10月发布的数据显示,我国已有约138家无人零售企业,其中57家获得融资,总融资额超过48亿元[1]。2017年,无人零售商店交易额达到389.4亿元,未来5年无人零售商店将会迎来发展红利期[2]。

商务部在2017年第二季度发布的《中国便利店景气指数报告》称,无人便利店的兴起为便利店行业发展带来了新思路,成为新风口。这份由商务部流通发展司和中国连锁经营协会撰写的报告认为,将传统线下便利店全面升级为无须人工值守的门店,可以降低人工成本。这种新的技术应用与运营思路,对于便利店行业的持续发展起到了积极推动作用。

深兰与芝麻信用合作,推出快猫无人值守智能门店和"拿了就走,免现场结算"的take go信用结算系统。缤果盒子与欧尚集团合作的无人值守便利店登录上海,以缤果盒子进驻上海为开端,一系列无人便利店项目纷纷落地,闻风而动的资本也向无人便利店扑了过来。仅在一周的时间内,无人便利店融资金额就超过1.3亿元。

2017年7月,阿里实验室对标Amazon Go的无人商店——"淘咖啡"在杭州淘宝造物节上正式亮相,意在借助这一实验性产物,为第三方提供无人购物技术整套解决方案。

安全问题无疑是无人商店需要解决的核心问题。中国百货商业协会无人店分会发布了《中国无人店业务经营指导规范(意见征询稿)》,其中有关"安全"的内容占据了非常大的篇幅。中国零售创新峰会上,中国连锁经营协会也发布了《无人值守商店运营指引》,购物安全是其最为关注的问题。

---

1 数据来源:鲸准数据库。
2 数据来源:艾媒咨询。

6.3.10 无人自助终端

除了售卖类的无人商店之外,提供自助服务、简单加工再售卖等品类的无人自助终端在2017年也实现了蓬勃发展,也是物联网落地应用的一个重要领域。2017年,银行自助服务终端数量已达到103万台,并以每年10万台的速度增加。交通领域自动售票检票设备市场规模达到48亿元,医疗领域自助设备达到15万台。新品类中迷你歌咏亭(miniKTV)作为2017年投资热点,已经部署4万台以上。天使之橙的橙汁机总数达到4000台,自助咖啡机存量达到2万台。

无人自助设备的品类还在不断扩展当中,无人售卖椰汁机、盒饭售卖机甚至自助秋衣售卖、面膜售卖、爆米花售卖、冰激凌、水果售卖等在都在2017年爆发。

无人自助终端产品定义都比较明确,商业模式清晰。虽然有些品类的竞争被资本推成激烈的"战争",但未来是物联网发展的一个明确方向。无人自助终端还是新一代信息技术集成交叉应用的重要领域,如人脸识别、语音识别、增强现实、移动互联网应用都在无人自助终端得到深入应用。

6.4 发展趋势

1. 基础设施完善,促进应用加速

在2017年NB-IoT商用的基础上,2018年运营商会继续加大投入,专用于物联网的基础设施在未来几年更加完善。随着5G商用,非授权频段LTE推广,WiFi、蓝牙等传统连接技术为物联网应用升级,物联网各种需求下的连接成本将不断降低,一张泛在、形式多样的物联网络正在形成。工信部正在完善非授权频段物联网网络频率使用等规划,非授权频段低功耗广域网络有望成为运营商网络的重要补充。在基础设施完善的支撑下,物联网应用开始加速落地。

在家庭范围内,智能家居产品会逐渐普及,智能计量方面低功耗广域网络技术将会大量采用,一大批联网即将更新换代。在园区范围内,门禁、停车、门锁、猫眼、电动车(包括电动自行车)充电、各种智能自助终端等都会联网升级,成为智能化应用。在城市范围内,智慧城市概念将会逐步落地。

2. 巨头纷纷入场,行业纵深推进

2017年,国内互联网巨头纷纷加码物联网投入,通过物联网提高供给效率,触达更多场景,已经成为巨头的共识。阿里巴巴集团把物联网视为继电商、金融、物流、云计算后新的主赛道。京东提出的"无界零售",需要物联网技术提高供应链效率,赋能线下实体。腾讯提出"连接一切",使得腾讯和物联网紧密联系起来。

巨头的入场将会使得行业纵深推进,改变之前物联网应用碎片化、不成体系的状况。例如,因为腾讯的加入,物联网的应用在用户这一侧有了一个很好的入口,不再是一个物联网应用一个APP,一个物联网应用注册一次用户。有了巨头的推进,之前进展缓慢的领域可以整体推进。例如,在智慧小镇方面,阿里开始牵头杭州、无锡的物联网小镇建设。在校园方面,腾讯通过企业微信起到引领作用。阿里还在工业物联网领域和大的企业深入合作,以及在养殖方面进行探索。在巨头的牵引下，物联网将呈现出整个行业深入应用的特点，且在样板的牵引下，迅速推到整个行业。

3. 技术交叉融合，拓展产业边界

2017年，人工智能、区块链都相继进入实际商用阶段，与物联网实现了交叉和融合。比较成功的产品和系统，大部分都呈现出多种新兴技术融合的特点。例如，智能音箱既有人工智能的语音识别技术，又有联网设备的特点，甚至还可以和周边设备联网控制。各种自助终端及其后台都是人工智能和物联网的结合。区块链应用到物联网行业的案例也不断增多。

技术的交叉融合，大大拓展了物联网的产业边界，甚至模糊了产业边界。未来将很难区分一个产品是互联网产品，还是物联网产品。与前几年的以"智能硬件"和"可穿戴设备"为代表的物联网产品相比，未来的物联网产品"智能"属性将更强，交互能力将更强，自主能力将更强。

4. 盈利模式明朗，资本投入加码

2017年，随着共享单车大战进入高潮，产业界已经确认物联网产品通过服务收费的盈利模式。物联网产品的收入路径更加直接，它将跨过互联网产品的"增值收费"和平台单边收费模式，直接通过提供使用、加工、售卖等服务收费。物联网的每个产品就是一个小的运营单元，具有服务提供、费用支付、维护接口等基本功能，可以实现分布式运营。

在盈利模式清晰的前提下，资本未来对物联网的投资会大大增加。除了风险投资之外，PPP运营、资产证券化债券、银行贷款都是可能的融资方式。而在这方面，随着区块链和物联网的结合，在物联网运营数据可信的基础上，投资物联网的风险反而会比投资传统公司低。相信在资本的加持下，物联网将会迅猛发展。

（吴双力）

第7章 2017年中国大数据发展状况

7.1 发展概况

一直以来,党中央、国务院都高度重视大数据发展。2014年,"大数据"首次写入国务院政府工作报告,2015年,国务院发布《促进大数据发展行动纲要》(国发〔2015〕50号)。2016—2017年,环保部、农业部、国家林业局、水利部等十多个部委各自发布了细化领域的大数据发展战略和方案。2017年年初工信部发布《大数据产业发展规划(2016—2020年)》,提出到2020年大数据相关产品和服务业务收入应突破1万亿元,年均复合增长率保持在30%左右。届时中国将成为全球最大的大数据产业国之一。

2017年5月14日,习近平总书记在"一带一路"国际合作高峰论坛上指出,"要坚持创新驱动发展,加强在数字经济、人工智能等前沿领域合作,推动大数据、云计算、智慧城市建设,连接成21世纪的数字丝绸之路。"2017年12月8日,习近平总书记在中共中央政治局第二次集体学习时强调,"实施国家大数据战略,加快建设数字中国"。

在国家政策的指导和引领下,各地方政府也积极部署大数据发展。截至2017年12月,我国各主要省市、地区共出台了50多项大数据发展的规划和政策,如成都市《大数据产业发展规划(2017—2025)》、江西省《大数据发展行动计划》、青岛市《关于促进大数据发展的实施意见》、厦门市《促进大数据发展工作实施方案》等。

近几年来,在中央政府和地方省市、各主管部门的积极推动下,我国大数据产业发展取得了积极进展,大数据关键技术不断进步、数据资源大量积累、基础环境持续优化、大数据企业快速发展、行业应用继续深化。大数据被广泛应用于商业创新、政府监管、社会治理、经济转型等诸多实践领域。与2015年、2016年不同,2017年我国大数据发展的主要推动力量集中于大型互联网公司和政府机构,创业企业和科研院所的作用在逐渐减小。

大型IT公司和互联网企业是我国发展大数据产业的中流砥柱。2017年,中国大数据产业生态联盟发布了《2017中国大数据产业生态地图暨中国大数据产业发展白皮书》,白皮书评选了"2017中国大数据企业50强",覆盖中国大数据全产业生态链,其中华为、阿里巴巴、腾讯、百度、联想排名前五。排名前十的还有浪潮、中兴、京东、滴滴出行和神州数码。

政府机构在我国大数据发展方面也起到了巨大的推动作用。除了出台引导性、激励性、规范性政策之外,还积极结合各地方优势谋划布局。据《2018大数据标准化白皮书》统计,我国共设有 8 个大数据综合试验区，包括先导试验型综合试验区 1 个——贵州国家大数据综合试验区；跨区域类综合试验区 2 个——京津冀国家大数据综合试验区和珠三角国家大数据综合试验区；区域示范类综合试验区 4 个——上海、河南、重庆、沈阳；大数据基础设施统筹发展类综合试验区 1 个——内蒙古国家大数据综合试验区。

2017 年 7 月，中国电子信息产业发展研究院发布的《中国大数据产业发展水平评估报告（2017 年）》对全国大数据发展水平进行了评估。该报告指出，当前，金融、政务、交通、电信、商贸、医疗等行业发展水平较高。国家大数据综合试验区引领产业发展，我国大数据产业呈现集聚发展态势，其中京津冀地区北京发展水平全国第一，长三角、珠三角地区整体发展水平较高，广东仅次于北京。东部地区发展水平较高，引领全国大数据产业发展。东北地区辽宁辐射带动作用日益明显。西部部分省市，如贵州、四川等发展势头迅猛，成为新的增长极。区域合作方面，京津冀三地共同发布了《京津冀大数据综合试验区建设方案概要》，上海、江苏、浙江和安徽三省一市经信委联合印发《长三角区域信息化合作"十三五"规划（2016—2020 年）》。

2017 年，大数据作为国家基础性、战略性资源和企业的重要资产已成为广泛共识。随着互联网、物联网、移动互联网、云计算、智能设备等技术的发展和智慧城市建设的推进，以及信息技术与行业和应用的进一步深度融合，我国各个领域的数据量不断激增；同时，随着大数据采集技术、存储技术、分析挖掘技术等技术手段和基础设施的不断进步，包括政策环境、保障环境的不断完善，我国大数据产业链和生态系统已初步形成。

当前，大部分企业均已意识到大数据对企业发展的重要性，60%的企业已成立了数据分析部门，35%以上的企业已应用了大数据。50%以上的企业未来将加大对大数据的投入。企业应用大数据所带来的效果包括提升运营效率、改善风险管理和实现智能决策等。IDC MarketScape 评估认为，当前，我国金融业、零售业对于大数据技术采用成熟度遥遥领先，其次是医疗、制造、政府。领先的金融机构、零售企业已经成功建立大数据基础平台，并且将高级分析预测、人工智能技术应用在众多业务场景中。医疗、政府、制造业也在大数据浪潮中提高了信息化程度，为大数据应用奠定了基础。同时，大数据基础平台开始向机器学习、数据分析等上层应用延伸。

在大数据标准方面，当前大数据标准化工作正处于起步阶段，从国际、国家层面到地方层面都在探索推进大数据标准化工作。目前，在大数据领域，我国在基础术语、数据资源、数据交换共享、数据管理、大数据系统产品、工业大数据等方面已开展了国家标准研制工作。此外，《大数据交易标准》《大数据技术标准》《大数据安全标准》《大数据应用标准》等也正在制定或已经发布。

在大数据开放共享方面，释放大数据的价值和潜力正在得到各级政府和机构的认可，并积极推动。2017 年数博会期间，复旦大学和提升政府治理能力大数据应用技术国家工程实验室联合发布了《2017 中国地方政府数据开放平台报告》，该报告持续追踪了我国 19 个地方政府数据开放平台工作的推进与深入，并建立了一套"开放数林"指标评估体系，希望助力中国开放数据生态系统的形成与发展。此次纳入评估范围的地方数据开放平台中，表现最好的是上海、贵阳两地，其次是青岛、北京、东莞、武汉等地。这些地方都是我国当前数据开放的带领者。

在大数据关键技术和基础设施方面,大数据存储和处理技术飞速发展,但核心技术仍有待突破。发展大数据产业,信息核心技术是我国最大的"命门",核心技术受制于人是我国最大的隐患。据《2016—2017年中国物联网发展年度报告》,我国传感器新品研制落后发达国家近10年,目前约60%的传感器依赖进口,核心芯片约80%以上依赖进口。当前,构建安全可控的信息技术体系,加快推进国产自主可控替代计划,仍然需要突破通用芯片、基础软件、智能传感器等关键共性技术。

在大数据安全和隐私保护方面,2017年6月《中华人民共和国网络安全法》正式实施,首次从立法层面定义"个人信息",对"个人信息"进行了不完全列举。2017年5月8日,最高人民法院、最高人民检察院发布了《关于办理侵犯公民个人信息刑事案件适用法律若干问题的解释》,进一步明确侵犯公民个人信息罪行的适用条件。2017年12月29日发布的《信息安全技术个人信息安全规范》也将于2018年5月1日正式实施。然而,数据泄露事件频发,大数据垄断现象的存在,数据权的模糊等,依然需要从法律法规层面,对数据安全和隐私保护进行进一步的完善和界定。

7.2 市场规模

根据中国信息通信研究院统计数据,2017年中国大数据核心产业规模为236亿元,同比增速达40.5%。预计未来几年,中国大数据市场仍将保持30%以上的增速,到2020年中国大数据市场规模将达到586亿元(见图7.1)。

图7.1 2015—2020年中国大数据产业市场规模

2017年,大数据市场交易需求十分旺盛,生态环境逐渐形成,交易规范和标准也在不断完善。以贵阳大数据交易所为例,截至2017年10月,该交易所交易额累计突破1.2亿元,交易框架协议近3亿元,发展会员超1500家,接入225家优质数据源,可交易数据产品近4000个,可交易的数据总量超150PB。贵阳大数据交易所成为全国"大数据交易标准试点基地"。此外,上海数据交易中心、浙江大数据交易中心、重庆大数据交易市场、华中大数据交易平台等也纷纷提供数据交易、估算、交付、安全保障及数据资源管理等服务,各家在大数据资源流通和交易等方面已探索出适合自身发展的路径。

据国际数据公司（International Data Corporation，IDC）预测，中国 2020 年数据总量将达到 8.4ZB，届时将占全球数据总量的 24%，成为"世界数据中心"。

7.3 关键技术

当前，大数据相关的关键技术按照大数据处理流程可分为数据采集与预处理、存储与管理、挖掘与利用三个阶段。同时，在数据安全与隐私保护问题上也有了新的技术趋势，下面分别进行梳理。

7.3.1 数据的采集清洗技术

当前大数据平台仍普遍采用集中式架构，为了应对分布化的数据采集和预处理需求，数据采集相关技术不断发展。以 Apache Kafka 为代表的开源流式数据采集探针已经成为 Apache 基金会顶级项目。对于互联网上的内容大数据，网络爬虫技术也不断发展，出现了一批如 Apache Nutch、Scrapy 等具有代表性的网络数据获取工具。当前，主流的数据采集工具普遍提供了具有高度封装特性的信息预处理和 API 提取等功能，便于开发者和使用者根据实际需要定制数据预处理方案。

7.3.2 数据的存储管理技术

以 Hadoop 组件 HDFS 和 Yarn 为核心的大数据存储和资源配置的核心生态系统已经基本构架完成。同时，以 HBase 等为代表的分布式列存储数据库、以 Vertica 等为代表的大规模并行处理（MPP）数据库、以 Redis、MongoDB 等为代表的 NoSQL 数据库等均为当前大数据存储提供积极的解决方案。用户可以根据实际应用的需要及处理业务的特点，选择适合的数据存储解决方案。在数据管理上，Hadoop 生态系统构建初期，数据管理难度较大，一般的数据查询都需要编写 Map/reduce 程序来实现，门槛较高。近年来，为了迎合用户的传统使用习惯，大多数主流的大数据存储和计算解决方案均开发了 SQL-like 的查询接口，如内存计算模型 Spark 上的 Spark SQL 组件。而对于早期的存储环境，如 HDFS、HBase 等，则有第三方开发数据管理解决方案。例如，早期 Cloudera 公司开发的 Impala 系统，面向用户提供 SQL 语言接口，支持若干重要的 SQL 语句查询。其中，Impala 系统的主要工作是将查询语言自动转化成标准的 Map/reduce 程序，对存储在 HDFS 等上的数据进行逻辑查询。

7.3.3 数据的挖掘分析技术

国际上知名的大规模机器学习工具库是 Spark 的 MLlib，以社区形式接受开源开发者贡献算法。目前，MLlib 已经同 Spark SQL，Spark Steaming 和 GraphX 一起作为 Spark 发布版本的核心组件之一，集成在 Spark 核心代码之中。MLlib 包含了相当丰富的机器学习算法。据不完全统计，MLlib 的功能目前包含了分类、回归、推荐、聚类、主题模型、频繁模式挖掘等多种机器学习算法。而更早的基于 Hadoop 的开源数据挖掘工具库是 Mahout，它与 MLlib 完成的功能类似，但是它支撑的是存储在 HDFS 上的数据，且 Mahout 作为 Apache 基金会的独立顶级项目存在。国内发展大数据挖掘软件研发的历史也十分悠久。中科院计算所何清研究员团队研制了中国第一个基于 Hadoop 的并行数据挖掘软件 PDMiner。近年来，国际上在大数据挖掘、机器学习软件方面，技术上不断追求降低用户使用门槛，推出了一批代表性的大数据机器学习平台型系统，如卡耐基梅隆大学计算机学院机器学习系教授邢波（Eric Xing）研发的大规模机器学习系统 Petuum，中科院计算所徐君研究员团队研发的大规模机器学习平台 EasyML 等。这些平台系统采用便捷、灵活、简易的算法配置和使用方式，拉近了大数据机器学习算法与普通用户之间的距离，让更多人可以挖掘到大数据的价值。

7.3.4 深度学习

随着深度学习的普遍使用和被人们所熟知，使用深度学习技术深度挖掘分析大数据也成为一项重要需求。目前已有多种深度学习框架被广泛使用，从早期的 Caffe、Torch 到加拿大蒙特利尔大学 Bengio 教授团队研发的 Theano、Google 公司研发的 Tensorflow、CMU 大学 Smola 教授团队研发的 MXNet（现 AWS 运营）、微软公司研发的 CNTK 等，多种深度学习框架被提出使用。为了应对大数据的真实场景，许多框架在网络训练速度和分布化训练上做文章。目前，已经有多种框架支持多机多卡协同训练，不仅大幅提升了训练效率，也使得通过深度学习分析挖掘大数据成为可能。

7.3.5 区块链

随着数据越来越集中到互联网巨头和 IT 寡头手中，人们对数据安全和隐私泄露的担忧与日俱增。区块链作为一种新兴的分布式账本技术，具有去中心化、防篡改、可追溯等优点。利用区块链技术搭建去中心化的大数据管理、交易、共享平台，可以防止数据被滥用，有利于帮助数据确权，进而实现更加安全、可靠、可信、可用的数据治理机制，目前已成为新的趋势。限于区块链本身的存储能力有限，为解决大数据存储问题，区块链+星际文件系统（InterPlanetary File System，IPFS）是一种具有可行性的解决方案。

7.4 行业应用

近年来，随着大数据与行业应用越来越深度地融合，大数据在交通、医疗、金融、城市管理、能源等多个应用领域落地、开花、结果。交通、医疗和城市管理等，是最早获得大数据应用和重点关注的领域，也取得了较好的发展。除此之外，近两年，大数据在农业、金融、能源和制造业等领域的应用也不断发展，迎头赶上。本节重点梳理了金融、农业、能源、制造业几个代表性领域的大数据行业应用在 2017 年的发展现状及未来趋势。

7.4.1 金融大数据

金融大数据是国家在大数据应用上部署较早的行业之一。从宏观层面来看，金融大数据是国家基金委在 2015 年建立"大数据驱动的管理与决策研究"重大研究计划，金融与管理决策和医疗共同成为三个重点支持的方向之一，其重要程度可见一斑。

在监管方面，2017 年国家对金融大数据做出针对性部署，强调使用大数据及人工智能等科技手段对金融行业实现监管，即提出监管科技的概念并部署央行进行落实。

在产业上，以蚂蚁金服为代表的金融大数据公司迅速崛起。蚂蚁金服基于阿里巴巴集团所积累的多年用户行为数据，致力于打造开放的生态系统，为小微企业和消费者提供普惠金融服务，其估值已经突破1550亿美元。

在资本角度，2017年"金融科技"成为投资热点。观察与金融科技直接相关的创业公司，深厚的大数据背景或成为其独有的竞争优势。以通联数据为例，作为2017年炙手可热的金融科技创业企业，其多年的数据积累及早期平台型产品"优矿"所积累的独家用户数据资源成为其独有的先发优势，使得其地位短时间内难以被撼动。

另外，传统金融机构（银行、保险）也在积极求变，力争使用科技手段，特别是大数据、人工智能等新兴技术转型升级。近期，传统金融机构纷纷成立其金融科技、金融大数据子公司，有针对性地落实这一转变。

7.4.2 农业大数据

在农业大数据领域，对各类农业数据进行采集、汇总、存储和关联分析，从而实现"环境可测、生产可控、质量可溯"。此外，运用大数据技术，可以优化信息采集，提升监测预警，如粮食产量预测、土壤空间数据挖掘、作物病虫害预警等。

根据《农业部关于推进农业农村大数据发展的实施意见》，农业大数据将重点发展支撑农业生产智能化，实施农业资源环境精准监测，开展农业自然灾害预测预报，强化动物疫病和植物病虫害监测预警，实现农产品质量安全全程追溯，实现农作物种植业全产业链信息查询可追溯，强化农产品产销信息监测预警数据支持等11个重点应用领域。

2017年11月，农业部办公厅公布了当前我国农业农村大数据实践案例38个，包括在精准农业生产方面：北京精禾大数据科技有限公司的遥感、模型、算法驱动型精准农业大数据决策系统，北京佳格天地科技有限公司的卫星遥感大数据在精准农业种植中的应用等。在可追溯方面：宁夏西部电子商务股份有限公司的农产品质量溯源服务平台、天津农学院的肉鸡生产监测与产品质量可追溯平台、北京京东集团京东&科尔沁牛业产品质量追溯试点项目等。在农业数字化和综合管理方面：内蒙古蒙草草原生态大数据研究院有限公司的草原生态产业大数据平台、吉林省农业卫星数据云平台项目、中国水禽行业养殖大数据的采集和应用、湖南长沙湘丰智能装备股份有限公司的茶叶种植加工，以及销售与服务全周期的数据化与智能化实现、江苏益客集团的中国水禽行业养殖大数据的采集和应用等。

随着农业和农村信息化的发展，我国智慧农业和农业大数据的市场规模将不断扩大。据华为预测，我国智慧农业市场2020年将达到268亿美元。2017年，不少智慧农业、农业大数据企业获得了投资资本的青睐。例如，专注土地流转的土流网、农资电商的大丰收农资商城，农业无人机飞防植保的极飞公司、精准农业佳格天地公司、农业金融的农分期等，都获得了较大规模的融资。

7.4.3 能源大数据

在能源大数据领域，石油、天然气、电力等大数据应用仍处于初步发展阶段。能源大数据面临的问题不仅是收集和存储数据，还要将电力、石油、燃气等能源领域数据与地理空间、气象、消费者等其他领域数据进行综合采集、处理、分析、挖掘与应用。建设能源数据综合服务平台能够为智能化节能产品研发提供支撑，辅助企业进行内部管理决策。例如，通过大数据可以建立预测模型，分析自然资源开采，如油藏表征。通过数据对能源设备进行状态监测，进行预见性维护。基于数据决策的智能能源管理成为新的发展方向，智能电表成为主流，细粒度数据被用于更好地分析实际的消耗，对用电量进行预测，为市场整体电力规划提供支撑。

华为、浪潮等企业已成为能源大数据行业的首批受益者，风电等清洁能源领域的能源大数据公司也已开始兴起。例如，南方电网的智慧家庭项目，依托智能插座、智能交互终端设备和能耗分析软件，分析用户用电行为，实现用户智能用电。成都数之联科技集团基于大数据能力对能源设备进行管理和维护，所维护和管理的目标设备都是大型生产性经济设备，如核电一回路设备、风力发电机、钻井设备、输配电设备等。武汉企鹅能源数据有限公司立足节能环保产业，致力于能源数据分析和节能大数据服务，为高能耗连锁企业提供实时的能源管理服务。云谷科技公司的"云谷科技大数据平台"专为能源行业海量数据打造大数据一体化解决方案，如地区房屋空置与用能的关联关系、用能与地区 GDP 关系分析、电量预测分析等。

根据 GTM Research 的研究分析，到 2020 年，全世界电力大数据管理系统市场将达到 38 亿美元的规模。据测算，中国能源互联网市场规模 2020 年将超过万亿元。2017 年 6 月，国家能源局公布首批 55 个能源互联网示范项目，要求在 2018 年年底前建成。2017 年 11 月，国家电网"互联网+"智慧能源示范项目正式进入启动实施阶段，该项目旨在突破电力数据及政策、社会、经济等数据的获取、融合、共享、挖掘与可视化等共性技术，建设能源互联网大数据公共服务平台，研发面向政府、企业、电力用户的三类大数据公共服务产品。

当前，中石油和华为合作，已建成亚太地区最大的单企业数据级中心；中石化借助阿里巴巴在云计算、大数据方面的技术优势，对部分传统石油化工业务进行升级，并尝试在原油炼制及油品销售环节应用大数据。2017 年 8 月，青海电力公司启动新能源大数据中心建设，将建成国内首家新能源大数据创新平台。2017 年 11 月，智慧能源大数据安全研究中心在北京成立。2017 年 12 月，中国（太原）煤炭交易中心能源大数据平台在太原宣告启动，平台收集整合了 1 万余家交易商的信息、结算和物流数据，以及 530 类煤炭相关行业近 8 年的 2800 多万条数据，初步构建起能源大数据平台的生态圈。

7.4.4 制造业大数据

在制造业大数据领域，以《中国制造 2025》战略布局作为指导方针，大数据等新一代信息技术与制造业的深度融合正在引发生产方式、产业形态、商业模式和经济增长点的重大变革，我国工业领域中的大数据环境正在逐渐形成，数据从制造过程中的副产品转变成为备受企业关注的战略资源，成为工业企业传承制造知识和提供增值服务的依托。

中国工业大数据创新发展联盟发布的《2017 中国工业大数据产业发展概要》显示，2017 年中国工业大数据市场规模达到 212 亿元，2020 年这一数字预计将达到 822 亿元，在行业应用中，预计到 2020 年工业大数据的占比将达到 6.64%。

大数据可以在制造业的产品创新、产品故障诊断与预测、工业供应链的分析与优化等多个方面和环节创造价值。例如，设备诊断、能耗分析、可视化决策、大数据建模与仿真、故障实施诊断、商品需求量分析与预测等。"制造"正在向"智造"转变。中国电子技术标准化研究院和中国信息物理系统发展论坛共同编写发布的《信息物理系统白皮书2017》指出，感知和自动控制、工业软件、工业网络、工业云和智能服务平台是智能制造的基本技术要素。通过构成"感知—分析—决策—执行"的数据闭环，让工业生产具备可感知、可计算、可交互、可延展、自决策的功能，其代表产品包含智能轴承、智能机器人、智能数控机床等。

2017年7月，工业互联网产业联盟发布《工业大数据技术与应用白皮书》。该白皮书指出，中国是制造大国，但不是制造强国，工业大数据可以支撑中国制造弯道超车。过去的几年，诸多企业已进行了大数据指导工业生产的实践。例如，大唐集团自主研发的大数据平台X-BDP，基于Hadoop研发的企业级大数据可视化分析挖掘平台，集数据采集、数据抽取、大数据存储、大数据分析、数据探索、大数据挖掘建模、运维监控于一体的大数据综合平台，推动了发电工业领域乃至整个工业领域的创新。中联重科通过在设备上加装大量的高精度传感器，实时采集设备的运动特征、健康指标、环境特征等相关数据，结合智能网关的本地分析功能，真正实现设备的"自诊断、自适应、自调整"。徐工集团利用物联网技术手段找到每一个从徐工售出的机械设备，并且了解设备的运行状况，从而控制风险。作为智能语音技术的领军企业，科大讯飞在传统制造业的深度应用方面，让传统机器能听会说，提升智能思考能力。2017年，广东省发布了制造业大数据指数（MBI），这是全国首个制造业大数据指数。工信部正加快编制《工业技术软件化三年行动计划（2018—2020年）》，也将制定发布《关于推动大数据产业集聚区建设指导意见》，以推进大数据在制造业领域的广泛深入应用。

随着大数据基础设施和政策环境的不断完善，各行各业对大数据的需求将不断涌现，实现落地的应用也越来越多，反过来也助推了我国大数据产业链和生态系统的不断形成和完善。2018年，这一趋势将继续并不断加快，在技术、资本、政策、环境等要素的综合作用下，更多大数据应用必将助力多个行业的智能化发展和经济的转型升级。

7.5 需求分析

经过几年的发展，我国的大数据产业链逐渐形成，大数据产业生态日臻完善。政府、企业、科研机构、个人等既是大数据行业的参与者和创造者，也是大数据发展的受益者。从不同的角度看，每一个机构或角色，都是大数据行业的从业者和用户。本节从作为大数据的用户的视角，主要对当前大数据应用的需求、大数据技术发展的需求、大数据政策的需求等进行分析。

第一，随着物联网、移动互联网、智能终端的发展，整个社会的大数据量在进一步激增，数据的存储和处理将进一步加大对云计算的需求。除了政府和大企业具备建设私有云来应对大数据收集和存储的压力之外，个人和创新创业小企业等对云计算的需求也将进一步提升。

第二，互联网巨头和政府部门对大数据已经形成的领先优势在一定程度上将阻碍中小企业的大数据利用和应用创新。对大数据的开放共享、数据的规范化交易等问题对于大数据发展至关重要，亟待业界共同协作解决。同时，大数据质量和大数据标准是决定大数据产品和服务的生命线。由于大数据产生源头激增，产生的数据来源众多，结构各异，产生的数据标准不完善，使得数据有更大的可能产生不一致和冲突，阻碍了大数据的有效利用。多源大数据的融合有利于价值发现,从而激发大数据产品的创新力度和大数据行业的活力。政府、企业等对大数据质量和标准的需求在进一步加强。

第三,针对大数据产品和应用的需求进一步多样化和精细化。这不仅包括对数据的分析、挖掘和数据之间关系的理解,还包括数据的呈现。数据可视化及可视化模型的构建是大数据应用"最后一公里"的关键。大数据广泛应用于商业智能、政府决策、公众服务、市场营销等领域。在城市管理系统,大数据精准广告系统、智能营销平台、舆情监测系统等领域,通过呈现整体态势图、用户数变化、影响力指数、传播趋势图等手段来精准定位、统筹规划。

第四,从个人用户的角度,大多数人们已经"拥抱"了大数据的概念。一方面,个人对大数据产品和服务的精细化需求在不断上升,如个人消费习惯、账单分析、健康状况等;另一方面,对大数据带来的个人隐私担忧也在不断加强。同时,用户对大型企业在大数据垄断情况下提供的所谓大数据服务也产生了质疑,对大数据产品的信任度有所降低。例如,2017年被人们热烈议论的"大数据杀熟"现象。

第五,从科研机构的角度,一方面,推动大数据技术进步,对科研大数据和行业数据的深度挖掘提供支撑,为此需要进一步与大数据企业和政府合作,以获得广泛的数据源,开展行业应用、人工智能、模型训练、大数据挖掘等方面的研究;另一方面,亟须研究和建立大数据科学的基本理论、基本方法,从而对大数据关键基础技术的研究有所突破。

第六,从政府的角度,一方面,政府自身需要大规模开发和应用能够提高统计水平、辅助决策、经济分析、提升公共服务的大数据产品和应用,如城市精细化管理,交通可视化,人口流动监测,环境监测,应急预测等;另一方面,针对大数据产业的发展,进一步及时出台指导性的规划和政策,如大数据产业园区政策、数据开放共享政策、数据交易规范化政策、创新创业政策、人才保障政策等。加大对关键基础设施研发的支持力度,激励科研机构、企业加大研发投入,从而实现关键基础技术的突破。同时,出台法律法规,对大数据行业进行有效监管,确保数据权属,保障国家安全,保护公众隐私,建成健康、安全的大数据产业环境。

7.6 发展趋势

据国家信息中心发布的《2017中国大数据发展报告》显示,我国大数据发展总体处于起步阶段。其中,北京、广东、上海、江苏、浙江在我国地方大数据发展方面处于领先地位。大数据战略重点实验室发布的《大数据蓝皮书》指出了我国当前大数据发展的十大趋势,包括:从中央到地方,丰富细致的政策体系助推大数据落地;国家级"试验区"、部委级"产业示范基地"和省市级"示范园区"的大数据试点创新体系正在形成;市场对数据交易有着巨大的需求,有望出现规模超过万亿元的数据交易市场;数据权属的法律问题亟待破题,数据价值评估和交易规范机制待建立完善等。

2017中国大数据技术大会(BDTC)发布的《2018年大数据发展趋势预测》提出:机器学习继续成为大数据智能分析的核心技术;人工智能和脑科学相结合,成为大数据分析领域的热点;数据科学带动多学科融合;数据学科虽然兴起,但是学科突破进展缓慢;推动数据立法,重视个人数据隐私;大数据预测和决策支持仍然是应用的主要形式;数据的语义化和知识化是数据价值的基础问题;基于海量知识的智能是主流智能模式;大数据的安全持续令人担忧;基于知识图谱的大数据应用成为热门应用场景等。

除了以上学界认可的趋势,本章结合发展和应用现状,分析和总结了宏观方面的如下六大趋势。

1. 大数据基础设施和生态系统日臻完善

经过数年的积累,中国大数据生态系统和产业链日趋成熟和稳定,焕发蓬勃生机。顶层设计不断加强,政策机制日益健全。随着信息化水平的不断提高,政府部门和各行各业积累了丰富的数据资源,智慧城市建设全面铺开,信息消费蓬勃发展,网民数量超过7亿人,居世界第一位。我国在软/硬件开发、平台建设、分布式计算架构、数据分析挖掘、语音图像识别、深度学习芯片等技术研发上不断抢占制高点。国家大数据综合试验区建设不断加快,区域聚集效应明显,重点区域产业布局有效推进,政府与企业联动的态势良好。大数据开放共享、交易流通逐步规范。大数据的新技术、新业态、新模式不断涌现,各领域对大数据服务的需求将进一步增强,产业规模将继续保持30%以上的高速增长态势。

2. 大数据与行业应用、实体经济进一步深度融合

随着我国大数据基础设施、产业链条、生态系统和政策环境的不断完善,大数据经济形态将从以基础型和支撑型为主,逐渐过渡到融合型。数据分析挖掘和商业智能产品将逐渐成为大数据应用的主力军。大数据将逐渐走向各个行业,与行业发展深度融合,基于行业的大数据分析应用需求也日益增长。除了金融、政务、交通、医疗等领域的应用之外,农业、旅游、能源、制造业等也将有巨大的应用潜力。随着各行各业数字化和信息化的不断推进,得益于更多维度、更多途径的数据源,更优质的数据量,大数据应用场景的开发也将有更多空间,如智慧城市、智能制造、智慧农业等。

3. 对大数据安全和隐私保护的需求进一步显现

大数据时代,大型互联网公司的数据垄断态势已逐步显现。2018年年初,全球最大的社交媒体Facebook被爆出非法收集用户数据,并在2014年泄露了数百万Facebook用户的数据。无独有偶,阿里巴巴"2017年支付宝年度账单"产品上线后,打开该账单第一屏后会默认勾选《芝麻服务协议》,涉及诱导性链接和用户隐私在不知情状态下被泄露。在2018年年初的一次访谈中,百度CEO表示,中国用户愿意用隐私换效率,引起了广大网民的激励讨论。随着互联网、大数据技术与各行各业的进一步深度融合,广泛影响了人们的生产生活,个人的隐私和信息被企业获取后,聚集成海量数据,可以被用来做深度的数据分析,转而用于商业用途。在大数据时代,人们的信息和数据可以更加便利地被收集、聚合、分析和使用,也更容易被公开和泄露,每个人都相当于在"裸奔"。整个社会对大数据安全和隐私保护的需求和呼声在未来几年必将进一步提升。

4. 人工智能的发展促进大数据的持续繁荣并带来挑战

2017年,人工智能、机器学习、深度学习等技术的快速发展,也促进了大数据和数据分析产品的新一轮进化。针对某一行业的智能产品和应用,如何在庞大的数据面前,用机器学习、深度学习的方法对数据进行建模、融合、分析、挖掘,进而转化为人工智能产品,这一点也是行业迈向智能化的必由之路和重要挑战。2018年,人工智能、深度学习技术将推动大

数据分析和大数据服务继续向各个领域渗透，在医疗诊断、客服机器人、市场分析预测、陪护机器人、人脸识别、语音识别、辅助决策、个性化推荐等领域均将发挥重要作用。

5. 区块链技术将优化大数据治理模式

作为比特币的底层实现技术，区块链成为近两年的技术热点。由于具有去中心化、分布式、不可篡改、加密存储、可追溯等众多优点，区块链被认为是一项具有颠覆性的技术。除了能在金融、征信、证券、跨境交易、物流等领域应用之外，在数据管理、数据确权、数据交易等大数据领域，区块链也能大有作为，通过区块链与大数据的结合，可以更好地做到数据溯源与确权，规范数据交易，保障数据相关方的权、责、利，防止数据被垄断和滥用，保护数据安全等。基于区块链技术的大数据治理，将是未来几年值得深入研究的问题和方向。

6. 边缘计算技术发展将优化大数据基础设施

万物互联的时代，存储、计算都越来越依赖于云中心，云中心成为构筑信息社会的枢纽。如何传输和处理海量数据给云中心带来了巨大的压力和挑战。例如，很多应用需要在毫秒之间实时响应，如无人驾驶汽车。把所有的数据都放到云端存储和处理并不可取，因为云中心可能在几千公里之外，延时抖动和距离并不可控。在这种情况下，边缘计算近两年迅速兴起。边缘计算指在靠近物或数据源头的网络边缘侧，融合网络、计算、存储、应用核心能力的开放平台，就近提供边缘智能服务，满足行业数字化在业务实时、业务智能、数据聚合与互操作、安全与隐私保护等方面的关键需求。云计算适合非实时、长周期数据的大数据分析，而边缘计算则主要完成实时、短周期数据的分析，更适合本地业务的实时处理与执行。边缘计算处理简单的数据，云计算处理相对复杂的信息。未来，边缘计算将和云计算协同，共同优化大数据的存储和处理平台，从而提供更加高效的大数据基础设施。

（范灵俊、欧中洪、于培华）

第8章 2017年中国人工智能发展状况

8.1 发展概况

8.1.1 政策环境

2017年是中国人工智能发展的关键之年,为抢抓人工智能发展的重大战略机遇,构筑我国人工智能发展的先发优势,加快建设创新型国家和世界科技强国,国务院于2017年7月8日印发了《新一代人工智能发展规划》(国发〔2017〕35号)。此后多个省市相继出台了人工智能的相关政策文件(见表8.1)。

表8.1 2017年中国省/直辖市人工智能政策

序号	省/直辖市	出台时间	政策文件名称
1	北京市	2017年12月26日	《北京市加快科技创新培育人工智能产业的指导意见》
		2017年9月25日	《北京市机器人产业创新发展路线图》
		2017年5月15日	《"智造100"工程实施方案》
2	上海市	2017年12月12日	《上海市人工智能创新发展专项支持实施细则》
		2017年10月26日	《关于本市推动新一代人工智能发展的实施意见》
3	天津市	2017年12月19日	《天津市智能制造专项行动计划》
4	重庆市	2017年12月26日	《重庆市以智能化为引领的创新驱动发展战略行动计划(2018—2020年)》征求意见稿
5	广东省	2017年8月17日	《广东省战略性新兴产业发展"十三五"规划》
6	浙江省	2017年12月4日	《浙江省新一代人工智能发展规划》
		2017年9月4日	《浙江省培育发展战略性新兴产业行动计划(2017—2020)》
		2017年7月14日	《浙江省人民政府关于印发浙江省"机器人+"行动计划的通知》
7	安徽省	2017年8月23日	《安徽省人工智能产业发展规划(2017—2025年)》(征求意见稿)
8	江西省	2017年10月9日	《关于加快推动人工智能和智能制造发展若干措施的通知》
9	山东省	2017年11月7日	《山东省智能制造发展规划(2017—2022年)》
10	黑龙江省	2017年6月12日	《黑龙江省"十三五"科技创新规划》
11	福建省	2017年9月7日	《加快人工智能应用和产业发展三年行动计划(2018—2020)》

续表

序号	省/直辖市	出台时间	政策文件名称
12	江苏省	2017年5月26日	《江苏省"十三五"智能制造发展规划》
13	河南省	2017年10月13日	《关于进一步促进机器人及智能装备产业发展的意见》
13	河南省	2017年7月3日	《河南省推进工业智能化改造攻坚方案》
14	湖北省	2017年11月15日	《促进人工智能产业发展的若干政策》
15	贵州省	2017年9月5日	《智能贵州发展规划（2017—2020年）》

截至2017年12月底，通过对15个省/直辖市2017年发布的人工智能相关政策文件的研究发现，明确出台了人工智能相关规划的省市包括：北京市、上海市、重庆市、浙江省、安徽省、江西省、福建省、湖北省。在四个直辖市中，北京市以机器人产业为主攻方向，出台了人工智能产业指导意见和创新路线图，上海市则出台了人工智能专项支持实施细则，重庆市提出以智能化为引领的创新驱动发展战略的三年行动计划，天津市主要在智能制造方面规划布局。在东部省份中，浙江省、福建省明确出台了人工智能产业发展的行动计划，山东省出台了智能制造发展规划。在西部省份中，贵州省提出了智能贵州发展规划。在中部省份中，湖北省、江西省在促进人工智能发展政策方面出台了相关文件[1]。

8.1.2 重点领域

通过对2017年国内典型代表省/直辖市颁布的人工智能相关的政策文件的梳理发现，计算机视觉、智能语音、无人驾驶、智能医疗、智能安防、机器人、机器视觉、影像诊断、智能芯片等关键技术的产业化是未来重点领域（见表8.2）。

表8.2 2017年出台人工智能相关文件的省/直辖市重点领域布局

	北京	上海	江西	福建	安徽	广东	浙江	湖北	重庆
计算机视觉		▲		▲		▲			
智能语音	▲	▲			▲		▲		
无人驾驶	▲					▲	▲		
智能医疗	▲	▲	▲			▲	▲	▲	▲
智能安防									
机器人	▲				▲	▲		▲	▲
机器视觉				▲					
影像诊断	▲								
智能芯片	▲					▲	▲		
智能交通								▲	▲
智能装备				▲				▲	▲

---

[1] 数据截至2017年12月底。在2018年前3个月，除广东省之外，还有天津市、辽宁省、黑龙江省、福建省、四川省5个省市发布了发人工智能规划。加上2017年已发布了政策的省市，截至2018年3月全国31个省市中已有15个发布了人工智能规划，其中有12个制定了具体的产业规模发展目标。

续表

	北京	上海	江西	福建	安徽	广东	浙江	湖北	重庆
ICT 技术	▲			▲		▲	▲	▲	
智能计算	▲			▲		▲	▲		
智能家居			▲		▲	▲	▲		
智能终端		▲				▲	▲	▲	▲

随着互联网、大数据、云计算等平台的日渐成熟，人工智能开放平台逐步兴起，通过平台的引导作用，人工智能产业将会快速发展。伴随着芯片成本的降低，智能硬件爆发式增长，IoT（物联网）技术逐渐成熟，海量的用户数据不断被用来进行模型训练与数据分析处理，实现了舆情预测、辅助决策、智能推荐等环节的融会贯通。AI 与 IoT 的密切结合将进一步提升大数据的应用价值，共同推动中国数字经济的繁荣发展。

8.2 市场情况[1]

8.2.1 产业规模

据艾瑞咨询数据显示，2017 年中国人工智能产业规模达到 152.1 亿元，增长率达到 51.2%，预计 2019 年全国人工智能产业规模将增长至 344.3 亿元（见图 8.1）。从人工智能技术领域规模分布来看，计算机视觉产业规模排名第一，根据 CAICT 的统计，2017 年我国人工智能市场规模中有 37% 是计算机视觉领域（见图 8.2）。随着大数据和移动互联网技术的不断成熟，人工智能逐步向工业制造、服务业各个领域渗透，不断催生出新的人工智能初创公司，在未来，人工智能行业将出现更多的产业级和消费级应用产品。

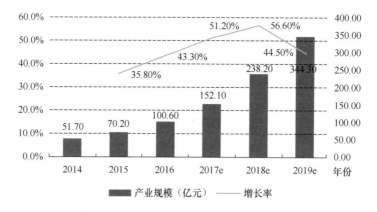

图 8.1 2014—2019 年中国人工智能产业规模

---

1 数据来源：中国信息通信研究院、艾瑞咨询、前瞻产业研究院、乌镇智库、中国电子学会。

第 8 章 2017 年中国人工智能发展状况

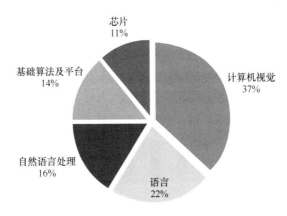

图8.2 2017年中国人工智能市场结构

8.2.2 投资情况

《2017人工智能行业发展研究报告白皮书》的数据显示，2016 年共发生 379 起投资事件，而 2017 年共发生 1296 起人工智能投资事件，投资事件数量随年份呈稳步上升趋势。在投资金额方面，2017 年投资金额为 582 亿元，比 2016 年增长了 64.9%（见图 8.3）。

图8.3 2010—2017年中国人工智能投资事件及金额

8.2.3 专利情况

根据艾瑞咨询的统计数据，中国人工智能相关专利申请数从 2010 年开始出现持续增长，于 2014 年达到 19197 项，并于 2015 年开始大幅增长，达到 28022 项，2016 年中国人工智能相关专利年申请数为 29023 项（见图 8.4）。2017 年中国人工智能产业迈向高速发展阶段。

8.2.4 企业数量

根据中国信息通信研究院的数据，2016 年和 2017 年人工智能领域新增企业数量分别为 128 家和 28 家（见图 8.5），尽管近两年新增企业数量有所下滑，但该现状属于投资热潮下的短期波动，不影响长期趋势。

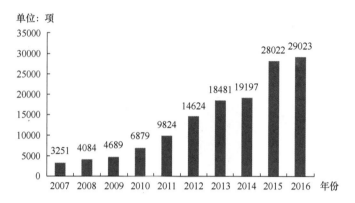

图8.4　2007—2016年人工智能相关专利申请数

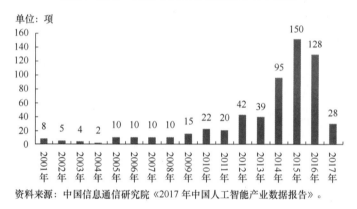

资料来源：中国信息通信研究院《2017年中国人工智能产业数据报告》。

图8.5　2001—2017年中国人工智能领域企业数量变化

8.3　关键技术

8.3.1　自然语言处理技术

自然语言处理（Natural Language Processing，NLP）主要是研究人与计算机交互中的语言问题的一门学科。自然语言处理要研究表示语言能力和语言应用的模型，建立计算机框架来实现这种语言模型，提出相应的方法来不断完善语言模型，根据这样的语言模型设计各种实用系统，并探讨这些实用系统的评测技术。在未来，我国将重点突破自然语言的语法逻辑、字符概念表征和深度语义分析的核心技术，推进人类与机器的有效沟通和自由交互，实现多风格、多语言、多领域的自然语言智能理解和自动生成，目前的自然语言处理技术主要采用了RNN、LSTM、Attention等模型辅助实现各类应用场景。

8.3.2　计算机视觉

计算机视觉也称为机器视觉，同一含义的两个术语往往使用在不同的场景中。在图像、视频等识别和分析中，常常使用计算机视觉；而在机器人等应用场景中，一般称机器视觉。计算机视觉主要解决"让机器看"的问题。计算机视觉研究如何用摄像机等视觉传感装置代替人眼对物体进行识别、跟踪和测量,并由计算机处理这些视觉信息,从而达到像人眼一样对事物进行感知和认知的效果。在未来,我国将重点研究复杂环境下基于计算机视觉的定位、导航、识别等机器人及机械手臂自主控制技术。采用的技术包括 GooLeNet、AlexNet、VGG 等。

8.3.3 机器学习

机器学习是通过运用计算机强大的运算能力及数据处理能力,对大批的数据进行训练,使计算机具备自发模仿人类学习行为,通过学习获取经验和知识,在不断地改进自身性能的同时,实现人工智能的能力。未来机器学习主要有两个重点领域:一是在神经生物学方面,从人类自身出发找出大脑本身的生物学习机制,进而继续加强对人脑学习动作的探索研究;二是在算法方面,加强各类机器学习算法的联系和统一,避免使用单一算法导致限制系统性能情况的出现,建立切实可行的算法应用系统,特别是结合当下互联网时代的背景,对多种学习算法的一体化和集成化进行进一步探索。

8.3.4 深度学习

深度学习以大数据为依托,着重于发现特征,并且对特征进行分层。根据模型的复杂维度,可以有非常丰富的特征表达方式。深度学习在提升准确性方面有强大的功效,可以大幅提升图像识别、语音识别等领域的准确性。

强化学习所采用的大部分数据并非直接标注,而是等到最后结果出来,再指导前面的机器学习过程。强化学习的目的是学习策略,它依赖于人为定义的状态空间,需要人工提供知识才能启动。强化学习加上深度学习打破了以往的分析处理局限,如 DeepMind 的 AlphaGo 在人类引以为傲的智慧高地围棋比赛中打败了人类顶尖棋手,其背后技术就是深度强化学习。

8.3.5 知识图谱

知识图谱本质上是结构化的语义知识库,是一种由节点和边组成的图数据结构,以符号形式描述物理世界中的概念及其相互关系,其基本组成单位是"实体—关系—实体"三元组,以及实体及其相关"属性—值"对。知识图谱可用于反欺诈、不一致性验证、组团欺诈等公共安全保障领域,需要用到异常分析、静态分析、动态分析等数据挖掘方法。未来我国将重点突破跨媒体统一表征、关联理解与知识挖掘、知识图谱构建与学习、知识演化与推理、智能描述与生成等技术,实现跨媒体知识表征、分析、挖掘、推理、演化和利用,构建分析推理引擎。

8.4 应用场景

8.4.1 智能驾驶

1. 定义

智能驾驶通过在车上搭载传感器,感知周围环境,通过算法的模型识别和计算,辅助汽车电子控制单元或直接辅助驾驶员做出决策，从而让汽车行驶更加智能化，提升汽车驾驶的安全性和舒适性。

2. 应用场景

智能驾驶是人工智能中的重点应用领域，其市场前景十分广阔，主要应用在交通、现代物流与供应链领域。智能驾驶的成功实现将会从根本上改变传统的"车—路—人"闭环控制方式，形成"车—路"的闭环，从而增强高速公路安全性，缓解交通拥堵，大大地提高交通系统的效率和安全性。

3. 典型企业

智能驾驶领域的典型企业及案例包括：四维图新公司的车载芯片、拓普集团的智能刹车系统 IBS、索菱股份的车载智能系统 CID、宁波高发的 CAN 总线控制系统、兴民智通的智能用车系统驾宝盒子、盛路通信的夜间驾驶辅助系统、车道偏移提醒系统、盲区检测系统及万安科技的电子制动产品等。其他典型企业还包括奇点汽车、智行者科技、禾赛科技、图森未来等。

8.4.2 智能机器人

1. 定义

智能机器人是指具备不同程度类人智能，可实现"感知—决策—行为—反馈"闭环工作流程，可协助人类生产、服务人类生活，可自动执行工作的各类机器装置，主要包括智能工业机器人、智能服务机器人和智能特种机器人。

2. 应用场景

智能工业机器人运用传感技术和机器视觉技术，具备触觉和简单的视觉系统，通过运用人机协作、多模式网络化交互、自主编程等技术增加自适应、自学习等功能，引导工业机器人完成定位、检测、识别等更为复杂的工作，替代人工视觉运用于不适合人工作业的危险工作环境或人工视觉难以满足要求的场合；智能家用服务机器人重点应用移动定位技术和智能交互技术，达到服务范围全覆盖及家用陪护的目的；智能医疗服务机器人重点突破介入感知建模、微纳技术和生肌电一体化技术，以达到提升手术精度、加速患者康复的目的；智能公共服务机器人重点运用智能感知认知技术、多模态人机交互技术、机械控制和移动定位技术等，实现应用场景的标准化功能的呈现和完成；智能特种机器人运用仿生材料结构、复杂环境动力学控制、微纳系统等前沿技术，替代人类完成高危环境和特种工况作业。

3. 典型企业

智能机器人领域的典型企业及案例包括：国内智能工业机器人"三巨头"新松、云南昆船和北京机科占据国内 90%的市场份额，中科院新松重点提供自动化装配与检测生产线、物流与仓储自动化成套设备，云南昆船侧重烟草行业服务，北京机科主要应用于印钞造币、轮胎及军工领域。其他的典型代表企业还有：极智嘉科技、云威科技、李群自动化、图灵机器人、优必选等。

8.4.3 视觉识别

1. 定义

视觉识别也称为图像识别,图像识别技术是人工智能的一个重要领域。它是对图像进行对象识别,以识别各种不同模式的目标和对象的技术,与其他分支技术关联度极高。

2. 应用场景

视觉识别主要应用于以下几个方面:一是智能安防领域,采用画面分割前景提取等方法对视频画面中的目标进行提取检测,通过不同的规则来区分不同的事件,从而做出不同的判断并产生相应的报警联动等,如区域入侵分析、打架检测、人员聚集分析、交通事件检测等;二是交通安全领域,对画面中特定的物体进行建模,并通过大量样本进行训练,从而达到对视频画面中的特定物体进行识别,如车辆检测、人头检测(人流统计)等应用;三是金融领域,可以使用人脸检测、指纹检测验证金融支付的安全性;四是智能医疗领域,通过视觉识别技术进行医疗影像辅助诊断,减少医生的重复性工作,降低误诊概率。

3. 典型企业

视觉识别领域的典型企业及案例包括:旷视科技目前重点研发人脸检测识别技术产品,加强管控卡口综合安检、重点场所管控、小区管控、智慧营区等领域的业务布局;图普科技在阿里云市场提供色情图像和暴恐图像识别的产品和服务,识别准确率超过 99.5%,满足了云端用户的安全需求。商汤科技的 Sense Pose 充分利用 GPU 性能,精确地将关键点定位在 10 个像素以内的人体关节,Sense Face 人脸布控系统非常适合用于飞机场、火车站等公共场合的大规模视频监控系统中的实时大库人脸识别。该系统可提供在监控视频中实时抓拍人脸、布控报警、属性识别、统计分析、重点人员轨迹还原等功能,并做出及时、有效的智能预警。其他代表企业还包括思岚科技、速感科技、Insta360、依图科技等。

8.4.4 语音识别

1. 定义

语音识别技术(Auto Speech Recognize,ASR)所要解决的问题是让机器能够"听懂"人类的语音,将语音中包含的文字信息"提取"出来,相当于给机器安装上"耳朵",使其具备"能听"的功能。

2. 应用场景

语音识别技术在电子信息、互联网、医疗、教育、办公等各个领域均得到了广泛应用,形成了智能语音输入系统、智能语音助手、智能音箱、车载语音系统、智能语音辅助医疗系统、智能口语评测系统、智能会议系统等产品,可以通过用户的语音指令和谈话内容实现陪伴聊天、文字录入、事务安排、信息查询、身份识别、设备控制、路径导航、会议记录等功能,优化了复杂的工作流程,提供了全新的用户应用体验。

3. 典型企业

语音识别领域的典型企业及案例包括:百度、出门问问、科大讯飞、思必驰、云知声、森亿智能、普强信息。其中，科大讯飞的智慧课堂产品，通过一个小的麦克风，可以把老师的声音同步转换成文字，使讲解过程和 PPT 同步化，同时还可以对课程进行录制，并形成课件。语音电子病历产品，在医生诊治过程中进行语音的全程录制，医生经过简单的处理，就可以打印电子病历。出门问问的手表、魔镜、手机 APP、智能音箱等产品可以通过语音用口语化的方式来进行搜索内容的输入，整合了各垂直搜索引擎的功能，提供生活服务类的搜索。

8.5 发展趋势

1. 制定相关的法律法规和伦理规范

任何新兴科技产业从诞生到具体落地，都需要面临技术、商业、法律和政策层面的诸多挑战。从顶层设计来说，应建立保障人工智能健康发展的法律法规和伦理道德框架，建立追溯和问责制度，明确人工智能法律主体及相关权利、义务和责任等。特别是重点围绕自动驾驶、服务机器人等应用基础较好的细分领域，加快研究制定相关安全管理法规，为新技术的快速应用奠定法律基础。开展人工智能行为科学和伦理等问题研究，建立伦理道德多层次判断结构及人机协作的伦理框架。

2. 建立相关技术标准和知识产权体系

AI 相关技术应用在各个行业和细分领域，呈现指数型增长态势，所谓得标准者得天下，中国要想在全球 AI 产业掌握自己的话语权，就应该坚持安全性、可用性、互操作性、可追溯性原则，逐步建立并完善人工智能基础共性、互联互通、行业应用、网络安全、隐私保护等技术标准。鼓励人工智能企业参与或主导制定国际标准，发挥中国在 ICT 领域的优势，从技术标准"走出去"到"走进去"，使更多的智能产品和服务在海外推广应用。在知识产权保护方面，健全人工智能领域技术创新、专利保护与标准化互动支撑机制，促进人工智能创新成果的知识产权化。建立人工智能公共专利池，促进人工智能新技术的利用与扩散。

3. 行业监管问题亟须引起各方重视

随着人工智能相关技术的不断成熟和各种商业模式的演化，人工智能开发者在收集和使用数据的过程中，需要采取适当的技术手段保护个人隐私安全，防止个人信息的泄露、篡改及损毁；在训练和设计过程中需要具备广泛的包容性，应该充分考虑弱势群体的利益，并对道德与法律的极端情况设置特别的判断规则。在人工智能技术和产品渗透到社会服务领域时，应该设置一定的市场准入制度，如在不同垂直和各细分领域发放相应的牌照。人工智能行业的监管问题具有广泛的社会性、系统性与复杂性，需要企业、政府、用户、研究机构等组织协同参与监管、群策群力，构建促进人工智能产业良好发展的创新应用生态环境。

4. 人工智能芯片由非定制化向定制化方向发展

人工智能推动新一轮计算革命，深度学习需要海量数据并行运算，传统计算架构已无法支撑深度学习的大规模并行计算需求。目前使用的 GPU、FPGA（可编程门阵列芯片）均非人工智能定制芯片，存在一定的局限性，深度学习需要更适应此类算法的新的底层硬件来加速计算过程。目前，谷歌公司已经开发出新型 TPU（张量处理器），可以在芯片中节省出更多的操作时间，适用于更复杂和更强大的机器学习模型，并且能够进行快速部署。因此，未来人工智能芯片的定制化服务将会满足各行各业的用户与企业级需求。

5. 人工智能技术将实现应用场景新业态

传统的人工智能、物联网和大数据技术已不能满足各行业的需求，在不同场景下，用户的需求差异化巨大，移动互联网、大数据、云计算与 AI 技术的碰撞和融合将会激发不同场景下的智能医疗、智能金融、智能安防、智能教育、智能家居、智能养老等行业的新业态。

6. 群体智能、人机协同构建智能新生态

随着互联网、云计算等新一代信息技术的快速应用及普及，大数据不断积累，深度学习及强化学习等算法不断优化，人工智能研究的焦点，已从单纯用计算机模拟人类智能，打造具有感知智能及认知智能的单个智能体，向打造多智能体协同的群体智能转变。人类智能在感知、推理、归纳和学习等方面具有机器智能无法比拟的优势，机器智能则在搜索、计算、存储、优化等方面领先于人类智能，两种智能具有很强的互补性。人与计算机协同，互相取长补短将形成一种新的增强型智能，其中人可以接收机器的信息，机器也可以读取人的信号，两者相互作用、相互促进。在此背景下，人工智能的根本目标已经演变为提高人类智力活动能力，更智能地陪伴人类完成复杂多变的任务。

7. "平台+场景应用"主导的新型商业模式和价值链即将出现

现有的人工智能技术主要聚焦于为服务商提供解决方案，直接面对消费者端的产品相对较少。未来，随着人工智能产业的深入发展及市场化机制的不断成熟，平台化趋势会更加突出，将出现"平台+场景应用"的竞争格局，催生出更多新型的商业模式。通过海量优质的多维数据结合大规模计算力的投入，以应用场景为接口，人工智能产业将构建起覆盖全产业链生态的商业模式，满足用户复杂多变的实际需求。同时，具备新型芯片、移动智能设备、大型服务器、无人车、机器人等设备研发制造能力的企业也能够结合应用环境，提供高效、低成本的运算能力和服务，与相关行业进行深度整合，从产业链上游提供基础设施服务逐渐转向产业链下游对消费者端提供服务。

8. "平台+技术+硬件+内容"构建 AI 产业链生态圈

移动互联网时代的基础是信息通信基础设施，大数据时代的基础是用户消费内容和行为数据。进入 AI 时代后，芯片技术将飞速发展，智能产品涉及的行业及场景巨大，因此仅靠通信网络、用户规模、数据等要素是无法满足用户需求的，人工智能企业基于自身优势切入产业链条，并与其他厂商进行合作，实现"平台+技术+硬件+内容"多方面资源整合，共同推动人工智能技术落地，构建产业链协同、价值链合理分工的 AI 生态圈。

9. AI 人才成为各大行业的抢夺热点

未来 5 年，将是中国 AI 产业的高速发展阶段，目前 AI 人才的培养速度远远跟不上 AI 产业的发展速度，具有核心知识的人才是未来各大公司争夺的焦点。在人工智能领域，国内人才集中在技术层及应用层，基础层人才较为薄弱，国内高校在人工智能人才培养方面专业性也不够,导致中国与全球顶尖水平还具有一定差距。未来需要继续建立核心技术人才培养体系,加强人工智能一级学科建设,实现产、学、研的有效融合,为人工智能产业持续不断地输送优质人才。此外,还应重视人工智能与数学、计算机科学、物理学、生物学、心理学、社会学、法学等学科专业教育的交叉融合。加强产、学、研合作,鼓励高校、科研院所与企业等机构合作开展人工智能学科建设。

(袁野)

第9章 2017年中国智慧城市发展状况

9.1 发展概况

党的十九大报告指出,要加快技术创新和体制创新,推动互联网、大数据、人工智能和实体经济深入融合,为建设科技强国、质量强国、航天强国、网络强国、交通强国、数字中国和智慧社会提供有力支撑。"数字中国"和"智慧社会"是"智慧城市"概念的理念延伸和内容拓展,建设智慧社会对于深入推进新型智慧城市建设、实现"四化"同步发展、实施乡村振兴战略等都具有重要现实意义。2017年,我国智慧城市发展态势良好,政策红利进一步释放,智慧城市市场规模不断扩大,智慧城市评价指标体系逐步建立。

1. 智慧城市政策体系进一步完善

近几年,智慧城市已上升为国家战略。各级政府主管部门都把建设智慧城市作为未来发展重点,从顶层设计、总体架构、具体应用等角度出台相应的政策文件支持智慧城市建设,形成了多点、多层的智慧城市政策支撑体系(见表9.1和表9.2),推动了我国智慧城市的发展,为智慧城市创造了良好的发展环境。

表9.1 2017年中国智慧城市主要政策梳理

发文日期	文件名称	发文单位	主要内容
1月22日	关于印发《推进智慧交通发展行动计划(2017—2020)》的通知	交通运输部办公厅	明确2017—2020年智慧交通发展的工作思路、主要目标和重点任务,到2020年逐步实现基础设施智能化、生产组织智能化、运输服务智能化、决策监管智能化四个方面的目标,有效提升交通运输数字化、网络化、智能化水平
2月28日	关于印发《智慧养老产业发展行动计划(2017—2020)》的通知	工业和信息化部 民政部 国家卫生计生委	明确2017—2020年智慧健康养老产业发展的总体思路、主要目标和重点任务,到2020年,基本形成覆盖全生命周期的智慧健康养老产业体系,建立100以上智慧健康养老应用示范基地,培育100家以上具有示范引领作用的行业领军企业,打造一批智慧健康养老服务品牌
3月30日	关于印发《云计算发展三年行动计划(2017—2019年)》的通知	工业和信息化部	明确2017—2019年云计算发展的总体思路、主要目标和重点任务,到2019年,云计算产业规模达到4300亿元,突破一批核心关键技术,云计算服务能力达到国际先进水平,对新一代信息产业发展的带动效应显著增强

续表

发文日期	文件名称	发文单位	主要内容
4月27日	《交通运输政务信息资源共享管理办法（试行）》	交通运输部	明确信息资源共享类型与要求、目录编制与管理、提供与使用、监督与保障的相关要求
5月19日	《"十三五"信息化标准工作指南》	中央网信办 国家质检总局 国家标准委	旨在加快完善国家信息化标准体系，充分发挥标准对推进技术融合、业务融合、数据融合的引领和支撑作用，进一步增强我国的信息化发展能力，提升经济社会信息化应用水平
7月8日	关于印发《新一代人工智能发展规划》的通知	国务院	构建城市智能化基础设施，发展智能建筑，推动地下管廊等市政基础设施智能化改造升级；建设城市大数据平台，构建多元异构数据融合的城市运行管理体系，实现对城市基础设施和城市绿地、湿地等重要生态要素的全面感知，以及对城市复杂系统运行的深度认知；研发构建社区公共服务信息系统，促进社区服务系统与居民智能家庭系统协同；推进城市规划、建设、管理、运营全生命周期智能化
8月24日	关于印发《"十三五"国家政务信息化工程建设规划》的通知	国家发展改革委	明确"十三五"国家政务信息化工程建设的总体要求、主要任务与保障措施。推进信息惠民、新型智慧城市、各地政务信息化建设与本规划的衔接
9月6日	关于印发《智慧城市时空大数据与云平台建设技术大纲》的通知	国家测绘地理信息局	在原有数字城市地理空间框架的基础上，依托城市云支撑环境，实现向智慧城市时空基准、时空大数据和时空信息云平台的提升，建设城市时空基础设施，开发智慧专题应用系统，为智慧城市时空基础设施的全面应用积累经验。凝练智慧城市时空基础设施建设管理模式、技术体制、运行机制、应用服务模式和标准规范及政策法规，为推动全国数字城市向智慧城市的升级转型奠定基础
9月14日	关于印发《智慧交通让出行更便捷行动方案（2017—2020）》的通知	交通运输部办公厅	明确智慧交通让出行更便捷行动主要内容与工作要求。充分发挥市场决定性作用和更好发挥政府作用，推动企业为主体的智慧交通出行信息服务体系建设，促进"互联网+"便捷交通发展，让人民群众出行更便捷
10月10日	《关于开展农业特色互联网小镇建设试点的指导意见》	国务院办公厅	明确开展农业特色互联网小镇的建设目标和任务，力争到2020年，在全国范围内试点建设、认定一批产业支撑好、体制机制灵活、人文气息浓厚、生态环境优美、信息化程度高、多种功能叠加、具有持续运营能力的农业特色互联网小镇
11月26日	《推进互联网协议第六版（IPv6）规模部署行动计划》	中共中央办公厅 国务院办公厅	明确互联网协议第六版（IPv6）规模部署行动的总体要求、主要目标与重点任务。用5~10年的时间，形成下一代互联网自主技术体系和产业生态，建成全球最大规模的IPv6商业应用网络，实现下一代互联网在经济社会各领域深度融合应用，成为全球下一代互联网发展的重要主导力量。支持地址需求量大的特色IPv6应用创新与示范，在宽带中国、"互联网+"、新型智慧城市、工业互联网、云计算、物联网、智能制造、人工智能等重大战略行动中加大IPv6的推广应用力度
12月29日	关于印发《国家车联网产业标准体系建设指南（智能网联车）》的通知	工业和信息化部 国家标准委	明确我国车联网产业标准体系建设的总体要求与目标，到2020年，初步建立能够支撑驾驶辅助及低级别自动驾驶的智能网联汽车标准体系。到2025年，系统形成能够支撑高级别自动驾驶的智能网联汽车标准体系

表 9.2 2017 年部分城市智慧城市政策汇总

城市	文件名称	文件主要内容
北京	《北京市"十三五"时期信息化发展规划》	明确北京市"十三五"时期信息化发展规划的总体要求、原则、目标。到2020年，信息化成为全市经济社会各领域融合创新、升级发展的新引擎和小康社会建设的助推器，北京成为互联网创新中心、信息化工业化融合创新中心、大数据综合试验区和智慧城市建设示范区
杭州	《"数字杭州"（"新型智慧"一期）发展规划》	推动数字资源成为杭州市经济转型和社会发展的新动能，推动人工智能技术在宏观决策、社会治理、制造、教育、环境保护、交通、商业、健康医疗、网络安全等重要领域开展试点示范工作，利用人工智能创新城市管理，建设新型智慧城市
宁波	《余姚市智慧城市"十三五"发展规划》	明确2017—2020年余姚市智慧城市发展的工作思路、主要目标和主要任务，到2020年，初步建成信息基础设施泛在互联、经济信息化创新发展、社会信息化广泛应用、政务信息化透明高效的格局。各领域智慧应用体系广泛形成，城市管理、社会治理和公共服务领域智慧应用取得明显成效，信息化与工业化深度融合。信息经济发展质量和效益进一步提升，部分重点示范应用走在全省前列
天津	《天津市智慧健康养老产业发展实施意见（2018—2020年）》	进一步加快天津市智慧健康养老产业发展，培育新产业、新业态、新模式，促进信息消费增长，推动信息技术产业转型升级。 到2020年，在居家、社区和机构三个层面，坚持"居家为基础，社区为依托，机构为补充"的基本思路，基本形成具有天津特色的智慧健康养老产业模式，建立一批智慧健康养老应用示范基地，培育一批具有示范引领作用的行业领军企业和智能健康养老服务产品，打造一批智慧健康养老服务品牌
南京	《"十三五"智慧南京发展规划》	明确智慧南京发展的总体要求、基本原则与发展目标。到2020年，基本构建起以便捷、高效的信息感知和智能应用体系为重点，以宽带泛在的信息基础设施体系、智慧高端的信息技术创新体系、可控可靠的网络安全保障体系为支撑的智慧南京发展新模式。智慧南京作为推进城市治理能力现代化的重点抓手、驱动经济社会发展的先导力量和南京城市品质的新名片，在国内城市治理、引领发展多个领域发挥示范带动作用，成为国家大数据（南京）综合试验区和国家新型智慧城市示范城市
长沙	《长沙市新型智慧城市建设管理应用办法》	为实现新型智慧城市的统筹建设，对公共服务资源进行整合，以便统一管理。文件还明确了长沙市新型智慧城市重点建设内容及总体原则
兰州	《兰州市"十三五"智慧城市发展规划》	明确兰州市智慧城市发展总体要求、原则与目标。到2020年，兰州市基本实现城市管理信息化，建成广泛覆盖、深度互联、协同共享、智能处理、开放应用的"云上兰州，数据城市"新模式，引领西部城市智慧城市建设的发展方向，为全国的智慧城市建设积累经验，促进信息产业、传统产业和实体经济的高度融合，促进产业结构调整、转型升级及新的增长极培育
攀枝花	《攀枝花市智慧城市建设总体方案》	明确攀枝花智慧城市建设的指导思想、建设原则、建设目标与总体构架。到2020年，建成大数据中心、基础信息资源库和主要业务信息数据库，重要公共云平台，同城、异地灾备；在用信息系统迁移基本完成，系统内流程优化再造基本完成；形成比较完整的智慧城市规范标准体系；信息产业在3~5个方向成规模发展；基本建成可评估、可复制，具有典型示范意义的、智慧化水平显著提升的新型智慧城市

2. 市场规模不断扩大

根据MarketsandMarkets的市场调研报告，2017年全球智慧城市市场规模达到4246.8亿美元，并且预计2022年将达到12016.9亿美元，年复合增长率为23.1%。随着政策红利的进一步释放、资金的大量投入，我国智慧城市产业也将迎来新的发展高潮。我国智慧城市以大数据产业为核心，以基础智慧产业、智慧产品制造业、智慧服务业和提升型智慧产业四大产业为重点，智慧城市已成为我国信息化领域的新高地。有关数据显示，2018年我国智慧城市市场规模将达到7.9万亿元，预计2022年将达到25万亿元，年均复合增长率约为33.38%[1]。

---

[1] 数据来源：王峰，今年我国智慧城市市场规模将达7.9万亿元，人民邮电报，2018.3.19。

3. 评价指标体系逐步建立

智慧城市标准体系和评价指标体系是引导我国各地智慧城市健康发展的重要手段，2017年智慧城市评价工作取得了明显进展，官方机构、民间智库广泛开展评价研究。1月14日，《新型智慧城市惠民服务评价指数报告2017》正式发布，该报告建立了动态的惠民服务评价指数，这套评价办法打破了传统上单纯依据统计数据来评价发展，完全动态地站在百姓的视角，用亲身体验的方式，从惠民实效上来评价各个城市的政务服务平台所提供的各种服务。4月20日，腾讯研究院发布了《中国"互联网+"数字经济指数（2017）》报告，该报告提出，2016年全国智慧民生指数同比增长90.42%，智慧民生成为各城市数字经济增长的动力来源之一，对110个城市增长的贡献度在50%以上。12月20日，新型智慧城市建设部际协调工作组发布了《新型智慧城市发展报告2017》，首次公开对20余个省（区、市）和220个地方城市新型智慧城市建设情况的评价结果。该报告显示，220个城市平均得分为58.03分，最高分为84.12分，最低分为27.09分，220个城市中有过半处于起步阶段。新型智慧城市建设公共服务便捷化初见成效，惠民服务得分率为51.34%，已经取得明显进展，而市民认可度得分为63.71分，公共服务的成效初步得到市民的认同。

9.2 发展特点

1. 智慧城市成为推动网络强国战略的重要着力点

习近平总书记在中共中央政治局就实施网络强国战略进行第三十六次集体学习时指出，要以推行电子政务、建设新型智慧城市等为抓手，以数据集中和共享为途径，建设全国一体化的国家大数据中心，推进技术融合、业务融合、数据融合，实现跨层级、跨地域、跨系统、跨部门、跨业务的协同管理和服务。数据开放共享是大数据发展和深入挖掘数据价值的基础，是推进新型智慧城市建设的重要抓手和核心内容。2017年，《关于印发政务信息系统整合共享实施方案的通知》和《政务信息资源目录编制指南（试行）的通知》相继印发，明确了各部门数据共享的范围边界和使用方式。目前，智慧城市的建设发展已成为实现网络强国战略的重要基点。智慧城市是城市演进发展的重要方向，是城市信息物理系统建设模板，是线上线下资源调配优化方向，是技术、产业、应用不断融合、渗透并升级的过程，这一系列要素都与我国网络强国战略相契合。

2. 地方实践"百花齐放"

近年来，中国智慧城市试点数目呈线性增长。无论是特大型的一线城市，还是中小型城市，均有智慧城市项目落地，并已形成了数个大型智慧城市群。德勤发布的《超级智慧城市报告》显示，2016年全球已启动或在建的智慧城市已达到1000多个，从在建数量来看，中国以500个试点城市居于首位（见图9.1），远超排名第二的欧洲（90个），我国部分省（市、自治区）智慧城市试点数目达344个（见图9.2），主要分布在黄渤海沿岸和长三角城市群。

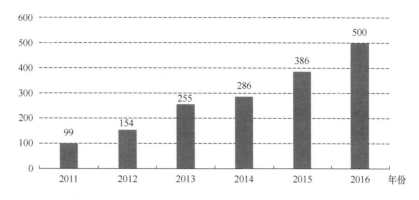

图9.1 2011—2016年中国在建"智慧城市"试点数量变化

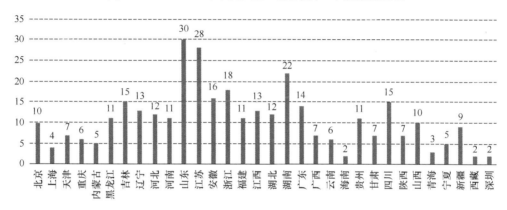

图9.2 2016年部分省（市、自治区）"智慧城市"试点数目

随着物联网、大数据、人工智能技术的快速发展，"新型智慧城市"成为信息化领域新的高地。作为全国"新型智慧城市标杆市"，嘉兴市走出了一条智慧、创新的城市治堵的"嘉兴经验"。嘉兴市积极打造"互联网+"智慧出行。2017年2月，嘉兴市通过与公交大数据分析平台开展深度合作，对车辆 GPS 数据、公交 IC 卡刷卡数据、道路数据等多源数据进行挖掘分析，实现了实时监测、运力和畅通指标分析、营运分析等 10 大模块、72 个功能点、90 项行业指标计算，给出高峰大站、排班调整、班次直达、运营时间等线网优化建议，推进公交行业精细化管理。并且嘉兴市积极推行城市公交"移动支付"方式。截至 2017 年 12 月 12 日，嘉兴城市公交有 17 条线路、236 辆公交车实现了"移动支付"。

3. 智慧城市服务功能更加多元化

智慧城市以"数字化、智能化、网络化、互动化、协同化、融合化"为主要特征，全面感知、监测、分析、整合城市资源，为公众提供泛在、便捷、高效服务的城市形态。近几年，我国智慧城市发展迅速，服务功能更加精细化、多元化，不断涌现新的服务形态，满足人民日益增长的美好生活需要。例如，以技术驱动、线上线下一体化的零售革新，通过"智慧零售""新零售""无界零售"等模式有效地融合线上线下的场景，用实在的优惠、个性化的推荐、高效便捷的消费过程来提升客户全程的体验，为用户构筑更美好的生活。智慧安居服务充分考虑公共区、商务区、居住区的不同需求，融合应用物联网、互联网、移动通信等各种信息技术，发展社区政务、智慧家居系统、智慧楼宇管理、智慧社区服务、社区远程监控、安全管理、智慧商务办公等智慧应用系统，使居民生活"智能化发展"。

4. 数据驱动智慧城市发展模式落地

伴随着移动互联网、大数据、云计算、人工智能等新一代信息通信技术的深度发展和广泛应用，巨大信息流背后产生的海量、异构、多源城市数据已成为亟待提取、管理、分析、挖掘及有效利用的宝藏。智慧城市建设，必然产生大数据，大数据的应用必将推进智慧城市的建设，大数据时代的到来和智慧城市的兴起，是全球信息化发展到高级阶段的必然趋势。数据是智慧城市的智慧源泉，也是智慧城市发展的动力引擎，在智慧城市建设中，要充分利用大数据增量，提升智慧城市"大脑"智慧水平，促使城市管理从"经验管理"转向"科学管理"。

智慧城市和大数据结合代表了新的生产力，可以催生新供给、释放新需求、拓展新空间，是实现经济转型、精准治理、优化服务的重要途径，对提升政府的治理能力，推进大众创业、万众创新都有十分重要的意义。"大数据时代"的到来，进一步推动和支撑了"智慧城市"发展模式的快速落地，改变了人们对城市信息化建设的认识，加速了由"数字城市"到"智慧城市"的转变。例如，沈阳致力于智慧城市和大数据创新发展之路，确定了"一体两翼"的发展格局，即以大数据发展为主体，以智慧城市和传统产业为双翼，形成彼此支撑、协同发展的工业格局，数据驱动智慧城市发展的"沈阳模式"快速落地。

5. "中国方案"为全球智慧城市治理提供有效模式

近几年，中国智慧城市发展迅速，从智慧城市到新型智慧城市，再到智慧社会，形成了一整套的理论体系和实践经验，并驱动中国为全球智慧城市治理提供"中国方案"。在2017年巴塞罗那全球智慧城市博览会上，华为"沙特延布智慧城市"获得"数据与技术奖"。华为为客户提供了领先的智慧城市解决方案，推动城市数字化转型，提高城市治理先进性、实现循环经济。如今深圳道路维护成本降低20%，公共照明成本降低30%，垃圾清运效率提高30%。目前，中兴通讯已在全球45个国家的160个城市落地实施智慧城市建设，并且通过和国际标准组织及政府的深度合作，促进技术创新并制定标准规范，形成可复制、可推广的智慧城市模式。阿里云ET城市大脑引入马来西亚，将全面应用到马来西亚的交通治理、城市规划、环境保护等领域，在第一阶段将应用到马来西亚首都吉隆坡的281个道路路口，通过红绿灯动态调节、交通事故检测、应急车辆优先通行，来缓解吉隆坡拥堵的交通状况。

9.3 应用场景

9.3.1 智慧医疗

智慧医疗是利用先进的物联网技术、计算机技术及信息技术等实现医疗信息的智能化采集、转换、存储、传输和后处理，以及各项医疗业务流程的数字化运作，从而实现患者与医务人员、医疗机构、医疗设备之间的互动，逐步实现医疗信息化。智慧医疗的发展可以优化医疗资源，提升患者就医体验，促进我国医疗行业健康、稳定地发展。智慧医疗由远程医疗、智慧医院、移动医疗设备等多个方面构成。智慧医疗的新模式最大限度地优化了就医流程，杭州市第一人民医院利用信息化不断优化服务流程，引入支付宝、自助机、手机APP等多种方式，进行分时挂号，就诊时间精确到半小时，患者可以通过微信公众号、门诊叫号屏、诊间报到屏等多种方式了解就诊叫号情况，在就诊过程中，无须排队就能实现诊间付费，同时还可以分时段预约检查，医疗服务质量得到了提升。再如，舟山市深入推进"群岛网络医院的建设"，深化远程医疗协作，设立5家市级远程医疗服务中心和3家区级远程医疗服务中心，下联52个远程医疗服务站点，全市医疗单位临床实现信息共享，让"数据多跑路、病人少跑路"，有效突破了城乡、区域、交通等限制，使海岛居民足不出岛就能享受到三级医院专家的优质服务，2017年上半年开展远程医疗服务12.1万人次。

9.3.2 智慧社区

基于物联网、云计算等高新技术的"智慧社区"是"智慧城市"的一个缩影，通过以人为本的智能管理系统，使人们的工作和生活更加便捷、舒适、高效。从功能上讲，智慧社区是以社区居民为服务核心，为居民提供安全、高效、便捷的智慧化服务，全面满足居民的生存和发展需要。智慧社区由高度发达的"邻里中心"服务、高级别的安防保障及智能的社区控制共同构成。"智慧社区"可以平衡社会、商业和环境需求，同时优化可用资源。"智慧社区"就是要提供各种流程、系统和产品，促进社区的发展和可持续性，为其居民、经济及社区赖以生存的生态大环境带来利益。

9.3.3 智慧政务

智慧政务是广泛运用物联网、云计算、移动互联网、人工智能、数据挖掘等现代信息技术，通过资源整合、流程优化、业务协同提高政府办公、服务、监管、决策的智能化水平，从而形成高效、集约、便民的服务型政府运营模式。智慧政务的建设是实现电子政务升级发展的突破口，是政府从管理型走向服务型、智慧型的必然产物。在智慧城市规划和建设过程中，智慧政务成为建设重点。"只进一扇门""最多跑一次"是智慧政府建设的一个目标。例如，浙江省作为"最多跑一次"改革的先行省份，以这个目标为切入点和突破口，不断完善建设集约、服务集聚、数据集中、管理集成的统一数据平台，积累了比较成熟的经验，取得了较好的效果。经第三方评估，浙江"最多跑一次"实现率达到87.9%、满意率达到94.7%。

9.3.4 智慧物流

智慧物流集多种服务功能于一体，强调信息流与物质流快速、高效、通畅地运转，从而实现降低社会成本，提高生产效率，整合社会资源的目的。近几年，大数据、云计算、人工智能等新一代信息通信技术不断融入智慧物流，推动整个快递业迅猛发展，成为支撑起我国互联网商业贸易高速运转的新动能。根据中国物流与采购联合会的数据，2016年智慧物流市场规模超过2000亿元，到2025年，智慧物流市场规模将超过万亿元。运满满是基于云计算、大数据、移动互联网和人工智能技术开发的货运调度平台，是中国最大整车运力调度平台、最大智慧物流信息平台和最大无车承运人，为我国"互联网+物流"、交通大数据和节能减排发展提供了样板。货车帮利用大数据、云计算、移动互联网等现代信息技术手段，建立了覆盖全国的货源信息网络，以互联网+物流破解了"企业找车难，司机找货难"的难题，促进快速达成交易，减少车辆空跑及配货等待时间，提升了货运效率。

9.4 典型案例

1. 杭州"城市数据大脑"打造智慧交通升级版

杭州利用大数据、云计算和人工智能，探索出了一条治理城市交通问题的新路径，打通了政府部门和企业的信息关卡，进一步将政府数据开放落实到了实处，为"智慧城市"治理建设提供了共享数据平台。杭州"城市数据大脑"将政府数据开放给阿里巴巴，并协同大数据产业链中各个环节的企业，结合各方不同的技术优势，利用其云计算和大数据资源，共同挖掘、分析杭州的城市数据，进行应用开发创新，做出"智慧城市"解决方案，形成了智慧城市产业链。杭州"城市数据大脑"V1.0 上线以来，接入了路口、路段、高架匝道等点位136 路，监控视频 249 路，通过整合高德地图数据和交警数据，通过速度差、失衡度、延误率等 16 项参数指标，科学设定交通堵点算法，成功实现交通堵点报警 4.67 万次、信号灯报警 1.63 万余次，解决了杭州交通拥堵问题，打造了智慧交通升级版。"城市数据大脑"的运行让数据帮助杭州思考和决策，使杭州成为一座能够自我调节、与人类良性互动的城市。

2. 敦煌智慧旅游引领产业发展

智慧敦煌是以智慧旅游引领产业发展的智慧城市模式。智慧敦煌总体建设框架为"一个中心、一个基础、四大体系、八大业态"。"一个中心"即智慧旅游云计算中心，"一个基础"即以移动、互联、物联为基础的传输层，"四大体系"即以智慧旅游展示、营销、交易、服务为基础的应用层，"八大业态"即以游客、景区、酒店、旅行社等为主的用户层。敦煌智慧旅游与华为合作在敦煌全面建立了"飞天"云数据中心，WiFi 和光纤网络覆盖整个城市和旅游景点，随处可以连接 WiFi 热点。通过连接 WiFi，游客可以轻松浏览敦煌及周边景区的概览，并通过网络进行预订景区门票、进行旅游购物等操作。同时，云数据中心通过大数据平台连接了各部门的业务系统，包括公安、交通、应急指挥、城市管理和旅游安防。数据共享让敦煌及其下属部门能够实现统一办公和快速决策，各部门能够快速应对城市管理问题，高效、及时地处理公共安全、交通及城市管理方面的突发事件。在"智慧旅游"的辐射带动下，2016 年，敦煌游客年增长达到 30%以上、旅游产业 GDP 占比超过 50%。

3. 鸿山物联网小镇

由无锡与阿里云联合打造的无锡鸿山物联网基础平台（飞凤平台）涵盖了民生到市政等各个领域，多个项目实施落地，数字化和智能化成为观察无锡鸿山城市的新视角，将推动鸿山物联网小镇名片走向世界。遍布鸿山小镇的传感设备将这座城市每个信号都连接起来，形成了一张由地下层、地面层和大气层组成的物联立体网络，相互联通并产生化学反应，为城市管理者高效地提供贯通交通、环境、水务、能源、城市治理、公共服务等全视角管理和综合调度能力，将重新定义小镇的社会生活体验。同时，源源不断的路况监测信息、天气信息、排水监测信息等数据在平台上高效流转，也让人们的出行更加方便。小镇设置了 5 个智能垃圾桶，智能垃圾桶可以监测垃圾桶内的情况，一旦垃圾量达到一定程度，就会直接预警，环卫工人看到预警消息后再去清运垃圾，可以让环卫工人的工作量大大减少。小镇实现了智能绿化浇水，自动洒水器会根据天气、湿度、环境的变化洒水。小镇共有 200 个智能窨井盖，窨井盖下方带有传感器,只要窨井盖倾斜程度超过 30 度,就会自动报警。如果有人为移动或是破损的情况,窨井盖都能及时监测到,避免窨井"吃人"的隐患发生。

4. 智慧雄安

雄安新区要为中国新时代的城镇化发展走出一条全新的道路,将打造一个美丽、宜居、现代的智慧社会样板和标杆。智慧雄安是雄安新区建设的出发点之一。2018 年 4 月 21 日,河北省委发布了《河北雄安新区规划纲要》,指出要"加强综合地下管廊建设,同步规划建设数字城市,筑牢绿色智慧城市基础"。2017 年,河北省基于地理国情监测技术支撑体系加紧建设雄安新区生态环境监测平台,将通过卫星遥感、无人机航拍、雷达扫描等地理信息技术手段,应用各类传感器及物联网技术,及时获取雄安新区自然生态的变化情况,发现并分析可能造成环境污染的相关信息并进行预警,为雄安新区生态环境保障提供服务。绿色智慧已成为雄安建设的一个重要目标,智慧路灯示范点、智慧停车示范点、智慧井盖示范点,都已建成并陆续投入使用。2017 年 12 月,由百度公司开发的电动自动驾驶车辆,在雄安新区进行了载人路测。另外,电动汽车充电网络正在不断拓展,绿色交通体系已在雄安生根发芽。

9.5 发展趋势

1. 智慧社会成为智慧城市建设的重要目标

党的十九大报告中首次提出的"智慧社会"为我们勾勒出智慧城市更为宏大的远景蓝图。智慧社会不仅是对智慧城市外延的扩充和内涵的提升,更是从顶层设计的角度,为经济发展、公共服务、社会治理提出了全新的要求和目标。智慧社会凸显了人的核心地位。当前,人工智能、大数据、云计算、物联网等新兴技术对于提升城市软实力的贡献越来越大,智慧法院、智慧社区等的陆续出现提高了市政管理水平,城市公民因此获得了更高的社会生活参与度和幸福感。智慧社会不仅是解决城市所需,也将在农业、农村的现代化中发挥重要作用,智慧乡村、智慧农业不仅有利于提升农村的生产、生活效率,也将在建立健全城乡融合发展体制机制方面发挥重要作用。例如,沈阳建设的"智慧社区",就是通过互联网的连接,实现了对城市社区、涉农社区的全覆盖。智慧社会将更侧重多中心的创新系统驱动。

2. 数字中国有力引领智慧城市建设

随着实施国家大数据战略、建设数字中国步伐的加快,以及"互联网+"行动的深度推进,智慧城市、大数据、"互联网+"成为目前我国推进信息化建设的"三驾马车",智慧城市不仅是大数据、"互联网+"创新应用的重要载体,更是全面推动我国新型城镇化建设及推进国家治理现代化的重要支撑。加快建设数字中国,有利于构建以城市数据资源开发利用能力为核心,涵盖智能基础设施支撑能力、城市治理能力、运营服务能力、自我优化能力、创新发展能力的新型能力体系,并以此真正体现"智慧"的本质内涵。数据中国战略让城市规划和设计从经验判断走向量化分析,让城市规划变得有理可依、有据可循,大数据让社会资源利用更高效,服务投放更精确。

智慧城市的发展建设离不开数字中国建设的支持,而数字中国建设又以智慧城市的建设为依托,两者相辅相成、密不可分。在数字中国建设的引领下,从政府决策与服务,到人们衣食住行的生活方式,再到城市的产业布局和规划,甚至城市的运营和管理方式,都在走向

"智慧化"。

3. 人工智能、区块链等新技术助力智慧城市建设

建设智慧城市的目的就是利用新技术和新的组织形式为社会创造更大的价值，促进社区自治、社会化协作。创新在智慧城市发展中起着驱动作用，建设智慧城市需要不断创新。近年来，云计算、大数据、物联网、人工智能、区块链等新一代信息通信技术的快速发展，驱动了智慧城市的建设，勾勒出一幅智能城市的发展蓝图。人工智能可以加强城市管理数字化平台和功能整合的建设，打造维系城市运行的"超级大脑"，倒逼城市改革创新不合理的管理体制、治理结构、公共服务的方式和产业布局模式，助力智慧城市发展，成为未来城市的基础设施。区块链作为一种颠覆性技术，已经开始融入智慧城市建设。通过区块链技术可以实现不同系统的互联互通，并在打通的层次上面再搭建新应用，不断完善发展。例如，目前雄安新区"千年秀林"已开始实施，这个项目就是运用区块链技术来管理财务。通过银企直联，将植树造林资金支付链条延伸至付款末端，工程款、劳务工作的支付均在链上完成，确保专款专用。农行是支付合作银行之一，中标企业开立农行账户后，用文件证书形式将账户导入区块链平台，并完成平台注册和登录，之后资金支付就在平台上发起。

4. 网络安全为智慧城市的建设保驾护航

随着智慧城市的发展，智慧城市建设对网络安全提出了更高的要求。智慧城市有力地推动了区域或行业信息基础设施的集约化发展，但是，随着大量智能终端设备和传感器接入智慧城市综合网络，产生了复杂的接入环境、多样化的接入方式和数量庞大的智能接入终端，全面加大了智慧城市系统的接入风险。智慧城市中的传感感知、通信传输、应用服务、智能分析处理等诸多层面安全风险问题日益凸显，使得智慧城市的可持续发展面临严峻的安全威胁。因此，智慧城市建设要高度重视网络安全，加快构建以承载智慧城市的云数据中心安全保障为核心，以网络安全政策法规、制度标准、技术指南为指导，以网络安全运行机制为保障，以网络安全技术、产品、系统、平台为支撑的网络安全保障体系，为智慧城市的建设保驾护航。

5. 协同共享发展将成为智慧城市发展的重要方向

智慧城市的智慧化管理需要多方协同和共享数据，融合共享是智慧城市的生命线。智慧城市的本质体现在数据的融合、开放、共享。智慧城市建设要以数据集中和开放共享为基本途径，实现基于"三融五跨"的大协同。只有实现数据在各个部门、各个层级、各个系统之间畅通无阻的流动，才能真正实现城市的智慧，从而进一步实现便民惠民、精准治理、产业发展、安全运行等目标。城市各个信息系统间的互联互通、信息共享和协同运作是智慧城市发展目标的基础。智慧城市体系是底层建设，大数据系统则是上层建筑。只有实现数据的广泛收集，互联互通，才能找到相关问题的关联性，并做出正确的决策。以智慧银川建设为例，城市基础数据和行业数据集中在云端进行存储、管理、统一处理、分析，可为各种云业务快速生成提供支撑。

（于佳宁、狄前防、罗兰、陈赛）

第 10 章　2017 年中国互联网泛终端发展状况

10.1　发展概况

在"互联网+"国家战略下，互联网向生产生活各领域进一步深化发展，智能终端不但是电话、信息、上网等基本信息通信服务的载体，而且成为电子商务、金融支付、生活服务、移动办公等生产生活各领域的核心平台。智能终端的形态也从手机、平板电脑发展丰富为智能家居设备、智能穿戴设备、智能汽车、无人机、智能音箱、AR/VR 设备、智能制造及各类物联网设备的泛终端，成为物联网、云计算、大数据、人工智能、移动互联网等战略性新兴产业的落地触点。

泛终端虽然形态各异，但发展到今天，其应用模式越来越具有相同之处。在硬件上，不同类型泛终端以相同或类似的芯片组为核心，配之以不同的形态、外设；在软件上，不同类型泛终端大多采用 Android OS 或一些功能类似的基于 Linux 的嵌入式 OS 作为软件核心，配之以不同的应用软件；在网络上，不同类型泛终端采用蜂窝或局域网络来联网工作；在云端，不同类型泛终端大多需要接入云计算，汇集大数据，采用人工智能来进行信息处理和辅助决策。

我国已涌现出大量互联网泛终端企业，在整个产业链中的许多领域发展迅猛。目前，成熟度最高、应用最广、出货量最大的是智能手机，根据工信部的统计数据，我国 2017 年生产智能手机 14 亿部，在全球十大手机品牌中占据 6 位。生产智能电视机 10931 万台，占彩电产量的比重达到 63.4%。国内百度、上汽、长安、东风、科大讯飞等在智能汽车不同领域具有独特优势，无人驾驶成为该领域最前沿的方向，并得到了一些政府的测试许可。智能音箱作为与自然语言交互的互联网入口得到长足发展，小米、阿里、京东、腾讯、百度、叮咚、酷狗等纷纷进入该领域，打造智能家居新生态。无人机由军事领域加速向民用领域发展，随着中国民用航空局相关监管政策的完善，无人机在管线巡检、交通监测、快递、灾后搜救、航拍等领域实用前景广阔。基于 NB-IoT 和 eMTC 的新一代物联网终端在功能、性能上比传统物联网终端优势明显，在智慧城市、智慧农业、智慧生活、智慧医疗、智慧制造等领域有了更多的应用场景。

在泛终端发展过程中，面临着核心芯片、传感器、控制器、操作系统、应用软件、人工智能等一系列关键技术问题，我国在应用软件、人工智能等领域优势明显，海思、小米、展锐、君正、创新维度等公司在核心芯片设计上也有了明显突破,但总体上在高端芯片、关键器件、操作系统、应用生态上仍处于劣势,对国外产品存在较大依赖。

软件技术加快向各领域渗透,应用服务能力不断提升。技术创新支撑电子商务快速发展,电子商务平台技术服务收入比2016年增长30.3%;助力集成电路产业发展,集成电路设计服务收入比2016年增长15.6%;加快向通信、医院、交通、装备等各领域渗透,嵌入式系统软件已成为产品和装备数字化改造、各领域智能化增值的关键性带动技术,全年实现收入8479亿元,比2016年增长8.9%。

随着"互联网+"国家战略的发展,泛终端吸引到越来越多的技术、资本、人才资源,创新节奏很快,传统企业和互联网企业的跨界融合创新和产业链生态整合成为泛终端发展的主旋律,产品形态和服务模式正加速演变。泛终端不断吸收新一代移动互联网、物联网、云计算、大数据、人工智能、控制技术、感知技术的最新成果,最终将覆盖到社会经济各个领域,成为数字经济发展的重要方向。

10.2 智能终端设备

2017年,移动电话用户净增9555万人,总数达到14.2亿人,移动电话用户普及率达到102.5部/百人,较2016年提高6.9部/百人,全国已有16个省市的移动电话普及率超过100部/百人。

10.2.1 智能手机

纵观2017年的手机行业,中国手机品牌厂商继续领跑全球市场,知名度和市场份额均保持增长态势;在国内市场上,近两年高速增长的出货量迎来拐点,触顶后折返下滑,市场加剧洗牌,竞争尤为激烈。2017年,国内市场手机出货量为4.91亿部,同比下降12.3%。4G手机升级浪潮退去、性能提升带来的刚性换机需求走弱,致使国内市场出货量结束两年来的增长趋势。尤其是2017年第四季度,出货量下降幅度超过了20%。

从产品分布来看,2G、3G和4G手机出货量份额分别为5.8%、0.1%和94.1%。其中,4G全网通手机出货量为3.99亿部,占同期国内4G手机出货量的86.4%。从智能手机操作系统来看,在2017年出货的4.61亿部智能手机中,Android手机占比为82.9%,与2016年相比提高了1.3个百分点。从国内外品牌的分布来看,2017年国产品牌手机出货量为4.36亿部,占比为88.8%,国产品牌手机厂商在市场份额上占据绝对优势。

从手机价格趋势来看,2017年国内市场上智能手机均价与2016年相比上涨近20%。国产品牌手机价格处于不断跃升之中,其中,3000~4000元的国产品牌智能手机出货量同比增长74.9%,占比由2016年的80.2%上升至85.6%;4000元以上的国产品牌智能手机出货量同比增长170.8%,占比由2016年的4.9%上升至12.7%。

10.2.2 可穿戴设备

2017年,中国可穿戴设备市场规模达到185.5亿元,预计2018年我国可穿戴设备市场规模在266.8亿元左右。可穿戴设备市场的迅速升温吸引了众多企业厂商及消费者,但是就目前形势来看，市场还处于初期阶段，正待领导者的出现。

根据数据统计，智能手表与智能手环两者共占据了可穿戴设备产品数量的90%以上。虽然各类可穿戴设备大量涌现，但部分产品同质化现象严重。对于智能眼镜、智能服饰等技术难度较大、瓶颈较高的产品，其投资趋于理性，研发投入有所放缓。

在当前市场上，主流的智能手表功能一般都集中在电话接听、事件的提醒、双屏互动，以及数据业务等，其中以儿童用户为主的360智能手表功能主要是实现与家长手机APP连接，进行儿童的定位；智能手环主要还是以健康为主，进行健身记步、睡眠检测、心率测量等辅助功能。苹果手表已经占据了智能手表的主导地位，价位也较高；以儿童用户为主的360手表，价位较低，儿童用户是一个巨大的群体，能够占据这部分用户也就在市场上占据了很大的份额。Fitbit等产品作为智能手环市场的领头羊，有着广泛的用户群体及良好的口碑，价位也远高于其他品牌。而发行量较大的小米手环，价位却远低于市场价格。

10.2.3 新一代物联网终端

2017年，随着窄带物联网（Narrow Band Internet of Things，NB-IoT）的组网部署和NB-IoT芯片组产品化进程的不断加快，加之国内通信网络运营商纷纷开始对2G移动网络进行减频退网，以NB-IoT为代表的新一代物联网终端得到了快速发展。

NB-IoT和增强机器类通信（enhanced Machine Type of Communication，eMTC）结合起来可满足解决多场景的综合需求，双方可以形成互补关系。从双方的技术特征可以看出，NB-IoT在覆盖、功耗、成本、连接数等方面性能占优，通常使用在追求更低成本、更广深覆盖和长续航的静态场景下；eMTC在覆盖及模组成本方面目前弱于NB-IoT，但其在峰值速率、移动性、语音能力方面存在优势，更适合应用在有语音通话、高带宽速率及有移动需求的场景下。

NB-IoT和eMTC两类物联网终端适用的业务场景如下。

第一类业务：水表、电表、燃气表、路灯、井盖、垃圾桶等行业/场景，具有静止、数据量很小、时延要求不高等特点，但对工作时长、设备成本、网络覆盖等有较严格的要求。针对此类业务，技术上NB-IoT更合适。

第二类业务：电梯、智能穿戴、物流跟踪等行业/场景，则对数据量、移动性、时延有一定的要求。针对这类业务，技术上eMTC更胜一筹。

随着智能手机业务发展进入瓶颈期，国内中国电信、中国联通、中国移动均在加速物联网终端发展，未来物联网终端连接数量将百倍于智能手机连接数。据Gartner预测，到2020年全球物联网设备数量将达到260亿个，物联网市场规模将达到1.9万亿美元。2017年5月，中国联通在上海发布了全球第一个基于NB-IoT网络的连接上线，预计2018年可做到全国整体覆盖。LoRa物联网终端作为蜂窝物联网的补充，也有一定数量的应用。

不同于智能手机领域，在芯片领域占主导地位的主要为国外公司，新兴的NB-IoT和eMTC物联网终端领域给了中国难得的发展机遇。目前，全球14家NB-IoT和eMTC物联网终端芯片公司中，有7家为中国大陆公司，包括华为、中兴、展锐、小米、移芯、创新维度和汇顶科技。

10.3 互联网泛终端

10.3.1 虚拟现实与增强现实

虚拟现实（Virtual Reality，VR）是一种可以创建和体验虚拟世界的计算机仿真系统，是一种崭新的沉浸式人机交互手段。VR本身不是一个产业，而是一种工具和跨界技术，VR技术作为一种复合型技术，跨界性极强，可以跟任何行业相结合。在经历了2016年的跌宕起伏后，2017年"VR+行业"应用已经成为目前很多VR企业重点推进的方向，在游戏、影视、电商、旅游、地产、医疗、教育、培训等领域均投入研发力量。国内已经有不少VR应用公司经过两年的沉淀与积累后，进入公众视野，它们不仅开启了VR+的商业化探索，而且已经小有斩获。

1. 市场规模

VR终端主要为VR一体机、PC端VR头戴式显示设备和移动端VR眼镜。其中，移动端VR眼镜与手机具有天然黏性，使用频次和时长足够高，增加了用户体验产品的频次，出货量也最大。但由于硬件能力不足，VR显示终端厂商都在沉浸性方面努力，还没有达到想象性和交互性层面，眼球追踪、手势识别、光学定位等核心技术是发展重点。除了暴风魔镜、小宅科技等专业公司外，华为、小米等手机厂商也开始进入这一市场，移动端VR眼镜成本迅速下降，出货量节节攀升，移动VR整体市场潜力及发展空间巨大。截至2017年，全国有超过800家的VR企业，国内VR市场规模约为60亿元，其中，深圳占据1/3的份额，约为20亿元。IDC发布的数据预测，到2020年，全球AR/VR收入将从2016年的52亿美元上升到1620亿美元。

2017年，我国25%以上的PC端VR头显设备销往VR体验店，VR一体机头显设备出货量同比增长283.2%。同期，AR头显设备出货量预计仅为1.5万台。

依托于2017年VR/AR国家政策陆续出台的利好消息，以及各省会、地方政府的大力扶持，相关VR/AR中标项目从2016年的201例，增加到了2017年的506例，同比增长151.74%，实现了一个"大跃进式"增长。

2017年，国内共有442例包含VR或虚拟现实相关的公开且有效的中标项目，项目总金额为14.926亿元；在可以明确查到相关软、硬件金额的304例中标项目中，VR、虚拟现实软、硬件金额占比仅为项目总金额的30.91%。

AR、增强现实相关的中标项目在2017年增加到了64例，总金额为7.1022亿元。在可以明确查到相关软、硬件金额的39例中标项目中，AR、增强现实软、硬件金额占比为项目总金额的8.37%。

2. 商业模式

2017年，HoloLens登陆中国市场，Magic Leap发布AR眼镜，同时国内的互联网巨头开始进一步布局AR，包括百度推出DuMix产品体系；阿里巴巴将AR与电商结合，优化AR实景红包、AR Buy+计划等；京东成立VRAR事业部，助力新零售。各巨头企业通过投资、建立实验室等方式，发力AR技术，打造AR平台，并将AR技术与现有业务进行结合。传统硬件厂商，如联想、ODG 等也推出 AR 设备，抢占市场份额。同时，国内以亮亮视野（北京）、亮风台（上海）为代表的创业公司，推动硬件产品、行业应用、内容资源发展，积极与国际市场接轨，不断探索商业模式。

3. 应用场景

国务院印发的《关于促进移动互联网健康有序发展的意见》明确指出，要加紧人工智能、VR、AR、微机电系统等新兴移动互联网关键技术布局，尽快实现部分前沿技术、颠覆性技术在全球率先取得突破。

AR 眼镜已经开始应用于各大工业应用场景。通过解放双手及体感交互、手势识别等人机交互方式，AR 眼镜被应用于工业、教育、旅游、医疗等场景中。伴随着 AR 手机的兴起，消费级 AR 产品的迭代，以及 AR 场景红包等应用的广泛传播，普通用户从多个维度开始接触 AR。

受制于技术及现有设备的普及程度，AR 还没有实现大范围的落地，在行业应用中，通过手势交互及摄像头录制率先解决部门行业的刚需，并通过儿童教育、营销、游戏等渠道，进行早期用户教育。随着更多场景的落地，AR 硬件及技术有望成为可穿戴式的随身个人助理。

此外，人工智能对 VR/AR 的关键技术也起到了重要推动作用，主要集中在感知交互与渲染处理领域。在感知交互方面，基于 AI 的场景分割识别及定位重建已成为科技巨头的重点布局领域；在渲染处理方面，画面渲染对计算资源的开销很大，在画质噪点和处理时间上存在不足，基于深度学习的渲染技术能够大幅度提高画质、降低渲染时间。

不管是消费端还是商用端，VR/AR 市场在 2018 年都会有新亮点。更重要的是，VR/AR 硬件厂商正与内容提供商及行业解决方案提供商展开更为紧密的合作，产业生态将更为成熟。

10.3.2 智能家居

1. 市场规模

智能家居是以住宅为平台，通过物联网技术和人工智能技术将家中各种设备连接到一起，实现智能化的一种生态系统。《中国智能家居市场趋势预测分析 2017—2019》数据显示，到 2019 年，中国智能家居市场规模将达到 1950 亿元，智能家居产品分类涵盖照明、安防、供暖、空调、娱乐、医疗看护、厨房用品等。

智能家居行业发展的潜力吸引众多资本加入，包括传统硬件企业、互联网企业、房地产家装企业纷纷抢滩智能家居市场。谷歌、苹果、微软、三星、华为、小米、魅族等众多科技公司入局且进入中国市场。同时，移动通信技术的不断发展不断地给智能家居行业提供强有力的技术支持，包括 5G 技术、蓝牙 5、下一代 WiFi 标准等都有明确的商业化时间表。

据测算，我国智能家居潜在市场规模约为 5.8 万亿元，2018 年我国智能家居市场总规模有望达到 225 万亿元，发展空间巨大。其中，家电类智能家居产品市场份额最高。预计我国智能家居市场未来 3~5 年的整体增速约为 13%。从占比来看，家电类智能家居产品市场份额最高，中怡康的数据显示，目前在家居行业，智能产品市场洗衣机占有率达到 22.5%，空调占有率达到 18.54%，冰箱占有率达到 10.30%。到 2020 年，智能家电产品的渗透率将进一步提升，白电、厨电、生活电器等智能家电的占比将分别达到45%、25%和28%。但是由于产品价格和功用性等问题，家电类智能家居设备整体增速较慢。另外，智能照明、智能门锁、运动与健康监测和家用摄像头不仅价格相对较低，而且能够满足消费者的即时需求，因此市场增速相对较快。由于智能家电产品市场占比较高且增速较低，因此有可能拉低我国智能家居市场的整体增长水平。

2. 商业模式

智能家居让家庭中的大小智能家居产品不再只是一个个呈孤岛状的智能单品，而是能够互联互通、可进化、可连接外部资源进行主动服务的中继器，这是目前国内智能家居制造商普遍的发展方向。

成套解决方案虽然可以打破智能孤岛问题，但设置了严重的竞争壁垒。如果能让各个智能家居产品制造商的平台进行开放共享，将是智能家居未来发展的一大助力。

智能音箱作为自然语言交互的互联网入口得到了长足发展，小米、阿里、京东、腾讯、百度、叮咚、酷狗等纷纷进入该领域，打造智能家居新生态。智能多媒体音箱行业的最新趋势是带屏幕的智能音箱，除了智能音箱传统的语音交互，它不仅可以用来看视频，还可以通过语音指令与家人视频通话。人工智能技术是智能音箱最关键的技术。

3. 发展趋势

智能家居产业的发展趋势是进一步向智能小区扩展，包括停车管理、公共区域监控、无人快递柜、公共玄关及图书馆、游泳馆的生活设施，可为居民提供整个社区环境改善的服务。

智能家居即使与人工智能等新兴技术相结合，其本质依然是传统制造业，劳动力成本上升是大多数制造企业面临的头号挑战，原材料投入成本上升、产品需求萎缩也挤压了其盈利空间，带来一定的生存压力。

此外，网络安全问题是智能家居面临的最大困境。腾讯安全发布的《2017年度互联网安全报告》显示，2017年曝光了大量利用家庭和工作场所中成千上万的存在安全漏洞的物联网设备生成流量而发起的大型DDoS攻击，这种情况在2018年或将继续。不仅如此，专业的网络罪犯未来还可能利用不断增长的昂贵的互联家庭设备，攻击更多的目标。普通用户一般意识不到智能电视、智能玩具和其他智能设备所面临的威胁，使之成为网络罪犯的主要攻击目标。

未来的智能家居厂商，应该以创新为核心，推动绿色制造，推动整体产业和产品结构的深化调整，打造高端、高质量的品牌。

10.3.3 车联网及自动驾驶汽车

2017年，汽车产销分别完成2901.5万辆和2887.9万辆，同比分别增长3.2%和3%，分别低于2016年11.3个和10.6个百分点。官方称，随着中国经济社会持续快速发展，机动车保有量继续保持快速增长态势。截至2017年年底，全国机动车保有量达到3.10亿辆。2017年在公安交通管理部门新注册登记的机动车有3352万辆，其中新注册登记汽车2813万辆，均创历史新高。2017年，全国汽车保有量达到2.17亿辆，与2016年相比，全年增加2304万辆，同比增长11.85%。汽车占机动车的比例持续提高，近5年的占比从54.93%提高至70.17%，已成为机动车构成主体。

随着国内汽车市场的逐渐饱和及传统造车技术的日趋成熟，整个汽车产业将迎来一次升级和转型，整车的高度智能化，让产业的重心不断地从机械化向电子化、从硬件化向软件化转变，各类高精度的传感器，将成为车辆的标配。随着无人驾驶的发展，高精度地图、车载操作系统、大数据、机器学习与人工智能算法等成为汽车产业新的制高点，也促生了车联网云服务市场，汽车行业的发展将与车联网技术息息相关。

1. 车联网

目前，在我国新能源汽车的发展过程中出现了很多瓶颈，除了用户的消费习惯、购置成本及地方保护，电池的续航能力和充电桩的不足是制约新能源汽车发展的主要因素。

采用电池管理系统（BMS）对动力电池组进行远程管理是提高动力电池组的使用性能和寿命的一种有效方法，目前，作为车联网的一种终端形态，TBOX（远程信息处理器）已经成为国产新能源汽车的基础配置。除了电池管理，提供有效、便利的充电桩信息，也是车联网基础服务的一部分。首先，可以先将充电站信息作为兴趣点集成在云端的导航地图上，作为车联网的基础服务。当用户需要查询附近的充电桩时，可以在车载终端的电子地图上实时查看车辆附近的充电站和曾经去过的充电站，导航软件根据车辆所在的位置和选定的充电站位置规划行车路线，并可快速实现导航。其次，如果将分布在每个住宅小区的私家充电桩实现共享，结合车联网技术，一旦检测到车辆需要充电，则自动导航到附近已经共享的空闲充电桩充电，采用共享充电桩的方式可解决车主对于充电中心的依赖，有效地解决充电桩不足的问题，并且有效地盘活了闲置资源，提高了私家充电桩的使用效率，在方便别人的同时，"桩主"也从中获得了相应的回报。

传统的车载终端概念主要是汽车采用前装或后装的形式集成一个智能平板电脑类终端，提供地图导航、音视频多媒体、互联网等信息通信服务。随着"互联网+"和汽车本身的智能化理念的发展，智能汽车作为一个整体成为新的互联网泛终端之一，作为重要一环纳入智能交通系统当中。智能汽车是一个集环境感知、自然语言交互、多等级辅助/自动驾驶等功能于一体的综合系统，它集中运用了计算机、雷达传感、信息融合、语音交互、视觉计算、人工智能及自动控制等技术协同工作，是全球汽车产业变革的发展趋势和未来汽车产业的重要增长点。目前对智能汽车的研究主要致力于提高汽车的安全性、舒适性，以及提供优良的人车交互界面。

2. 自动驾驶技术

自动驾驶汽车技术的研发，在20世纪已经有数十年的历史，并于21世纪初呈现出接近实用化的趋势。随着沃尔沃、奥迪、宝马、奔驰、大众、谷歌、百度等汽车厂商和科技公司对自动驾驶汽车的研发和推广，自动驾驶汽车开始从构想向现实迈进。2017年，智能汽车从传统3G、4G移动互联网演进到基于eMTC、5G等新一代移动互联网的新型车联网，发展出很多新的功能和应用场景。传统车企、新能源车企和互联网企业在自动驾驶领域的跨界协同创新成为趋势。

目前的自动驾驶技术主要依靠摄像头、雷达、红外线、激光和超声波等多种传感器，为车辆打造一套触觉和视觉系统，触觉系统用于感知车内运行环境，视觉系统让车辆具备对物体关键特征和轮廓的辨别能力，能对车辆四周的环境进行感知，辨别出周围的人、道路、移动的交通工具、交通标志及障碍物。密歇根大学Mcity小镇的测试发现，V2V（车与车之间的通信）使自动驾驶更安全。

V2V是车联网的主要应用场景之一，主要目的是提高车辆运行的安全性。V2V通过DSRC专用短距离通信技术或LTE-V技术共享数据，如位置、速度和方向等，通过对车辆运行前方及车辆两侧后方进行感知，提前对红绿灯信号、路面异常情况及前车的制动信息做出预警，并使车辆自动制动，从而实现车路的协同，保证行车的安全，提高道路交通安全水平。其实，实现真正的自动驾驶，除了实现V2V，还必须实现V2I（车与道路基础设施之间的通信）、V2P（车与行人之间的通信）及V2C（车与云端之间的通信）。

在整个行驶过程中，自动驾驶车辆除了通过各类传感器感知车外的道路状态，通过V2V确保安全行车，还需要不断地获取前方道路的交通流量情况，以实现路径的动态规划，而车辆获取实时交通路况及通过不停车无人收费通道，就需要实现V2I，即车辆与路边基础设施的通信。另外，车辆需要获取当前的天气信息，提醒行人等又需要V2C、V2P。因此，从严格意义上讲，车联网是无人驾驶的基础，车联网使自动驾驶更安全。

10.3.4 智能机器人

智能机器人是自动控制机器的俗称，指能自动执行任务的人造机器装置，用以取代或协助人类工作。智能机器人主要包括以下几个部分：执行机构、驱动装置、检测装置、检测系统等。从应用层面来讲，机器人分为两大类，即工业机器人和服务机器人。工业机器人可以代替工人从事上下料、锻造切割、焊接、喷涂、装配、码垛等工业生产作业工作；服务机器人分为专业服务机器人（如军用无人机等）和家用服务机器人（如餐厅机器人、扫地机器人等）。20世纪30年代以后机器人才出现萌芽，发展时间不足百年，其间经历了成长期和快速发展期，目前已经迈进智能化时代。

《2016中国机器人行业研究报告》显示，全球机器人行业增长态势延续，市场规模不断扩大。中国机器人市场潜力巨大，行业飞速发展。该报告还指出，未来25～30年中，最重要的技术是让"我们的事情更智能化"，毫无疑问，人工智能、机器人会成为基础的东西。

2016年4月，国家工信部、发改委、财政部联合印发了《机器人产业发展规划（2016—2020）》（以下简称《规划》）。《规划》提出，到2020年机器人关键零部件取得重大突破，实现自主品牌工业机器人年产量达到10万台，六轴及以上工业机器人年产量达到5万台以上，市场占有率达到50%以上，在助老助残、医疗康复等领域实现小批量生产及应用。此外，机器人密度达到150台/万人以上，预计2016—2020年复合增长率应该在35%以上，按均价15万元/台计算，我国国产工业机器人未来5年市场规模在500亿元左右。

根据IFR（国际机器人联合会）预测显示，2015—2018年期间，个人/家庭用服务机器人的全球销量将高达2590万台，市场规模高达到122亿美元，超过2014年市场规模的5倍。2015年，全球工业机器人总销售量达到248000台，同比增长15%，2002—2008年，全球工业机器人年复合增长率为8.6%，2009—2015年全球工业机器人年复合增长率为23.5%，是过去6年的2.7倍，近几年全球工业机器人增速明显加快。

过去10多年，全球工业机器人景气度较高，此前中国机器人使用密度低于全球平均水平62台/万人，与韩国、日本等发达国家相比差距更大。在工业革命制造业急需升级和内地应用需求巨大、人口红利流失的推动下，中国致力于传统制造业向互联网化智能制造升级，机器人市场潜力巨大，行业飞速发展。

10.3.5 无人机

无人驾驶飞机是一种通过无线电遥控设备和自备程序控制的能携带多种任务设备的无人驾驶航空器，简称无人机（Unmanned Aerial Vehicle，UAV）。2017年对无人机行业来说，是充满机遇与挑战的一年。无人机扰航事件频发，使得国家收紧对无人机飞行的管控，黑飞、禁飞区、实名登记成为热词；但与此同时，在消费市场渐趋饱和的环境下，无人机已经从玩具转变为为建筑业和农业提供图像服务的工具。

根据Crunchbase的数据，在过去8年中，无人机公司共获得了17.6亿美元的投资，其中2017年获得近5亿美元投资，2018年已获得960万美元投资。BIS Research最新调查报告显示，预计到2021年全球无人机市场将达到192.5亿美元。

2017年，民用无人机产量为290万架，同比增长67.0%。工信部印发的《关于促进和规范民用无人机制造业发展的指导意见》提出，到2020年，民用无人机产业持续快速发展，产值达到600亿元，年均增速40%以上。到2025年，民用无人机产值达到1800亿元，年均增速25%以上。

无人机相机是民用市场占有率最大的应用领域。国家电网、南方电网的电路巡检，中国石油、中国石化的石油管道巡查和交通路况监测等将成为企业应用中增长最快的市场。顺丰、京东、EMS、中通等正在进行的快递试飞也是消费市场的热点。

目前，国内民用无人机企业约有400家，其中约30%为制造企业，约50%为行业应用服务性企业，20%为科研院所。除了彩虹、翼龙等军用无人机外，以大疆创新、零度智控、亿航科技、臻迪智能为代表的国内小型无人机企业飞速发展，规模远超国外企业。大疆是无人机销售和几乎所有软件类别的明确市场领导者，全球市场份额为72%，在1000～1999美元价格之间的市场份额更高达87%。

从发展前景来看，无人机已经应用在航拍、快递、灾后搜救、数据采集等领域，展现了无人机的巨大发展潜力。

10.3.6 康复辅助器具设备

2017年，民政部等多部委印发通知，确认了12个国家康复辅助器具产业综合创新试点地区，以不断满足我国老年人、残疾人和伤病人多层次、多样化的康复辅助器具配置服务需求。

这12个试点地区分别是：河北省石家庄市、河北省秦皇岛市、内蒙古自治区呼和浩特市、黑龙江省齐齐哈尔市、江苏省常州市、浙江省嘉兴市、江西省赣州市、山东省烟台市、山东省泰安市、广东省深圳市、四川省攀枝花市、甘肃省兰州市。

民政部等部门对这些试点地区提出了5个方面的试点任务，包括促进产业集聚发展，形成一批具有国际竞争力和影响力的领军企业；加强服务网络建设，形成主体多元、覆盖面广、可及性高的康复辅助器具配置服务网络；推进政、产、学、研、用模式创新，突破一批前沿、关键和共性技术，形成一批具有自主知识产权的高品质产品；实现业态融合发展，实现康复辅助器具在养老、助残、医疗、健康等领域的深度融合；营造良好市场环境，发挥标准导向作用，强化企业主体责任，维护良好市场秩序，形成公平竞争的市场秩序。

中国康复辅助器具产业正在立足全局，将发展融入"中国制造2025""互联网+"和现代服务业发展进程，促进业态融合，推动产业全面发展。到2020年，康复辅助器具产业自主创新能力明显增强，创新成果向现实生产力高效转化，创新人才队伍发展壮大，创新驱动形成产业发展优势。产业规模突破7000亿元，布局合理、门类齐备、产品丰富的产业格局基本形成，涌现一批知名自主品牌和优势产业集群，中高端市场占有率显著提高。产业发展环境更加优化，产业政策体系更加完善，市场监管机制更加健全，产品质量和服务水平明显改善，统一开放、竞争有序的市场环境基本形成。

（周晓龙、冯富元）

第11章 2017年中国共享经济发展状况

11.1 发展概况

2017年,共享经济从起步期向成长期加速转型,生活服务、生产能力、交通出行、知识技能、房屋住宿等各领域的共享产品纷纷进入人们的生活,为人们提供了更多的便利和选择,得到了广泛的认可。

2017年,我国共享经济发展的前景逐渐清晰。国家政策持续发力,移动互联网快速发展,社会信用体系建设加快推进,外部发展环境显现向好趋势。

11.1.1 政策环境

2017年,国家明确了以"鼓励创新、包容审慎"为核心的新兴产业监管原则,为共享经济发展营造了良好的政策环境。

2017年1月,国务院办公厅发布《关于创新管理优化服务培育壮大经济发展新动能加快新旧动能接续转换的意见》,明确提出"以分享经济、信息经济、生物经济、绿色经济、创意经济、智能制造经济为阶段性重点的新兴经济业态逐步成为新的增长引擎"。3月,李克强总理在《政府工作报告》中提出,加快培育壮大新兴产业,本着鼓励创新、包容审慎的原则,制定新兴产业监管规则。2月和5月,国家发改委就《分享经济发展指南(征求意见稿)》(以下简称《指南》)两次向社会公开征求意见,《指南》明确提出,"加快形成适应分享经济特点的政策环境","充分考虑分享经济跨界融合特点,避免用旧办法管制新业态,破除分享经济的行业壁垒和地域限制"。6月21日,国务院常务会议上明确提出,要清理和调整不适应分享经济发展的行政许可、商事登记等事项及相关制度,同时按照"鼓励创新、包容审慎"原则,审慎出台新的准入和监管政策。

7月,国家发改委、网信办、工信部等八个部委联合下发了《关于促进分享经济发展的指导性意见》的通知,围绕市场准入、行业监管、营造发展环境等进行了全面部署,提出要促进分享经济更好更快地发展,充分发挥分享经济在经济社会发展中的生力军作用。随后,重庆、浙江、天津、江苏、甘肃等地区也出台了鼓励共享经济发展的指导性意见。2017年12月,为支持和鼓励有条件的行业和地区先行先试,国家发改委启动了首批共享经济示范平台申报工作,发展一批共享经济示范平台。

在共享单车、网络餐饮、互联网医疗等细分领域，中央有关部委及地方政府主管部门也相继出台了一系列政策文件。5月，国家卫计委出台了《互联网诊疗管理办法（试行）》（征求意见稿）和《关于推进互联网医疗服务发展的意见》（征求意见稿）等。8月，交通运输部等十个部委联合出台了《关于鼓励和规范互联网租赁自行车发展的指导意见》。11月，国家食药监总局出台了《网络餐饮服务食品安全监督管理办法》。

11.1.2 技术环境

2017年，得益于网络提速降费的政策"硬要求"，移动互联网迅猛发展，为共享经济提供了平台支持。业内人士纷纷表示，提速降费对于共享经济的发展起到了明显的促进作用。

2018年2月发布的《2017年通信业统计公报》显示，移动电话普及率在经历2015年的回落后，在2016年和2017年分别增至95.6部/百人和102.5部/百人，均创下历史新高。移动宽带用户总数达11.3亿户，全年净增1.91亿户，占移动电话用户的79.8%。4G用户总数达到9.97亿户，全年净增2.27亿户。移动网络覆盖也更加深入，2017年，全国净增移动通信基站59.3万个，总数达619万个，是2012年的3倍。

流量消费呈现迅猛增长。2017年，移动互联网接入流量消费达到246亿GB，比2016年增长162.7%，增速较2016年提高38.7%。全年月户均移动互联网接入流量达到1775MB/月/户，是2016年的2.3倍。其中，手机上网流量达到235亿GB，比2016年增长179%，在移动互联网总流量中占95.6%，成为推动移动互联网流量高速增长的主要因素。

11.1.3 社会环境

2017年，全社会信用体系建设进入加快发展阶段，信用生态成为培育共享经济的优沃土壤，为共享经济崛起提供了必要基础。

根据信用中国网站统计，2016年以来，在各类信用项目上的财政资金投入接近15亿元。在中央的积极鼓励下，2017年成为地方信用立法元年。2017年9月，中央编办批复设立国家公共信用信息中心。在地方上，3月，湖北出台《湖北省社会信用信息管理条例》；9月，《河北省社会信用信息条例》《浙江省公共信用信息管理条例》获通过；10月1日，《上海市社会信用条例》正式实施。

11.2 市场情况

11.2.1 市场规模

根据《中国共享经济发展报告2018》，2017年我国共享经济市场交易额为49205亿元，较2016年增长47.2%。值得注意的是，虽然市场规模仍保持增长，但增速较2016年的103%明显放缓。

从分布领域来看，共享经济结构持续改善，非金融共享领域市场交易额占总规模的比重从2016年的37.6%上升到42.6%，而金融共享领域市场交易额占总规模的比重则从2016年的62.4%下降到57.4%，下降了5个百分点。非金融共享领域的市场交易额达到20941亿元，比 2016 年增长 66.8%，其中增长最快的是知识技能分享类，增速为 126.6%。金融共享领域市场交易额约为 28264 亿元，比 2016 年增长 35.5%（见图 11.1）。

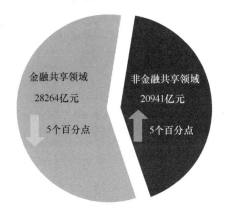

图11.1　2017年中国共享经济市场结构

从投融资市场情况看，2017 年共享经济融资规模约为 2160 亿元，同比增长 25.7%。其中，交通出行、生活服务和知识技能领域共享经济的融资规模位居前三，分别为 1072 亿元、512 亿元和 266 亿元（见图 11.2），同比分别增长 53.2%、57.5% 和 33.8%。

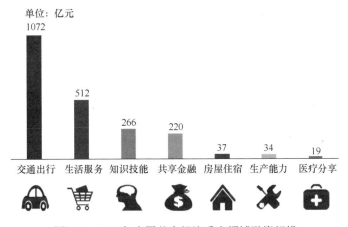

图11.2　2017年中国共享经济重点领域融资规模

电子商务研究中心监测数据显示，截至 2017 年年底，共有 190 家共享经济平台获得投资，投资金额达到了 1159.56 亿元。其中，共享汽车以 764.59 亿元的融资金额成为 2017 年度获投金额最高的领域。除了交通出行领域之外，共享办公、共享知识技能、共享充电宝、共享租房等多个领域在 2017 年也获得资本青睐，显示出更多领域正在与共享经济进行融合。

共享经济领域"独角兽"企业成长迅速。根据数据公司 CB Insights 公布的数据，截至 2017 年年底，全球独角兽企业共有 224 家，其中中国企业达到 60 家，占总数的 26.8%；具有典型共享经济属性的中国企业 31 家，占中国独角兽企业总数的 51.7%。

11.2.2　市场格局

2017 年，从共享单车开始，共享充电宝、共享雨伞、共享服装、共享洗车、共享篮球、共享玩具等诸多创业项目进入市场。2017年下半年,共享经济企业经历一轮洗牌。6月,悟空单车停止运营之后,町町单车、小蓝单车、小鹿单车及酷奇单车等共享单车企业相继宣布退出市场。据不完全统计,截至2017年年底,共有26家投身共享经济的企业宣告倒闭或终止服务,其中包括7家共享单车企业、3家共享汽车企业、7家共享充电宝企业、4家共享租衣企业、4家共享玩具企业和1家共享雨伞企业。

2017年12月8日,《创业家》与i黑马网联合发布2017创业"死亡榜",梳理出50家年内"出局"的创业企业,小蓝单车、小鸣单车等15家共享企业上榜。"创梦电商""企创家"等多个微信公众号盘点2017年创业圈"阵亡"的企业名单,提出"阵亡"创业企业的主要领域集中在共享经济、电商、社交、金融四个方面。行业洗牌过后,资金越来越集中地涌入优质项目,创业走进理性时代。

11.2.3 平台生态

生态化成为领先企业的普遍选择。为了适应瞬息万变的市场需求,平台企业往往采用"小步快跑、迭代创新"的发展策略,推动业务横向拓展,开发增值服务,加强与用户的双向互动及跨领域合作。同时,平台企业积极利用掌握的用户资源、数据优势、技术优势,通过与用户、金融机构、政府、高校及其他企业等不同主体的协同互动,打造全链条生态系统。

美团点评业务覆盖餐饮、电影、酒店旅游、社区服务、家政、美业等多个领域,2017年4月榛果民宿上线,先后推出保洁服务、智能门锁等配套功能,不断迭代与完善服务体系,旨在一体化满足用户"吃喝玩乐行"等需求。

猪八戒平台在知识技能共享服务之外,还推出了办公空间分享业务,为会员提供工作台、会议室预订和其他办公设施服务,也为创业公司提供商标注册、版权申报、财税管理等一系列创业孵化服务。随着服务的拓展,截至2017年年底,全国已有20多个办公共享社区开放运营,入驻率达到了75%。

优客工场除了提供办公空间共享之外,还连接了721家服务商,涵盖财税、法律、人力、金融、政务、营销、旅行、软件等服务,同时连接与创业教育辅导相关的人才、技术、市场和资源,形成了较为完整的创新创业服务体系。截至2017年年底,优客工场已与超过150个创业导师建立了合作,开设了超过5000场次的现场课,与超过100个投资机构建立了合作关系,平台上处于新兴和高增长行业的企业占比达到了83%。

2017年,"共享产能""共享工厂""共享生产线"等新型生产模式走热,通过互联网和数据赋能,根据消费者的需求实现个性化生产,从而推动实体经济可持续发展和传统制造业转型升级。在互联网与传统制造行业高度结合的背景下,共享经济正在成为实体经济回暖的重要助推力量。

11.3 细分领域

2017年,共享经济迎来多元发展。共享单车、制造业产能共享、共享医疗、共享住房等业态取得较好进展,在共享经济产业中占据引领地位。

11.3.1 共享单车

电子商务研究中心监测数据显示，2017年共享单车领域融资金额达到258亿元。在2017年全球规模最大的10笔风险投资中，有5笔投向中国企业，其中单笔规模最大的是滴滴出行55亿美元的融资。在资本的推动下，共享单车蓬勃发展。中国互联网络信息中心发布报告显示，截至2017年6月，共享单车用户规模已超过1亿人，达到1.06亿人。交通运输部数据显示，截至2017年7月，全国共享单车累计投放量超过1600万辆，绝大部分集中在一线城市。全国共有共享单车运营企业近70家，其中摩拜和ofo两家企业共占据80%~90%的市场份额。

共享单车是以新技术、新业态、新模式，推动传统产业生产模式变革的典型案例，共享单车模式对传统制造业的放大能力和带动效果突出。2016年12月，天津飞鸽自行车与ofo共享单车合作，到2017年3月，飞鸽为ofo完成的订单量高达80万辆，占据了其年产能的1/3。此外，ofo还与上海凤凰、天津富士达等生产商合作，自行车制造业借此得到进一步发展。同时，自行车零部件等上游企业也因此受益。

以共享单车为代表的共享业态的产业创新带动了上下游实体经济的发展。首先是技术创新，充分利用国际先进技术，特别是智能制造等领域的新技术，如钢铁产业等产能过剩产业通过引入先进技术形成新的竞争力。其次是商业模式创新，利用互联网技术、大数据技术对潜在需求进行预测估算，将传统产业的产品品类按照需求来确定供给，从而满足个性化、多样化的市场需求，同时大幅降低库存。最后是管理创新，利用IT提升企业内部信息化管理水平，对传统产业企业进行内部改革与管理创新，提升企业经营效率，提高市场竞争力。

11.3.2 共享生产

据国家信息中心分享经济研究中心初步估算，2017年制造业产能共享市场交易额约为4120亿元，较2016年增长25%，平台上提供服务的企业数超过20万家。一方面，一些传统制造型企业加速推进基于平台的个性化、网络化、柔性化制造与服务化转型，打造上下联动、内外协同的创新创业生态系统，如海尔推出"海创汇"等；另一方面，互联网企业开始涉足制造业领域，通过搭建第三方共享平台，以轻资产方式整合调动社会优质资源和闲置产能，为大量中小微企业提供低成本、低门槛、低风险的加工制造服务，覆盖工业制造、智能硬件、装备制造等多个细分领域。

生产线、生产设备、科研仪器等生产要素的共享模式逐渐兴起，改变了生产、技术、物流、人才等资源的传统配置方式。

阿里巴巴"淘工厂"通过互联网平台将工厂产能商品化，变行业竞争为行业协作。该平台提供的数据显示，截至2017年8月，国内已经有1.5万家服装工厂开始转变生产方式，覆盖全国16个省份。

在装备制造业智能化发展的大背景下，辽宁机床企业突破束缚，探索出"共享机床"的新模式，成为东北重工业转型升级的全新破题点。沈阳机床与十堰、盐城和辽宁省内多个城市达成工业服务共享平台协议，推进区域性装备制造业整体转型升级。

科研仪器分享和实验交易互联网平台"易科学",整合高校、科研院所、检测机构、科技企业等单位的实验室科技资源,提高科技资源的使用效率,降低研发成本。目前,该平台已经聚集了上万家服务方,开展交易匹配和自营等服务模式。

11.3.3 共享医疗

共享医疗呈现"以点带面"的发展态势。由广州数十家三甲医院的医生联合发起、引资共建的医师多点执业共享平台在广州启动,该平台可容纳 2000 名医生入驻,成为全国首个落地的"共享医生平台"。9 月,腾讯企鹅医院宣布正式开业,并已在北京、成都、深圳落地。同月,浙江省卫生计生委批复同意了全国首家 Medical Mall 在杭州开业,目前共有 13 家医疗机构入驻,提供共享服务。

11.3.4 共享住房

2017 年,关于客栈民宿行业的政策方针及发展指导意见陆续出台:8 月 15 日,由国家旅游局发布的《旅游民宿基本要求与评价》指明了民宿行业发展的方向和趋势,有利于推动住房共享快速发展。国家信息中心分享经济研究中心数据显示,2017 年房屋住宿领域交易规模为 145 亿元,同比增长 70.6%;融资额约为 37 亿元,较 2016 年增长约 180%。

住房共享平台纷纷拿出创新举措扩大市场影响力。小猪短租上半年宣布推出针对商务场景使用的短租产品,深圳、北京、上海、广州、成都、杭州等 20 个重点城市也陆续开放商旅短租,并建立配套服务体系。爱彼迎在中国的房源超过 15 万,同比增长约 100%,2017 年有 225 万中国用户使用,同比增长 287%。途家提出"让旅游者更幸福""让经营者更幸福""让置业者更幸福""分享经济+区域化"的"3+1"发展战略。美团点评于 2017 年 4 月正式推出民宿业务,旗下榛果民宿 APP 上线,首批房源覆盖北京、上海、广州、深圳、杭州、成都等近 200 个城市。

11.4 吸纳就业

党的十九大报告指出,要坚持就业优先战略和积极就业政策,实现更高质量和更充分的就业。就业是最大的民生,也是包容性增长的根本,我国始终坚持把就业置于发展优先位置,其中共享经济发挥了就业蓄水池和稳定器的作用。

初步估算,2017 年我国参与共享经济活动的人数超过 7 亿人,较 2016 年增加 1 亿人左右;其中参与提供服务者人数约为 7000 万人,较 2016 年增加 1000 万人。

据国家信息中心分享经济研究中心统计数据显示,2017 年我国共享经济平台企业员工数约为 716 万人,较 2016 年增加 131 万人,相较于城镇新增就业人数的 1354 万人,占比约为 9.7%,意味着城镇每 100 个新增就业人员中,就有约 10 人是平台企业新雇用的员工;而 2016 年共享经济平台企业新增员工数为 85 万人,相较于城镇新增就业人数的 1314 万人,占比约为 6.5%,共享经济创造就业岗位的作用在 2017 年进一步凸显(见图 11.3)。

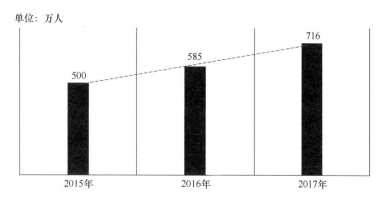

图11.3 2015—2017年中国共享经济企业员工人数

共享经济在解决产能过剩行业工人再就业及贫困地区劳动力就业等方面的作用开始显现，对去产能和脱贫攻坚起到了积极的推动作用。

在交通出行领域，滴滴出行平台已经为去产能行业（煤炭、钢铁、水泥、化工、有色金属等）职工提供了393.1万个工作和收入机会，为复员、转业军人提供了178万个工作和收入机会，帮助133万失业人员和137万零就业家庭在平台上实现再就业，有助于促进社会和谐稳定。在生活服务领域，截至2017年年底，美团外卖配送侧活跃骑手人数超过50万人，其中15.6万人曾经是煤炭、钢铁等传统产业工人，占比为31.2%；有4.6万人来自贫困县，占比为9.2%。

11.5 发展趋势

党的十九大报告明确提出，推动互联网、大数据、人工智能和实体经济深度融合，在中高端消费、创新引领、绿色低碳、共享经济、现代供应链、人力资本服务等领域培育新增长点，形成新动能。"共享经济"再次写入2018年《政府工作报告》。李克强总理指出，下一步将采取许多新举措，推动共享经济向前发展。

随着信息技术创新应用不断加速，人们认知水平明显提升，以及政策法规的日趋完善，预计未来五年我国共享经济有望保持年均30%以上的高速增长。

11.5.1 规范化发展

共享经济如今面临产业配套设施不够齐备、劳务关系权益保障存在空白、监管体系有待完善等多重困境。例如，城市道路管理能力不足、充电桩等配套设施不足、事故权责不清晰等问题，掣肘共享出行的良性发展。国家发改委等部门表示，促进共享经济发展，将坚持发展和规范并重的思路。

有关部门将积极创新监管方式，运用大数据、云计算、人工智能等技术，创新监管手段，实时把握平台企业市场运营、资金管理、用户权益保护等风险动态，提高潜在风险处置能力。实施分类监管，对做得好的平台企业，总结经验，积极推广示范；针对可能引发系统性风险的金融欺诈行为、随意侵害用户数据权益的行为、严重妨碍市政市容管理等问题，将有针对性地强化治理；对一些苗头性、倾向性的潜在风险问题，将采取措施积极防范。

多方参与的协同治理体系建设将加速推进。政府将围绕营造公平有序的市场环境，积极创新监管方式，推进公共数据开放共享，加快完善法制建设，大力推动试点示范。平台企业将更多地以"用户为中心"，依靠价值创造来构建可持续发展能力，并通过与监管部门的互动和数据共享，推动平台的健康发展。社会组织应在标准化建设和行业自律等方面发挥积极作用。用户通过评价、反馈机制参与平台治理，真正实现共享共治。

11.5.2 技术发展

移动通信、物联网及人工智能、虚拟现实等技术未来将逐渐与共享经济进行融合，提升共享经济平台的输出效率。借助大数据分析、云计算等互联网技术，提升资源调度、实时监控等精细化管理能力。新能源动力、无人驾驶技术将革新出行领域产业结构、创新发展模式。VR、AR 应用技术成熟后，有望与共享经济产业结合，增加产业附加值，或诞生出 AR/VR 体验式共享产品。

11.5.3 信用体系建设

共享经济是典型的信用经济。一方面，共享经济的快速发展对社会信用体系建设提出了更高的要求；另一方面，共享经济的蓬勃发展将催生征信机构涌现，而积累下来的大量行为数据又将推动征信体系升级，加速中国信用体系建设。

各方应积极推进各类信用信息无缝对接，打破信息孤岛，共同推动建立政府、企业和第三方的信息共享合作机制，引导平台企业利用大数据技术、用户双向评价、第三方认证、信用评级等手段和机制，健全相关主体信用记录。同时，也将加快建设守信联合激励和失信联合惩戒机制，设立诚信"红黑名单"，形成以信用为核心的共享经济规范发展体系。

（陈志伟）

第12章 2017年中国网络资本发展状况

12.1 中国创业投资及私募股权投资市场概况

2017年中国创业投资及私募股权投资机构新募集828支基金，较2016年下降49.5%，募集基金开始金额为3979亿美元，实际完成1775亿美元，较2016年下降41.1%。2017年私募基金规模较2016年呈下滑势态，募资环境较为复杂（见图12.1和图12.2）。

图12.1　2012—2017年中国VC/PE投资市场募集基金数量

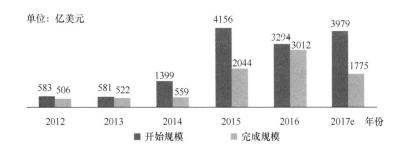

图12.2　2012—2017年中国VC/PE投资市场募集基金金额

随着一系列国家利好政策的出台，地方政府设立引导基金的积极性显著提高。2015年开始呈现全国遍地开花的井喷之势，但到2017年，政府引导基金发展趋于饱和，并未延续前两年爆发式的增长趋势。截至2017年11月，全国共设立994支政府引导基金，总规模达32233.746亿元，平均单支基金规模约为32.43亿元（见图12.3）。

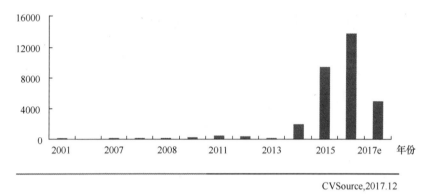

图12.3　2001—2017年中国引导基金设立情况

2017年，创业投资市场总投资数量为2947起，投资金额约为388.6亿美元，较前两年有明显下降。2017年，中国创投市场按行业案例数量和金额占比互联网行业均列第一，IT行业次之，行业分布情况基本与2016年保持一致（见图12.4和图12.5）。

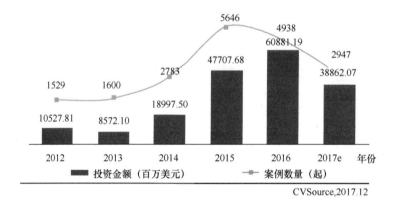

图12.4　2012—2017年中国VC市场投资规模

2017年，中国私募股权PE投资为1426起，较2016年下降19.4%，投资金额约为627亿美元，较2016年下降3.9%（见图12.6）。2016年11月—2017年11月中国私募股权投资市场投资规模如图12.7所示。

2017年，中国私募股权投资规模整体趋于稳定，其中互联网私募股权投资金额合计约为71.17亿美元，在各行业中仅次于IT行业，位居第二，投资案例35起，行业分类中排名第十二位（见图12.8）。

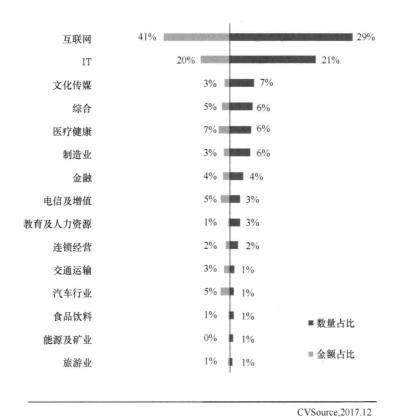

图12.5 2017年中国创投市场行业案例数量和金额占比

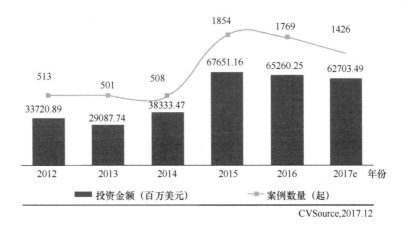

图12.6 2012—2017年中国PE市场投资规模

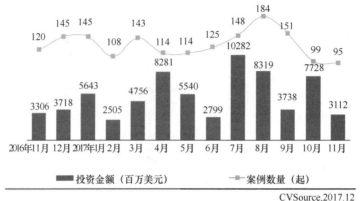

图12.7　2016年11月—2017年11月中国私募股权投资市场投资规模

行业	案例数量	融资金额（百万美元）	平均单笔融资金额（百万美元）
制造业	272	7016.69	25.80
IT	269	14150.48	52.60
医疗健康	135	2703.52	20.03
能源及矿业	121	4532.03	37.45
综合	94	1797.49	19.12
化学工业	67	954.34	14.24
电信及增值	65	2955.73	45.47
文化传媒	58	1017.85	17.55
建筑建材	53	1422.24	26.83
农林牧渔	48	669.12	13.94
金融	38	2716.61	71.49
互联网	35	7116.99	203.34
教育及人力资源	33	1471.77	44.60
汽车行业	29	2467.32	85.08
房地产	26	3294.33	126.70
交通运输	23	1459.58	63.46
连锁经营	23	5994.45	260.63
食品饮料	17	137.82	8.11
公用事业	14	780.25	55.73
旅游业	6	44.87	7.48
总计	1426	62703.49	43.97

CVSource,2017.12

图12.8　2017年中国私募股权市场投资规模行业分布

在传统的投资机构之外，大型互联网企业的投资布局在 2017 年持续引发关注。据不完全统计，2017 年腾讯、阿里巴巴、百度三家公司投资的数量分别为 113 笔、45 笔、39 笔，相较于 2016 年的 75 笔、37 笔、22 笔，均有大幅提升。此现象源于"互联网+"模式依托技术优势，深入融入各细分领域，产生新的商业业态。同时，互联网公司基于自身发展诉求，对"独角兽"企业做出战略性判断，与投资机构一道进入投资市场。与之相对应，互联网、IT、文化传媒、医疗健康等成为获投资金最多的行业。

以汽车行业为例，百度投资威马汽车、蔚来汽车，阿里巴巴投资小鹏汽车，腾讯投资蔚来汽车，以网络资本积极助推汽车产业转型升级，同时也促成互联网服务深入驾驶场景的创新应用。

12.2 互联网融资概况

根据中国信通院数据显示，2017 年互联网融资案例 1262 起，融资总金额为 483.8 亿美元（见图 12.9）。资本市场投资更趋理性，关注点转向提升投资质量。

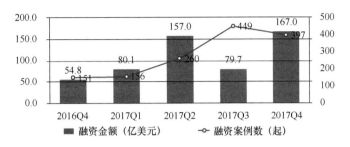

图12.9　2016 Q4—2017 Q4中国互联网行业融资情况

2017 年，我国互联网行业融资规模仅次于美国，位列全球第二名，为第一梯队，远高于第二梯队的国家（见图 12.10）。

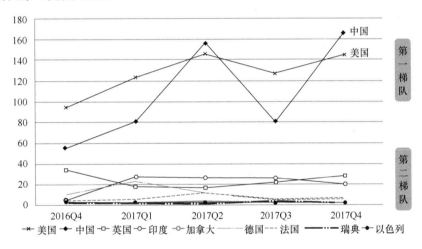

图12.10　2016 Q4—2017 Q4全球主要国家互联网融资金额分布

互联网与经济社会各领域进一步融合发展，成为各行业的新业务媒介，未来互联网将支撑大众创业、万众创新，促进网络经济与实体经济协同互动，共同发展。互联网融合产业即"互联网+"占比最高达 50%。融资案例 609 起，融资规模超百亿美元，与电子商务、行业网站占据市场绝大份额（见图 12.11）。

互联网融合产业是融资热点。共享经济位居投资风口，滴滴出行共获得 H 轮（40 亿美元）和 G 轮（55 亿美元）共 95 亿美元融资，共享单车 ofo 获得 D、E、F 三轮共 21.5 亿美元融资，而摩拜则获得 D、E 两轮共 8.15 亿美元投资。

电子商务方面，美团点评获得 40 亿美元多数股权融资。个人二手车买卖交易平台备受资本青睐：优信二手车、瓜子二手车、大搜车和人人车分别获得 5 亿美元、4 亿美元、3.35 亿美元和 2 亿美元的融资。生鲜 O2O 是另外一个融资热点：每日优鲜获 C、D 两轮合计 7.3

亿美元融资，易果生鲜获D轮3亿美元融资（见表12.1）。

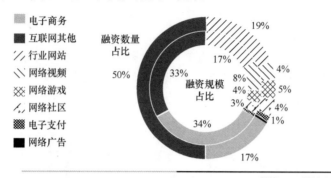

图12.11 2017年中国互联网行业细分领域融资情况

表12.1 2017年中国互联网企业融资案例

融资企业	领域	轮次	金额（亿美元）	投资方
美团点评	电子商务	多数股权	40	Coatue Management 等
滴滴出行	出行旅游	H轮	40	Mubadala Investment 等
ofo	出行旅游	F轮	10	阿里巴巴集团等
苏宁金融	互联网金融	未透露	8.17	光大控股等
每日优鲜	本地生活	D轮	5	未透露
哈罗单车	出行旅游	D轮	3.5	蚂蚁金服等
大搜车	电子商务	E轮	3.35	阿里巴巴集团等
途家	出行旅游	D轮	3	全明星投资等
金山云	IT服务	D轮	3	中民投等
完美世界	游戏	C轮-II	2.5	华美银行等
菜鸟	电子商务	多数股权	7.99	阿里巴巴集团
ofo	出行旅游	E轮	7	阿里巴巴集团等
易果生鲜	本地生活	D轮	3	阿里巴巴
每日优鲜	本地生活	C轮-II	2.3	元生资本等
曹操专车	出行旅游	A轮	2.25	人民电器集团等
点融	互联网金融	D轮	2.2	中民投等
vipkid	在线教育	D轮	2	经纬中国等
人人车	电子商务	少数股权	2	滴滴出行
随手科技	互联网金融	C轮	2	复星国际
滴滴出行	出行旅游	G轮	55	交通银行等
字节跳动	文化娱乐体育	D轮	10	建银国际等
饿了么	本地生活	少数股权II	10	阿里巴巴

续表

融资企业	领域	轮次	金额（亿美元）	投资方
摩拜	出行旅游	E轮	6	交银国际等
链家	房产服务	PE	4.4	中国万科
瓜子	电子商务	B轮	4	蓝驰创投等
乐视体育	文化娱乐体育	D轮	3.67	海航资本等
团贷网	互联网金融	少数股权	2.92	北海宏泰等
转转	互联网金融	D轮	2	腾讯
爱奇艺	音视频	可转债	15.3	百度等
口碑网	电子商务	PE	11	鼎晖投资等
优信二手车	电子商务	PE	5	高瓴资本等
ofo	出行旅游	D轮	4.5	Atomico、中信资本等
链家	房产服务	少数股权	3.75	融创中国
快手	文化娱乐体育	D轮	3.5	腾讯
摩拜	出行旅游	D轮	2.15	携程等
好大夫	医疗健康	D轮	2	腾讯

随着比特币等虚拟货币的快速发展，市场上出现了一种新的融资方式"首次币发行"（ICO），区块链创业公司通过发行代币进行融资。在ICO出现之前的传统投融资逻辑是项目从商业模式、团队、技术等多角度进行考察，项目融资从种子轮、天使轮、A轮一直到上市，需要长达5年以上的历程，而ICO的进入几乎让融资一步到位，极大地缩短了融资的历程。资金的额度是传统风险投资的几十到上百倍，严重透支了项目3～5年的现金流，风险也更高。2017年，区块链项目ICO融资快速增长，下半年已经远远超过传统创业投资，10～11月达到了4.18亿美元，远超过1.88亿美元的VC融资（见图12.12）。

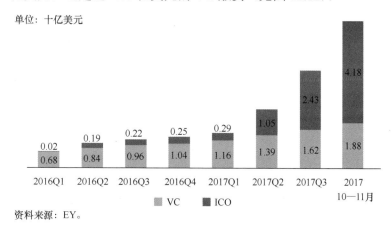

图12.12 区块链项目ICO/VC融资情况

缺少政府监管的ICO活动催生了大量良莠不齐的ICO项目,存在发行方缺乏明晰的规范、投资者缺乏适当性管理、投资者非理性行为引发市场泡沫和不法之徒借机诈骗洗钱等隐患。2017年9月,中国人民银行联合七部委发布《关于防范代币发行融资风险的公告》,全面叫停ICO。

12.3 中国互联网公司上市情况

2017年,有11家中国互联网企业完成IPO,募资总规模达到约28.72亿美元,与2016年相比,IPO数量增长57.1%,募资总规模增长459.1%。互联网行业的IPO在经历了2年的低迷后,终于在2017年有所好转,无论从IPO中企数量上,还是募资总规模上,都有一定程度的回温,但距2014年的鼎盛阶段还相差很远(见图12.13)。

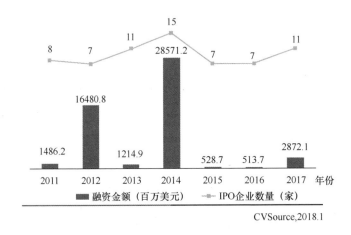

图12.13　2011—2017年国内互联网行业IPO融资规模

2017年,中国证监会对于互联网行业的IPO监管依然趋严,审查尺度持续收紧,4家互联网中企于国内A股上市,7家选择于海外板块上市。纽交所上市2家,IPO共募资14.85亿美元,位于各板块首位,分别为趣店9亿美元、搜狗5.85亿美元。10月,互联网金融企业趣店于纽交所上市,融资9亿美元,引发社会各界对于现金贷的关注,以及政府对现金贷的从严监管。11月,搜狗终于在纽交所上市,发行价为每股13美元,融资5.85亿美元,市值已达到50.96亿美元。

在纳斯达克上市的有:9月,中国首家奢侈品电商公司寺库,共计募集资金总额11050万美元,募集资金净额10778.94万美元;12月,中国最大的独立在线营销技术平台爱点击iClick成功上市;11月,从事数字阅读的阅文集团在中国香港地区成功上市,融资9.64亿美元。2017年互联网行业中企各板块IPO数量及募集金额如图12.14所示。

在美国上市的公司还有信而富、和信贷、拍拍贷、融360(简普科技)、百世物流和瑞思学科英语等,这些公司虽与互联网有关,但按严格标准应被列入金融、物流和教育等行业,却也有些统计将其列为互联网公司。

国内上市的有：1 月，专业从事网络游戏的吉比特在上交所市，成为国内首家在 A 股主板非借壳独立上市的游戏企业，本次共公开发行集资金总额 9.61 亿元；同月，新疆第 50 支 A 股，综合性高科技 TMT 企业立昂技术成功登陆深交所创业板，募集资金总额为 1.17 亿元，扣除发行费用后的募集资金净额为 0.833 亿元；10 月，掌阅科技在上交所上市，融资 2398 万美元（见图 12.15）。

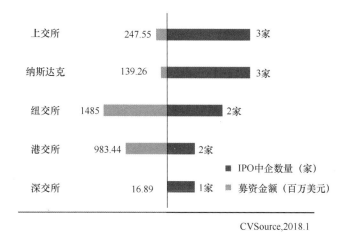

图12.14 2017年互联网行业中企各板块IPO数量及募集金额

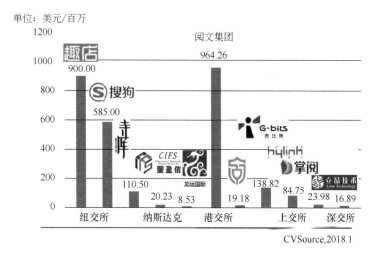

图12.15 2017年互联网行业中企IPO募资金额

其中，腾讯、阿里巴巴、百度等大型互联网公司在 IPO 上市中也发挥了重要的资本助推作用。截至 2017 年 12 月 27 日，百度投资 134 笔，阿里投资 296 笔，腾讯投资 483 笔。腾讯投资中有 28 家公司已上市或待上市；阿里有 22 家；百度有 11 家。

在 IPO 退出方面，有 20 家 VC/PE 机构或基金获账目退出。其中最大一笔趣店上市，凤凰资本获 14 亿美元退出回报（见图 12.16）。

2017年互联网行业IPO退出一览表

企业	退出机构	退出基金	账面退出回报（百万美元）	账面回报率（倍数）
趣店	凤凰资本	凤凰祥瑞互联基金	1393.74	—
	源码资本	—	1139.25	—
阅文集团	挚信资本		325.40	—
	凯雷集团		667.41	—
掌阅科技	国金投资	国金天吉创投基金	21.06	-0.64
华扬联众	东方富海	东方富海（芜湖）基金	13.28	0.73
	同创伟业	南海创新基金	9.48	0.73
	东方富海	东方富海（芜湖）二号基金	5.69	0.73
立昂技术	稳实投资	中泽嘉盟	4.04	-0.13
	金凤凰	金凤凰投资基金	2.02	-0.13
	富坤创投	富坤赢通长三角基金	1.51	-0.13
	中企股权投资	新疆中企股权投资基金	1.51	-0.13
	新疆金悦	新疆金悦股权投资基金	1.26	-0.13
吉比特	达晨文旅创投	湖南文旅基金	67.80	2.12
	和谐天成	北京和谐成长基金	45.22	1.79
	金韩投资	天津安兴基金	11.70	1.79
	平安财智	平安财智投资基金	5.85	1.79
寺库	CMC Capital	CMC Capital Investment,L.P.	—	—
	Ventech China	Ventech China II SICAR	—	—
	IDG资本	—	—	—

图12.16　2017年互联网行业IPO退出情况

12.4　互联网企业并购

2017年，互联网行业并购交易数量及规模均大幅回落，并购案例宣布686起，完成555起，数量降幅25%以上。宣布并购规模200亿美元，完成123亿美元，降幅超过38%。

经历过2015年的"野蛮增长"后，互联网行业并购交易持续降温，行业步入整合转型阶段，资本市场普遍减少非理性投资，转战有潜力、相对成熟稳健、可持续发展的互联网公司（见图12.17）。

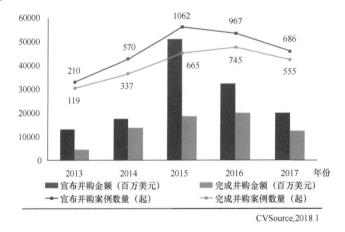

CVSource,2018.1

图12.17　2013—2017年互联网行业并购宣布及完成趋势

2017年，兼并重组、产业转型、跨行业战略布局、跨境并购成为互联网行业并购市场的关键词。互联网市场竞争日益激烈，企业强强联合模式进一步拉开与行业二三梯队之间的差距，部分缺乏足够成长空间、存在资金链问题的企业，也纷纷抱团取暖，采取合并重组策略来争夺市场份额，力争提升综合竞争力，在行业中占据一席之地。此外，一些成熟互联网企业也开始寻求转型，积极向各衍生领域探索，不断扩大商业版图，随着国内跨境并购政策逐渐明朗，部分优质互联网海外项目也被纳入战略版图。2017年互联网行业细分领域完成并购情况如图12.18所示。

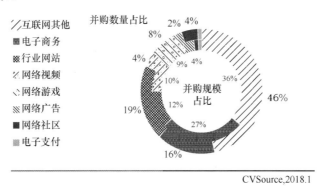

图12.18　2017年互联网行业细分领域完成并购情况

2017年，互联网融合企业并购规模金额达到44.69亿美元，目的是整合转型兼并合作、拓展战略布局。典型案例有饿了么与百度外卖联姻，猫眼与微影业务整合，360装房网与家墨方合并等。

2017年，中国并购活动交易价值从2016年的历史最高点回落11%至6710亿美元。中国企业海外并购交易减少是并购活动交易总额下降的原因之一，伴随着大型交易的减少，战略投资、财务投资及海外并购三大主要子板块的交易金额均发生回落。

单笔10亿美元以上的超大型海外并购案例数量，自2016年的103宗下降至2017年的89宗，主要表现在中国企业海外并购方面。超亿美元重大海外并购案例包括：今日头条旗下音乐短视频社区抖音和北美知名短视频社交产品Musical.ly合并，金额为10亿美元；饿了么出资8亿美元合并百度外卖，三足鼎立变为两强争霸。国创高新38亿元全资收购Q房网，布局房地产中介服务业务。

海外并购交易方面，高科技、工业和消费品依旧是海外投资最活跃的领域。投资者希望将先进的科技引入国内市场以促进产业升级，同时引进新的知识产权、品牌及产品。与国内并购不同，跨境电商并购火热，国内电商中企积极布局海外市场。京东3.97亿美元战略合作英国奢侈品电商平台Farfetch，刘强东进驻其董事会；联络互动2.64亿美元控股美国Newegg，启动全新的"双向"跨境电商平台。

（侯自强）

第13章 2017年中国互联网政策法规建设状况

2017年，中国互联网行业喜迎党的十九大胜利召开，全行业迎来了高速发展与变革时期，行业的剧变改变了人们的交互方式，重塑了行业内细分领域的格局。这一年，中国互联网法律政策的制定以建立网络综合治理体系为核心，以肃清网络环境为目标，紧跟行业发展步伐，立法效力层级明显提升，互联网法律基本框架体系逐步形成。同时，互联网行业垂直细分领域立法也不断出新，各相关领域主管部门协同发力，立法逐步向纵深发展。

13.1 产业互联网

1月25日，农业农村部（原农业部）印发了《"十三五"农业科技发展规划》，要求大力推进农业信息化，突出对农业信息资源开发、大数据挖掘、知识服务关键技术及产品、农业互联网、物联网和移动互联网融合技术、部件及网络服务平台的研发。

2月6日，工业和信息化部、民政部、国家卫生健康委员会（原国家卫生计生委）印发了《智慧健康养老产业发展行动计划（2017—2020年）》，要求重点推动智慧健康养老关键技术和产品的研发，以及推动在养老和医疗机构中优先使用智慧健康养老产品，鼓励财政补贴家庭和个人购买智慧健康养老产品。

6月26日，工业和信息化部、国务院国有资产监督管理委员、国家标准化管理委员会联合印发了《关于深入推进信息化和工业化融合管理体系的指导意见》，指出要以建设新型能力为主线，以建立和推广两化融合管理体系标准为抓手，以构建数据驱动的系统解决方案为着力点，持续推动两化融合创新发展，培育制造业、互联网和金融跨界融合新生态，提升企业创新活力、发展潜力、转型动力，加快经济发展方式转变和实体经济升级。

6月27日，中国人民银行发布了《中国金融业信息技术"十三五"发展规划》，强调"十三五"时期金融业要全面支持深化改革，积极对标国际先进，推动创新普惠发展，坚持安全与发展并重，并围绕统筹监管系统重要性金融机构、统筹监管金融控股公司和重要金融基础设施、统筹负责金融业综合统计，推进信息技术发展各项工作。

7月8日，国务院印发了《新一代人工智能发展规划》，提出了面向2030年我国新一代人工智能发展的指导思想、战略目标、重点任务和保障措施，部署构筑我国人工智能发展的先发优势，加快建设创新型国家和世界科技强国。

7月26日，工业和信息化部联合财政部印发了《关于推动中小企业公共服务平台网络有效运营的指导意见》，旨在深入落实党中央、国务院促进中小企业健康发展的政策措施，进一步明确中小企业公共服务平台网络的定位与职责，不断提高服务水平和运营能力，促进中小企业创业创新发展。

9月11日，工业和信息化部印发了《工业电子商务发展三年行动计划》，部署了未来三年工业电子商务发展工作，加快创新工业企业交易方式、经营模式、组织形态和管理体系，不断激发制造业企业创新活力、发展潜力和转型动力，推动制造强国和网络强国建设。

10月31日，工业和信息化部印发了《高端智能再制造行动计划（2018—2020年）》，提出要进一步聚焦高端智能再制造和在役再制造符合再制造产业发展方向，以契合我国高端智能装备生产制造和运行维护由大变强的现实需要，提升重大战略性装备运行保障能力，深入推进供给侧结构性改革，从而促进企业降本增效，实现绿色增长。

11月27日，国务院印发了《关于深化"互联网+先进制造业"发展工业互联网的指导意见》，提出要通过健全创新创业环境，完善公共服务体系，加强产业聚集，促进产业上下游协作，深化国际合作，推动一、二、三产业和大中小企业跨界融通等重点任务，凝聚各方力量，加快形成我国工业互联网发展的良性生态。

12月12日，工业和信息化部印发了《工业控制系统信息安全行动计划（2018—2020年）》，旨在深入落实国家安全战略，加快工控安全保障体系建设，促进工业信息安全产业发展。

12月14日，工业和信息化部印发了《促进新一代人工智能产业发展三年行动计划（2018—2020年）》，旨在以信息技术与制造技术深度融合为主线，以新一代人工智能技术的产业化和集成应用为重点，推进人工智能和制造业深度融合，加快制造强国和网络强国建设。

13.2 互联网金融

4月12日，国务院办公厅印发了《互联网金融风险专项整治工作实施方案》，旨在规范各类互联网金融业态，形成良好的市场竞争环境，促进行业健康、可持续发展；旨在更好地发挥互联网金融在推动普惠金融发展和支持大众创业、万众创新等方面的积极作用；旨在防范化解风险，保护投资者合法权益，维护金融稳定。

6月2日，最高人民检察院发布了《关于办理涉互联网金融犯罪案件有关问题座谈会纪要》，详细阐述了办理互联网金融犯罪案件的基本要求，对非法吸收公众存款罪、集资诈骗罪、金融犯罪中单位犯罪及其责任人员、定罪量刑情节，以及证据的收集、审查与运用进行了详细的解读。

8月29日，国务院办公厅发布了《关于完善反洗钱、反恐怖融资、反逃税监管体制机制的意见》（以下简称《意见》）。《意见》是《反洗钱法》颁布十周年以来对国家反洗钱体系最全面的顶层设计，也是我国在反洗钱、反恐怖融资和反逃税工作领域深化改革的总体规划。根据《意见》要求，公安机关会同人民银行，协调金融机构开展健全涉恐资金来源动态监控机制，探索信息化时代特征下的新战法，实现打击涉恐融资犯罪向信息化、动态化的全面转型。

12月1日，互联网金融风险专项整治工作领导小组办公室、P2P网络借贷风险专项整治工作领导小组办公室印发了《关于规范整顿"现金贷"业务的通知》（以下简称《通知》）。《通知》称，小额贷款公司监管部门暂停新批设网络（互联网）小额贷款公司；暂停新批小额贷款公司跨省（区、市）开展小额贷款业务。已经批准筹建的，暂停批准开业。小额贷款公司的批设部门应符合国务院有关文件规定。对于不符合相关规定的已批设机构，要重新核查业务资质。暂停发放无特定场景依托、无指定用途的网络小额贷款，逐步压缩存量业务，限期完成整改。未依法取得经营放贷业务资质，任何组织和个人不得经营放贷业务。

13.3　电子商务

1月15日，中共中央办公厅、国务院办公厅印发了《关于促进移动互联网健康有序发展的意见》。《关于促进移动互联网健康有序发展的意见》主要针对移动互联网行业，就其进一步发展应遵循的要求、发展方式、存在的问题等方面给出了明确的说明，涉及市场准入制度、4G普及和5G研发推进、物联网、中小微互联网企业创新等方方面面。

1月17日，商务部发布了《关于进一步推进国家电子商务示范基地建设工作的指导意见》（以下简称《指导意见》）。《指导意见》指出：争取到2020年，示范基地内电子商务企业数量达到10万家，孵化电子商务企业数量超过3万家，带动就业人数超过500万，形成园企互动、要素汇聚、服务完备、跨域合作、融合发展的电子商务集聚区。《指导意见》同时明确了主要任务：一是强化承载能力，服务电子商务新经济；二是提升孵化能力，支撑大众创业万众创新；三是增强辐射能力，推动传统产业转型升级。

4月25日，中国残联、商务部、国务院扶贫办印发了《电子商务助残扶贫行动实施方案》，要求借力电子商务助力我国扶贫政策，以精准扶贫、精准脱贫方略为指导，推进贫困残疾人脱贫攻坚进程。

5月3日，中共中央办公厅、国务院办公厅印发了《关于促进移动互联网健康有序发展的意见》，要求深入建设和完善农村电商公共服务体系，进一步打牢农村产品"上行"基础，培育市场主体，构建农村现代市场体系，推动农村电子商务成为农村经济社会发展的新引擎。

8月17日，商务部、农业部印发了《关于深化农商协作大力发展农产品电子商务的通知》，要求以农业供给侧结构性改革为主线，顺应互联网和电子商务发展趋势，充分发挥商务、农业部门协作协同作用，以市场需求为导向，着力突破制约农产品电子商务发展的瓶颈，加快建立线上线下融合、生产流通消费高效衔接的新型农产品供应链体系。积极回应消费者对农产品质量安全的关切，以电子商务带动市场化、倒逼标准化、促进规模化、提升品牌化，推动农业转型升级，带动农民脱贫增收，更好地满足人民群众对农产品日益增加的品质化、多样化、个性化需求。

13.4　电子政务

1月23日，财政部印发了《政府和社会资本合作（PPP）综合信息平台信息公开管理暂行办法》（以下简称《办法》）。《办法》指出，三年来，随着PPP项目落地速度的加快，因为PPP项目信息缺失或信息不对称所产生的政府监管、市场环境营造、公众知情权保障等问题越发凸显。推动PPP信息公开是规范PPP项目运作、转变政府职能、实现信息对称管理、提高公众参与度管理的重要手段。

5月13日，国务院办公厅印发了《政务信息系统整合共享实施方案》，围绕政府治理和公共服务的紧迫需要，以最大限度利企便民，让企业和群众少跑腿、好办事、不添堵为目标，提出了加快推进政务信息系统整合共享、促进国务院部门和地方政府信息系统互联互通的重点任务和实施路径。

5月15日，国务院办公厅印发了《国务院办公厅关于印发政府网站发展指引的通知》，要求按照建设法治政府、创新政府、廉洁政府和服务型政府的要求，适应人民期待和需求，打通信息壁垒，推动政务信息资源共享，不断提升政府网上履职能力和服务水平，以信息化推进国家治理体系和治理能力现代化，让亿万人民在共享互联网发展成果上有更多获得感。

12月4日，国务院办公厅印发了《国务院办公厅关于推进重大建设项目批准和实施领域政府信息公开的意见》，要求各级政府和有关部门要通过政府公报、政府网站、新媒体平台、新闻发布会等及时公开各类项目信息，并及时回应公众关切。充分利用全国投资项目在线审批监管平台、全国公共资源交易平台、"信用中国"网站等，推进重大建设项目批准和实施领域信息共享和公开。

13.5 互联网+医疗健康

1月5日，国家发展改革委、工业和信息化部印发了《关于促进食品工业健康发展的指导意见》，提出要加快工业云、大数据、物联网等新一代信息技术在食品工业研发设计、生产制造、流通消费等领域的应用，进一步健全标准体系，推动食品添加剂等标准与国际标准接轨，引导企业建立食品安全可追溯制度，严格落实国家"去产能"有关政策，依法加快淘汰污染严重、能耗水耗超标的落后产能，提高冷链物流的效率和水平。

1月24日，国务院办公厅印发了《关于进一步改革完善药品生产流通使用政策的若干意见》。《关于进一步改革完善药品生产流通使用政策的若干意见》指出，要引导"互联网+药品流通"规范发展，支持药品流通企业与互联网企业加强合作，推进线上线下融合发展，培育新兴业态。规范零售药店互联网零售服务，推广"网订店取""网订店送"等新型配送方式。鼓励有条件的地区依托现有信息系统，提供药师网上处方审核、合理用药指导等药事服务。食品药品监管、商务等部门要建立完善互联网药品交易管理制度，加强日常监管。

1月24日，国家卫生健康委员会（原国家卫生计生委）印发了《"十三五"全国人口健康信息化发展规划的通知》。《"十三五"全国人口健康信息化发展规划的通知》指出，随着社会整体信息化程度不断加深，信息技术对健康医疗事业的影响日趋明显，要大力加强人口健康信息化和健康医疗大数据服务体系建设，推动政府健康医疗信息系统和公众健康医疗数据互联融合、开放共享，消除信息壁垒和孤岛，着力提升人口健康信息化治理能力和水平，大力促进健康医疗大数据应用发展，探索创新"互联网+健康医疗"服务新模式、新业态。

2月16日，商务部等七部委联合出台了《关于推进重要产品信息化追溯体系建设的指导意见》。《关于推进重要产品信息化追溯体系建设的指导意见》强调，重要产品信息化追溯体系建设要坚持兼顾地方需求特色、发挥企业主体作用、注重产品追溯实效、建立科学推进模式等基本原则，从追溯管理体制、标准体系、信息服务、数据共享交换、互联互通和通查通识、应急管理等方面提出了建设目标，力争到2020年建成覆盖全国、统一开放、先进适用、协同运作的重要产品信息化追溯体系。

11月2日，国家市场监督管理总局（原国家食品药品监督管理总局）印发了《关于加强互联网药品医疗器械交易监管工作的通知》，明确建立完善互联网药品、医疗器械交易服务企业（第三方）监管制度，按照"线上线下一致"原则，规范互联网药品、医疗器械交易行为。

12月4日，国家中医药管理局出台了《关于推进中医药健康服务与互联网融合发展的指导意见》。《关于推进中医药健康服务与互联网融合发展的指导意见》提出，打造中医健康云，构建开发具备中医健康体检、中医体质辨识、健康风险评估、健康干预、慢性病管理等功能的信息系统和移动终端，实现中医健康数据的采集、管理、应用和评估，建立个体中医健康档案。到2020年，中医药健康服务与互联网融合发展迈上新台阶，融合发展新模式广泛应用；到2030年，以中医药理论为指导、互联网为依托、融入现代健康管理理念的中医药健康服务模式形成并加快发展。

13.6　互联网+便捷交通

1月3日，国家发展和改革委员会等五部委联合出台了《关于加强交通出行领域信用建设的指导意见》。《关于加强交通出行领域信用建设的指导意见》要求加快推进信用记录建设，建立城市公共交通驾驶人和乘务员、网约车平台公司和从业人员、道路客运联网售票平台的信用基础信息数据库，对交通出行领域的失信行为进行记录。

1月24日，交通运输部印发了《关于开展智慧港口示范工程的通知》。《关于开展智慧港口示范工程的通知》决定，以港口智慧物流、危险货物安全管理等方面为重点，选取一批港口开展智慧港口示范工程建设，着力创新以港口为枢纽的物流服务模式、安全监测监管方式，以推动实现"货运一单制、信息一网通"的港口物流运作体系，逐步形成"数据一个库、监管一张网"的港口危险货物安全管理体系。

8月1日，交通运输部等十部委联合出台了《关于鼓励和规范互联网租赁自行车发展的指导意见》。《关于鼓励和规范互联网租赁自行车发展的指导意见》肯定了互联网租赁自行车发展对方便群众短距离出行、构建绿色低碳交通体系的积极作用，明确了互联网租赁自行车在城市综合交通运输体系中的定位，提出要按照"服务为本、改革创新、规范有序、属地管理、多方共治"的基本原则，从实施鼓励发展政策、规范运营服务行为、保障用户资金和网络信息安全、营造良好发展环境4个方面，鼓励和规范互联网租赁自行车发展，进一步提升服务水平，更好地满足人民群众的出行需求。

12月29日，工业和信息化部、国家标准化管理委员会发布了《国家车联网产业标准体系建设指南（智能网联汽车）》（以下简称《指南》）。《指南》指出，智能网联汽车作为汽车产业与信息产业跨界融合的典型，相关技术及产业尚处于快速发展阶段，新技术、新产品、新应用、新模式不断出现。为避免对智能网联汽车相关技术及产业集群的发展形成制约或障碍，智能网联汽车标准体系建设主要针对基础共性标准、相对成熟的技术应用或亟待规范的需求，并将根据我国智能网联汽车技术及产业发展不定期更新、修订与完善，从而有效发挥标准对于引导和规范技术及产业发展的作用，促进中国智能网联汽车技术及相关产业整体竞争力的提升，助力"中国制造2025"战略目标的实现。

13.7 互联网+广告

8月21日,国家市场监督管理总局(原国家工商总局)等十部委印发了《严肃查处虚假违法广告 维护良好广告市场秩序工作方案》(以下简称《方案》)。《方案》指出,要加大对互联网金融广告的监管力度,依法加强对互联网金融广告的监测监管,就广告中涉及的金融机构、金融活动及有关金融产品和金融服务的真实性、合法性等问题,通报金融管理部门进行甄别处理。进一步加大对互联网药品、医疗器械、保健食品、食品、医疗、投资理财、收藏品等领域广告的监测监管力度,加快推进"依法管网""以网管网""信用管网""协同管网",加快推进线上线下一体化监管工作机制。持续开展互联网金融广告的专项整治,维护金融市场秩序。

8月22日,国家市场监督管理总局(原国家工商总局)、国家标准化委员会印发了《关于加强广告业标准化工作的指导意见》。《关于加强广告业标准化工作的指导意见》指出,要加快各领域基础标准、关键标准的制定进度,优先开展重点标准的研究制定。特别是开展对互联网广告的研究,制定并出台互联网广告标准。认真做好广告业各类标准项目的提出、起草、征求意见、审查、公布等工作。

13.8 数字内容产业

1月13日,商务部等十部委联合印发了《关于促进老字号改革创新发展的指导意见》。《关于促进老字号改革创新发展的指导意见》指出,支持老字号线上线下融合发展,实施"老字号+互联网"工程,引导老字号适应电子商务发展需要,开发网络适销商品和款式,发展网络销售。引导老字号与电商平台对接,支持电商平台设立老字号专区,集中宣传,联合推广。鼓励老字号发展在线预订、网订店取(送)和上门服务等业务,通过线上渠道与消费者实时互动,为消费者提供个性化、定制化产品和服务。

4月11日,文化和旅游部(原文化部)印发了《关于推动数字文化产业创新发展的指导意见》。《关于推动数字文化产业创新发展的指导意见》指出,从总体要求、发展方向、重点领域、建设数字文化产业创新生态体系、加大政策保障力度等角度,对推动我国数字文化产业创新发展提出了相应的政策举措。《关于推动数字文化产业创新发展的指导意见》的内容与《"十三五"国家战略性新兴产业发展规划》紧密衔接,在用足、用好现有政策的基础上,充分反映了数字文化产业领域的新业态、新模式、新趋势,同时具有一定的超前性,体现了文化部对行业的预期管理,坚定了业界创业创新的信心。

4月12日,文化和旅游部(原文化部)印发了《文化部"十三五"时期文化产业发展规划》。《文化部"十三五"时期文化产业发展规划》明确了"十三五"时期文化产业发展的总体要求、主要任务、重点行业和保障措施,并以8个专栏列出22项重大工程和项目,是指导"十三五"时期文化系统文化产业工作的总体规划。

4月26日,文化和旅游部(原文化部)印发了《文化部"十三五"时期文化科技创新规划》。《文化部"十三五"时期文化科技创新规划》在思路和表述上参考了近年来文化建设、科技创新、标准化、大数据、"互联网+"、大众创业万众创新、中国制造2025等领域的相关重要政策文件，旨在推动国家科技创新在文化领域的应用实践，为"十三五"时期文化建设中的科技创新明确方向、设定目标、开列任务、划出重点，并为以政府为主导的公共文化服务进一步夯实基础、优化体系、提升服务提供了科技之匙、创新之径。

7月7日，文化和旅游部（原文化部）印发了《文化部"十三五"时期公共数字文化建设规划》。《文化部"十三五"时期公共数字文化建设规划》指出，公共数字文化建设是加快构建现代公共文化服务体系的重要任务，要按照公益性、基本性、均等性和便利性要求，以现代信息技术为支撑，以重点公共数字文化惠民工程为抓手，以资源建设和服务推广为重点，进一步完善公共数字文化服务网络，丰富服务资源，提升服务效能，全面提高公共文化管理和服务的信息化、网络化水平，促进基本公共文化服务标准化、均等化，更好地满足广大人民群众快速增长的数字文化需求。

13.9 互联网知识产权

1月25日，国家版权局印发了《版权工作"十三五"规划》。《版权工作"十三五"规划》要求突出网络领域版权监管，将网络作为履行版权监管职责的重要阵地，不断净化网络版权环境。持续开展打击网络侵权盗版"剑网行动"，强化分类管理，加强对网络文学、音乐、影视、游戏、动漫、软件等重点领域的监测监管，及时发现和查处侵权盗版行为。依托国家版权监管平台，完善版权重点监管，扩大监管范围，把智能移动终端第三方应用程序（APP）、网络云存储空间、网络销售平台等新型传播方式纳入版权有效监管。

2月27日，国家知识产权局等九部委印发了《关于支持东北老工业基地全面振兴 深入实施东北地区知识产权战略的若干意见》。《关于支持东北老工业基地全面振兴 深入实施东北地区知识产权战略的若干意见》要求，支持建设知识产权资源数据库、产业专题数据库、农产品知识产权信息平台、文化资源信息平台、知识产权服务信息平台、蒙汉双语知识产权信息服务平台、中小企业共性网络技术服务平台等。推动知识产权信息资源进入各级公共图书馆、高校和研究机构信息平台、科技信息中心等，加强知识产权公共基础信息开放共享。支持建立专利审查员教育实践基地，提升企业专利实务技能和核心竞争力，搭建双向互动交流平台。支持探索开展基层知识产权工作服务站建设，拓展基层服务渠道，满足基层服务需求。加大知识产权服务范围，主动融入科协宣传服务、农业科技推广运用等相关服务工作。

2月27日，国家知识产权局印发了《专利代理行业发展"十三五"规划》。《专利代理行业发展"十三五"规划》要求探索"互联网+"服务新模式，促进专利代理服务和互联网模式的融合，鼓励运用在线网站、微信、APP等手段拓展服务范围，丰富在线服务方式和服务内容，降低服务成本，提供更加便利和优质的专业服务。强化互联网服务的数据监测、风险控制和规范管理，研究制定专利代理互联网服务规范。探索适合"互联网+"服务新模式特点的监管方式。鼓励第三方机构通过云计算、大数据等手段整合专利代理数据资源，为创新主体提供专利代理综合信息服务。

3月22日，国务院发布了《国务院关于新形势下加强打击侵犯知识产权和制售假冒伪劣商品工作的意见》。《国务院关于新形势下加强打击侵犯知识产权和制售假冒伪劣商品工作的意见》指出，要加强大数据、云计算、物联网、移动互联网等新技术在执法监管中的研发运用，强化对违法犯罪线索的发现、收集、甄别、挖掘、预警，做到事前防范、精准打击。大力推进不同部门间执法监管平台的开放共享，打破"信息孤岛"，加强对相关数据信息的整合、分析和研判，形成执法监管合力。建立电子商务平台企业向执法监管部门提供执法办案相关数据信息的制度，加强政企协作，用好用活数据信息资源，为开展执法工作提供支撑。

5月17日，国家市场监督管理总局（原国家工商总局）印发了《关于深入实施商标品牌战略推进中国品牌建设的意见》。《关于深入实施商标品牌战略推进中国品牌建设的意见》指出，支持企业创新"互联网+品牌"营销新模式，综合运用跨境电商、外贸综合服务平台等新兴业态，扩大中国品牌国际影响。

11月23日，国家市场监督管理总局（原国家工商总局）印发了《关于深化商标注册便利化改革切实提高商标注册效率的意见》。《关于深化商标注册便利化改革切实提高商标注册效率的意见》指出，要推广商标业务电子发文，整合精简现有400多种商标书式，推动商标业务发文逐步由纸质邮寄转化成电子发放。加快推进电子送达和电子注册证系统的建设，提高流程信息透明度，开通短信和邮件提示功能，取代和优化部分纸质发文功能。

13.10 互联网市场监督

1月16日，国家市场监督管理总局（原国家工商总局）出台了《网络购买商品七日无理由退货暂行办法》。《网络购买商品七日无理由退货暂行办法》详细规定了七日无理由退货程序，并强化了网络商品销售者和网络交易平台提供者落实七日无理由退货规定的责任。《网络购买商品七日无理由退货暂行办法》自2017年3月15日正式实施。

5月12日，国务院办公厅印发了《关于加快推进"多证合一"改革的指导意见》。《关于加快推进"多证合一"改革的指导意见》要求，在审批阶段，要坚持优化政务服务与推进"互联网+"相结合，优化审批流程，提高审批效率，提升透明度和可预期性。在监管阶段，要坚持便捷准入与严格监管相结合，以有效监管保障便捷准入，防止劣币驱逐良币，提高开办企业积极性。

5月23日，国家市场监督管理总局（原国家工商总局）等十部委印发了《2017网络市场监管专项行动方案》。《2017网络市场监管专项行动方案》指出，要充分发挥网络市场监管部际联席会议作用，进一步改革创新网络市场监管机制、方式和手段，提升监管的科学性、预见性和有效性；进一步督促网络交易平台落实责任，保障网络经营活动的规范性和可追溯性；进一步提升一体化监管水平，加强监管执法联动和信用约束协同，共同营造良好的网络市场准入环境、竞争环境和消费环境，促进网络经济健康快速发展。

9月30日，国家市场监督管理总局（原国家工商总局）印发了《关于落实"证照分离"改革举措促进企业登记监管统一规范的指导意见》。《关于落实"证照分离"改革举措促进企业登记监管统一规范的指导意见》指出，要探索实行"互联网+监管"模式，充分发挥国家企业信用信息公示系统的重要作用，整合监管执法、网络监测、违法失信、投诉举报等相关信息，形成监管大数据，提高大数据分析应用能力，以风险防范为底线，开展对监管风险的多部门联合研判，提高发现、控制和化解风险的能力，提高科学监管水平，推进社会协同治理。

11月17日,国家发展和改革委员会、国家能源局印发了《关于推进电力安全生产领域改革发展的实施意见》。《关于推进电力安全生产领域改革发展的实施意见》指出,要充分应用现代信息化技术,适应大数据时代流程再造,实施"互联网+安全监管"战略,实现监管手段创新,完善监督检查、数据分析、人员行为"三位一体"管理网络,实现流程和模式创新。建立电力行业安全生产信息大数据平台,深度挖掘大数据应用价值,以信息技术手段提升电力安全生产管理水平。推进能源互联网、电力及外部环境综合态势感知、高压柔性输电、新型储能技术等新技术在电力建设和设备改造中的安全应用。

11月24日,商务部印发了《关于进一步深化商务综合行政执法体制改革的指导意见》。《关于进一步深化商务综合行政执法体制改革的指导意见》要求,加快监管执法信息化建设,依托互联网、大数据等技术,促进办案流程和执法工作网上运行管理,提升统计分析与监测预警能力。建立经营者诚信档案,发挥信用体系的约束作用,推进分类监管。

13.11 网络安全

5月2日,国家互联网信息办公室印发了《互联网新闻信息服务管理规定》。《互联网新闻信息服务管理规定》提出,通过互联网站、应用程序、论坛、博客、微博客、公众账号、即时通信工具、网络直播等形式向社会公众提供互联网新闻信息服务,应当取得互联网新闻信息服务许可,禁止未经许可或超越许可范围开展互联网新闻信息服务活动。《互联网新闻信息服务管理规定》于6月1日起实施。

5月2日,国家互联网信息办公室印发了《网络产品和服务安全审查办法》。《网络产品和服务安全审查办法》指出,网络产品和服务安全审查重点审查网络产品和服务的安全性、可控性,主要包括产品和服务自身等诸多安全风险。《网络产品和服务安全审查办法》的出台对行业将形成有效拉动,促使安全厂商从不同行业实际应用需求出发,为用户提供从内到外,全面、有效的体系化安全保护。《网络产品和服务安全审查办法》于6月1日起实施。

5月2日,国家互联网信息办公室印发了《互联网信息内容管理行政执法程序规定》。《互联网信息内容管理行政执法程序规定》旨在进一步完善我国互联网信息内容管理的行政执法程序,规范和保障互联网信息内容管理部门依法履行行政执法职责,正确实施行政处罚,保护公民、法人和其他组织的合法权益,促进互联网信息服务健康有序发展。《互联网信息内容管理行政执法程序规定》于6月1日起实施。

8月9日,工业和信息化部印发了《公共互联网网络安全威胁监测与处置办法》。《公共互联网网络安全威胁监测与处置办法》要求对公共互联网上存在或传播的、可能或已经对公众造成危害的网络资源、恶意程序、安全隐患或安全事件监测处置,并建立网络安全威胁信息共享平台,集成合力维护网络安全。《公共互联网网络安全威胁监测与处置办法》于2018年1月1日起实施。

8月25日,国家互联网信息办公室发布了《互联网跟帖评论服务管理规定》。《互联网跟帖评论服务管理规定》明确要求,禁止跟帖评论服务提供者及其从业人员非法牟利,不得为谋取不正当利益或基于错误价值取向有选择地删除、推荐跟帖评论,不得利用软件、雇佣商业机构及人员等方式散布信息。国家和省、自治区、直辖市互联网信息办公室将建立互联网跟帖评论服务提供者的信用档案和失信黑名单管理制度,加强对互联网跟帖评论服务提供者的管理监督和失信惩戒。《互联网跟帖评论服务管理规定》于10月1日起实施。

9月7日,国家互联网信息办公室印发了《互联网群组信息服务管理规定》。《互联网群组信息服务管理规定》提出,互联网群组建立者、管理者应履行群组管理责任,即"谁建群谁负责""谁管理谁负责",依据法律法规、用户协议和平台公约,规范群组网络行为和信息发布。《互联网群组信息服务管理规定》于10月8日起实施。

9月7日,国家互联网信息办公室印发了《互联网用户公众账号信息服务管理规定》。《互联网用户公众账号信息服务管理规定》旨在促进互联网用户公众账号信息服务健康有序发展,保护公民、法人和其他组织的合法权益,维护国家安全和公共利益。《互联网用户公众账号信息服务管理规定》于10月8日起实施。

9月7日,工业和信息化部修订了《互联网域名管理办法》。本次修订是新形势下促进域名行业健康有序发展的需要,重点解决了由互联网域名地址分配机构(ICANN)颁布的新通用顶级域名(gTLD)实施计划所衍生的一系列问题,我国域名服务的从业机构、服务种类迅速增加,域名服务监管面临新的挑战,存在事中事后监管手段不足等问题。修订后的《互联网域名管理办法》自2017年11月1日起实施。

10月30日,国家互联网信息办公室公布了《互联网新闻信息服务新技术新应用安全评估管理规定》。《互联网新闻信息服务新技术新应用安全评估管理规定》强调,经安全评估认为新技术新应用存在信息安全风险隐患,未能配套必要的安全保障措施手段的,服务提供者应当及时整改,在整改完成前,拟调整增设的新技术新应用不得用于提供互联网新闻信息服务。《互联网新闻信息服务新技术新应用安全评估管理规定》于2017年12月1日起实施。

13.12 综合性公共政策

8月13日,国务院印发了《关于进一步扩大和升级信息消费持续释放内需潜力的指导意见》。《关于进一步扩大和升级信息消费持续释放内需潜力的指导意见》明确提出以推进供给侧结构性改革为主线,加速激发市场活力,鼓励核心技术研发和服务模式创新,积极拓展信息消费新产品、新业态、新模式,创造更多适应消费升级的有效供给,推动供给结构与需求结构的有效匹配。

9月27日,国家质量监督检验检疫总局(原国家质量监督检验检疫总局)印发了《关于开展重要产品追溯标准化工作的指导意见》。《关于开展重要产品追溯标准化工作的指导意见》明确了重要产品追溯标准化工作的指导思想、基本原则、主要目标和任务、工作对象和保障措施,为全面开展重要产品追溯标准化工作提供了全面、科学的政策支持。

(董宏伟)

第14章 2017年中国互联网知识产权保护状况

14.1 发展概况

伴随"互联网+"概念的普及,越来越多的领域同互联网实现了跨界融合,各种新型业态不断出现。互联网企业的技术创新和专利保护,已成为其参与市场竞争进可攻、退可守的利器,对企业发展至关重要。与此同时,得益于互联网技术的发展和相关主管部门的大力推动,我国商标事业发展迅猛,主要体现在商标注册审查周期不断缩短、商标申请更加便利、商标授权范围更加宽泛、商标价值挖掘更加便利等多个方面。

此外,在创新与变革的推动下,我国网络版权产业快速发展,2017年,网络版权产业规模达到6365亿元,相较2016年同比增长27.2%。我国网络版权保护各项工作取得重大进展,形成网络版权保护新态势,为版权产业的迅猛发展提供了基本保障。值得一提的是,人工智能、云计算、大数据等新技术与网络聚合等商业模式的不断发展,智能语言、网络直播、电子竞技等新业态活跃,为版权工作带来诸多挑战。

14.2 知识产权审批登记情况

1. 专利申请量持续增长

2017年,我国发明专利申请量达到138.2万件,同比增长14.2%,连续7年居世界第一位;实用新型专利申请量达到168.7万件,同比增长22.7%;外观设计专利申请量达到62.9万件,同比增长2.4%。2017年共授权发明专利42.0万件,同比增长3.9%,截至2017年年底,每万人口发明专利拥有量(不含我国港、澳、台地区)达到9.8件。2017年共受理依据《专利合作条约》(PCT途径)提出的国际专利申请50674件,同比增长12.5%。

2. 商标申请受理量持续大幅增长

2017年,我国共受理商标注册申请574.82万件,同比增长55.72%,连续16年居世界第一位。截至2017年年底,商标累计申请量达到2784.23万件,累计注册量达到1730.10万件,商标有效注册量达到1491.98万件。地理标志商标注册保护不断加强。2017年核准注册地理标志集体商标、证明商标532件。截至2017年年底,累计核准注册地理标志集体商标、证明商标3906件。马德里商标国际注册申请量平稳增长。国内申请人提交马德里商标国际注册申请 4810 件（一件商标到多个国家申请），同比增长 59.6%，在马德里联盟中排名首次进入前三位。

3. 著作权登记快速增长

2017 年，著作权登记总量达到 274.7 万件，同比增长 36.86%。其中，作品登记量达到 200.1 万件，同比增长 25.15%；计算机软件著作权登记量达到 74.53 万件，同比增长 82.79%。

4. 专利质权登记高速增长

2017 年，共办理专利质权登记申请 4177 项，质押金额 720 亿元，同比增长 65%；办理商标质权登记申请 1291 件，质押金额 370.23 亿元；全年共办理著作权质权登记 299 件，涉及主债务金额 29.74 亿元。

5. 农业植物新品种权申请受理量继续增长

2017 年共受理农业植物新品种权申请 3842 件，农业植物新品种权授权量达到 1486 件。截至 2017 年年底，累计受理农业植物新品种权申请 21917 件，授予品种权 9681 件。2017 年公告颁发农产品地理标志登记证书的产品达到 238 种。截至 2017 年年底，全国累计公告颁发农产品地理标志登记证书的产品达到 2242 种。

6. 林业植物新品种权申请量和审查量大幅上升

2017 年，共受理林业植物新品种权申请 623 件，同比增长 55.8%；完成 423 个申请品种的特异性、一致性、稳定性现场审查，同比增长 95.8%；对 272 件实审材料进行补正，同比增长 48.6%；授予品种权 160 件。截至 2017 年年底，累计受理林业植物新品种权申请 2811 件，授予品种权 1358 件。

7. 知识产权海关保护备案申请量和审结量保持稳定

2017 年，共受理知识产权海关保护备案申请 11991 件，审结 12066 件，核准备案 9199 件。

14.3 立法修法、行政执法和司法保护

2017 年，各知识产权部门根据社会发展需求，不断健全完善知识产权法律法规体系，知识产权制度建设迈出新步伐。

14.3.1 修法情况

2017 年，国务院原法制办公室会同相关部门积极做好法律法规修改工作。《反不正当竞争法》于 2017 年 11 月 4 日经第十二届全国人民代表大会常务委员会第三十次会议修订通过。修订后的《反不正当竞争法》重点加强了对商业秘密的保护，还对利用网络从事生产经营活动的相关行为进行了规定，更加符合目前竞争技术化、市场网络化的实践需求。

《专利法修正案（草案）》正式报请国务院常务会议审议。在本轮专利法修改中，提高了法定赔偿上限，还探索引入惩罚性赔偿机制，加大对侵权违法行为的惩处力度。《著作权法》修订工作也在持续推进。同时，在《公共图书馆法》《文化产业促进法》等的制定、修订过程中，也对知识产权保护相关内容做出了专门规定。

《专利代理条例》《奥林匹克标志保护条例》《植物新品种保护条例》等行政法规的修订

也在加紧进行。各部门起草或修改了《专利审查指南》《专利优先审查管理办法》《商标网上申请暂行规定》《国外农产品地理标志登记审查规定》《林业植物新品种特异性、一致性、稳定性测试中近似品种确定规则》等部门规章，加强不同类型知识产权的保护和规范管理。最高人民法院发布并实施《最高人民法院关于审理商标授权确权行政案件若干问题的规定》，进一步完善商标授权确权行政案件规则。

14.3.2 行政执法情况

2017年，全国各级行政执法机关进一步提升行政执法效能，不断强化知识产权保护。

2017年，专利行政执法办案总量达到66649件，同比增长36.3%。其中，专利纠纷案件28157件，同比增长35.0%；查处假冒专利案件38492件，同比增长37.2%。共办理商标监管执法案件30130件，案件总值3.65亿元，罚没金额4.7亿元。立案调查网络侵权案件543件，会同公安部门查办刑事案件57件，涉案金额1.07亿元；软件正版化有序推进，各级政府机关共采购操作系统、办公和杀毒软件127.7万套，采购金额6.12亿元，全国累计37667家企业通过检查验收实现软件正版化，中央企业和金融机构全年采购、升级和维护软件金额共计21.45亿元。受理各类文化执法举报投诉1.5万余件，立案调查4.37万余件，办结案件5.59万余件，警告经营单位4.14万余家次，罚款1.8亿余元，责令停业整顿4525家次。共查获进出口侵权货物19192批次，涉及侵权货物4094万余件，案值1.8亿元。

14.3.3 司法保护情况

2017年，全国各级司法机关认真贯彻党中央精神，依法履行知识产权司法保护职责，为实施知识产权战略和知识产权强国建设提供司法保障。

人民法院依法加强知识产权民事、行政和刑事审判工作，严格保护知识产权，给权利人提供充分的司法救济，积极促进依法行政，有效惩治各类侵犯知识产权犯罪。2017年，全国地方人民法院共新收知识产权民事一审案件201039件，审结192938件，同比分别上升47.24%和46.37%；共新收知识产权行政一审案件8820件，审结6390件，同比分别上升22.74%和2.24%；共新收侵犯知识产权罪一审案件3621件，审结3642件，同比分别下降4.69%和6.69%。最高人民法院新收知识产权民事案件503件，审结493件，同比分别上升36.31%和28.72%；新收知识产权行政案件391件，审结412件，同比分别上升10.14%和17.05%。

全国检察机关依法履行检察职能，惩治各类侵犯知识产权犯罪行为。在批捕起诉方面，全国检察机关2017年共批准逮捕涉及侵犯知识产权罪2510件4272人，起诉3880件7157人。在刑事诉讼监督方面，以打击侵犯知识产权犯罪为重点，深入开展对行政执法机关移送涉嫌犯罪案件和公安机关依法立案的监督，防止和纠正有案不移、有案不立和以罚代刑，建议行政执法机关移送涉嫌侵犯知识产权犯罪案件313件376人，行政执法机关移送313件376人；共监督公安机关立案侵犯知识产权犯罪案件180件211人。

全国公安机关持续打击侵犯知识产权犯罪行为，2017年共侦破各类侵权假冒犯罪案件16696起，抓获犯罪嫌疑人21813名，案值64.6亿元。

14.4 互联网专利保护

2017年,我国互联网企业的专利实力进一步增强,质量取胜、数量布局的理念深植于企业的专利管理体系,越来越多的互联网企业开始高度重视专利质量,企业技术的含金量越来越高。

1. 互联网企业专利实力进一步增强

2017年,中国互联网产业产值占中国GDP的30%以上,电子商务交易量持续增长,每天新注册成立的相关企业超过1.6万家。我国互联网信息技术和数字经济的飞速发展给知识产权领域带来了许多新变化。

据国家知识产权局统计数据显示,在2017年国内发明专利授权量排名前十的榜单中,有4家互联网企业入榜:华为公司有3293件发明专利获得授权,位居第二;中兴通讯为1699件,位居第五;联想公司为1454件,位居第六;OPPO公司为1222件,位居第八。发明专利授权量在一定程度上反映了企业技术创新的质量和专利质量,四家互联网企业入榜,足见我国互联网企业对专利质量的重视程度和技术创新的水平。

据incoPat创新指数研究中心发布的"中国互联网100强企业发明专利排行榜"显示,截至2018年4月10日,腾讯公司拥有发明专利4933件,排名第一;奇虎360公司拥有发明专利2281件,排名第二;百度公司拥有发明专利1790件,排名第三。在前100名的中国互联网企业中,上市企业占比达到53%。随着共享经济、人工智能等新兴技术领域的快速发展,互联网行业催生出了诸多新模式和新业务,相关企业越发意识到专利数量和专利质量的重要性,并积极通过上市等融资渠道提升企业的市场竞争力。

此外,2017年,在我国PCT专利申请量排名前十的申请人中,华为公司位居第一,中兴通讯位居第二,OPPO公司和腾讯公司分别位居第四和第六。由此可见,我国互联网公司除了重视本土市场上的专利布局外,也高度重视海外市场,积极通过海外专利布局开疆拓土,学习并利用国际知识产权规则参与国际竞争。

在世界知识产权组织(WIPO)公布的2017年PCT国际专利申请排名中,华为公司与中兴通讯两家中国互联网企业分别以4024件PCT国际专利申请和2965件PCT国际专利申请占据榜单第一、第二的位置,领跑全球。不仅如此,2017年,中国PCT国际专利申请量世界排名第二位,年增长率达到13.4%,是唯一取得两位数增长的国家。PCT国际专利申请量全球第二的排名和高年增长率,反映出近年来中国知识产权整体实力的不断提升,也说明中国企业的知识产权含金量越来越高。

2. 区块链技术受到互联网企业追捧

近年来,作为数字加密货币的底层技术架构,区块链技术逐渐从幕后走到台前,并成为席卷互联网的一股技术浪潮,引起了互联网企业的广泛关注。

百度旗下的金融区块链实验室发布了区块链游戏产品"莱茨狗";阿里巴巴旗下菜鸟物流和天猫国际宣布,已启用区块链技术跟踪、上传、查证跨境进口商品的物流全链路信息;腾讯则宣布将搭建区块链基础设施,打造提供企业级服务的"腾讯区块链"解决方案;京东加入了全球区块链货运联盟,成为国内首家加入该组织的企业;小米推出了"区块链+数字营销应用"等,这些互联网企业纷纷宣布入局区块链领域。

值得注意的是,虽然区块链技术尚处于早期探索阶段,但互联网企业等参与主体已开展了相应的专利布局。数据显示,从比特币诞生之初到现在,全球已有 2000 多件相关专利申请,其中近 50%来自中国,在专利申请量排名前十位的申请人中,美国银行以 45 件位列榜首,阿里巴巴位列第四。我国最新发布的《2017 全球区块链企业专利排行榜》显示,中国在区块链方面提交的专利申请量增速远超美国,领先全球,其中阿里巴巴以 49 件专利申请排名第一。

未来,随着区块链应用场景的不断拓展、产业链的多方介入、专利储备的持续累积,不可避免地将会导致市场竞争加剧。根据现有专利布局趋势和市场发展来看,中国和美国都是潜在的区块链专利诉讼高发地。

3. 专利审查规则进行适应性修改

目前,信息、通信、网络等新技术发展给经济社会带来了深刻变革,从而引发了创新模式的改变——从传统的以技术发展为导向的科技创新活动转向以用户体验为中心,以共同创新、开放创新为特点的用户参与的创新模式,经济增长从技术创新和商业模式创新两个维度获得动力,我国创新主体尤其是互联网企业对于涉及商业模式创新的保护存在比较强烈的需求。

实践中,在当前"互联网+"发展模式下,互联网与经济社会各个领域深度融合,技术领域与非技术领域、技术性与非技术性特征的界限开始变得模糊,很多传统上认为涉及商业领域的专利申请已不宜从保护客体上直接排除其获得专利权的可能性,而应继续审查,判断其对现有技术的贡献是否足以获得专利保护的对价交换。

2017 年 4 月 1 日起施行的《专利审查指南》明确规定,涉及商业模式的权利要求,如果既包含商业规则和方法的内容,又包含技术特征,则不应当依据专利法第二十五条排除其获得专利权的可能性。

需要注意的是,对于涉及商业方法的专利申请的审查标准的调整,需要将有关客体与"三性"的法律条款统筹考虑。此次《专利审查指南》修改并未具体涉及"创造性"审查内容,未来在《专利审查指南》修改工作中,还需要进一步深入研究和论证。

14.5 互联网商标保护

伴随"互联网+"概念的普及,越来越多的领域同互联网实现了跨界融合,各种新型业态不断出现。得益于互联网技术的发展和相关主管部门的大力推动,我国商标事业发展迅猛,体现在商标注册审查周期不断缩短、商标申请更加便利、商标授权范围更加宽泛、商标价值挖掘更加便利等多个方面。

但是,互联网技术的迅猛发展,也给商标权的保护等带来一定挑战。例如,商标恶意抢注、商标遭遇互联网侵权、传统商标注册策略不一定适应互联网环境等。

1. 大幅缩短商标注册周期

自 2016 年 7 月起,原国家工商行政管理总局商标局(以下简称商标局)实施了商标注册便利化改革,通过建设京外商标审查协作中心、增加地方商标受理窗口、优化商标注册流程、推进商标注册全程电子化等措施，商标审查体制机制不断完善，商标注册效率不断提高，商标便利化水平不断提升，商标改革工作取得阶段性成果，商标注册审查周期已由法定的 9 个月缩短至 8 个月。

为满足市场主体创新创业的需求，原国家工商行政管理总局出台了《商标注册便利化改革三年攻坚计划（2018—2020 年）》（以下简称《计划》），对商标注册便利化改革工作进行整体性设计，从提高审查效率、完善审查机制、简化申请程序、合理调整规费、强化技术支撑、压缩纸质商标存量、推动法律修改七个方面明确了便利化改革的攻坚任务。《计划》明确提出，2018 年年底前商标注册审查周期缩短至 6 个月，赶超经合组织成员国（OECD）中实行在先权利审查国家的平均水平。到 2020 年，我国将基本建成优质、便捷、高效的商标注册体系，商标申请渠道多样，商标注册程序简化，商标注册和管理全面信息化等。

2. 遏制恶意注册成效显著

近年来，随着商标申请量剧增及市场竞争日趋激烈，恶意注册行为呈现高发态势，不仅损害在先权利人的合法权益，还扰乱了公平竞争的市场秩序，危害巨大，各界对遏制恶意注册行为的呼声日渐高涨。

商标局坚持关口前移，优化审查分文流程，对典型恶意申请类型及相关案例进行梳理、汇总，采取提前审查、并案集中审查和从严适用法律等措施，大力遏制违反诚实信用原则、恶意攀附他人商标声誉、抢注知名度较高商标、侵犯他人在先权利、占有公共资源、反复抢注等恶意注册行为，驳回了一批恶意注册申请，具有较强的示范效应，形成了强力威慑。

商标审查是遏制恶意注册的第一道关口。在审查环节，商标局对认定具有明显主观恶意的商标申请从严审查，主动予以驳回。有的申请人恶意攀附他人商誉、抢注较高知名度商标，商标局对此类申请一律予以驳回。大量抢注通用名称、行业术语等具有不正当占用公共资源意图的商标申请，也在审查阶段被商标局驳回。将名人姓名等他人在先权利申请注册商标的恶意行为是社会各界普遍关注的热点问题，商标局坚持从严审查。对针对同一企业的恶意反复抢注、连续抢注的商标申请，商标局从严审查并参考在先异议、无效宣告案例予以驳回；此外，商标局还充分发挥异议程序在打击恶意注册中的有力作用，采取多项措施，集中处理了一批恶意囤积、恶意攀附他人商誉的商标案件，坚决遏制违反诚实信用原则的恶意注册行为。

3. 开展打击商标侵权系列专项行动

2017 年，商标局切实加大商标专用权保护力度，指导各地严厉打击商标侵权假冒行为，承担打击侵权假冒工作日常组织协调工作，牵头制定下发各有关部门年度打击侵权假冒工作要点、开展年度绩效考核督察，推动打击侵权假冒工作常态化、长效化。

2017 年，商标局推动落实中国制造海外形象维护"清风"行动、农村和城乡接合部市场假冒伪劣专项整治行动，开展打击商标侵权"溯源"专项行动等一系列专项行动，有效遏制市场上群众反映强烈的侵权假冒突出问题。以驰名商标、地理标志、涉外商标和老字号商标为重点，加大商标专用权保护力度，先后组织协调各地集中查处"赣南脐橙""松板""若羌红枣""同仁堂""迪士尼""一得阁""洛川苹果"等商标侵权案件。指导京津冀、长三角、泛珠三角区域加强商标行政执法区域协作制度建设。严厉打击网络商标侵权假冒违法行为，推进线上线下一体化监管，完善商标行政执法信息共享平台建设，推进侵权假冒行政处罚案件信息公开和注册商标维权联系人信息库建设，切实加强商标执法队伍能力建设和打击侵权假冒工作宣传。

2013—2017年，各有关部门共立案查处侵权假冒案件30.85万件，涉案金额41.08亿元，依法向司法机关移送涉嫌犯罪案件1717件，涉案金额11.95亿元；共查处商标侵权假冒案件17.29万件，涉案金额23.21亿余元。

4. 互联网商标侵权纠纷类型多样

值得注意的是，2017年，互联网环境下的商标侵权行为呈现多个特点。

在涉及网络域名类商标侵权纠纷中，域名即IP地址具有标志功能，能够将不同企业的商品和服务区分开，且由于其一定程度上与企业的商誉联系起来，亦起到了商业标识功能。网络域名中使用与注册商标相近或相类似的标记构成的侵权行为已被纳入相关司法解释规制。

在涉及搜索引擎类商标侵权纠纷中，常见的利用搜索引擎实施商标侵权的表现形式主要有两种：一是元标签类商标侵权，网页设计者利用元标签的高度隐蔽性，将他人的商标设置成自己的标签，当用户在搜索该商标时，网页就会通过元标签设置跳转至该商标的网站；二是关键词广告类商标侵权，通过向搜索引擎服务商购买他人企业商标作为关键词，使用户进入购买者的网站。

在涉及网络交易平台类商标侵权纠纷中，其焦点主要集中在网络交易平台所有人对网络用户侵权商品销售行为的免责条件界定；网络交易平台为制止反复侵权行为应当采取的措施及其效果界定；网络交易平台在接到商标权利人有效通知后所采取措施的必要性、有效性、及时性认定；网络交易平台是否存在为网络用户商标侵权行为提供帮助、便利的事实认定等。

14.6 互联网版权保护

在创新与变革的推动下，我国网络版权产业快速发展，2017年，我国网络版权产业规模达到6365亿元，相较2016年同比增长27.2%。我国网络版权保护各项工作取得重大进展，形成网络版权保护新态势，为版权产业的迅猛发展提供了基本保障。与此同时，人工智能、云计算、大数据等新技术与网络聚合等商业模式的不断发展，智能语音、网络直播、电子竞技等新业态活跃，为版权工作带来诸多挑战。为此，我国适应产业发展需要，综合运用多种手段，不断完善著作权法相关法律制度，加大司法保护力度，加大行政执法和监管力度，版权相关机构也积极发挥作用，通过开展高效的版权执法保护创新，完善优质的版权服务，激励创新创作，为版权的创新、创造提供更加强有力的服务和保障。

1. 完善法律体系

在立法保护方面，2017年，我国有关部门积极推进著作权法修改，颁布相关法律、法规、规章，版权法律体系日益完善。

在推进著作权法修改方面,全国人大常委会开展著作权法实施以来最大规模的一次执法检查,先后赴广东、福建、青海、北京、上海5个省(市)进行检查,对推进著作权法修订具有重要意义;国务院法制办将《著作权法修订草案送审稿》在相关领域征求意见。在法律实施方面,《电影产业促进法》自2017年3月1日起施行,推进了中国电影走向法治化时代。自该法实施以来,我国电影市场高速增长、活力迸发,成为我国文化艺术领域和文化产业中的重要亮点。在监管规定方面,国家互联网信息办公室先后于2017年6月出台了《互联网新闻信息服务管理规定》,于2017年10月出台了《互联网用户公众账号信息服务管理规定》,明确互联网信息服务提供者在内容安全、版权方面的主体责任;2017年12月,国家版权局下发《关于开展北京2022年冬奥会会徽和冬残奥会会徽版权专项保护工作的通知》,要求加强会徽版权保护工作。

2. 创新行政保护,扩大监管范围

2017年,版权行政管理部门积极探索创新工作方法,网络版权执法监管工作的覆盖面和影响力持续扩大。严格保护成为2017年网络版权行政执法监管的基本导向。与往年相比,"剑网2017"专项行动在立案调查和行政查处的案件数量上均有提升,共检查网站6.3万个,关闭侵权盗版网站2554个,删除侵权盗版链接71万条,收缴侵权盗版制品276万件,立案调查网络侵权盗版案件543件,会同公安部门查办刑事案件57件、涉案金额1.07亿元,网络版权环境进一步净化,网络版权秩序进一步规范。专项行动中,针对当前互联网版权治理的热点和难点,各级版权执法监管部门实施分类管理,对影视、新闻、APP、电商平台等网络版权侵权重点领域,有针对性地开展版权整治工作。在网络影视方面,国家版权局公布重点作品版权保护预警名单,对《战狼2》《芳华》等国产优秀电影进行专项保护,基本遏制了影视作品侵权盗版泛滥的态势;在网络新闻方面,推动中央新闻单位发起成立"中国新闻媒体版权保护联盟",引导传统媒体与商业网站开展版权合作,完善网络转载版权许可付酬机制;在APP方面,加强对以热门文学影视作品命名的APP的版权授权审核,着力查处通过聚合、破坏技术措施等方式进行的侵权盗版行为;在电子商务平台方面,将主要电子商务平台纳为监管对象并明确其主体责任。通过对网络版权侵权重点领域下大力气进行分类整治,网络版权秩序明显好转。

在"剑网2017"专项行动取得显著成效的同时,版权行政管理部门还注意到目前网络侵权盗版还比较严重,网络数字技术的迅猛发展对网络版权保护提出了新的更高的要求,因此创新监管模式,制度与技术手段并重成为解决新型版权问题的主要方向。在专项行动中,及时关注新兴技术领域,对如VR、微信公众号等存在的侵权行为,进行有效治理;约谈主要网络音乐服务商,引导建立良好的网络音乐版权授权和运营模式。此外,还要强化版权执法协作,推进社会共治。版权行政执法与刑事司法的"两法衔接"机制进一步完善,国家版权局与公安部等联合督办多起重大侵权盗版案件,形成政府监管、企业自管、行业自律与公众监督相结合的网络版权保护社会共治新格局。

3. 发挥机构作用,深化社会保护

版权相关机构在作品创作、保护、运用等方面发挥积极作用,网络版权社会保护工作进一步深化。2017年8月,中国文字著作权协会起诉同方知网侵犯著作权一案,依法维护会员权利,以及中国音乐著作权协会起诉咪咕音乐有限公司著作权侵权案,在社会上引发极大反

响；2017年11月，在中国"网络文学+"大会上，16家企业代表和4位作家代表共同发起《中国"网络文学+"大会北京倡议书》，倡导坚持百花齐放、百家争鸣，反对抄袭模仿、抵制侵权盗版。区块链等技术手段得到行业重视，开始广泛应用于在版权保护与版权交易环节。与此同时，微信等各家大型网络平台相继完善版权保护措施，加大内容审查力度，积极保护原创者版权，积极营造版权保护良好的社会氛围。

（裴宏、冯飞、姜旭、胡姝阳、陈婕、窦新颖、侯伟）

第15章 2017年中国网络信息安全状况

15.1 网络安全形势

1. 我国网络空间法治进程迈入新时代

2017年6月1日,《中华人民共和国网络安全法》(以下简称《网络安全法》)正式实施,标志着我国网络安全管理的综合法律体系建设正式启航。

在推动网络安全法落地方面,配套法律法规和规范性文件相继出台,包括《国家网络安全应急预案》《网络产品和服务安全审查办法(试行)》《网络关键设备和网络安全专用产品目录(第一批)》《公共互联网网络安全威胁监测与处置办法》《公共互联网网络安全突发事件应急预案》《个人信息和重要数据出境安全评估办法(征求意见稿)》《关键信息基础设施安全保护条例(征求意见稿)》等。我国网络空间法治体系建设加速完善。

在标准制定方面,全国信息安全标准化技术委员会加快推动重点标准的研制工作,包括网络安全产品与服务、关键信息基础设施保护、网络安全等级保护等国家标准。

在开展网络安全宣传教育方面,2017年国家网络安全宣传周期间,以校园、电信、法制等为主题设置宣传日,针对社会公众关注的网络热点问题,举办网络安全体验展等系列主题宣传活动,营造网络安全人人有责、人人参与的良好氛围。

2. 网络反诈工作持续推进,钓鱼网站域名注册向境外转移

随着我国互联网技术的快速发展和普及,通过互联网实施经济诈骗的事件多有发生,诈骗方式多种多样。其中,仿冒页面作为网络诈骗主要方式之一,给我国网络安全带来严重威胁。在2017年协调处置的仿冒页面中,域名在境外注册的比例为43.9%,同比上升14.2%,承载仿冒页面的IP地址88.2%位于境外,同比上升7.8%,仿冒我国境内网站的仿冒页面域名注册和IP地址均表现出向境外迁移的趋势。

对处置的仿冒页面所属域名注册商进行分析发现,所属注册商占比最高的为GoDaddy,而在2016年,GoDaddy尚未进入前10名。2017年,CNCERT/CC向国际合作伙伴投诉仿冒页面事件达1.7万余次,其中向位于中国香港地区、美国、印度的机构投诉次数最多,分别达7684次、6719次、1180次。

3. "网络武器库"泄露后风险威胁凸显

近年来,黑客组织的工具库或文件泄露事件引发大家普遍关注。2015年,间谍软件公司

"HackingTeam"被攻击，多达400GB的数据外泄。2016年8月以来，黑客组织"影子经纪人"陆续公布"方程式"组织经常使用的工具包，包含各种防火墙的漏洞利用代码、植入固件、代码说明和部分受攻击目标的IP地址和域名列表等。2017年3月，维基解密声称美国中情局用于网络攻击的大量病毒木马、远程控制、0day漏洞及相关文档已被泄露，并将其获得的一部分文档分7批次（并称"Vault7"）在其官方网站公开发布。

这些资料在被公开之初，因相关的防范措施还未及时提出，相关的网络安全防护技术还未落实，若被滥用可能引发重大网络安全事件，给网络空间安全带来严重威胁。2017年4月14日，"影子经纪人"在互联网上公布了"方程式"使用的包含针对微软操作系统及其他办公、邮件软件的多个高危漏洞攻击工具包，这些工具集成化程度高、部分攻击利用方式较为高效。时隔不到一个月，2017年5月12日，WannaCry蠕虫病毒事件爆发，并随后迅速出现多款变种。该系列病毒就是利用"影子经纪人"公开的微软操作系统"永恒之蓝"漏洞进行快速传播，对全球网络空间安全造成严重影响，WannaCry蠕虫病毒事件是"网络武器库"遭泄露引发的重大网络安全事件的典型代表。

4. 敲诈勒索和"挖矿"等牟利恶意攻击事件数量大幅增长

2017年出现的Petya、NotPetya、BadRabbit等危害严重的恶意程序再度掀起敲诈勒索软件的热度。2017年，CNCERT/CC捕获新增勒索软件近4万个，呈现快速增长趋势。到2017年下半年，随着比特币、以太币、门罗币等数字货币的价值暴涨，针对数字货币交易平台的网络攻击越发频繁，同时引发更多利用勒索软件向用户勒索数字货币的网络攻击事件和用于"挖矿"的恶意程序数量大幅上升，并引发区块链技术的被高度关注。

"挖矿"恶意程序大量占用和消耗计算机的CPU等资源，会使得计算机性能变低，运行速度变慢，其非破坏性和隐蔽性使得用户难以发现。勒索或"挖矿"恶意程序综合利用多种网络攻击手段，实现短期内大规模地感染用户计算机，如Petya利用微软WindowsSMB服务漏洞大规模传播，BadRabbit恶意代码伪装成AdobeFlash升级更新弹窗诱导用户主动点击下载并运行。

5. 应用软件供应链安全问题触发连锁反应

2017年，应用软件供应链安全问题集中爆发。2017年8月，NetSarang公司旗下的XShell、Xmanager等多款产品被曝存在后门问题。XShell是一款应用广泛的终端模拟软件，被用于服务器运维和管理，此次的后门问题可导致敏感信息被泄露。据CNCERT/CC的监测结果，我国网络空间运行XShell等相关软件的IP地址有3.1万余个。2017年还曝出惠普笔记本音频驱动内置键盘记录后门、CCleaner后门等，均对我国网络空间安全带来巨大隐患，对我国互联网的稳定运行和信息数据的安全构成严重威胁。

15.2 计算机恶意程序传播和活动情况

15.2.1 木马和僵尸网络

木马是以盗取用户个人信息，甚至是以远程控制用户计算机为主要目的的恶意程序。由于它像间谍一样潜入用户的电脑，与战争中的"木马"战术十分相似，因而得名木马。按照功能分类，木马程序可进一步分为盗号木马、网银木马、窃密木马、远程控制木马、流量劫持木马、下载者木马和其他木马等，但随着木马程序编写技术的发展，一个木马程序往往同时包含上述多种功能。

僵尸网络是被黑客集中控制的计算机群，其核心特点是黑客能够通过一对多的命令控制信道，操纵感染木马或僵尸程序的主机执行相同的恶意行为，如可同时对某目标网站进行分布式拒绝服务攻击，或同时发送大量的垃圾邮件等。

2017年，CNCERT/CC的抽样监测结果显示，在利用木马或僵尸程序控制服务器对主机进行控制的事件中，控制服务器IP地址总数为97300个，较2016年上升0.6%，基本持平。受控主机IP地址总数为19017282个，较2016年下降26.4%。其中，境内木马或僵尸程序受控主机IP地址数量为12558412个，较2016年下降26.1%。

1. 木马或僵尸程序控制服务器分析

2017年，中国境内木马或僵尸程序控制服务器IP地址数量为49957个，较2016年上升2.5%；境外木马或僵尸程序控制服务器IP地址数量为47343个，较2016年略有下降，降幅为1.2%，具体如图15.1所示。经过我国木马僵尸专项打击行动的持续治理，境内的木马或僵尸程序控制服务器数量较为稳定。

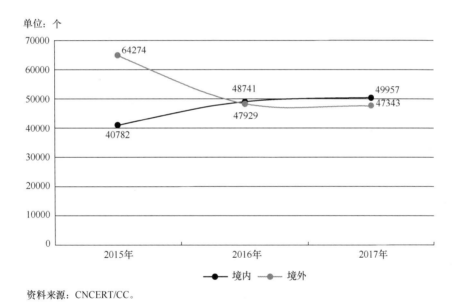

资料来源：CNCERT/CC。

图15.1 2015—2017年木马或僵尸程序控制服务器数据对比

2017年，在发现的因感染木马或僵尸程序而形成的僵尸网络中，僵尸网络数量规模在100～1000的占72.7%以上。控制规模在1000～5000、5000～2万、2万～5万、5万～10万的主机IP地址的僵尸网络数量与2016年相比分别减少328个、73个、31个、11个。

2017年木马或僵尸程序控制服务器IP地址数量按月度统计如图15.2所示，可以看出全年呈波动态势，5月达到最高值27514个，3月为最低值6753个。

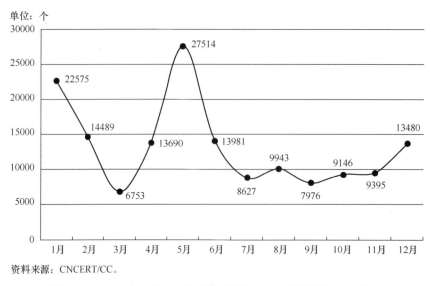

资料来源：CNCERT/CC。

图15.2　2017年木马或僵尸程序控制服务器IP地址数量按月度统计

在中国境内木马或僵尸程序控制服务器 IP 地址绝对数量和相对数量（各地区木马或僵尸程序控制服务器 IP 地址绝对数量占其活跃 IP 地址数量的比例）的统计中，广东省、江苏省、山东省居木马或僵尸程序控制服务器 IP 地址绝对数量的前三位（见图 15.3），甘肃省、河南省、安徽省居木马或僵尸程序控制服务器 IP 地址相对数量的前三位。

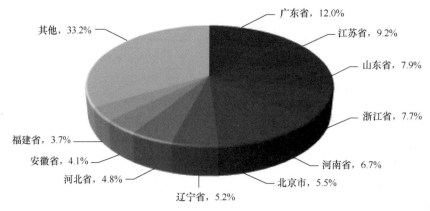

资料来源：CNCERT/CC。

图15.3　2017年中国境内木马或僵尸程序控制服务器IP地址绝对数量按地区分布

2. 木马或僵尸程序受控主机分析

2017 年，中国境内共有 12558412 个 IP 地址的主机被植入木马或僵尸程序，境外共有 6458870 个 IP 地址的主机被植入木马或僵尸程序，数量较 2016 年均有所下降，降幅分别达到 26.1%和 27.0%。经过我国木马僵尸专项打击行动的持续治理，境内的木马或僵尸程序受控主机数量持续下降。

2017 年，CNCERT/CC 持续加大木马和僵尸网络的治理力度，木马或僵尸程序受控主机 IP 地址数量全年总体呈现下降态势，6 月达到最高值 3432322 个，9 月为最低值 1206706 个（见图 15.4）。

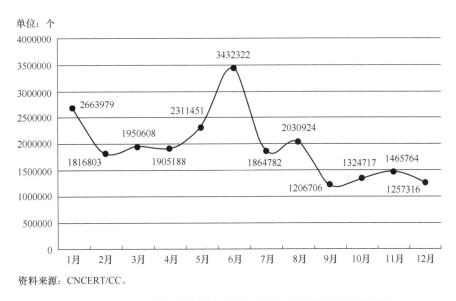

资料来源：CNCERT/CC。

图15.4 2017年木马或僵尸程序受控主机IP地址数量按月度统计

在境内木马或僵尸程序受控主机IP地址绝对数量和相对数量（各地区木马或僵尸程序受控主机IP地址绝对数量占其活跃IP地址数量的比例）的统计中，广东省、浙江省、江苏省居木马或僵尸程序受控主机IP地址绝对数量的前三位（见图15.5）。这在一定程度上反映出经济较为发达、互联网较为普及的东部地区因网民多、计算机数量多，该地区的木马或僵尸程序受控主机IP地址绝对数量位于全国前列。同时，广东省、江苏省、山东省居于木马或僵尸程序受控主机IP地址相对数量的前三位。

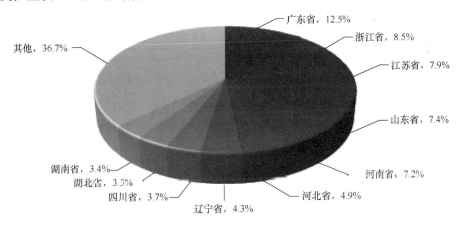

资料来源：CNCERT/CC。

图15.5 2017年境内木马或僵尸程序受控主机IP地址数量按地区分布

15.2.2 蠕虫监测情况

"飞客"蠕虫（英文名称Conficker、Downup、Downandup、Conflicker或Kido）是一种针对Windows操作系统的蠕虫病毒，最早出现在2008年11月21日。"飞客"蠕虫利用

WindowsRPC远程连接调用服务存在的高危漏洞（MS08-067）入侵互联网上未进行有效防护的主机，通过局域网、U盘等方式快速传播，并且会停用感染主机的一系列Windows服务。自2008年以来，"飞客"蠕虫衍生出多个变种，这些变种感染了上亿个主机，构建了一个庞大的攻击平台，不仅能够被用于大范围的网络欺诈和信息窃取，而且能够被利用发动大规模拒绝服务攻击，甚至可能成为有力的网络战工具。

CNCERT/CC自2009年起对"飞客"蠕虫感染情况进行持续监测和通报处置。抽样监测数据显示，2011—2017年全球互联网月均感染"飞客"蠕虫的主机IP地址数量呈减少趋势（见图15.6）。

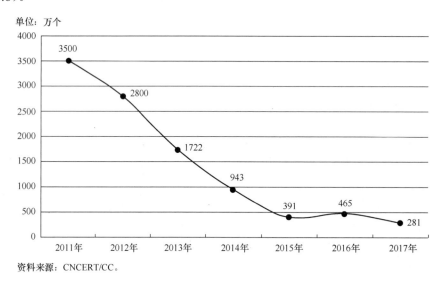

图15.6　2011—2017年全球互联网感染"飞客"蠕虫的主机IP地址月均数量

2017年中国境内感染"飞客"蠕虫的主机IP地址数量按月度统计如图15.7所示。

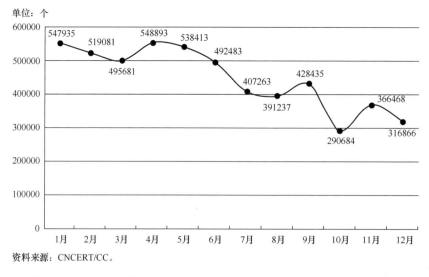

图15.7　2017年中国境内感染"飞客"蠕虫的主机IP地址数量按月度统计

15.2.3 恶意程序传播活动监测

2017年，CNCERT/CC持续扩大恶意代码传播监测范围，全年捕获及通过厂商交换获得的恶意程序样本数量为2895839个，同比2016年（3104787个）降低6.73%；监测到恶意程序传播次数达1.72亿次，同比2016年（3522万余次）增长1613%，9月起，随着CNCERT/CC传播监测范围的扩大，恶意代码传播次数激增，月均传播次数在4000余万次（见图15.8）。频繁的恶意程序传播活动使用户上网时感染恶意程序的风险加大，使得对其传播源的清理形势越发严峻，同时需要更加注重提醒广大用户提高个人信息安全的保护意识。

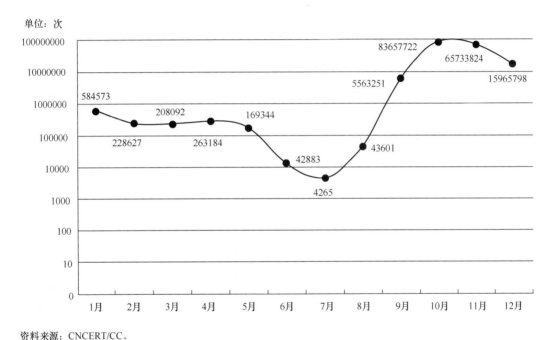

资料来源：CNCERT/CC。

图15.8　2017年已知恶意程序传播事件次数按月度统计

2017年，CNCERT/CC共监测到3584396个放马IP地址（去重后）和21826042个放马域名（去重后），平均每个放马IP地址承载6个放马域名，其中境内放马IP地址数量为1090617个，占比为30.4%，境外放马IP地址占比为69.6%。随着CNCERT/CC监测范围的扩大，监测发现中国境内放马数量呈现数量级的增加（见图15.9）。

2017年中国境内地区放马站点按省份分布情况如图15.10所示，前5位的省份是广东省（9.3%）、浙江省（8.7%）、河南省（8.0%）、江苏省（6.5%）和山东省（6.5%）。

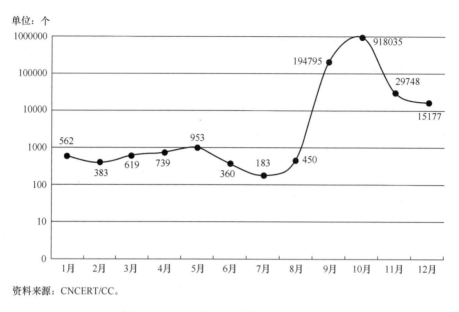

资料来源：CNCERT/CC。

图15.9　2017年放马站点数量按月度统计

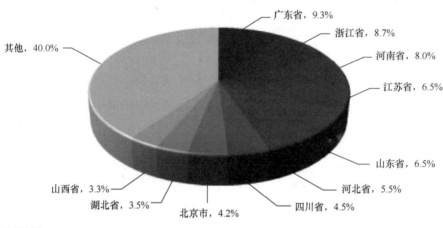

资料来源：CNCERT/CC。

图15.10　2017年中国境内地区放马站点按省份分布

15.3　移动互联网恶意程序传播和活动情况

15.3.1　移动互联网恶意程序监测情况

移动互联网恶意程序是指在用户不知情或未授权的情况下，在移动终端系统中安装、运行以达到不正当目的，或具有违反国家相关法律法规行为的可执行文件、程序模块或程序片段。移动互联网恶意程序一般存在以下一种或多种恶意行为，包括恶意扣费、信息窃取、远程控制、恶意传播、资费消耗、系统破坏、诱骗欺诈和流氓行为。2017年，CNCERT/CC捕获及通过厂商交换获得的移动互联网恶意程序样本数量为2533331个（见图15.11）。

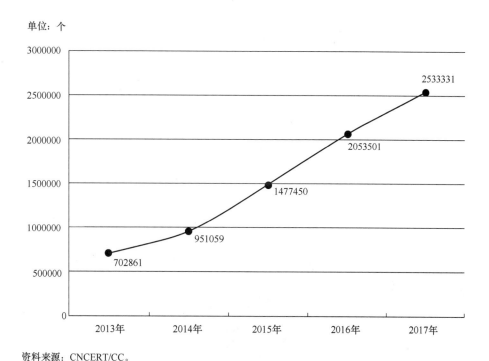

资料来源：CNCERT/CC。

图15.11 2013—2017年移动互联网恶意程序样本数量对比

对2017年CNCERT/CC捕获和通过厂商交换获得的移动互联网恶意程序按行为属性进行统计，流氓行为类的恶意程序数量仍居首位，为909965个（占35.9%），恶意扣费类869244个（占34.3%）、资费消耗类263559个（占10.4%）分列第二、第三位，如图15.12所示。

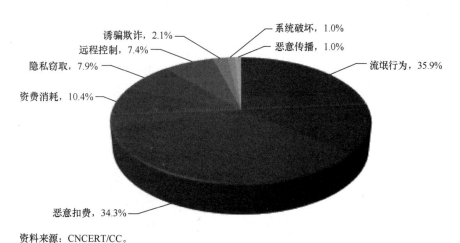

资料来源：CNCERT/CC。

图15.12 2017年移动互联网恶意程序数量按行为属性统计

按操作系统分布统计，在 2017 年 CNCERT/CC 捕获和通过厂商交换获得的移动互联网恶意程序主要针对 Android 平台，共有 2533331 个，占 100.00%。2017 年，iOS 平台、Symbian 平台和 J2ME 平台的恶意程序数量均未捕获到。由此可见，目前移动互联网地下产业的目标趋于集中，Android 平台用户成为最主要的攻击对象。

按危害等级统计，在 2017 年 CNCERT/CC 捕获和通过厂商交换获得的移动互联网恶意程序中，高危的为 32173 个，占 1.3%；中危的为 241680 个，占 9.5%；低危的为 2259478 个，占 89.2%。相对于 2016 年，高危移动互联网恶意程序所占比例大幅降低 95.6%，中危移动互联网恶意程序所占比例大幅降低 35.5%，低危移动互联网恶意程序所占比例大幅提升 1.39 倍（见图 15.13）。

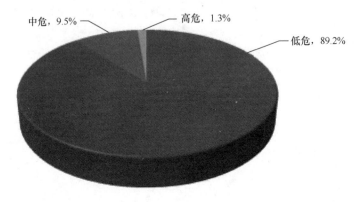

资料来源：CNCERT/CC。

图15.13　2017年移动互联网恶意程序数量按危害等级统计

15.3.2　移动互联网恶意程序传播活动监测

2017 年，CNCERT/CC 监测发现移动互联网恶意程序传播事件 24689923 次，较 2016 年同期 124152425 次减少 80.1%，增长速度有所下降。移动互联网恶意程序 URL 下载链接 2515550 个，较 2016 年同期的 668293 个增长 2.76 倍。进行移动互联网恶意程序传播的域名 34290 个，较 2016 年同期的 222035 个大幅度下降 84.6%；进行移动互联网恶意程序传播的 IP 地址 1133763 个，较 2016 年同期的 31213 个增长 35.32 倍。

随着政府部门对应用商店的监督管理愈加完善，通过正规应用商店传播移动恶意程序的难度不断增加，传播移动恶意程序的阵地已经转向网盘、广告平台等目前审核措施还不完善的 APP 传播渠道。据移动互联网恶意程序传播事件的月度统计结果显示，2017 年 1—5 月移动恶意程序传播活动呈逐月上升趋势，6 月后传播事件数量总体呈下降趋势（见图 15.14）。

2017 年移动互联网恶意程序传播源域名和 IP 地址数量按月度统计如图 15.15 所示，可以看出 1—10 月传播恶意程序的域名总体呈下降趋势，11—12 月有所回升，11 月恶意域名数量最多，达到 3074 个；1—4 月 IP 数量呈逐渐上升趋势，4 月的数量达到最高峰，单月出现的恶意 IP 地址数量达 46.1 万个，5—12 月传播恶意程序的 IP 地址数量总体呈下降趋势。

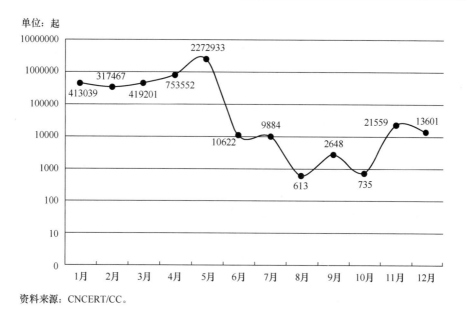

资料来源：CNCERT/CC。

图15.14　2017年移动互联网恶意程序传播事件次数按月度统计

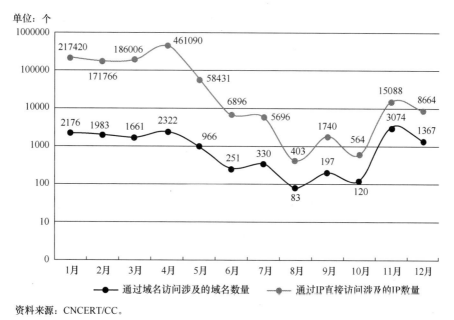

资料来源：CNCERT/CC。

图15.15　2017年移动互联网恶意程序传播源域名和IP地址数量按月度统计

15.4　网站安全监测情况

15.4.1　网页篡改情况

按照攻击手段，网页篡改可以分成显式篡改和隐式篡改两种。通过显式网页篡改，黑客可以炫耀自己的技术技巧，或达到声明自己主张的目的；隐式篡改一般是在被攻击网站的网页中植入被链接到色情、诈骗等非法信息的暗链中，以助黑客谋取非法经济利益。黑客为了篡改网页，一般需提前知晓网站的漏洞，并在网页中植入后门，最终获取网站的控制权。

1. 我国境内网站被篡改总体情况

2017年，我国境内被篡改的网站数量为20111个（去重后），较2016年的16758个增长20.0%。2017年全年，CNCERT/CC持续开展对我国境内网站被植入暗链情况的治理行动，组织全国分中心持续开展网站黑链、网站篡改事件的处置工作。

2017年我国境内被篡改的网站数量按月度统计如图15.16所示。

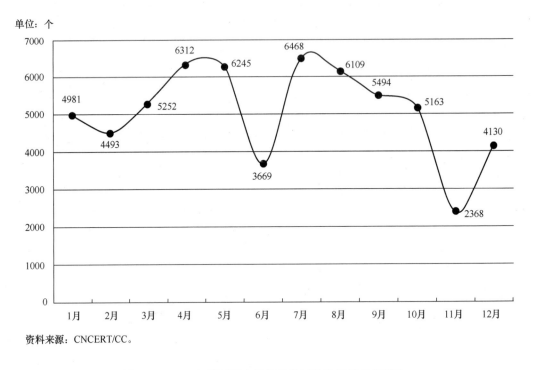

资料来源：CNCERT/CC。

图15.16　2017年我国境内被篡改的网站数量按月度统计

对2017年我国境内被篡改网站数量按地域进行统计，前10位的地区分别是：广东省、河南省、北京市、浙江省、江苏省、上海市、福建省、湖南省、山东省、四川省（见图15.17）。前10位的地区与2016年基本保持一致。以上均为我国互联网发展状况较好的地区，互联网资源较为丰富，总体上发生网页篡改的事件次数较多。

2. 我国境内政府网站被篡改情况

2017年，我国境内政府网站被篡改数量为618个（去重后），较2016年的467个增长32.3%。在2017年我国境内被篡改的政府网站数量和其占被篡改网站总数比例按月度统计中，政府网站篡改数量及占被篡改网站总数比例保持在4.5%以下（见图15.18）。

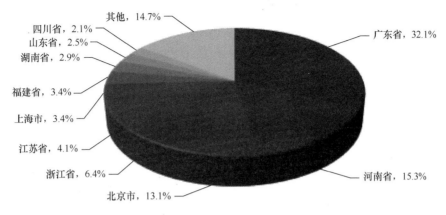

资料来源：CNCERT/CC。

图15.17 2017年我国境内被篡改网站按地域分布

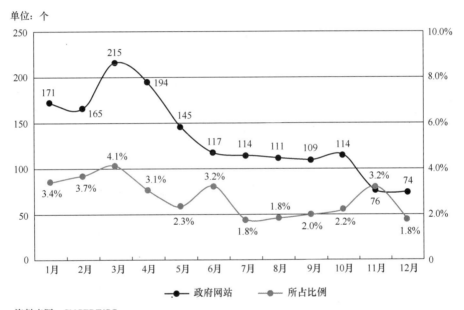

资料来源：CNCERT/CC。

图15.18 2017年我国境内被篡改的政府网站数量和所占比例按月度统计

15.4.2 网站后门情况

网站后门是黑客成功入侵网站服务器后留下的后门程序。通过在网站的特定目录中上传远程控制页面，黑客可以暗中对网站服务器进行远程控制，上传、查看、修改、删除网站服务器上的文件，读取并修改网站数据库中的数据，甚至可以直接在网站服务器上运行系统命令。

2017年，CNCERT/CC共监测到境内29236个（去重后）网站被植入后门，其中政府网站有1339个。2017年我国境内被植入后门的网站数量按月度统计如图15.19所示。

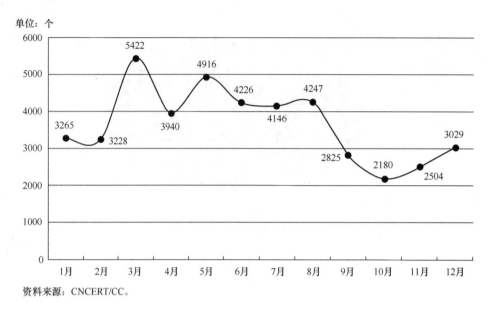

资料来源：CNCERT/CC。

图15.19　2017年我国境内被植入后门的网站数量按月度统计

对2017年我国境内被植入后门的网站数量按地域进行统计，排名前10位的地区分别是：广东省、北京市、河南省、上海市、江苏省、浙江省、四川省、山东省、福建省、湖南省（见图15.20）。

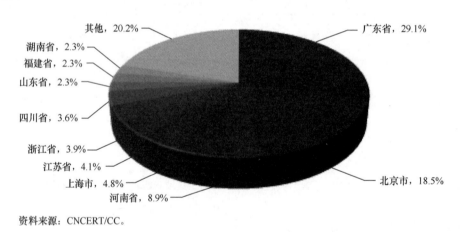

资料来源：CNCERT/CC。

图15.20　2017年我国境内被植入后门的网站数量按地域统计

15.4.3　网页仿冒情况

网页仿冒俗称网络钓鱼（Phishing），是社会工程学欺骗原理与网络技术相结合的典型应用。2017年，CNCERT/CC共抽样监测到仿冒我国境内网站的钓鱼页面49493个，涉及境内外25048个IP地址，平均每个IP地址承载两个钓鱼页面。

15.5 安全漏洞通报与处置情况

15.5.1 CNVD漏洞库收录总体情况

2017年，国家信息安全漏洞共享平台（CNVD）共收录通用软硬件漏洞15955个，较2016年漏洞收录总数（10822个）增加47.4%。其中，高危漏洞5615个（占35.2%），中危漏洞9219个（占57.8%），低危漏洞1121个（占7.0%），各级别比例分布与月度数量统计分别如图15.21和图15.22所示。2017年，CNVD接收白帽子、国内漏洞报告平台及安全厂商报送的原创通用软硬件漏洞数量占全年收录总数的15.6%。在2017年全年收录的漏洞中，可用于实施远程网络攻击的漏洞有14158个，可用于实施本地攻击的漏洞有1797个，全年共收录"零日"漏洞3852个。

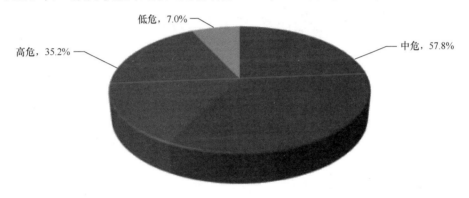

资料来源：CNCERT/CC。

图15.21　2017年CNVD收录的漏洞按威胁级别分布

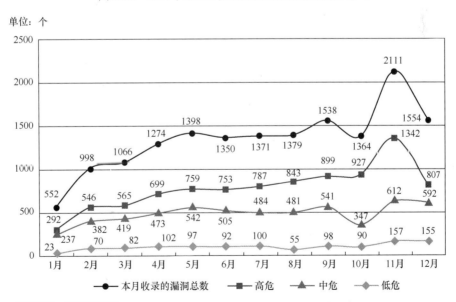

资料来源：CNCERT/CC。

图15.22　2017年CNVD收录的漏洞数量按月度统计

2017 年，CNVD 收录的漏洞主要涵盖 Google、Oracle、Microsoft、IBM、Cisco、Apple、WordPress、Adobe、HUAWEI、ImageMagick、Linux 等厂商的产品。从各厂商产品中漏洞的分布情况来看，涉及 Google 产品（含操作系统、手机设备及应用软件等）的漏洞最多，达到 1133 个，占全部收录漏洞的 7.1%（见图 15.23）。

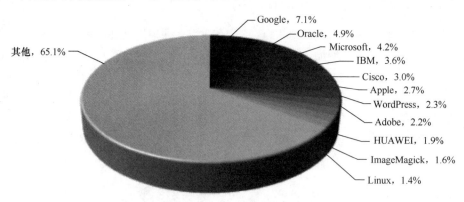

资料来源：CNCERT/CC。

图15.23　2017年CNVD收录的高危漏洞按厂商分布

根据影响对象的类型，漏洞可分为应用程序漏洞、Web 应用漏洞、操作系统漏洞、网络设备漏洞（如路由器、交换机等）、安全产品漏洞（如防火墙、入侵检测系统等）、数据库漏洞。在 2017 年 CNVD 收录的漏洞信息中，应用程序漏洞占 59.2%，Web 应用漏洞占 17.6%，操作系统漏洞占 12.9%，网络设备漏洞占 7.7%，安全产品漏洞占 1.5%，数据库漏洞占 1.1%。

2017 年 CNVD 发布的漏洞补丁数量按月度统计如图 15.24 所示。

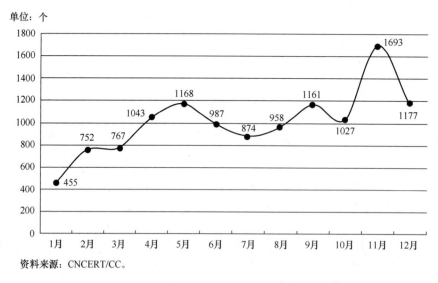

资料来源：CNCERT/CC。

图15.24　2017年CNVD发布的漏洞补丁数量按月度统计

15.5.2 CNVD 行业漏洞库收录情况

CNVD 对现有漏洞库进行进一步深化建设，建立基于重点行业的子漏洞库，目前涉及的行业包含电信行业（telecom.cnvd.org.cn）、移动互联网（mi.cnvd.org.cn）、工业控制系统（ics.cnvd.org.cn）和电子政务（未公开）。面向重点行业客户（包括政府部门、基础电信运营商、工业控制行业客户等）提供量身定制的漏洞信息发布服务，从而提高重点行业客户的安全事件预警、响应和处理能力。CNVD 行业漏洞主要通过行业资产共有信息和行业关键词进行匹配，2017 年行业漏洞库资产总数为：电信行业 1514 类，移动互联网 143 类，工业控制系统 380 类，电子政务 166 类。CNVD 行业库关联热词总数为：电信行业 85 个，移动互联网 44 个，工业控制系统 80 个，电子政务 14 个。

2017 年，CNVD 共收录电信行业漏洞 758 个（占 4.7%），移动互联网行业漏洞 2018 个（占 12.6%），工业控制系统行业漏洞 377 个（占 2.4%），电子政务行业漏洞 254 个（占 1.6%）。

2013—2017 年，CNVD 共收录电信行业漏洞 3581 个，移动互联网行业漏洞 5427 个，工业控制行业漏洞 936 个，电子政务行业漏洞 1185 个（见图 15.25）。

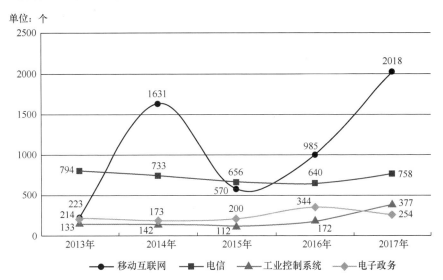

图15.25　2013—2017年CNVD收录的行业漏洞对比

15.5.3 漏洞报送和通报处置情况

2017 年，国内安全研究者漏洞报告持续活跃，CNVD 依托自有报告渠道，以及与 360 网神公司（补天平台）、漏洞盒子等民间漏洞报告平台的协作渠道，接收和处置涉及党政机关和重要行业单位的漏洞风险事件。

CNVD 对接收到的事件进行核实并验证，主要依托 CNCERT/CC 国家中心、分中心处置渠道开展处置工作，同时 CNVD 通过互联网公开信息积极建立与国内其他企业单位及事业单位的工作联系机制。2017 年，CNVD 共处置涉及我国政府部门，银行、证券、保险、交通、能源等重要信息系统部门，以及基础电信企业、教育行业等相关行业的漏洞风险事件 26892 起。2017 年 CNVD 处置的漏洞风险事件数量按月度统计如图 15.26 所示。

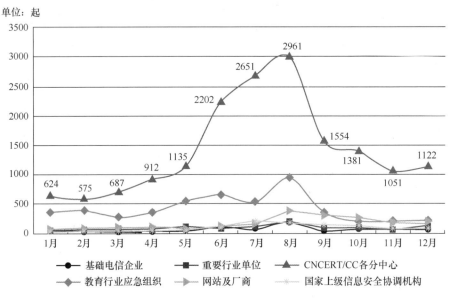

资料来源：CNCERT/CC。

图15.26　2017年CNVD处置的漏洞风险事件数量按月度统计

15.5.4　高危漏洞典型案例

1. F5BIG-IP 设备存在 TicketBleed 漏洞

2017 年 2 月，CNVD 收录 F5BIG-IP 设备 TLS/SSL 堆栈溢出漏洞，又称"TicketBleed"漏洞（CNVD-2017-01171，对应 CVE-2016-9244）。远程攻击者利用该漏洞持续获取服务器端的内存数据。由于 BIG-IP 设备多用于互联网出入口流量管理和负载优化，有可能导致用户敏感信息（如业务数据）泄露。但是根据当前测试结果，受影响范围还较为有限。

BIG-IP 虚拟服务器配置客户端 SSL 配置文件启用了非默认 SessionTickets 选项，当客户端提供 SessionID 和 SessionTickets 时，SessionID 的长度可以是 1～31B，而 F5 堆栈总是回显 32B 的内存。攻击者利用该漏洞提供 1BSessionID 可收到 31B 的未初始化内存信息，从而获取其他会话安全套接层（SSL）SessionID。该漏洞原理类似于 OpenSSL "心脏滴血"漏洞，但通过漏洞一次只能获取 31B 数据，而不是 64kB，需要多次轮询执行攻击，并且仅影响专有的 F5TLS 堆栈。

根据 CNVD 秘书处普查情况，相关 F5BIG-IP 设备共有 70028 个暴露在互联网上，在中国境内有 2213 个 BIG-IP 设备（占全球比例为 3.16%），但测试未发现受到漏洞实际影响。根据漏洞研究者的抽查比例，互联网上受该漏洞影响的 443 端口 TLS 服务比例约为 0.2%。

2. NetwaveIPCamera 存在内存信息泄露漏洞

2017 年 2 月，CNVD 收录 NetwaveIPCamera 内存信息泄露漏洞（CNVD-2017-01037）。攻击者可利用漏洞获取网络摄像头的账号、密码等敏感信息，进而取得设备的操作管理权限。

该漏洞有可能被恶意代码进一步利用，形成 IoT 控制网络。

NetwaveIPCamera 是由荷兰 NetwaveSystemsB.V.公司生产的网络摄像头产品。NetwaveIPCamera 存在内存泄露漏洞及多处非授权访问信息泄露风险（如获取到设备 ID、系统信息和网络状态等），其中较为严重的风险是可通过访问"//proc/kcore"页面获得内存影像信息，有可能直接在相关信息中获得设备的用户名、密码等敏感信息，进而取得设备控制台的管理操作权限。

在初始设置状态下，漏洞影响 NetwaveIPCamera 的所有版本。根据 CNVD 秘书处普查情况，互联网上约有 11.9 万个 IP 地址标定为 NetwaveIPCamera 设备，其中欧美地区使用较多。根据对中国境内 IP 测试的结果显示，开放控制台访问权限的 IP 地址有 48.4%，而存在漏洞的比例不到 3%。

3. CloudFlare 服务器存在缓冲区溢出漏洞

2017 年 2 月底，CNVD 收录 CloudFlare 服务器存在的缓冲区溢出漏洞（CNVD-2017-02009，又称 CloudBleed"云滴血"）。远程攻击者可利用漏洞获取服务器上的缓存信息（如身份验证 Cookie、API 密钥和登录认证等敏感信息），对在 CloudFlare 上运行并提供服务的大量网站构成信息泄露和运行安全风险。

CloudFlare 是美国一家内容分发网络（CDN）和网络安全提供商。CloudFlare 充当用户和 Web 服务器之间的代理，通过 CloudFlareedGeservers 解析内容以优化和提高安全性，从而降低对原始主机服务器的请求数量。CloudBleed 漏洞的技术成因是 CloudFlareedGeservers 使用"=="而非">="运算符检查缓冲区的末尾，并且指针能够跳过缓冲区的末尾，导致缓冲区溢出并返回包含隐私的数据，如 HTTPCookies、身份验证令牌、HTTPPost 正文等，这些泄露的数据被缓存在搜索引擎及其他服务器缓存中。远程攻击者可利用漏洞获取身份验证 Cookie 和登录认证等敏感信息，并发起进一步攻击。

CloudBleed 影响很多专业组织和企业，包括 Uber、Fitbit、1Password 和 OKCupid 等，威胁无数个人用户隐私数据的安全。通常情况下，移动应用像浏览器一样使用 HTTPS（SSL/TLS）与相同的后端服务进行交互，因此 CloudBleed 也会影响移动互联网应用服务提供商。

4. WirelessIPCamera（P2P）WIFICAM 存在多个高危漏洞

2017 年 3 月，CNVD 收录名为 WirelessIPCamera（P2P）WIFICAM 的摄像头产品存在的多处高危安全漏洞（CNVD-2017-02751、CNVD-2017-02773、CNVD-2017-02774、CNVD-2017-02775、CNVD-2017-02776、CNVD-2017-02777、CNVD-2017-02778）。综合利用上述漏洞，可远程控制设备，并利用 IoT 设备发起大规模网络攻击。WirelessIPCamera（P2P）WIFICAM 是由一家中国厂商所生产的网络摄像头，并以贴牌产品的形式（OEM）向多家摄像头厂商供货。

5. ApacheStruts2 存在 S2-045 远程代码执行漏洞

2017 年 3 月，CNVD 收录杭州安恒信息技术有限公司发现的 ApacheStruts2S2-045 远程代码执行漏洞（CNVD-2017-02474，对应 CVE-2017-5638），远程攻击者利用该漏洞可直接取得网站服务器控制权。由于该应用较为广泛，且攻击利用代码已经公开，导致互联网上出现大规模攻击。

Struts2 是第二代基于 Model-View-Controller（MVC）模型的 Java 企业级 Web 应用框架，

并成为当时国内外较为流行的容器软件中间件。基于JakartaMultipartParser的文件上传模块，在处理文件上传（Multipart）的请求时对异常信息做了捕获处理，并对异常信息做了OGNL表达式处理。但在判断Content-Type不正确的时候会显示异常并且带上Content-Type属性值，在精心构造后附带通过OGNL表达的URL使远程代码执行。

受漏洞影响的版本为Struts2.3.5-Struts2.3.31和Struts2.5-Struts2.5.10。截至2017年3月7日，互联网上已经公开漏洞的攻击利用代码，同时已有安全研究者通过CNVD网站、补天平台提交多个受漏洞影响的省部级党政机关、金融、能源、电信等行业单位及知名企业门户网站案例。根据CNVD秘书处抽样测试结果，互联网上采用ApacheStruts2框架的网站（不区分Struts版本，样本集大于500，覆盖政府、高校、企业）受影响比例为60.1%。

6. Windows操作系统的勒索软件

2017年5月13日，互联网上出现针对Windows操作系统的勒索软件攻击案例，勒索软件利用此前披露的WindowsSMB服务漏洞（对应微软漏洞公告MS17-010）攻击手段，向终端用户进行渗透传播（涉及国内用户），并向用户勒索比特币或其他价值物，已经构成较为严重的攻击威胁。

该勒索软件在传播时基于445端口并利用SMB服务漏洞（MS17-010），总体可以判断是由于此前"ShadowBrokers"披露漏洞攻击工具而导致的后续黑客产业链攻击威胁。当用户主机系统被该勒索软件入侵后，弹出勒索对话框，提示勒索目的并向用户索要比特币。而用户主机上的重要数据文件，如照片、图片、文档、压缩包、音频、视频、可执行程序等多种类型的文件，都被恶意加密且后缀名统一修改为".WNCRY"。目前，安全业界暂时还未能有效破除该勒索软件的恶意加密行为，用户主机一旦被勒索软件渗透，只能通过重装操作系统的方式来解除勒索行为，但用户的重要数据文件不能直接恢复。根据CNVD秘书处普查的结果，互联网上共有900余万个主机IP暴露445端口（端口开放），中国大陆主机IP有300余万个。CNCERT/CC已经着手对勒索软件及相关网络攻击活动进行监测，目前共发现有向全球70多万个目标直接发起的针对MS17-010漏洞的攻击尝试。

7. 摄像机制造商Foscam相关产品存在多个漏洞

2017年6月，CNVD收录福斯康姆Foscam相关产品的18个安全漏洞。综合利用漏洞，攻击者可以访问私人视频，并危及连接到同一本地网络的其他设备，永久替换控制照相机的正常固件，能在不被检测到的情况下重新启动，甚至能够远程控制摄像头，并利用这些IoT设备发起大规模DDoS攻击。

安全公司F-Secure发布报告称，中国摄像机制造商福斯康姆Foscam的相关摄像头产品存在18个安全漏洞。主要漏洞有：不安全的默认凭据和硬编码凭据，攻击者很容易进行未经授权的访问；多个远程命令注入漏洞；全域可写文件和目录允许攻击者修改代码并获得root权限；隐藏的Telnet功能允许攻击者使用Telnet在设备和周围网络中发现其他漏洞；防火墙配置不当漏洞等。

8. Broadcom（博通）WiFi芯片存在远程代码执行漏洞

2017年7月，CNVD收录博通WiFi芯片远程代码执行漏洞（CNVD-2017-14425，对应CVE-2017-9417，报送者命名为BroadPWN）。远程攻击者可利用漏洞在目标手机设备上执行任意代码。由于所述芯片组在移动终端设备上应用十分广泛，因此有可能诱发大规模攻击风险。

博通是有线和无线通信半导体供应商，其生产的 Broadcom BCM43xx 系列 Wi-Fi 芯片广泛应用于移动终端设备，是 Apple、HTC、LG、Google、Samsung 等的供应链厂商。该漏洞技术成因是博通 WiFi 芯片自身的堆溢出问题。根据报告，漏洞的攻击利用方式还可直接绕过操作系统层面的数据执行保护（DEP）和地址空间随机化（ASLR）防护措施。

9. D-LinkDIR 系列路由器存在多个漏洞

2017 年 8 月，CNVD 收录 D-LinkDIR 系列路由器身份验证信息泄露漏洞和远程命令执行漏洞（CNVD-2017-20002、CNVD-2017-20001）。远程攻击者利用漏洞可获取路由器后台登录凭证并执行任意代码。相关利用代码已在互联网上公开，根据标定受到影响的设备数量超过 20 万个，有可能会诱发大规模的网络攻击。

身份验证信息泄露漏洞：当管理员登录到设备时会触发全局变量$authorized_group≥1。远程攻击者可以使用这个全局变量绕过安全检查，并使用它来读取任意文件，获取管理员账号、密码等敏感信息。

远程命令执行漏洞：由于 fatlady.php 页面未对加载的文件后缀（默认为 XML）进行校验，远程攻击者可利用该缺陷以修改后缀方式直接读取标记代码（DEVICE.ACCOUNT.xml.php），获得管理员账号、密码，后续通过触发设备 NTP 服务方式注入系统指令，取得设备控制权。

根据 CNVD 技术成员单位——北京知道创宇信息技术有限公司的验证情况，受漏洞影响的 D-Link 路由器型号不限于官方厂商确认的 DIR-850L 型号，相关受影响的型号还包括 DIR-868L、DIR-600、DIR-860L、DIR-815、DIR-890L、DIR-610L、DIR-822。根据北京知道创宇信息技术有限公司的普查结果，DIR-815L 在互联网上标定了 177989 个 IP 地址，其他型号数量规模较大的有 DIR-600（31089 个）、DIR-868L（23963 个）、DIR-860L（6390 个）、DIR-815（2482 个）。

10. WebLogic Server（WLS）组件存在远程命令执行漏洞

2017 年 10 月，CNVD 收录 WebLogic Server（WLS）组件远程命令执行漏洞（CNVD-2017-31499，对应 CVE-2017-10271）。远程攻击者利用该漏洞通过发送精心构造的 HTTP 请求，获取目标服务器的控制权限。近期，由于漏洞验证代码已公开，漏洞细节和验证利用代码疑似在社会小范围内传播，被不法分子利用，出现大规模攻击尝试的可能性极大。

Oracle WebLogic Server 是美国甲骨文（Oracle）公司开发的一款适用于云环境和传统环境的应用服务器组件。Oracle 官方发布了包括 WebLogic Server（WLS）组件远程命令执行漏洞关于 WebLogic Server 的多个漏洞补丁，却未公开漏洞细节。近日，根据安恒信息安全团队提供的信息，引发漏洞的原因是，WebLogic 的"wls-wsat"组件在反序列化操作时使用 Oracle 官方 JDK 组件中的"XMLDecoder"类，进行 XML 反序列化操作而引发代码执行。远程攻击者利用该漏洞，通过发送精心构造好的 HTTPXML 数据包请求，直接在目标服务器执行 Java 代码或操作系统命令。

11. PaloAltoNetworks 防火墙操作系统 PAN-OS 存在远程代码执行漏洞

2017 年 12 月，CNVD 收录 PaloAltoNetworks 防火墙操作系统 PAN-OS 远程代码执行漏洞（CNVD-2017-37056，对应 CVE-2017-15944）。允许远程攻击者通过包含管理接口的向量来执行任意代码。

PaloAltoNetworksPAN-OS 是美国 PaloAltoNetworks 公司为其下一代防火墙设备开发的一

套操作系统。2017年12月12日，PaloAltoNetworks公司发布PAN-OS安全漏洞公告，修复了PAN-OS的多个漏洞，通过组合利用这些不相关的漏洞，攻击者可以通过设备的管理接口在最高特权用户的上下文中远程执行代码。

15.6 网络安全组织发展情况

1. 应急服务支撑单位

互联网作为重要的信息基础设施，社会功能日益增强，但由于本身的开放性和复杂性，互联网面临巨大的安全风险，因此，面向公共互联网的应急处置工作逐步成为公共应急服务事业的重要组成部分，建立高效的公共互联网应急体系和强大的人才队伍，对于及时、有效地应对互联网突发事件具有重要意义。

为拓宽掌握互联网宏观网络安全状况和网络安全事件信息的渠道，增强对重大突发网络安全事件的应对能力，强化公共互联网网络安全应急技术体系建设，促进互联网网络安全应急服务的规范化和本地化，经工业和信息化部（原信息产业部）批准，2004年CNCERT/CC首次面向社会公开选拔一批国家级、省级公共互联网应急服务试点单位。经过多年的发展，应急服务支撑单位在CNCERT/CC的统一指导和协调下，参与公共互联网网络安全应急工作，为推动国家公共互联网网络安全应急体系建设，提高公共互联网网络安全预警发现和应急响应能力，维护公共互联网网络安全做出了积极贡献。

为适应网络安全形势变化和工作需要，发掘优秀网络安全技术队伍，进一步增强重大突发网络安全事件应对能力，CNCERT/CC于2017年3月组织开展了第七届网络安全应急服务支撑单位选拔工作，遴选了一批网络安全领域技术能力强、社会责任感强的企业和机构，共同开展互联网网络安全应急工作。本次选拔工作得到了通信行业和网络安全服务行业相关单位的大力支持和积极响应，申请企业数量较上一届增长近40%，经过材料初审和专家评审两轮选拔，最终评选出10个国家级和51个省级支撑单位。

2. CNVD成员发展情况

CNVD是由CNCERT/CC联合国内重要信息系统单位、基础电信企业、网络安全厂商、软件厂商和互联网企业建立的安全漏洞信息共享知识库，旨在团结行业和社会的力量，共同开展漏洞信息的收集、汇总、整理和发布工作，建立漏洞统一收集验证、预警发布和应急处置体系，切实提升我国在安全漏洞方面的整体研究水平和及时预防能力，有效应对信息安全漏洞带来的网络信息安全威胁。

2017年，CNVD新增信息安全漏洞15955个，其中高危漏洞5615个，漏洞收录总数和高危漏洞收录数量在国内漏洞库组织中位居前列。全年发布周报53期、月报12期，以及重大漏洞威胁预警71期。2017年，CNVD继续加强与国内外软硬件厂商、安全厂商及民间漏洞研究者的合作，积极开展漏洞的收录、分析验证和处置工作。截至2017年年底，CNVD网站共发展5716个白帽子注册用户及583个行业单位用户，全年协调处置24879起涉及国务院部委、地方省市级部门、证券、金融、民航、保险、税务、电力等重要信息系统及基础电信企业的漏洞事件，有力地支撑了国家网络信息安全监管工作。依托CNCERT/CC国家中心和分中心的处置渠道，有效地降低了上述单位信息系统被黑客攻击的风险。

3. ANVA 成员发展情况

2009 年 7 月，中国互联网协会网络与信息安全工作委员会发起成立中国反网络病毒联盟（ANVA），由 CNCERT/CC 负责具体运营管理。该联盟旨在广泛联合基础电信企业、互联网内容和服务提供商、网络安全企业等行业机构，积极动员社会力量，通过行业自律机制共同开展互联网网络病毒信息收集、样本分析、技术交流、防范治理、宣传教育等工作，以净化公共互联网网络环境，提升互联网网络安全水平。

2017 年，ANVA 持续开展黑名单信息共享和白名单检测认证等工作。在黑名单信息共享工作方面，2017 年 ANVA 新建网络安全威胁信息共享平台，开通恶意程序、恶意地址、恶意手机号、恶意邮箱、DDoS 数据、开源情报等 25 种威胁数据共享业务。全年接收 56 家网络安全企业共享的数据总计 72708 条，对外发布威胁数据总计 3172052 条。

在发布"黑名单"的同时，ANVA 积极推动移动应用程序"白名单"认证工作。"白名单"认证工作启动于 2013 年，旨在积极倡导 ANVA 联盟成员建立移动互联网的健康生态，对移动互联网生态环境中的 APP 开发者、应用商店和安全软件这三个关键环节进行约束，实现 APP 开发者提交安全可靠的"白应用"、应用商店传播"白应用"、终端安全软件维护"白应用"的良性循环。2015 年，为响应国家"大众创业、万众创新"的号召，保护优质的移动互联网中小企业，ANVA 联盟将"白名单"认证进行分级，设立"甲级"和"乙级"两个等级的"白名单"。其中，"甲级"白名单认证沿用原来的认证要求，对申请企业的门槛要求高；"乙级"白名单认证是面向中小企业设立的，降低了对申请企业的门槛要求，鼓励信誉良好的中小移动互联网企业申请"白名单"认证。

2017 年首批获得"移动互联网应用自律白名单"认证的共有 8 家企业，其中中国农业银行获得"甲级白名单"认证，7 家企业获得"乙级白名单"认证，分别是北京搜狗网络技术有限公司、邻动网络科技（北京）有限公司、北京力天无限网络技术有限公司、成都天翼空间科技有限公司、百度在线网络技术（北京）有限公司、北京小奥互动科技股份有限公司、咪咕互动娱乐有限公司。

15.7 网络安全热点问题

1. 个人信息和重要数据保护立法呼声日益高涨

根据公开数据统计，2017 年数据泄露事件数量较近几年来有增无减，且泄露的数据总量创历史新高。2017 年 3 月，公安部破获一起盗卖我国公民信息的特大案件，犯罪团伙涉嫌入侵社交、游戏、视频直播、医疗等各类公司的服务器，非法获取用户账号、密码、身份证、电话号码、物流地址等重要信息 50 亿条。随着信息数据经济价值上升，促使攻击者利用多种攻击手段从多种渠道获取更多敏感数据，CNCERT/CC 认为 2018 年窃取用户个人信息和数据的网络攻击活动并不会消退。当前网民越来越注重个人信息安全，并意识到信息泄露可能带来的个人人身财产安全问题，希望政府加强监管、企业落实数据保护的呼声越来越高。

2. 安全漏洞信息保护备受关注

根据 CNVD 收录漏洞的情况，近三年来新增通用软硬件漏洞的数量年均增长超过 20%，漏洞收录数量呈现快速增长趋势。信息系统存在安全漏洞是诱发网络安全事件的重要因素，而 2017 年，CNVD "零日"漏洞收录数量同比增长 75.0%，这些漏洞给网络空间安全带来严重安全隐患，加强安全漏洞的保护工作显得尤为重要。根据《网络安全法》第二十六条规定，向社会发布系统漏洞应当遵守国家有关规定。近年来，多起"网络攻击武器库"泄露事件进一步扩大了安全漏洞可能造成的严重危害，落实法律要求，进一步细化我国安全漏洞信息保护管理工作迫在眉睫。

3. 物联网设备面临的网络安全威胁加剧

2018 年，将继续出现利用物联网设备发动攻击的现象。2017 年 CNVD 收录的物联网设备安全漏洞数量较 2016 年增长近 1.2 倍，每日活跃的受控物联网设备 IP 地址达 2.7 万个。我国在 2017 年下半年密集出台了推进 IPv6、5G、工业互联网等多项前沿科技发展的政策，并要求 2018 年开展商用试点工作，这将助推物联网更快地普及和物联网设备数量快速增长。但由于设备制造商安全能力不足和行业监管还未完善，2018 年物联网设备的安全威胁将加剧，对用户的个人隐私、财产乃至人身安全造成极大危害，亟须出台可实施的防护解决方案。

4. 数字货币将引发更多、更复杂的网络攻击

数字货币市场的"繁荣"，直接带来了 2017 年勒索软件、"挖矿"木马的增长势头，且延续到了 2018 年。为了寻求更多的"挖矿工具"，提高"挖矿"能力，网络攻击者将会综合利用多种网络攻击手段，包括安全漏洞、恶意邮件、网页挂马、应用仿冒等，对目标实施网络攻击，且攻击方式会越来越复杂和难以被发现。

5. 人工智能运用在网络安全领域的热度持续上升

自 2016 年人工智能、机器学习概念兴起以来，人工智能应用在网络安全领域的研究已经取得一定成绩。多个科技公司开始研究打造由人工智能技术驱动的安全体系，建立能够跨网络和平台部署的人工智能安全系统，以监控、发现和防止黑客入侵。但同时，黑客也正在利用人工智能和机器学习为发起攻击提供技术支持，一方面是对人工智能应用发起攻击；另一方面与防御方竞赛，更快地发现并利用新漏洞。随着网络空间和网络安全环境的日益复杂，在攻防双方日益激烈的较量中，人工智能与机器学习的关注度将持续上升。

（严寒冰、丁丽、李佳、李挺、郭晶、王小群、徐原、姚力、朱芸茜、朱天、高胜、张腾、何能强、徐剑、饶毓、肖崇蕙、贾子骁、张帅、韩志辉）

第16章 2017年中国互联网治理状况

16.1 发展概况

2017年,我国进一步加大互联网治理力度,在中国共产党第十九次全国代表大会上,中共中央总书记习近平代表第十八届中央委员会向大会做了题为《决胜全面建成小康社会 夺取新时代中国特色社会主义伟大胜利》的报告,报告中明确提出"加强互联网内容建设,建立网络综合治理体系,营造清朗的网络空间",标志着互联网在国家发展战略中的重要地位更加显著。

习近平总书记指出,要提高网络综合治理能力,形成党委领导、政府管理、企业履责、社会监督、网民自律等多主体参与,经济、法律、技术等多种手段相结合的综合治网格局。要加强网上正面宣传,旗帜鲜明地坚持正确政治方向、舆论导向、价值取向,用新时代中国特色社会主义思想和党的十九大精神团结、凝聚亿万网民,深入开展理想信念教育,深化新时代中国特色社会主义和中国梦宣传教育,积极培育和践行社会主义核心价值观,推进网上宣传理念、内容、形式、方法、手段等创新,把握好时效,构建网上网下同心圆,更好地凝聚社会共识,巩固全党全国人民团结奋斗的共同思想基础。要压实互联网企业的主体责任,决不能让互联网成为传播有害信息、造谣生事的平台。要加强互联网行业自律,调动网民积极性,动员各方面力量参与治理。

一年来,由政府管理部门主导、企业配合联动的治理效果良好,行业组织与企业联盟良性引导作用日益凸显,企业自治意识与能力显著增强。政府管理部门不断加强政策性指导,逐步建立起跨部门、跨区域的统筹协调管理机制,不断完善互联网治理方式,履行依法治理原则,落实主体责任。《中华人民共和国网络安全法》《互联网新闻信息服务管理规定》《网络产品和服务安全审查办法(试行)》等一系列互联网法律法规陆续实施,为依法治网撑起了一把"保护伞"。行业自律是互联网行业组织营造清朗的网络空间的重要职责与手段,我国互联网行业组织积极发挥正面引导作用,开展行业自律工作,加大行业自律的宣传力度,以行业规范、自律公约和倡议书等形式促使企业自查自纠。同时,互联网企业也在加强自律,遵守商业道德和行业规范,主动承担社会责任和义务,规范市场竞争的行为。网民个人信息和数据安全保护日益受到重视,网民权益自我防范和保护的意识、个体责任随之强化,积极参与监督和举报,共同抵制网络不良信息和互联网企业恶意竞争的行为。

纵观 2017 年，我国互联网行业在规范市场竞争、落实企业责任、优化诚信环境、保护用户等各类群体合法权益的同时，政府部门统筹管理、行业自我约束、社会广泛监督的互联网治理体系进一步稳固，互联网行业各利益相关方共同治理的机制逐步完善，互联网管理运用与内容建设的规范化、科学化水平显著提高，网络文化和网络空间日益健康和清朗。

16.2 专项行动

2017 年 3 月至 11 月，全国"扫黄打非"办公室开展了"净网 2017"专项行动，聚焦网络直播平台、"两微一端"、弹窗广告及网络文学作品四个领域，严打制售传播淫秽色情信息行为，并督促网络企业落实主体责任。2017 年，全国"扫黄打非"相关部门共处置网上淫秽色情等有害信息 455 万余条，共取缔关闭淫秽色情等各类有害网站 12.8 万个，查处网上"扫黄打非"案件 2900 余起，集中整治效果显著。

3 月，公安部开展打击整治黑客攻击破坏和网络侵犯公民个人信息犯罪专项行动，部署全国公安机关以"追源头、摧平台、断链条"为目标，不断加大侦查打击力度，对侵犯公民个人信息的全链条、各环节进行严厉打击，切实切断非法传播公民个人信息的网络渠道，进一步铲除相关利益链条。4 个月全国共侦破侵犯公民个人信息案件和黑客攻击破坏案件 1800 余起，抓获犯罪嫌疑人 4800 余名，查获各类公民个人信息 500 余亿条。

5 月 23 日，工商总局、国家发改委、工信部、公安部、商务部、海关总署、质检总局、食品药品监管总局、网信办、邮政局印发《2017 网络市场监管专项行动方案》，联合开展 2017 网络市场监管专项行动，重点打击侵权假冒行为，虚假宣传、虚假违法广告行为，刷单炒信行为及其他网络违法违规行为。集中整治非法主体网站，加大对互联网领域各类不正当竞争行为、网络传销行为的查处力度，加强对"双 11"等网络集中促销重点时间节点的监测监管，严厉查处虚假宣传、不正当价格行为等各类违法行为。

7 月，由中央网信办、工信部、公安部、国家标准委四个部委指导，开展了个人信息保护提升行动之隐私条款的专项工作，目的是推动互联网企业更加重视个人信息保护，形成社会引导和示范效应，带动行业个人信息保护水平的整体提升。专项工作首批选取了微信、新浪微博、淘宝、京东商城、支付宝、高德地图、百度地图、滴滴出行、航旅纵横、携程网等十款用户数量大、与民众生活密切相关、社会关注度高的产品和服务的隐私条款内容、展示方式和征得用户同意方式等进行综合评判。由四个部委推荐的法律、标准、技术专家和企业代表共同组成专家组，依据《网络安全法》制定了评审要点，参评企业主动参加、积极配合，按照评审要点进行相应整改上线，十款产品和服务在隐私政策方面均有不同程度的提升，均做到了明示其收集、使用个人信息的规则，并征求用户的明确授权。

7 月 25 日，国家版权局、国家网办、工信部、公安部在京联合召开"剑网 2017"专项行动通气会，启动"剑网 2017"专项行动。专项行动从 2017 年 7 月开始，历经 4 个月的时间对重点作品版权专项、APP 领域版权专项和电子商务平台版权专项三项重点领域进行整治，各级版权执法监管部门会同网信、工信、公安等部门共检查网站 6.3 万个，关闭侵权盗版网站 2554 个，删除侵权盗版链接 71 万条，收缴侵权盗版制品 276 万件，立案调查网络侵权盗版案件 543 件，会同公安部门查办刑事案件 57 件、涉案金额 1.07 亿元，网络版权环境得到进一步净化，网络版权秩序得到进一步规范，专项行动取得显著成效。

12月28日，中共中央宣传部、中央网信办、工信部、教育部、公安部、文化部、国家工商总局、国家广电总局联合印发《关于严格规范网络游戏市场管理的意见》，部署对网络游戏违法违规行为和不良内容进行集中整治。重点排查用户数量多、社会影响大的网络游戏产品，对价值导向严重偏差、含有暴力色情等法律法规禁止内容的，坚决予以查处；对内容格调低俗、存在打擦边球行为的，坚决予以整改；对未经许可、擅自上网运营的，坚决予以取缔；对来自境外、含有我国法律法规禁止内容的，坚决予以阻断。

2017年，全国公安机关按照国务院打击治理电信网络新型违法犯罪工作部际联席会议统一部署，深入推进打击治理电信网络新型违法犯罪工作，初步实现了查处违法犯罪嫌疑人数量明显上升、破案数明显上升、发案数明显下降、人民群众财产损失明显下降的"两升两降"目标。全国公安机关共破获电信网络诈骗案件7.8万起，查处违法犯罪人员4.7万名，同比分别上升55.2%、50.77%；共收缴赃款、赃物价值人民币13.6亿元，止付、冻结涉案资金103.8亿元，阻截、清理涉案银行账户28.5万个，关停涉案电话号码37.1万个；电信网络诈骗案件53.7万起、造成群众经济损失120.1亿元，同比分别下降6.1%、29.1%。

16.3 行业自律

行业协会是推动行业自律的重要力量，行业协会积极发挥行业自律建设的主体推动作用，对构筑诚实守信的社会环境具有重要意义。2017年，中国互联网协会高度关注行业发展中出现的问题，探索并不断完善行业自律工作的制度建设，积极发挥行业协会的作用，通过行业自律来规范企业经营，营造健康、有序的市场竞争环境。

6月22日，中国互联网协会调解中心与杭州互联网法院签订委托调解协议，充分发挥多元调解的前置纠纷解决能力，形成多方参与共享共赢的多元化解决纠纷新格局。中国互联网协会调解中心2017年受理的法院委托调解的网络纠纷案件共8132件，调解成功率达到30.12%。其中，浙江省滨江区人民法院、余杭区人民法院、北京市海淀区人民法院、朝阳区人民法院等诉前就纠纷调解案件数量有较大增幅。互联网行业多元化纠纷解决机制在实践中不断完善。

8月，中国互联网协会启动了2016—2017年中国互联网协会"互联网公益奖"申报评选工作，公益项目覆盖互联网+扶贫、扶老助残救孤、赈灾、助学、环境保护、创业、互联网普及等领域，经评审会专家评审，80家单位获此殊荣。在2018（第八届）中国互联网产业年会上，中国互联网协会向80家获奖单位颁发了"2016—2017年度中国互联网公益奖"，以鼓励互联网从业单位积极参与社会公益，彰显互联网行业的社会责任，同时号召更多的业内单位投身到互联网公益活动中去。

11月7日，中国互联网协会正式发布了《移动智能终端应用软件分发服务自律公约》。在工信部信息通信管理局的指导和部署下，《移动智能终端应用软件分发服务自律公约》历时17个月，由中国互联网协会牵头组织研究制定，由腾讯、华为、阿里、小米、百度、vivo、联想、360、天翼空间、魅族、安智、搜狗、应用汇、金立、酷派、OPPO等国内首批16家成员单位在北京共同签署。为增强此公约的执行效率，中国互联网协会建立了专家评议机制，以协商方式解决企业案件争议。这是规范移动智能终端应用分发服务界限和竞争机制的首部自律性公约，是解决互联网企业与智能终端制造厂商市场竞争的重要依据，也是中国互联网协会深度聚焦互联网新业态发展的新问题，以契约形式引导企业切实履行主体责任、推进行业自律的成功实践。中国互联网协会发布《移动智能终端应用软件分发服务自律公约》具有里程碑性质的意义，可以为产业链上下游的服务界限和竞争机制提供范式，具有积极的示范效应和未来价值。

16.4　企业自律

政府监管、社会监督、企业自律是互联网治理的重要举措，企业作为市场主体，企业自律是协同治理模式中不可或缺的重要组成部分。倡导企业自律也是贯彻落实习近平总书记关于弘扬中华民族传统美德和社会主义核心价值观的指示要求、推进社会主义精神文明建设的重要举措，是加强市场监管的重要内容。

1. 腾讯推出"成长守护平台"，严防未成年沉迷游戏

为避免青少年过度沉迷游戏，腾讯率先推出一系列措施来严防未成年沉迷游戏。2017年2月，腾讯游戏成长守护平台正式上线，协助家长对未成年人子女的游戏账号进行监管。该成长守护平台目前已经绑定近400万个未成年人游戏账号，覆盖腾讯旗下超过百款游戏，可为家长提供监管未成年子女玩网络游戏的工具。7月，腾讯以"王者荣耀"为试点，率先推出健康游戏防沉迷三大措施。通过限制未成年人游戏的时间、实现家长对指定的子女设备实施一键禁玩的操作、落实和强化实名认证来防控青少年沉迷网络游戏。成长守护平台也在8月上线了"疑似小号查询"的功能，解决"小号"问题；先后增设"成长发现"和"成长课堂"专区，提供专家建议、健康游戏引导、上网安全保护等指导功能，可协助家长对子女游戏账号进行监护，加强对未成年人健康游戏的引导和管理。

2. 阿里巴巴依靠大数据，助力网络打假

2017年，阿里巴巴运用大数据技术和互联网技术，在网络假货治理方面取得突破。阿里巴巴在假货防控上运用了商品大脑、假货甄别模型、图像识别算法、语义识别算法、商品知识库、实时拦截体系、生物实人认证、大数据抽检模型、政企数据协同平台九大数据技术。借助大数据技术，阿里巴巴能够对疑似假货或侵权链接、售假人员及团伙进行识别，在开店、商品发布等环节进行拦截，每日对发布商品进行风险识别、快速删除及处罚。阿里巴巴通过构建大数据打假模型来阻拦假货，这种互联网、大数据思维打假模式，同时也为警方破解网络犯罪刑侦难题提供了借鉴。截至2017年年底，阿里巴巴打假特战队已与全国23个省执法机关开展线下打假合作，利用大数据技术优势，累计向全国执法机关推送涉假线索1910条，协助抓捕涉案人员1606名，捣毁窝点数1328个，涉案金额约43亿元。

3. 京东运用区块链技术，对生鲜商品进行防伪溯源

2017年6月，京东联合工信部、商务部、质检总局等部门成立"京东品质溯源防伪联盟"，科尔沁、双汇、精气神、华圣等国内数十家知名企业首批加入,通过区块链技术支持商品防伪溯源。

区块链是一种按照时间顺序将数据区块以顺序相连的方式组合成的一种链式数据结构,并以密码学方式保证不可篡改和不可伪造的分布式账本。其不可篡改等特性,可以很好地支持商品的溯源防伪。京东将区块链技术应用在生鲜领域,意味着消费者在京东购买加入该联盟品牌商的产品时,将可溯源产品产地、采购、加工、库存、销售、配送所涉及的所有环节。运用区块链溯源技术,可进一步加强食品的可追溯性及安全性,有效实现线上、线下食品安全管理。

16.5 互联网治理机制建设

16.5.1 网站备案管理

2017年,中国网站备案管理遵循"谁接入,谁负责"的原则,严格审查接入网站的许可和准入手续,未备案不予接入,一经发现立即关停。网站备案管理机构严格审核接入网站的服务信息和运行情况,配合有关部门严厉打击从事违法违规活动的互联网信息服务网站。

截至2017年年底,中国累计备案网站1259.24万个,其中有效备案网站526.06万个,有效备案主体401.65万个,非经营性网站524.64万个,经营性网站14215个,涉及各类型前置审批的网站共计13021个。网站备案信息中包含的各类通用域名724.25万个,.cn 二级域名49.27万个。全国网站备案率为99.76%。全国有1646家IP地址分配机构通过备案管理系统报备了IP地址信息,包含3.39亿个IPv4地址点。全国开设有效账号的接入服务商共有1647家,其中已通过企业系统报备数据的接入服务商有1275家。接入备案网站数量超过3万个的接入服务商有17家。

在工作部署方面:一是全国网站备案管理工作情况月度通报长效机制已建立。每月发布通报,对全国网站备案基本情况、各通信管理局网站备案工作情况及存在的问题进行汇总,通报责任落实不到位的单位,建立了严重违规企业处罚跟踪督办机制。二是开展网站备案管理专项行动。2016年7月—2017年12月,配合工信部开展了网站备案管理专项行动,以清理"未备案接入"和"黑名单网站再接入"为重点,着力提高网站备案率和备案信息准确率。二是开展全国范围内网站备案数据抽查评估工作。分别于2017年5月及11月进行了全国范围内的备案信息准确率抽查评估工作,对各省通信管理局、个基础电信企业及接入服务企业网站备案数据进行真实性核查。

在成效方面:一是未备案网站发现机制得以完善。未备案网站发现渠道增加,规则更为细化,为全国未备案网站的清理工作提供了更详细的参考结果。二是全面加强基础管理,网站备案工作有序推进,做好对外服务工作。2017年,工信部网站备案咨询呼叫中心受理各类网站备案咨询共计5.6余次,各通信管理局审核数据387.2万条。三是部门联动打击违法违规网站,网络环境得到净化。工业和信息化部、中央网信办、公安部、原国家新闻出版广电总局(现国家广播电视总局)等多部门开展了"剑网2017"行动、"扫黄打非 净网2017"

等多个专项行动,处置了各类网络违法违规案件。全年配合相关管理部门处置违法违规网站8743个。

16.5.2 网络不良与垃圾信息举报受理

2017年,12321网络不良与垃圾信息举报中心加大不良信息处置力度,全年内共接到网络不良与垃圾信息举报195.2万件次。其中举报手机应用(APP)安全问题98.6万件次;骚扰电话25.6万件次;不良与垃圾短信息14.6万件次;诈骗电话6.9万件次;淫秽色情网站27.2万件次;垃圾邮件4.5万件次;钓鱼网站7.3万件次;其他举报10.5万件次。经过整理、去重、核查后,将符合处理条件的39.5万件次举报信息移交给基础运营企业、虚拟运营商、手机应用商店等相关部门处理。

12321举报中心联合基础电信运营商和移动转售企业对2.2万个涉嫌诈骗的号码做了停机、呼出限制、警告整改及终止业务合作的处理;建立了对诈骗短信中受益号码按日提取机制;整治清理网上改号软件;与安全软件企业建立数据核查共享机制;与金融机构建立通信诈骗信息共享机制;成功举办2017防范打击通信信息诈骗论坛,对"具有推广价值的防范打击通信信息诈骗创新实践案例"进行了表彰,发布了《防范打击通信信息诈骗创新实践案例汇编》,有力地支撑了通信信息诈骗治理工作。

16.6 个人信息保护

近年来,随着大数据、人工智能的迅猛发展,人们的生活方式逐渐被互联网改变,如传统的支付方式也逐渐被第三方支付所替代,个人信息在无意识的状态下被采集、保存、分析的现象普遍存在。个人信息泄露不仅会对个体权益、公共秩序产生重要影响,更是诈骗等多发恶性网络犯罪的重要源头,会对个人的合法权益造成严重威胁。12321举报中心统计数据显示,个人信息泄露的举报数量呈逐年增长态势,在各类举报中,遭受骚扰类型案例占比超过50%。一些商家通过非法渠道获得大量用户的电话号码和电子邮件地址,进行推送营销,严重干扰了人们的正常生活。

个人信息泄露的途径主要有通过破解数据库、恶意代码等技术手段窃取;通过APP、社交软件等程序非法收集;通过线上和线下举办活动收集滥用,甚至有些信息可以通过网络公开查询、下载;还有些个人信息是由于商场、医院、银行、保险等企业疏于管理而被泄露。泄露的个人信息内容从手机号码、电子邮箱、身份证号码到医疗体检记录、地理位置等,几乎涵盖了一个人的全部信息。个人信息一旦泄露后,还可能被多次倒卖转移,造成的损失难以挽回。

2017年是我国个人信息立法保护向前迈进的重要一年。6月1日,《中华人民共和国网络安全法》正式实施,明确提出要加强对个人信息的保护等要求。与此同时,《最高人民法院、最高人民检察院关于办理侵犯公民个人信息刑事案件适用法律若干问题的解释》也在同日施行。司法解释明确,向特定人提供公民个人信息,以及通过信息网络或者其他途径发布公民个人信息的,应当认定为刑法描述的"提供公民个人信息"行为。10月1日正式实施的《民法总则》第111条规定:自然人的个人信息受法律保护。任何组织和个人需要获取他人个人信息的,应当依法取得并确保信息安全,不得非法收集、使用、加工、传输他人个人信息,不得非法买卖、提供或者公开他人个人信息。至此,个人信息保护正式纳入民法、刑法的保护范畴。

个人信息保护除了立法约束外,如何从源头把控个人信息泄露,也是当务之急。作为个人信息产生的源头,用户需要加强安全防范意识,杜绝一切隐私数据被泄露的可能。具体可从生活细节着手:使用手机下载软件时,选择正规下载渠道;谨慎填写个人隐私信息,防止信息被任意采集;管理手机软件中的隐私权限,了解软件权限行为,关闭不必要的授权;谨慎选择公共 WiFi 连接,转账与支付时改用数据流量;不使用银行类等支付应用时,关闭网络访问权限;通过"恢复出厂设置—格式化—反复拷入大文件并删除"三个步骤,彻底清理旧手机信息。

2018 年 1 月 22 日,中国互联网协会个人信息保护工作委员会正式成立,该工作委员会旨在推动完善个人信息保护公众监督机制,建立健全行业内的预警协作机制,面向公众进行宣传教育,发布新型诈骗手法的预警等信息,同时,加强个人信息泄露的举报受理机制。12321举报中心现已与 40 多家网站建立合作,可及时反馈和督促平台对涉嫌泄露个人信息的内容进行删除处置,可在一定程度上有效保护用户隐私。

16.7 互联网行业信用体系建设

建立健全互联网行业信用体系既是行业发展的大势所趋,也是国家的政策要求。中国互联网协会鼓励和规范互联网行业诚信经营,结合行业特点,聚焦重点领域,努力促进互联网行业诚信意识、信用水平和治理能力不断提升,行业治理体系不断完善,推进我国互联网行业持续、健康、快速发展。

在加强诚信交流及宣传方面,中国互联网协会以主题活动和倡议书等形式引导互联网企业规范有序发展。10 月 31 日,国家发展和改革委员会"双 11"电子商务领域社会信用体系建设工作媒体通气会在京举行。受国家发改委委托,中国互联网协会与反炒信联盟轮值主席单位京东集团共同制定了《抵制网络炒信行为倡议书》。《抵制网络炒信行为倡议书》的撰写是为了营造和谐有序的网络秩序,共享网络信用信息,共建网络诚信体系,共筑诚信、安全、文明的网络生态,对互联网行业特别是电子商务领域的诚信建设起到了积极的推动作用。

11 月 23 日,由中央网信办网络社会工作局指导,中国互联网协会主办,以"新时代互联网企业的责任与使命"为主题的 2017(第四届)中国互联网企业社会责任论坛在北京召开。论坛发布了 18 个"2017 中国互联网企业社会责任实践案例",北京京东世纪贸易有限公司、菜鸟网络科技有限公司、北京字节跳动科技有限公司、科大讯飞等企业因为深入支持精准扶贫、倡导绿色环保科技、关心社会公益等积极作为榜上有名。通过活动的先进示范效应,倡导互联网企业积极履行社会责任,共建网络强国。

同时,中国互联网协会探索完善行业奖惩机制,加强技术手段建设,研究不诚信网站和主体黑名单处置机制,积极探索"一键举报、百店联动"的网络不良与垃圾信息治理机制,实践互联网行业信用激励惩戒措施。

16.8 互联网公益

2017年,中国互联网公益活动如火如荼地进行,社会参与互联网公益的热情高涨。仅民政部指定的12家慈善公开募捐平台的统计数据显示,2017年全国捐款人次已经超过7.1亿人次,而三大平台——淘宝公益平台参与捐赠人数3.5亿人,蚂蚁金服公益平台参与捐赠2.03亿人次,腾讯公益平台捐款1.46亿人次,另外通过腾讯公益家平台产品捐赠步数的人次超过5亿,百度公益信息送达人群约2亿人,参与互动的有2400万人。据全国志愿服务数据统计,志愿者总数已经达到8602万人,志愿项目总数超过120万个。2017年随着互联网公益领域一些新规范、新举措的实施,互联网公益朝着规范化方向取得了重要进展。

1. 互联网公益趋于规范化

随着《慈善法》等法律法规的实施,2017年一系列公益慈善新的规范性文件相继出台,包括《关于慈善组织开展慈善活动年度支出和管理费用的规定》《慈善信托管理办法》等文件,《慈善组织互联网公开募捐信息平台基本技术规范》及《慈善组织互联网公开募捐信息平台基本管理规范》等行业标准,各文件均对慈善管理、技术手段建设等问题提出了规范性要求。

民政部将把《慈善法》及相关规章制度、行业标准作为底线要求,加强互联网公开募捐信息平台的事中事后监管,优化平台指定流程。2017年,民政部开通慈善中国网站依法履行信息公开义务,截至11月20日,平台实时公布了全国2806家慈善组织信息、45件慈善信托备案信息,慈善信托合同规模达到8.66731亿元。其中,697家慈善组织具有公开募捐资格,在平台上备案发布了1344项公开募捐活动信息,展示了1822项慈善项目信息。

民政部通过全国信用信息共享平台向签署《信用信息共享合作备忘录》的相关单位提供守信联合激励与失信联合惩戒的名单及相关信息,并按照有关规定动态更新。同时,在"信用中国"网站、"慈善中国"网站、国家企业信用信息公示系统、民政部门户网站等向社会公布,互联网公益激励和惩戒措施更加科学。

2. 信息技术助推互联网公益模式创新

2017年,信息技术推动互联网公益服务模式创新,在部分场景中已见成效,如区块链技术、人工智能在寻找走失人员、物资公益等方面的应用。

在区块链技术应用方面,"腾讯寻人团队"尝试在公益寻人中应用区块链技术。腾讯可信区块链结合国际上成熟的寻人协议(PFTF)和我国的实际情况,利用自身成熟的区块链平台层模型——"共享账本",构建"公益寻人链"。通过区块链技术,寻人信息实现安全、快速共享。目前,腾讯志愿者旗下的"404寻亲广告""广点通寻人""电脑管家寻人""手机管家—小管寻人""优图寻人""微信小程序寻人"6个公益寻人平台都将应用腾讯区块链技术。其后又有硬件厂商,如360、搜狗和小米推出儿童手表,现在也有"LBS+精准推送"派,今日头条、微博、高德等都联合公安机关加入儿童丢失找寻中。

在人工智能技术应用方面,2017年一个名为"回家"的应用程序在微软骇客马拉松(hackathon)诞生,它通过微软人脸识别应用程序编程接口(API)寻找走失儿童。微软人脸识别API是一项基于微软智能云的服务,它可以对人脸图像进行扫描,利用先进算法确定两张人脸图像是否为同一人。这个工具能分析 27 个不同的人脸面部特征，因此即使拍摄角度不同、面部表情各异，程序也能从许多张照片中准确地识别相似图片。而 2017 年中国发展研究基金会则发起了"西部农村教育信息化项目"，与微软一起利用 Office 365 远程云服务和 Kinect 体感技术，打造一套简单、易操作的实时远程教学解决方案。该方案通过 Skype for Business 可视网络会议系统构建起虚拟课堂，同时利用 Kinect 的体感和动作捕捉技术，实现了直观、生动的实时远程教学互动。目前有约 1 万所学校通过基于 Azure 的"阳光校餐"数据平台上报信息，平均每天约有 10 万多条数据在用餐时段集中上传，并正逐步推广到全国 10 万所学校。

3. 互联网公益日益演进为文明风尚

2017 年，互联网公益呈现大众化、年轻化、小额化趋势，"人人公益、随手公益、扶贫济困"正在成为一种社会文明风尚。

以新浪微博为例，截至 2017 年年底，新浪微博月活跃用户增至 3.92 亿人，微信公众号月活跃用户超过 350 万人，而月活跃粉丝用户更是将近 8 亿人。微博实名认证用户、微信公众号（尤其是个人公众号用户）、网络红人等对网络公益话题的影响力日益增长。

2017 年，各类互联网社交平台功能日趋完善，社交网络正发展为"连接一切"的生态平台，社交媒体网络公益传播影响力显著提升。即时通信产品对于网络公益的连接能力仍在持续拓展。以微信为例，2017 年平均日登录用户超过 9 亿人，其在 2017 年年初上线小程序功能，并以此为基础将连接能力向用户生活中的各类线上线下服务渗透，以腾讯公益、轻松筹等为代表的网络公开募捐平台纷纷被纳入其中。

移动支付使得互联网公益更便利，随着移动支付深入绑定个人生活，移动支付的便利性也提升了个人参与网络公益的便利性和参与率。网上支付的用户已达到 53110 万人，占比达到 68.8%。而手机网上支付的用户更是达到 52750 万人，占手机网络用户的 70%。网络公益通过社交平台传播，网络公益捐赠者通过网络支付尤其是手机网络支付进行捐赠参与网络公益。

4. 互联网公益互动合作成为新态势

信任和透明一直都是公益领域的痛点，互联网公益界除了探寻线上的公益传播方法之外，更加注重线上和线下的互动体验，互联网公益线上线下互动为公益赢得信任。例如，联劝公益积极运用各媒介进行线上互动，并通过线下活动进行面对面沟通，不断提高公众对联劝及项目主体的信任感。其开创了集体捐赠模式"一众基金"及捐赠人社群"劝友会"，并通过公益沽动、公益产品、公益志愿者服务、在线捐赠/定期捐赠等多元的活动形式，吸引公众通过不同方式参与到公益中来，丰富公众的参与体验。同时，联劝公益为企业、社会团体等定制各类公益参与方式，并通过宣讲会、碰头会、电话采访与沟通等方式，帮助公众深度理解公益的不同纬度。

2017 年，企业与公益组织通过互联网公益形成的跨界合作越来越多，腾讯公益通过"益行家"等合作形式，让企业参与公益的方式变得更加多元、丰富。2017 年，淘宝公益在商家参与层面，有 178 万卖家参与了捐赠。公益项目是企业彰显形象最直接可见的方式，越来越多的企业开始加大社会责任投资，强调多元化捐赠策略，寻找信用好、执行力强的公益组织，通过参与公益项目落地社会责任，提升企业的社会影响力。

5. 互联网公益助力精准扶贫

中国互联网发展基金会、中国扶贫基金会联合京东、阿里巴巴、中国电信、腾讯、百度、新浪、新华网、乐村淘、供销 e 家、苏宁、去哪儿网、连尚网络、国安社区、易华录、匡恩网络 15 家网信企业，在全国网络扶贫工作现场推进会上共同发起成立"网络公益扶贫联盟"。该联盟已吸收了 100 多家网信企业参加，将网络公益作为打赢脱贫攻坚战的重要支撑，加强网信领域的协调联动及优势互补；充分发挥互联网的传播、技术和平台优势，动员网民和社会各界共同参与，将网信企业、普通网民的建设性力量转化为脱贫攻坚的强大动力。例如，腾讯公益平台 2017 年共启动扶贫救灾类项目 2029 个，总筹款额度为 2.04 亿元。再如，2017 年 8 月，中国发展研究基金会在轻松筹上发起了"山村幼儿园"公益项目，在短短几天时间内，该项目就获得了超过 18 万爱心人士的支持，筹集善款 450 万元，为湖南通道县搭建了 56 所幼儿园。

另外，互联网公益还助力贫困县公益性大病医保服务。2017 年上半年，在国务院扶贫办和国家卫生计生委的指导下，阿里巴巴公益、蚂蚁金服公益和中国扶贫基金会达成三方战略合作，启动"顶梁柱健康扶贫公益保险项目"，针对全国重点贫困县的建档立卡贫困户开展公益性大病医保服务，截至 2017 年年底，"顶梁柱健康扶贫公益保险项目"已为 7 个县域的 20～60 周岁贫困户建档、立卡、投保。

（杨楠、连迎、李珂、陈逸舟、张宏宾、赵文聘）

第三篇

应用与服务篇

- 2017年中国移动互联网应用与服务状况
- 2017年中国工业互联网发展状况
- 2017年中国农业互联网发展状况
- 2017年中国电子政务发展状况
- 2017年中国电子商务发展状况
- 2017年中国互联网金融服务发展状况
- 2017年中国网络媒体发展状况
- 2017年中国网络音视频发展状况
- 2017年中国网络游戏发展状况
- 2017年中国搜索引擎发展状况
- 2017年中国社交网络平台发展状况
- 2017年中国网络教育发展状况
- 2017年中国网络健康服务发展状况
- 2017年中国网络出行服务发展状况
- 2017年中国网络广告发展状况
- 2017年其他行业网络信息服务发展状况

第17章 2017年中国移动互联网应用与服务状况

17.1 发展概况

2017年,中国移动互联网整体发展增速放缓,全面进入稳定增长阶段,业务生态持续创新,"智能"与"融合"演化为新时期发展的核心特征,基础设施发展进一步完善,用户规模稳步增长。

据中国互联网络信息中心(CNNIC)发布的第41次《中国互联网络发展状况统计报告》显示,截至2017年12月,中国手机网民规模达到7.53亿人,线下消费使用手机网上支付比例由2016年年底的50.3%提升至65.5%,与此同时,使用电视上网的网民比例达到28.2%,提高了3.2个百分点,台式电脑、笔记本电脑、平板电脑的使用率均出现下降。

1. 由互联网化向数字化过渡

互联网作为工具出现于20世纪90年代,在大规模的获取用户之后,进入到互联网+1.0时代,这一时期经历了互联网连接、互联网优化、互联网改造三个重要的阶段,现今典型互联网企业均是这些阶段的重要参与者(见图17.1)。

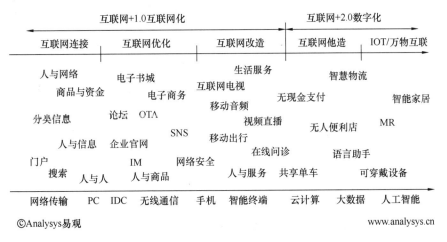

图17.1 移动互联网行业由互联网化向数字化过渡

截至2017年年底,中国联网设备52亿部,全球范围内的数据储备量达到40ZB。20年的互联网积累了大量的资源,而这些无形资源等待的无疑是一次引爆过程。与此同时,技术的升级迭代,尤其云计算的出现,很大程度地盘活了海量的数据资源,互联网也由互联网+1.0时代向互联网+2.0时代过渡。

2. 由流量经济向数字经济过渡

商业模式的调整与时代的变革息息相关,新的生产力率先加持原有模式,最终会催生与其匹配的新业务模式。随着时代的发展,经济结构调整转型逐步影响商业模式和商业策略的变化。经过PC互联网时代—移动互联网时代—大数据时代的发展,商业模式也开始进入基于大数据精准运营的大数据+互联网+行业应用。经过多年的大数据建设,当下互联网正式由流量经济时代进入数字经济时代,数据成为企业的新能源(见图17.2)。

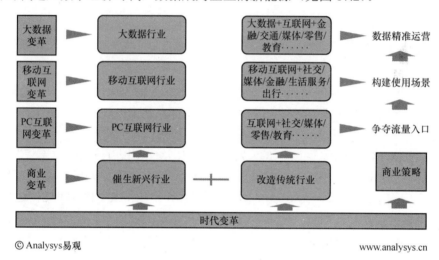

图17.2　互联网由流量经济时代全面进入数字经济时代

3. 电商企业布局线下业务,与传统企业的边界进一步消弭

互联网的人口红利期已逐渐消退,企业的线上营销成本居高不下,以游戏为例,2013年的用户获取成本在5元左右,而2017年已经飙升至30元。从应用推广的角度看,线下的用户获取成本已略低于线上,其营销成本在大规模地走向线下。以SKU为主要经营模式的电商平台已进入增长的瓶颈期,电商在社会消费品零售总额中的占比长期维持在12%左右,从小米、阿里的线上销售情况可以看出部分电商企业对于新零售布局的重视程度,以及加重线下投入的迫切需求。

2017年,越来越多的企业开始进入线下,对于新出现的风口模式,包括无人货架、共享单车、迷你KTV等,线下部分甚至多于线上。一方面,线上零售增长乏力;另一方面,线下零售亟待优化,加之新技术升级的支撑,成为新零售的发展契机,互联网的轻资产模式由此开始转变,互联网企业与传统企业的边界进一步消弭。

4. 受行业发展和政府监管的双重利好,互联网金融现上市潮

2017年上市的互联网金融企业有8家,加上接下来两年计划上市的互联网金融企业,整体规模将超过20家,互联网金融也将成为游戏之外中国互联网企业上市的第二大集群(见表17.1)。一方面,互联网金融行业经过多年的发展,在消费金融、支付、贷款、理财等方面，都已有较高的线上转化率，发展较为成熟，已经进入收获期；另一方面，政策监管去除了市场当中的劣币，使得健康的公司拥有更大的发展空间。同时，2017年资本市场的回暖，也为互联网金融企业的上市提供了良好契机。

表17.1 典型互联网金融企业上市计划概览

企业名称	成立时间	上市计划	上市地点	上市时间
宜人贷	2012	已上市	纽交所	2016.12
信而富	2005	已上市	纽交所	2017.4
众安在线	2013	已上市	港交所	2017.9
趣店	2014	已上市	纳斯达克	2017.10
乐信	2013	已上市	纳斯达克	2017.12
融360	2011	已上市	纽交所	2017.11
拍拍贷	2007	已上市	纽交所	2017.11
和信贷	2013	已上市	纳斯达克	2017.11
陆金所	2011	计划上市	—	—
蚂蚁金服	2014	计划上市	—	—
京东金融	2013	计划上市	—	—
挖财	2009	计划上市	—	—
玖富	2006	计划上市	—	—
汇付天下	2006	计划上市	—	—
拉卡拉	2005	计划上市	—	—

资料来源：易观 2018。

5. 内容服务崛起，整体内容质量亟待提高

短视频作为2017年的一个新风口得到了快速增长，用户规模在2017年增长了1倍，成为全民使用的高渗透率产品（见图17.3）。以今日头条旗下的短视频平台为例，2017年年初，仅有西瓜视频入榜TOP20中，月活跃用户规模（MAU）1400万多人次，发展至2017年年底，火山小视频、西瓜视频、抖音三款产品入榜TOP20，最高的火山小视频MAU已经超过了7000万人次。

数据说明：易观千帆只对独立APP中的用户数据进行监测统计，不包括APP之外的调用等行为产生的用户数据。截至2018年第一季度易观千帆基于对22.9亿累计装机覆盖及5.8亿活路用户的行为监测结果采用自主研发的enfoTech技术，帮助您有效了解数字消费者在智能手机上的行业轨迹。

©Analysys易观·易观千帆·A3　　　　　　　　　　　　　　www.analysys.cn

图17.3 2017年1—11月短视频领域MAU变化趋势

2017年，中国移动视频APP应用整体保持匀速增长，爱奇艺、腾讯视频位居第一梯队（见表17.2）。2017年11月，爱奇艺的月度活跃用户规模约为4.95亿人次，相较2017年年初，增幅为11.7%；腾讯视频月活跃用户规模约为4.91亿人次，增幅约为16.4%。腾讯视频用户规模虽然低于爱奇艺，但发展增速在爱奇艺之上。

表17.2 2017年移动视频APP月活跃用户规模对比

排名	APP名称	2017.1MAU（万人次）	排名	APP名称	2017.11MAU（万人次）
1	爱奇艺	44315.45	1	爱奇艺	49506.46
2	腾讯视频	42167.36	2	腾讯视频	49080.35
3	优酷视频	26446.11	3	优酷视频	37552.88
4	快手	11997.95	4	快手	17074.89
5	芒果TV	11143.01	5	火山小视频	7276.80
6	乐视视频	6765.26	6	芒果TV	6989.62
7	搜狐视频	3553.60	7	西瓜视频	5245.03
8	暴风影音	3148.10	8	哔哩哔哩动画	4941.01
9	哔哩哔哩动画	3000.96	9	抖音	4737.02
10	PPTV聚力	2722.33	10	搜狐视频	3515.99
11	YY LIVE	2596.32	11	暴风影音	3134.74
12	映客直播	2516.42	12	土豆视频	2384.59
13	土豆视频	2559.12	13	美拍	2354.65
14	美拍	2414.79	14	YY LIVE	2142.60
15	咪咕视频	2075.63	15	PPTV聚力	2061.82
16	360影视大全	1859.95	16	快视频	2040.72
17	秒拍	1498.22	17	乐视视频	1910.59
18	百度视频	1481.77	18	斗鱼	1856.07
19	西瓜视频	1462.01	19	360影视大全	1821.80
20	韩剧TV	1403.82	20	咪咕视频	1571.35

资料来源：易观2018。

6. AI 创业潮到来

2017 年正式宣告 AI 的创业潮已经到来。在 AlphaGo 围棋大战吸引了全球目光之后,人工智能的概念得到了快速普及,而人工智能作为未来的产业升级方向也得到了广泛认可。基于 AI 的技术研发与应用方向,包括智能语音、人脸识别、机器学习等诞生了大量的创业公司,同时也得到了资本的认可。

2017 年,虽然 AI 的整体融资数量增量不多,但融资金额同比增长超过 40%(见图 17.4),在新晋独角兽的行业分布中,AI 仅次于文化娱乐,占比为 21%(见图 17.5)。AI 已成为当下互联网机会最多的创业方向。

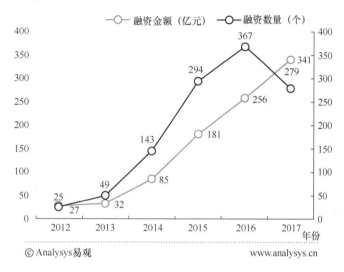

图17.4　2012—2017年中国AI领域投资数量及规模

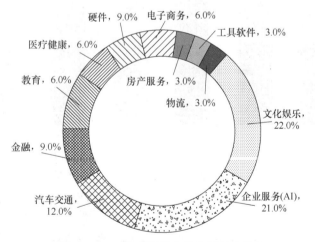

图17.5　2017年新晋独角兽公司行业分布

7. 细分市场开启产业链整合

经过多年的产业发展,细分市场从爆发式增长转向成熟、稳定发展,一些成熟的垂直领域企业开始引领改革,行业内纵深发展的重度垂直成为一种商业形态。一些细分产业的领军企业开始自下而上改革,回归产业和人群,深度挖掘自身所处领域的商业机会(见图 17.6)。

以母婴领域的贝贝集团为例，其提出新母婴战略，以母婴人群和母婴产业为核心，横向拓展业务线来满足人群的多重需求。

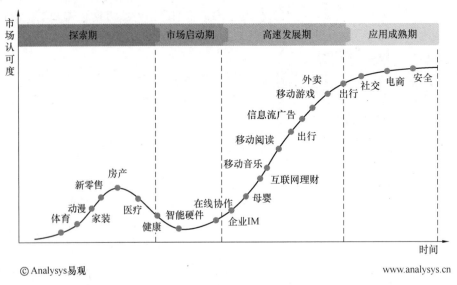

图17.6 细分市场开启产业整合，打通产业链，创造生态价值

17.2 市场规模

根据易观统计数据显示，2017年中国移动互联网市场规模增速降至48.8%，总量为82298.8亿元（见图17.7）。2017年，移动购物在移动互联网市场份额中的占比高达73.7%，依然保持绝对优势。移动旅游市场和移动出行市场进入成熟期，市场规模增幅放缓，导致移动生活服务份额降低2.8个百分点，占比仅为14.8%（见图17.8）。受4G网络建设和提速降费等政策影响，流量费在移动互联网中的市场占比下滑至6.7%。

图17.7 2013—2020年中国移动互联网市场规模

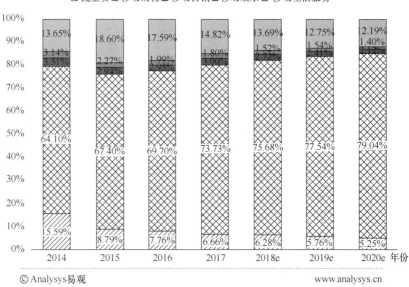

图17.8 2014—2020年中国移动互联网市场结构

17.3 移动终端

2017 年，中国智能手机销量达到 45593.4 万台，较 2016 年增长 1.1%，整体市场增速下滑明显，智能手机在全社会的渗透率趋近饱和，设备生命周期不断延长，行业增长疲软。预计 2020 年中国智能手机销量将在 43799 万台左右（见图 17.9）。

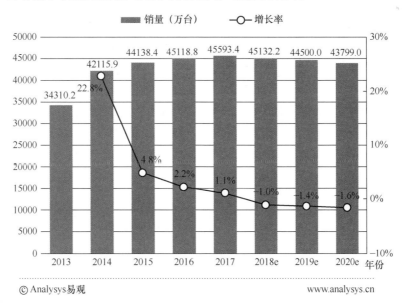

图17.9 2013—2020年中国智能手机销量

2017年，智能手机行业进入创新疲劳期，产品高度同质化。尽管"全面屏"的流行燃起了一波营销新卖点，但主流品牌新机型在性能、功能等方面缺乏明显革新，无法拉开较大差距，后续发展乏力的厂商将被淘汰，更具创新的功能与设计能力成为产品制胜的关键。

17.4 用户分析

17.4.1 性别结构及偏好

与2016年相比，2017年男性网民占比提升，达到56.6%，女性网民占比为43.4%，男、女网民的规模差扩大了8.4%（见图17.10）。

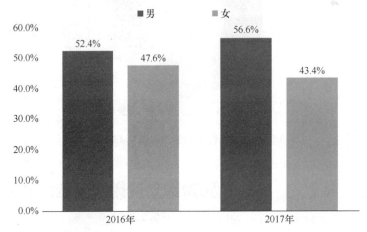

图17.10　2016—2017年中国移动互联网用户性别结构

在领域偏好度层面，男、女性网民的表现不尽相同，男性网民在资讯、理财等典型领域呈现更明显的倾向。女性网民更侧重在拍照及图片处理、购物、社交、视频等领域，这与女性网民热衷情感的连接、消费及分享有关（见图17.11）。

17.4.2 年龄结构及偏好

在移动网民的年龄分布方面，30岁以下的人群占比为46.5%，依然是移动网民的主力，其中24～30岁的网民最多，占比为32.2%，31～35岁的网民紧随其后，占比为25.9%。相比2016年，30岁以下的移动网民占比下降，而36岁以上的移动网民占比为27.7%，提高了1.8个百分点（见图17.12）。

不同年龄层的关注偏好有所不同。24岁以下的年轻人更喜欢轻松娱乐无压力的游戏直播、拍照及图片处理、垂直视频等。而在其之上的年龄层更为务实，对金融理财的青睐度明显。其中，24～35岁的网民群体属相对激进型，更多关注财务管理类服务（见图17.13）。

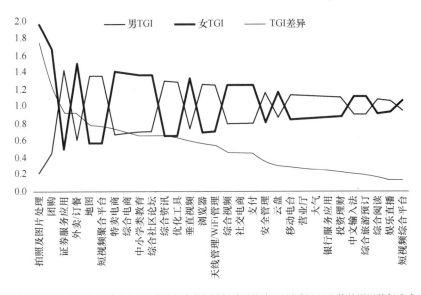

图17.11　2017年不同性别移动网民应用偏好对比

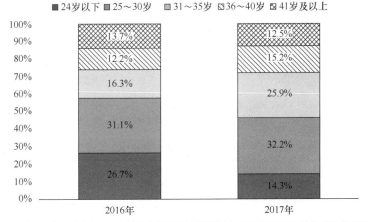

图17.12　2016—2017年中国移动互联网用户年龄结构

17.4.3　消费能力分布及偏好

受中国经济发展及消费升级的影响，2017年，中国移动网民整体消费能力较高，以拥有中高及中等消费能力的轻奢一族为主，占比为60.2%，其中拥有中高消费能力的人群占比为

27.5%，中等消费能力的人群占比为32.7%，拥有高消费能力的人群占比最低，仅为6.3%（见图17.14）。

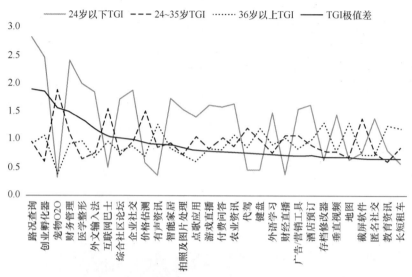

图17.13 2017年不同性别移动网民应用偏好对比

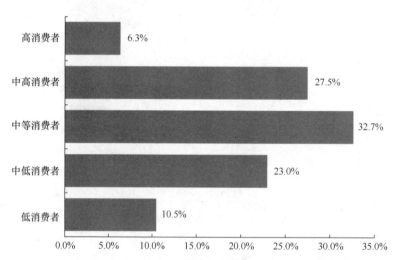

图17.14 2017年中国移动互联网用户消费能力分布

高消费人群的特征较为突出，对生活消费的考量更为全面，有更强的灵活性，不仅在生活服务、综合电商、城市出行、综合度假旅游预订、品牌电商等消费领域有明显的偏好，在优惠打折方面同样热衷，二手电商、特卖电商也是他们的选择。除典型的消费领域之外，各消费层级的人群在其他领域的差异并不明显。在高消费人群应用渗透率TOP30榜单中，除微信、QQ等应用上榜外，支付宝、淘宝、美团、京东分别位居第2、3、11、14位，说明轻奢一族多依赖网络消费。在中低及低消费人群应用渗透率榜单中，爱奇艺、腾讯视频、优酷、快手分别位居第2、3、6、9位，可见，低消费人群更加重视影音享受（见图17.15）。

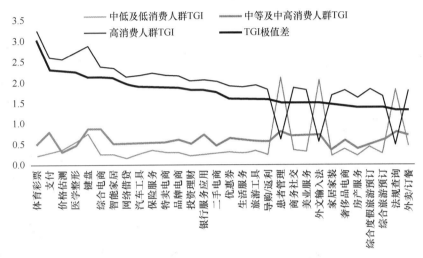

图17.15　2017年不同消费能力移动网民应用偏好对比

17.4.4　地域分布及偏好

中国移动互联网的发展和城市进程息息相关，其中一线城市网民占据最高位，北、上、广、深超一线城市网民共占比为49.2%，二、三线城市网民分布均衡，占比分别为20.4%和20.1%，非线级城市及其他则占比最少（见图17.16）。

在偏好层面，超一线和一线城市网民的倾向范围更广，更具突出性，二、三线城市及非线级城市则表现更为平均。超一线和一线城市从日常生活到工作深受移动互联网影响，热衷新兴生活，特别是在宠物O2O、医学整形两个领域，相比其他地域网民有明显倾向（见图17.17）。

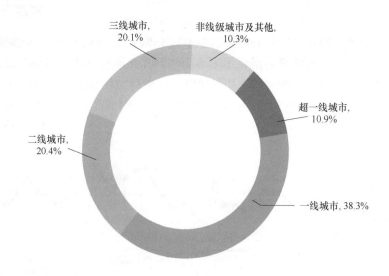

图17.16 2017年中国移动互联网用户地域分布

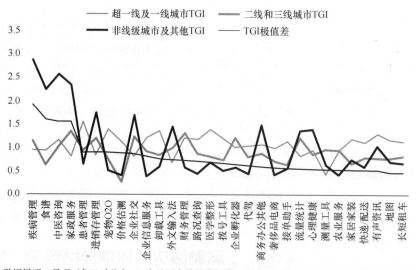

图17.17 2017年不同城市移动网民应用偏好对比

17.5 细分市场规模

17.5.1 移动支付市场

根据易观统计数据显示，2017年中国移动支付市场持续爆发式增长，市场规模达到约 109.1 万亿元，同比增长 208.7%。预计到 2020 年，中国移动支付市场规模将达到约 275.0 万亿元（见图 17.18）。随着第三方支付牌照的发放和二维码支付的普及，移动支付正式进入高速发展期，向更多高频、刚需场景拓展，深入用户生活，带动线下商业互联网进程。

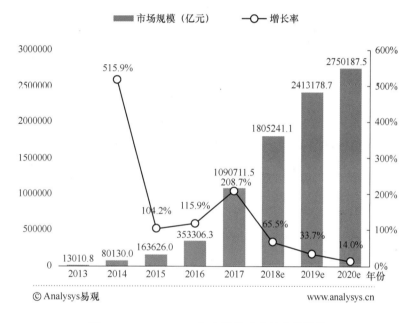

图17.18 2013—2020年中国移动支付市场规模

17.5.2 移动购物市场

2017 年，在消费升级的驱动下，中国移动购物市场交易规模达到 60675.2 亿元，同比增长 57.4%，移动购物市场进入稳健发展期，增速比 2016 年降低了 28.4%。网上零售移动端核心地位进一步巩固，细分生态不断丰富，综合电商开启全场景布局，受短视频等娱乐市场爆发影响，启用新营销模式的内容电商脱颖而出，社交电商继续保持活跃用户优势，有望带来增量市场。

2017 年，网上零售主导零售业全渠道融合，线上零售全面发力布局实体零售业务，线上线下融合布局的零售全场景逐渐形成。随着中国经济社会的发展，居民消费的升级，各厂商将在采购、销售、服务等方面展开竞争，提升用户体验，预计到 2020 年，中国移动购物市场规模将达到 152277.5 亿元（见图 17.19）。

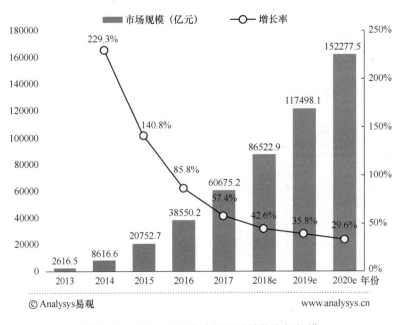

图17.19　2013—2020年中国移动购物市场规模

17.5.3　移动旅游市场

2017年，中国移动旅游市场增速放缓，规模达到6355.5亿元，比2016年增长16.3%。预计到2020年，移动旅游市场规模将达到10857.6亿元（见图17.20）。

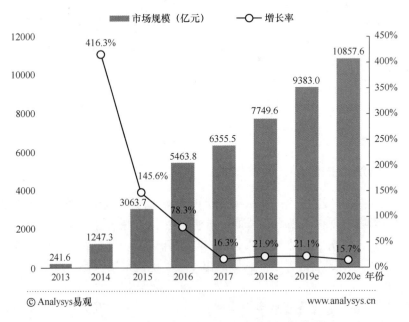

图17.20　2013—2020年中国移动旅游市场规模预测

2017年，中国移动综合旅游市场进一步集中，优势企业持续领跑，携程、去哪儿、飞猪旅行占74.6%的市场份额。各厂商整体格局稳定清晰，梯队界限明显，携程、飞猪旅行市场份额仍有上升（见图17.21）。携程收购trip，进军线下计划打造"旅游新零售"，布局餐饮、导游、租车等。飞猪旅行继续扩充SKU与资源覆盖，与景区合作助力智慧旅游，牵手美国航空，与汉莎航空合作开展直连业务。艺龙与同程网络抱团取暖，打通会员体系并获得微信的酒店入口，短期内会提升拉新效果。未来厂商将继续打通线上线下，运用大数据等技术加强数字化运营。

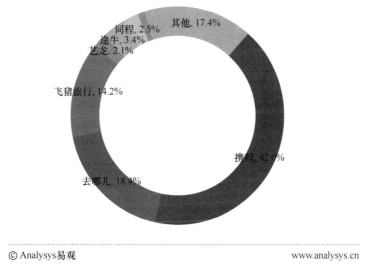

图17.21　2017年中国移动旅游市场份额

17.5.4　移动出行市场

2017年，移动出行市场增速明显放缓，增长率为60.3%，市场规模达到2837.1亿元（见图17.22）。随着网约车管理政策的实施，互联网专车市场门槛提高，专车市场发展减速，由

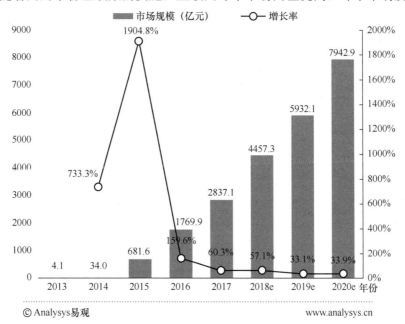

图17.22　2013—2020年中国移动出行市场规模

高速扩张向规范化发展转变,未来将保持稳定发展。随着共享出行理念深入生活,移动出行市场已有集中在一、二线城市的大规模稳定用户,顺风车、快车、汽车租赁行业仍有较大需求,新的竞争者如美团、高德等纷纷入局,高质量服务成为各厂商的核心竞争点。

17.5.5 移动营销市场

2017年,移动营销市场保持稳定增长,规模增至2470.9亿元,增长率为51.2%(见图17.23)。随着移动互联网发展对生活影响的深入,更多的用户转化为深度用户,移动端流量进一步增长,各大平台加速深化移动营销应用价值,不断提升移动营销效率,提高应用拓展品牌和内容营销能力,集中变现拉动市场,移动端成为网络广告市场的重要营销渠道。

2017年,各厂商布局内容生产领域,一方面,丰富移动视频广告形式,利用定制化的情节植入式营销吸引大量广告主;另一方面,厂商纷纷强化技术实力,以大数据驱动数字化营销产品发展,实现精准营销。随着技术进步和内容生产布局范围扩大,企业营销服务能力升级,跨平台、跨终端的立体化营销受到市场认可。

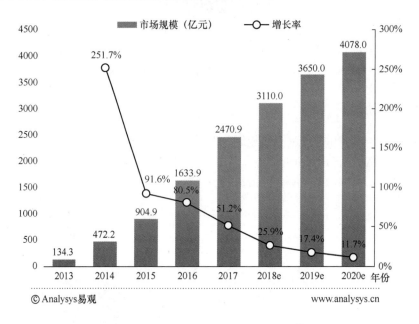

图17.23　2013—2020年中国移动营销市场规模

2017年,移动搜索广告市场份额为19.4%;移动视频广告为14.5%;移动社交广告为15.8%;移动电商广告为26.5%;移动资讯广告为11.3%;短彩信广告为4.2%;其他为8.3%(见图17.24)。随着社交媒体向平台化、操作系统化发展,为广告主营销活动的开展提供了更多的空间,直播、短视频丰富了视频广告形式,移动社交、视频广告的营销价值得到提升。同时,移动电商借助庞大、成熟的用户基础,成为广告主营销的重要阵地,市场份额不断增大。

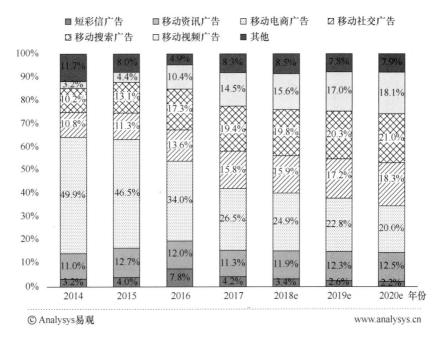

图17.24 2014—2020年中国移动营销市场结构

17.5.6 移动团购市场

2017年，中国移动团购市场保持缓慢增长，增长率为11.1%，交易规模达到2117.3亿元，在移动生活服务的市场规模中占比为17.4%，较2016年下降2.22个百分点（见图17.25）。

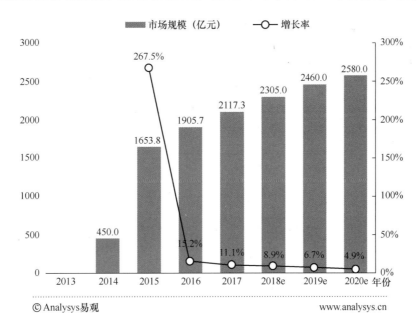

图17.25 2013—2020年中国移动团购市场规模

2017年，移动团购市场交易额同比、环比双降低，主要因为全平台下酒店、旅行和电影票业务预订已成主流，且酒旅业务通过海外布局获得了高速增长。目前主要团购平台美团点评和百度糯米间的竞争仍会持续，如何整合资源，利用各自业务间的协同建立更为优势的平台，最终盈利成为更为重要的问题。

17.5.7 移动游戏市场

2017年，中国移动游戏市场仍保持较快增速，增长率为34.5%，规模达到1212.4亿元（见图17.26）。玩家对游戏内容要求越来越高，改编手游成为行业的主流产品形态，行业对厂商精细化运营要求逐渐提高，逐步形成规范化发展，市场呈重度游戏、泛娱乐化、细分趋势。

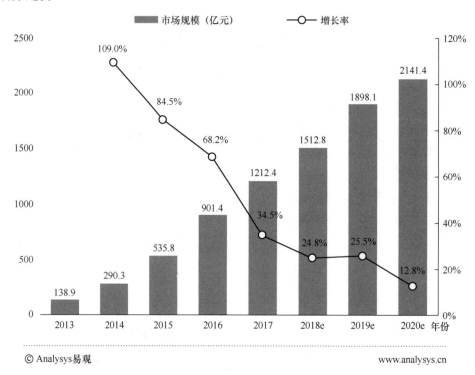

图17.26　2013—2020年中国移动游戏市场规模

2017年，中国移动游戏市场规模突破千亿元，整个市场逐步进入成熟期，产品精细化运营成为竞争核心，厂商积极进入海外市场。研发商市场仍由腾讯、网易领跑，腾讯依靠其电子竞技手游"王者荣耀"的庞大用户覆盖率和多个IP产品的繁荣占据51.80%的市场份额，网易以21.19%的份额位居第二，与腾讯仍有较大差距，两家企业占据整体研发商70%以上的市场份额，显现出等级化格局，整体移动游戏行业门槛提高（见图17.27）。随着移动电竞市场爆发，规模化、正规化的电竞赛事逐渐形成，部分厂商进军移动电子竞技领域，推出多重业务构建泛娱乐生态。

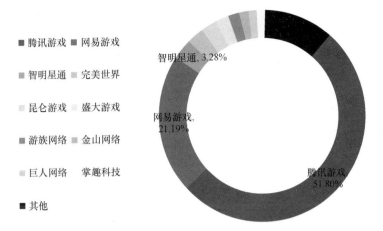

图17.27 2017年中国移动游戏研发商市场竞争格局

17.5.8 移动医疗市场

2017年,中国移动医疗市场持续高速增长,规模达到230.7亿元,同比增长118.5%(见图17.28)。一方面,随着技术手段不断成熟,人工智能和云计算的运用推动医疗互联网化进程;另一方面,用户付费意识变强,优势厂商通过用户端收费成为新的盈利点。政策鼓励"互联网+医疗健康"发展,移动医疗将迎来突破性增长,预计到2020年,移动医疗市场规模将超过538.5亿元。

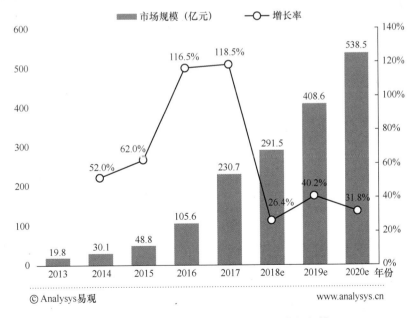

图17.28 2013—2020年中国移动医疗市场规模

17.5.9 移动阅读市场

2017年，中国移动阅读市场保持稳定增长，增长率为29.2%，市场规模为153.2亿元，商业模式转向全版权运营、泛娱乐生态变现。预计到2020年，移动阅读市场规模将达到335.0亿元（见图17.29）。

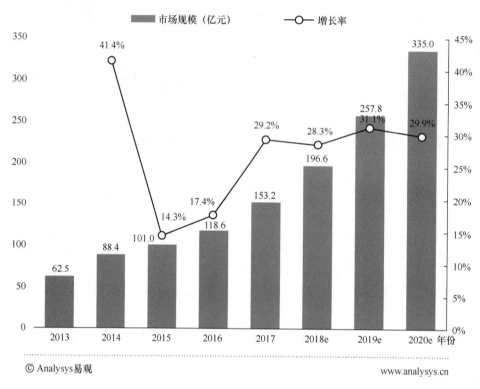

图17.29　2013—2020年中国移动阅读市场规模

17.5.10 移动音乐市场

2017年，中国移动音乐市场保持稳定增长，增长率为35.7%，市场规模为112.4亿元，受网络音乐版权监管的影响，主流移动音乐平台开启版权争夺战，平台内容成为主要竞争力，数字音乐与直播、演唱会结合成为厂商变现新模式。预计到2020年，移动音乐市场规模将达到225.2亿元（见图17.30）。

17.5.11 移动教育市场

2017年，中国移动教育市场规模达到62.7亿元，同比增长91.7%。随着智能设备的快速普及和移动互联网的发展，线上线下教育深度融合，在线教育移动化程度不断加深，移动教育行业得到迅速发展，显示出巨大潜力。预计移动教育市场在未来三年内仍将维持增长态势，预计2020年中国移动教育市场交易规模将达到360.5亿元（见图17.31）。

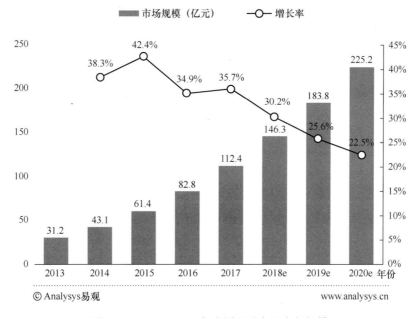

图17.30　2013—2020年中国移动音乐市场规模

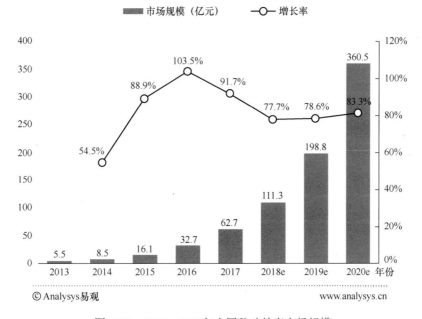

图17.31　2013—2020年中国移动教育市场规模

17.5.12　移动招聘市场

2017年，移动招聘市场规模为40.0亿元，增长率降至95.8%。预计到2018年，中国互联网招聘市场规模将达到54.6亿元，同比增长36.5%。预计到2020年，中国互联网招聘市场规模将达到76.0亿元（见图17.32）。

当前，移动互联网渗透率的持续提高降低了应聘方的使用门槛，经济结构的调整重布人力资源格局，且经济规模的增长也会带来新的职业和职位类型，促进行业不断发展。但是，中小厂商发展初期往往在资质审核、跟踪服务等环节上有所忽视，会对行业形象产生不利影响。

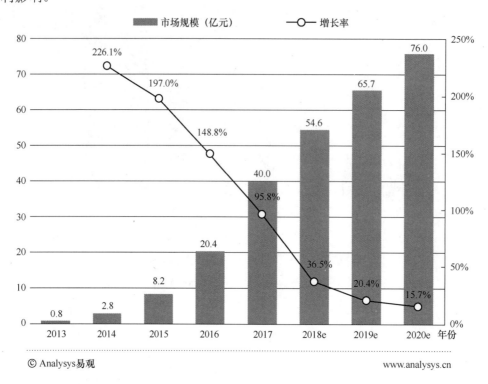

图17.32 2013—2020年中国移动招聘市场规模

未来，大数据、云计算和 AI 等新兴技术将成为行业发展的基础性选择，为行业赋能。招聘平台自身的发展方向从追求数量转向追求质量，对高质量人才的挖掘与服务，将会是招聘平台发展的重点。另外，行业整合的深度和力度会持续加强，综合型平台可能通过内部的孵化，或对垂直厂商的收购与兼并来扩展业务，而中小厂商往往处于不利地位，很难快速成长，因此，在合适的时间退出，对于这些厂商背后的资本方来说也是不错的选择。

17.5.13 移动婚恋市场

2017 年，中国移动婚恋交友市场规模达到 18.8 亿元，同比增长 27.9%（见图 17.33）。受泛社交类产品爆发的影响，用户对婚恋平台进行交友的依赖性有所降低，市场增长放缓。在线婚恋厂商在互动性内容与技术上展开竞争，以获取更为精准与高质的用户流量。政策推动婚恋交友平台实名认证和实名注册，促进移动婚恋市场的规范发展。为寻求市场增长，未来婚恋交友用户增量的拓展还将下沉到低线城市及更广大的农村地区，甚至拓展至海外市场。

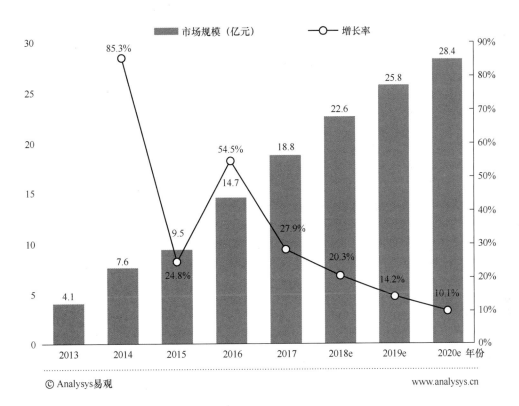

图17.33 2013—2020年中国移动婚恋市场规模

17.6 应用领域及平台

17.6.1 移动应用

2017年，从中国移动互联网应用APP分类活跃用户规模的统计中可以看出，社交网络、即时通信、综合视频三类移动应用的活跃用户数均超过8.5亿人，社交网络排在首位。第二梯队为应用商店、综合电商、移动音乐、综合资讯、浏览器、支付类应用，月活跃用户数均超过4亿人。在第三梯队上，地图、无线管理/WiFi管理、安全管理、短视频综合平台的用户使用率同样较高（见图17.34）。

移动互联网应用中社交网络、即时通信因同时拥有微信、QQ两个APP成为权重最高的领域，用户占有规模与移动网民整体规模极为接近。而在整个移动版图中，互动娱乐领域则多面开花，综合视频、音乐、短视频、直播、游戏、动漫等平台受到用户欢迎。

与此同时，网民的生活与移动互联网密不可分，从线上到线下，场景化垂直细分，购物、理财、出行、订餐、运动、旅游、教育均因传统服务互联网化，实现海量网民对便捷性服务的诉求，用户黏性较高。

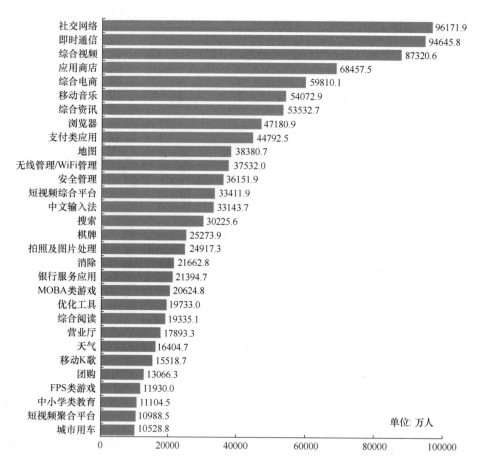

图17.34　2017年中国移动互联网应用APP分类活跃用户规模

17.6.2　移动应用平台

2017 年，互联网巨头聚焦"平台+生态"竞争，进一步加强对移动互联网市场的布局。目前，国内移动互联网主流应用市场份额基本被 BAT 占据，各独角兽为进一步强化其领先地位，其产品均向平台化方向发展。在 2017 年移动应用活跃用户渗透率中，腾讯占 11 席，阿里巴巴占 4 席，百度占 3 席，BAT 合计共占 18 席，北京字节跳动科技有限公司（今日头条）和上海连尚网络科技（WiFi 万能钥匙）各占一席（见图 17.35）。

第 17 章 2017 年中国移动互联网应用与服务状况

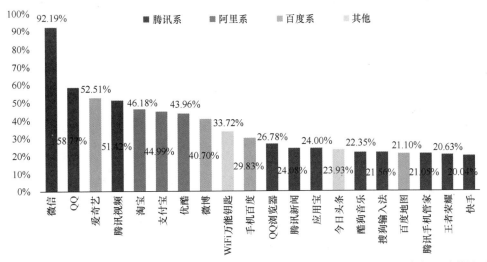

数据说明：1. 易观千帆只对独立APP中的用户数据进行监测统计，不包括APP之外的调用等行为产生的用户数据。截至2018年第一季度易观千帆基于对22.9亿累计装机覆盖及5.8亿活跃用户的行为监测结果采用自主研发的enfoTech技术，帮助您有效了解数字消费者在智能手机上的行为轨迹。2. 此数据为2017年12月数据。

©Analysys易观·易观千帆·A3　　　　　　　　　　　　　　　　　　www.analysys.cn

图17.35　2017年中国移动应用月活跃用户渗透率

17.6.3 细分领域 APP 应用

1. 社交领域

2017 年，中国移动社交领域月活跃用户规模保持稳定增长，截至 2017 年年底，移动社交领域月活跃用户规模达到 96171.93 万人（见图 17.36）。从细分领域来看，主要满足用户基本需求的社交网络和即时通信领域的月活跃用户数遥遥领先，月活跃用户均超过 9 亿人，同比增幅保持在 10%以上。社交辅助工具及学习社区均实现 25%以上的增长，其中社交辅助工具的月活跃用户规模增速达到 77.7%，MAU 增至约 2341 万人。受游戏、视频、电商领域增加社区功能的影响，用户对在专业平台进行交友的依赖性有所降低，婚恋交友、同志交友、匿名社交三个细分领域月活跃人数减少较快。

社交网络领域：2017 年，主流社交网络市场 APP 保持快速增长，同年 12 月，微信、QQ、微博分别以 89477.2 万人、57042.2 万人、39500.3 万人的月活跃用户规模位居前三（见图 17.37）。2017 年，微信推出小程序，提供了社交网络的独特属性，形成了出行、教育、餐饮、电商等一体化的生态圈，用户下沉带来新的流量，其 MAU 达到了 92.2%的用户渗透率。

即时通信领域：2017 年，即时通信市场仍由腾讯领跑，微信小程序的崛起帮助微信达到了 92.2%的用户覆盖率，"社交+场景"的进一步布局或将带来微信新的扩张。陌陌逐渐向丰富社交娱乐场景的平台发展，在即时通信领域以 4861.7 万人的月活跃用户规模位居第三，随着其收购探探双方达成合作，将进一步抢占剩余市场（见图 17.38）。

综合社区论坛领域：2017 年综合社区论坛细分领域月活跃用户数为 8749.2 万人，同比增速为 1.3%，其主要依赖于黏性高的忠实用户，领域内 APP 新用户转化力不足。同年 12 月，综合社区领域百度贴吧以 5071.4 万月活跃用户数位居第一，知乎以 1297.4 万月活跃用户数位居第二（见图 17.39）。

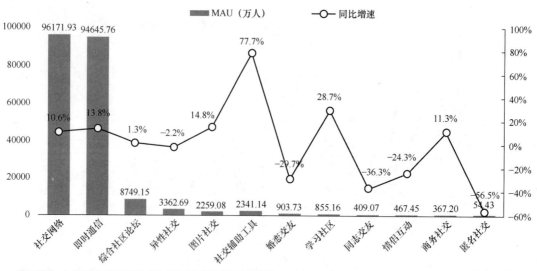

图17.36 2017年中国移动社交细分领域月活跃用户规模

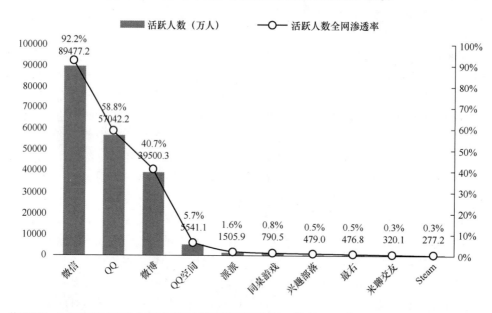

图17.37 2017年中国社交网络APP月活跃用户

第17章 2017年中国移动互联网应用与服务状况

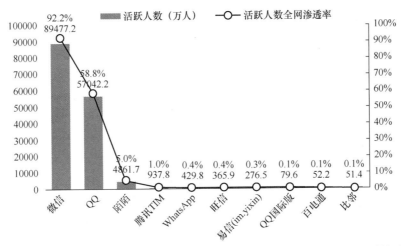

图17.38 2017年中国即时通信APP月活跃用户

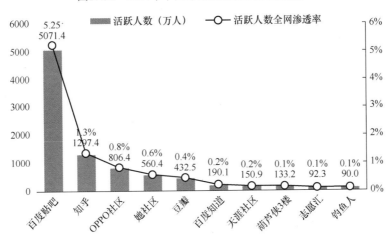

图17.39 2017年中国综合社区论坛APP月活跃用户

2. 综合资讯领域

2017年，腾讯新闻月活跃用户为23375.7万人，全网渗透率达到24.1%，位居第一；今日头条紧随其后，以23226.4万的月活跃人数、23.9%的全网渗透率位居第二；网易新闻、搜狐新闻、天天快报、凤凰新闻和新浪新闻等老牌新闻平台相差无几，分别位列第三、第四、第五、第六位（见图17.40）。

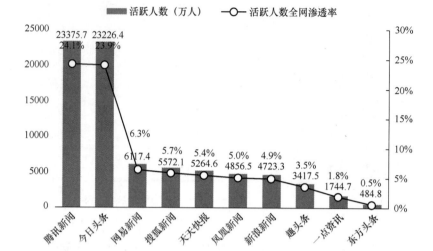

图17.40 2017年中国综合资讯APP月活跃用户

3. 音频娱乐领域

移动音乐领域：2017年，酷狗音乐、QQ音乐、酷我音乐、网易云音乐的月活跃用户位居前四，占移动音乐APP绝大部分市场，其中酷狗音乐以21691.0万的月活跃人数、22.3%的全网渗透率位居第一（见图17.41）。

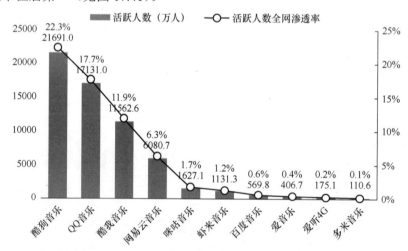

图17.41 2017年中国移动音乐APP月活跃用户

移动 K 歌领域：2017 年，移动 K 歌 APP 依旧由全民 K 歌和唱吧领跑，其中全民 K 歌渗透率为 12.31%，月活跃用户达到 11944.8 万人，以绝对优势位居第一。唱吧位居第二，月活跃用户为 3582.1 万人，渗透率为 3.69%（见图 17.42）。

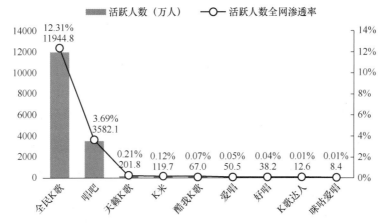

图17.42　2017年中国移动K歌APP月活跃用户

4. 移动视频领域

2017 年，中国移动视频领域月活跃用户规模保持稳定增长，从细分领域来看，综合视频领域的月活跃用户数位居第一，达到 87320.60 万人，同比增幅为 9.4%。短视频平台增幅巨大，实现高速增长，其中综合平台同比增长 114.7%，聚合平台同比增速达到 320.3%。相比之下，网络电视和视频编辑则出现了负增长，分别为-20.3%和-36.7%（见图 17.43）。

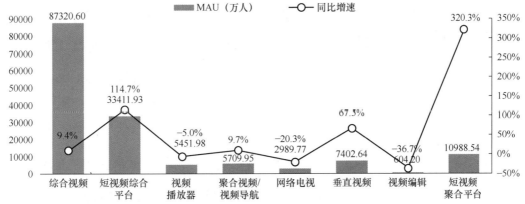

图17.43　2017年移动视频细分领域月活跃用户规模

5. 移动阅读领域

2017 年，中国移动阅读领域月活跃用户规模增速稳定，移动阅读领域月活跃用户达到 22897.1 万人，依然由综合阅读领跑，其 19335.15 万人的月活跃用户数位居领域第一，但增长较为稳定，保持 2%。阅读工具、电子书和文库的 MAU 分别位居第二、第三、第四位，其中阅读工具和电子书实现 15%以上的较为高速的增长，而文库则出现了-0.6%的负增长，月活跃用户逐渐减少，仅为 661.54 万人（见图 17.44）。

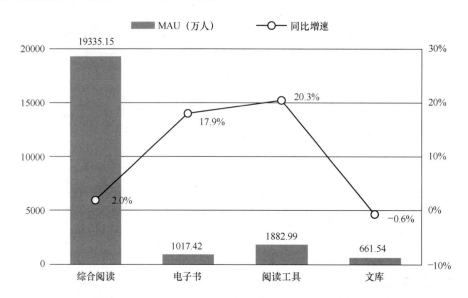

数据说明：易观千帆只对独立APP中的用户数据进行监测统计，不包括APP之外的调用等行为产生的用户数据。截至2018年第一季度易观千帆基于对22.9亿累计装机覆盖及5.8亿活跃用户的行为监测结果采用自主研发的enfoTech技术，帮助您有效了解数字消费者在智能手机上的行为轨迹。

图17.44　2017年移动阅读细分领域月活跃用户规模

6. 移动购物领域

2017 年，中国移动购物领域月活跃用户达到 91424.5 万人，其中 65%以上为综合电商，月活跃用户为 59810.12 万人，保持 21.9%的稳定增长。其次为社交电商和特卖电商，月活跃用户分别为 10387.37 万人和 8703.42 万人，其中社交电商出现爆发式增长，达 439.2%，而特卖电商则出现-8.1%的负增长。另外，整个移动购物领域中母婴电商、生鲜电商、奢侈品电商、酒水电商的月活跃用户处于尾部，均低于 1500 万人，增速较慢甚至出现负增长，只有奢侈品电商实现 91.4%的高速增长（见图 17.45）。

7. 移动旅游领域

2017 年，中国移动旅游市场月活跃用户规模为 22517.0 万人，整体增速放缓。综合旅游预订以 10220.83 万人的月活跃用户数位居第一，同比增速为 2.7%，较为稳定。其次为月活跃用户 7591.78 万人的火车票预订，与旅游工具共同实现 28.3 个百分点，是同类行业中增速最快的。航空服务、综合度假旅游预订、酒店预订、旅游攻略等行业月活跃用户均不足 2000 万人，出现负增长（见图 17.46）。

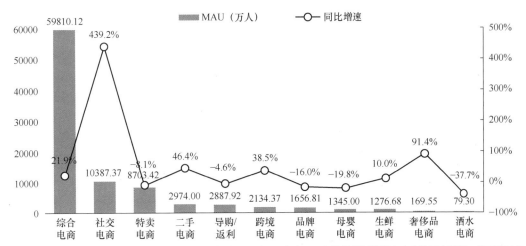

图17.45 2017年移动购物细分领域月活跃用户规模

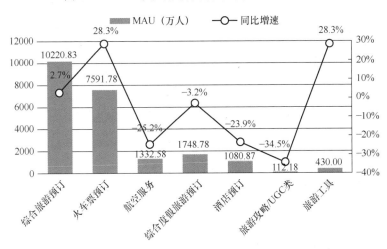

数据说明：易观千帆只对独立APP中的用户数据进行监测统计，不包括APP之外的调用等行为产生的用户数据。截至2018年第一季度易观千帆基于对22.9亿累计装机覆盖及5.8亿活跃用户的行为监测结果采用自主研发的enfoTech技术，帮助您有效了解数字消费者在智能手机上的行为轨迹。

图17.46 2017年移动旅游细分领域月活跃用户规模

8. 移动教育

2017年，中国移动教育行业整体保持高速增长，月活跃用户达到28937.4万人。中小学类教育、儿童教育、外语学习、教育平台的月活跃用户数位居前四。其中，中小学类教育和教育平台保持高速增长，同比增幅分别为78.6%和49.6%。其余行业月活跃用户均低于2000万人，除学习工具和学习社区之外，普遍增长速度较为缓慢，应试教育出现20.5%的负增长，教育资讯月活跃用户仅为21.31万人，但同比增幅达到60.6%（见图17.47）。

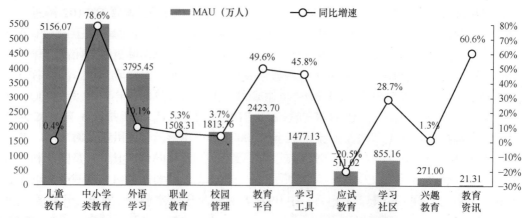

图17.47 2017年移动教育细分领域月活跃用户规模

9. 交通出行

城市用车：2017年，滴滴出行仍然是中国专车市场行业寡头，滴滴出行通过合作、融资、投资等方式进军海外市场，同时收购优步，整合资源，领先者地位得以巩固。同年12月数据显示，滴滴出行活跃用户为9890.2万人，全网渗透率达到10.19%，继续维持寡头化（见图17.48）。

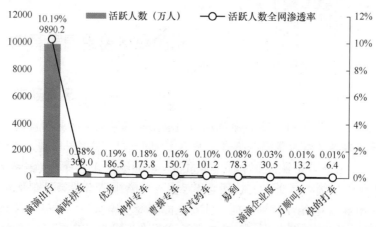

图17.48 2017年中国城市用车APP月活跃用户

共享单车：2017年，共享单车市场行业格局逐步稳定。在资本市场的助推下，摩拜单车和ofo共享单车的月活跃用户规模将近3000万人，成为共享单车市场的领头羊。2017年，摩拜单车超越 ofo 共享单车位居第一，但两者仍保持胶着状态，占据绝大部分市场（见图17.49）。

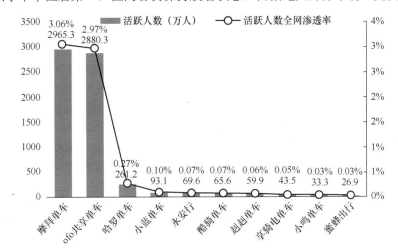

图17.49 2017年中国共享单车APP月活跃用户

17.7 发展趋势

1. 消费升级领域诞生更多独角兽

消费升级已成为当下中国经济转型升级的关键点，中国的 GDP 规模稳步提升，第三产业在 GDP 中的比重越来越大。市场消费依然是中国经济增长的重要引擎。2018 年，这些因素与消费群体深刻变化叠加，必将释放更大的潜能，在消费升级领域也将诞生更多独角兽。

2. 共享经济亟待调整商业模式

共享经济模式需要大量资产投入，其商业模式使得企业融资能力成为重要的考量指标，且共享经济的融资壁垒越来越高。共享经济与诸多领域有过结合，尤其在出行、消费、旅游等方向，共享经济的模式几经尝试，试错机会已所剩无几。2018 年，共享经济所涉及的几个重要细分市场将纷纷尘埃落定，尤其在共享单车领域的持续烧钱，已经让资本丧失了耐心，共享经济亟待调整商业模式，探索持久、稳定的业务模式盈利点。

3. 教育、医疗、娱乐等领域涌现上市潮

全球几大股票交易市场均呈现牛市，这对互联网企业及中概股来说，是难得的上市窗口期。教育、医疗、娱乐等企业，经过多年发展，虽已无爆发式增长态势，但以稳健著称，普遍拥有较好的商业模式、稳健的增长情况、健康的现金流，而今已进入收获期。

4. AI创业门槛拉高,初创团队融资能力下降

在全世界范围内AI将成为下一个科技革命方向的大背景下,2017年中国AI创业迎来顶峰,大量成立不超过五年的AI创业企业纷纷获得数亿元投资,包括BAT在内的互联网巨头大量布局AI,这使得企业的融资规模在2017年被进一步拉高(见表17.3)。更重要的是,无论是在机器视觉、语音语义,还是硬件的芯片等底层技术方面的创业机会,均存在大量竞品,这使得初创企业愈加难以突围。在得到互联网巨头的技术支撑后,当下众多的AI创业企业有了持续发展的助推力,AI的创业门槛将被拉高。

表17.3 2017年中国AI创业企业融资规模

企业名称	领域	最近一轮融资规模	融资时间(年)
商汤科技	机器视觉	15亿元	2017
云天励飞	机器视觉	数千万美元	2017
思岚科技	机器视觉	1.5亿元	2017
Insta360	机器视觉	数亿	2016
Yi+	机器视觉	1亿元	2017
依图科技	机器视觉	3.8亿元	2017
旷视科技	机器视觉	4.6亿美元	2017
速感科技	机器视觉	千万美元	2017
码隆科技	机器视觉	2.2亿元	2017
出门问问	自然语言处理	1.8亿美元	2017
蓦然认知	自然语言处理	1000万美元	2017
三角兽科技	自然语言处理	5000万元	2017
森亿智能	自然语言处理	5500万元	2017
思必驰	自然语言处理	2亿元	2016
义学教育	自然语言处理	1.2亿元	2017
智齿科技	自然语言处理	5000万元	2017
云知声	语音识别	3亿元	2017
普强信息	语音识别	1000万美元	2016
声智科技	语音识别	近亿元	2017
地平线机器人	芯片	近亿美元	2017
寒武纪科技	芯片	1亿美元	2017

资料来源:易观2018。

5. 互联网企业迈向海外市场

2017年,中国互联网企业的出海之路取得进一步成果,国产手机的全球出货为中国互联网企业走向海外提供了较好的生态基础。中国互联网企业强势的资本能力,使其可以在海外得到快速复制,包括内容娱乐、工具、短视频等国内市场发展较成熟的模式,将取得进一步的突破。

6. 新思维改造线下的商业模式将焕发更大机遇

在传统的商业领域中，互联网应用是滞后的，工业、服务业等方向刚刚完成互联网化，而全球范围的新技术方向已取得了一定成果，包括人工智能、物联网、大数据等新技术已有较为成熟的应用，但国内的商业层面依然停留在较为粗放的阶段。互联网市场的逐步饱和使互联网企业走向线下，大经济背景下的产业升级与消费升级对新技术有着强烈的渴求。两种因素叠加，使得利用新技术、新思维改造线下的商业模式带来无限可能。

7. 产品与用户的增长，带来数据规模的井喷

截至2017年年底，全球的联网设备超过170亿台，2018年将达到220亿台，积累的数据量将超过20ZB，这一切的积累为IoT产业的发展及技术应用创造了基础。2018年将继续有大量的设备进入联网状态，基于物联网的应用也将进一步走向成熟。

8. 技术依然是产业转型升级期的关键

18世纪以来的历次工业革命带来了生产力的极大提升，人类的物质生活迈上新台阶。在经历了20世纪70年代的第三次工业革命，也就是信息革命之后，50年间人类的生产生活快速信息化，而技术的演进方向并不会停步。第四次科技革命极有可能发生在未来的10年内，可能的方向包括人工智能、新能源、新材料、量子计算、基因工程等，人工智能极大地解放产生力，提高生产效率；新能源、新材料解决人类的能源需求痛点。这些领域将成为解决当下人类生命与生态环境问题的主要思路。2018年，无论在企业应用方向还是资本支持方面，在下一次科技革命到来之前，技术都将成为产业转型升级期的关键。

（王会娥）

第18章 2017年中国工业互联网发展状况

习近平总书记在党的十九大报告中强调：加快建设制造强国，加快发展先进制造业。李克强总理指出，要依托"互联网+"和"中国制造2025"，加快培育新动能、改造传统动能。制造业与互联网的深度融合主要强调两方面：一方面，要充分利用互联网技术及理念，促使制造企业、用户、智能设备、全球设计资源及全产业全价值链做到互联互通、高效协同；另一方面，要利用互联网加强制造企业内外部、企业之间及产业链各环节之间的协同化、网络化发展，充分发挥我国互联网的比较优势，进一步促进制造业加速转型升级，从而提升我国制造业的核心竞争力。

工业互联网作为互联网和新一代信息技术与工业系统全方位深度融合所形成的产业和应用生态，其本质是以原材料、机器、控制系统、信息系统、产品及人之间的网络互联为基础，通过对工业数据的全面深度感知、实时传输交换、快速计算处理和高级建模分析，实现智能控制、运营优化和生产组织方式变革。在当今信息快速发展的时代，各主要工业强国已经把工业互联网作为实现智能制造、抢占国际制造业竞争制高点的共同选择。

18.1 发展概况

1. 整体情况

2017年，中国工业互联网全力纵深推进，产业生态体系雏形显现，且具备广阔的发展空间。根据赛迪报告显示，2017年中国工业互联网市场规模达到4709.1亿元，同比增长13.6%，增速领先于全球工业互联网市场。泛在连接、云化服务、知识积累、应用创新成为工业互联网的主要特征，航天云网 INDICS、树根互联根云 RootCloud、海尔 COSMOPlat、中移动 OneNET、中国电信 CPS、华为 OceanConnect IoT、寄云科技 NeuSeer、阿里巴巴 ET 工业大脑等不断创新商业模式，带动信息经济、知识经济、分享经济等新经济模式加速向工业领域渗透，持续提升供给能力，培育增长新动能。

工业互联网的创新发展，一方面加速了传统工业的转型升级，优化了资源配置，从而提升了工业经济效益；另一方面培育出了诸多智能化、网络化、服务化、个性化的新兴产业，对工业领域制造过程的透明化、生产效率的提高、产品质量的提升、资源消耗的减少、运营成本的降低及商业模式的拓展具有重要的促进作用。2017年，规模以上工业增加值同比增长6.6%，相比2016年提高0.6个百分点，其中制造业增加值同比增长7.2%，规模以上中小工业企业工业增加值同比增长6.8%，2017年工业增加值的突然发力，改变了工业增加值增速自2010年以来单向放缓的运行态势；2017年全国工业产能利用率为77%，为5年来最好水平，单位工业增加值能耗、水耗分别同比下降约4.3%和6%，发展质量明显提升，经济效益大幅改善；规模以上工业实现利润为2013年以来最好增长水平，同比增长21%，主营业务收入利润率为6.46%，同比提高0.54个百分点，市场信心不断增强；工业生产者出厂价格（PPI）结束了自2012年以来持续5年下降的态势，同比增长6.3%；2017年全年制造业采购经理指数（PMI）始终保持在51%以上的景气区间，规模以上工业企业实现出口交货值同比增长10.7%，新订单指数保持较好水平。

2017年11月，国务院印发了《关于深化"互联网+先进制造业"发展工业互联网的指导意见》（以下简称《指导意见》），作为我国推进工业互联网的纲领性文件，《指导意见》明确了我国工业互联网发展的指导思想、基本原则、发展目标、主要任务及保障支撑。《指导意见》提出下一步要持续增强工业互联网产业供给能力，要持续提升我国工业互联网发展水平，深入推进"互联网+"发展，要形成实体经济与网络相互促进、同步提升的良好格局。《指导意见》的印发不仅为当前和今后一个时期国内工业互联网发展提供了指导和规范，更是为今后推动互联网和实体经济深度融合、推进制造强国和网络强国建设打下了坚实基础。

2．工业互联网助推先进制造业发展

2017年是全面发展的一年，在工业和信息化部的大力推动下，我国建设了一批工业互联网平台；一批新型工业APP逐步实现商业化应用，工业互联网个性化定制、智能化生产、网络化协同、服务型制造模式日渐丰富。

《中国制造2025》全面实施，国家级示范区启动创建，智能制造试点示范和智能制造专项稳步推进。国家制造强国建设领导小组成立；国家制造业创新中心建设、智能制造、工业强基、绿色制造、高端装备创新五大重点工程稳步推进；工业强基工程"一揽子"重点突破行动持续推进。上海、浙江、湖北、辽宁、陕西等省份细化落实《中国制造2025》分省市指南，推进试点示范城市建设取得突出成效。

2017年，《工业互联网标准体系框架（1.0）》《工业互联网平台白皮书》相继发布，对工业互联网平台体系架构与关键要素、技术体系、产业体系、应用场景及案例、发展建议等进行了全面阐释。国家工业信息安全发展研究中心组建完成，工业信息安全保障能力建设不断加强。

2017年，我国工业互联网产业联盟持续积聚产学研、国内外各方力量，开展架构、标准、技术、测试床、商业推广等全方位合作，迅速成为我国工业互联网产业合作的连通器和生态发展的加速器，在工业互联网技术研发、测试验证、应用推广、评估认证、资源整合、专业咨询、国际合作等多个方面进行了重要探索和实践。

未来，我国将开展工业互联网发展"323"行动（打造网络、平台、安全三大体系，推进大型企业集成创新和中小企业应用普及两类应用，构筑产业、生态、国际化三大支撑7项任务），实施工业互联网三年行动计划，制定工业互联网平台建设及推广指南，实施工业互联网安全防护提升工程，深入实施智能制造工程，实施制造业"双创"专项，推动出台促进数字经济发展指导性文件，深入贯彻国家大数据战略，等等。

3. 工业互联网创新发展战略深入实施

2017年，大企业"双创"平台持续普及，制造业骨干企业"双创"平台普及率接近70%，30%以上的制造业企业实现网络化协同，以制造企业构建基于互联网的"双创"平台和互联网企业建设制造业"双创"服务体系正在建设。"双创"利用先进互联网技术和平台，通过线上集众智、汇众力，发挥出推动制造业与互联网融合发展的新动力。在协同研发方面，依托"双创"平台，调动企业内部、产业链企业和第三方创新资源，开展跨时空、跨区域、跨行业的研发协作；在客户响应方面，依托"双创"平台实现企业对客户需求的深度挖掘、实时感知、快速响应和及时满足；在产业链整合方面，依托"双创"平台，大企业协同中心企业促进产业链生态系统的稳定和竞争能力的整体提升。

18.2 工业互联网三大体系建设

工业互联网包括网络、平台、安全三大体系，网络体系是基础，平台体系是核心，安全体系是保障。工业互联网将连接对象延伸到工业全系统、全产业链、全价值链，使设计、研发、生产、管理、服务等各环节深度互联，可实现人、物品、机器、车间、企业等全要素联动。工业互联网平台作为工业智能化发展的核心载体，可实现海量异构数据汇聚与建模分析、工业制造能力标准化与服务化、工业经验知识软件化与模块化，以及各类创新应用开发与运行，支撑生产智能决策、业务模式创新、资源优化配置和产业生态培育建设，满足工业需求的安全技术体系和管理体系，增强设备、网络、控制、应用和数据的安全保障能力，识别和抵御安全威胁，化解各种安全风险，构建工业智能化发展的安全可信环境。工业互联网通过系统构建网络、平台、安全三大功能体系，打造人、机、物全面互联的新型网络基础设施，形成智能化发展的新兴业态和应用模式。

18.2.1 网络体系

网络体系是工业互联网的基础，促进网络基础设施的低时延、高可靠、广覆盖建设，有利于推动工业互联网各环节的泛在深度连接，有利于企业生产系统的精准对接、产品全生命周期管理和智能化服务等业态发展。我国工业企业网络化水平总体偏低，且标准众多、兼容性不强。针对以上问题，《指导意见》统筹考虑了工业数字化、网络化、智能化的发展需要，提出了企业内网改造、企业外网建设、IPv6部署三个方面的工作方向。其中，工业企业内网改造是当前最为紧迫和重要的任务，特别是围绕部分中小企业数字化、网络化水平低的问题，打造新模式、新业态的基础生产网络环境；工业企业外网建设与内网改造相辅相成，通过推进宽带网络基础设施建设与改造，降低中小企业的信息服务成本，实现产业上下游、跨领域的广泛互联互通；广泛部署IPv6使工业互联网发展海量地址需求成为可能，在工业企业内、外网络改造的过程中同步推进网络设备、设施、系统等进行IPv6改造，实现从整个制造系统到互联网更大范围、更深层次的互联。

基于工业互联网网络体系建设，工业互联网的应用路径将初步形成：一是在企业内部打通设备、生产和运营系统，实现数据的获取和分析；二是在企业之间进行协同，实现产品、生产和服务创新，打通企业内外部价值链；三是在平台端汇聚协作企业、产品、用户等产业链资源。

18.2.2 平台体系

平台体系是工业互联网的核心，根据制造业数字化、网络化、智能化目标，搭建基于环境数据、生产数据、设备数据等海量异构数据的采集、汇聚、建模、分析的工作体系，是支撑生产智能决策、推动模式创新、优化资源配置、培育产业生态的载体。《指导意见》明确提出在四个方面重点开展工作：①加快工业互联网平台培育，搭建 10 个左右跨行业、跨领域平台，建成一批能够支撑企业数字化、网络化、智能化转型的企业级平台；②开展工业互联网平台试验验证，支持产业联盟、企业与科研机构合作共建测试验证平台，开展技术验证与测试评估服务，加快平台落地应用；③推动百万企业上云，鼓励工业互联网平台在产业聚集区落地，鼓励中小企业业务系统向云端迁移；④培育百万工业 APP，在重点行业领域逐步培育 100 万个左右面向特定应用场景的工业 APP，壮大工业互联网平台产业。

2017 年，我国基于工业互联网平台的数字化生产、网络化协同、个性化定制、服务型制造等新模式继续推广：设备预测性维护、生产工艺优化等应用服务帮助企业用户提升资产管理水平，制造协同、众包众创等创新模式实现社会生产资源的共享配置，用户需求挖掘、规模化定制生产等解决方案满足消费者日益增长的个性化需求，智能产品的远程运维服务驱动传统制造企业加速服务化转型。基于工业互联网平台体系，面向用户实际需求的各类应用场景更加丰富，如面向工业现场的生产过程优化（设备运行优化、工艺参数优化、质量管理优化、生产管理优化）、面向产品全生命周期的管理与服务优化（故障提前预警、设备远程维护、产品设计反馈优化）、面向社会化生产的企业间协同（云制造、制造能力交易、供应链协同）。

工业互联网平台建设及推广指南制定并陆续出台，促进大型企业集成创新和中小企业应用普及，龙头工业企业利用工业互联网将业务流程与管理体系向上下游延伸，带动中小企业开展网络化改造，工业互联网应用更加普遍，"单项冠军"不断涌现，工业企业上云和工业 APP 培育取得新进展；在平台生态建设方面，产业联盟、行业协会整合产业资源的优势充分显现，通过建设验证测试平台、培育开源社区、举办开发者大赛、推动平台间的合作等举措开创新局面。

18.2.3 安全体系

安全体系是工业互联网的保障，工业互联网具有开放、互联、跨域、融合等特点，这是工业互联网的独特优势，也是工业互联网发展的一个重要前提和基础，同时也带来了安全难题，它打破了以往相对清晰的安全边界。近年来，随着工业领域数字化、网络化不断推进，制造业内部网络与互联网逐步打通，网络安全威胁向工业领域蔓延渗透，伊朗核设施遭遇震网病毒攻击、乌克兰电厂因黑客攻击导致大面积停电、永恒之蓝勒索病毒致使全球多家汽车等生产企业停产等一系列事件说明，安全已经成为工业互联网发展中首要考虑的问题。《指导意见》提出提升工业互联网安全防护能力、建立数据安全保护体系、推动安全技术手段建设等安全保障要求，工业互联网的安全防护要充分考虑新的工业属性需求，同步推进产业发展和安全防护。

为推动工业互联网安全保障工作，工信部相继出台《工业控制系统信息安全防护指南》《工业控制系统信息安全事件应急管理工作指南》《工业控制系统信息安全防护能力评估工作管理办法》等指导文件，并发布《工业控制系统信息安全行动计划（2018—2020）》，明确了在工业控制系统信息安全方面未来3年的工作重点和方向，特别明确了建立多级联防联动的工控安全工作机制，从多个方面推动工业互联网安全保障工作。

18.3 典型案例和应用实践

在过去10年制造业"两化融合"的发展过程中，我国工业互联网产业获得了"黄金十年"发展期。大量国外信息化厂商，如SAP、西门子、施耐德、ABB、达索系统、霍尼韦尔、OMRON等在中国市场增长的过程中收益颇丰，国内企业如用友、浪潮、东软、宝信、石化盈科、华为、海尔、启明星辰等也在不断壮大自身的规模。随着新兴技术的快速发展，工业信息化迎来了数字互联的新时代，我国工业互联网产业在这一背景下同样迎来了新的发展机遇。在我国庞大的制造业市场的基础上，政府的宏观政策也在不断地向"互联网+制造产业"倾斜。此外，国内外厂商在激烈的市场竞争中纷纷推出新技术、新产品和新的商业模式，不断推进工业互联网产业的演进和发展。我国工业互联网产业在技术、市场和企业的多方因素推动下，具备广阔的发展空间。

18.3.1 新一代二三层智能以太网系列交换机

浪潮集团有限公司（以下简称浪潮）是中国本土代表性IT企业之一，国内云计算、云识别领导厂商，信息科技产品与解决方案服务商，其通过以太网接入交换机迭代更新，满足工业企业需求，进一步提升网络基础设施规划，提升网络设备性能。浪潮推出了新一代二三层智能以太网系列交换机，以及工业系列交换机产品，以满足工业企业对基础网络设备简化运营、控制成本、高性能的三个要求，能够进一步帮助工业互联网企业构建面向未来的高可靠、便捷的IT网络架构。

针对企业及园区网的百兆或千兆以太网接入需求，浪潮研发的绿色节能二层以太网接入交换机——浪潮S5000（包含S5100和S5560两个系列），拥有IPv6特性、QoS能力、高可靠机制、POE智能电源管理等技术，成功地解决了工业企业在工业互联网网络基础设施领域投入成本高、运维环节烦琐等问题。

针对企业园区接入和数据中心千兆接入需求研发的新一代三层智能以太网交换机——浪潮S6550系列，具有全千兆电口光口接入及万兆上行端口、双电源、支持智能堆叠技术特性，可以1∶N备份，可满足用户将多台设备在逻辑上虚拟为一台的需求。该系列交换机拥有rip、ospf、isis、BGP等丰富的路由协议，同时拥有智能风扇技术，可以帮助工业互联网企业实时监测设备温度环境，控温降噪。

针对工业领域自动化控制系统需求研发的卡轨式以太网交换机——浪潮SI5000系列，拥有工业级芯片、电源模块，可以满足多种以太环网协议，可以卡轨式安装，小于20ms的环网自愈时间充分保证了组网节点间数据的高可靠传输，无风扇散热负面特征，达到IP40防护等级，具有体积小、安装简便等特性，MTBF平均无故障工作时间可达35年，适用于电力、水处理、冶金、交通、海运、煤炭、石油等工业现场环境，具备极佳的工业现场环境适应性。

18.3.2 "云模式"的新一代智能技术工业互联网平台

用友精智工业互联网平台是基于新一代智能技术的工业互联网平台，平台主推"平台+服务"的特色，重点强调的是一个平台和多种企业级云应用，可以为中小企业提供"一站式"云应用服务。

平台以四层架构进行部署，可分为设备层、IaaS 层、PaaS 层、SaaS 层，包含安全规范、云接入规范、生态服务等内容。设备层通过向设备接入控制系统、数字化产品等形式采集海量数据，向平台完成数据供应。IaaS 层主要通过分布式存储、虚拟化、并行计算、负载均衡等云计算技术，将网络、计算、存储等计算机资源进行池化管理，后期在确保资源的使用安全的基础上进行按需分配，为用户提供完善的云基础设施服务。PaaS 层由云开发平台、移动平台、大数据平台、物联网平台（IOT）、云集成平台、云运维平台、云运营平台等多平台组成，用友精智工业互联网平台在基础设施、数据库、中间件、服务框架、协议、表示层平台支持开放协议与行业标准，可以在阿里云、华为云、AWS 云及自建数据中心中投入运行。用友在工业 PaaS 业务功能组件上主要有通用类业务功能组件、工具类业务功能组件、面向工业场景类业务功能组件。SaaS 层基于四级数据模型建模，完成了多级映射，包括社会级、产业链级、企业级和组织级。此外，用友精智工业互联网平台 SaaS 层还提供基于 PaaS 平台开发的应用程序，为企业、政府提供交易、物流、金融、采购、营销、财务、设备、设计、加工、制造、数据分析、决策支撑等应用服务，同时，用友精智工业互联网平台拥有财务服务、人力服务、采购服务、营销服务、协同服务、税务服务、工程服务、资产服务、分析服务等方面的优势，能够更好地助力企业转型升级。

用友精智工业互联网平台是"云模式"的新一代智能技术工业互联网平台，基于工业企业数字化商业场景而设计，可以为用户提供基于数据的场景化智能云服务，能够帮助企业、政府等合作伙伴真正实现智能运营交易服务。

18.3.3 基于工业互联网的智能制造集成应用示范平台

海尔依托遍布全球的十大研发中心及连接全球用户的 N 个触角，形成了"10+N"研发体系，落地了全球首个一站式智慧成套解决方案。

海尔主要以 OSO 顺逆交互平台、COSMOPlat 工业云平台、U+平台为依扎，从生产到体验迭代全流程闭环。通过 OSO 顺逆交互平台与用户零距离交互，聚合分散的用户需求，将用户需求反馈到 COSMOPlat 工业云平台，从而完成用户对智能家电的个性化定制，最后在 U+平台上不断优化迭代解决方案，形成智慧生态圈。

全国首家国家级工业互联网示范平台 COSMOPlat 工业云平台，拥有全周期、全流程、全生态三大差异化特征，从需求定制到产品研发，形成了以用户为中心的并联流程，全方位为用户提供服务方案。2017 年，COSMOPlat 聚集了 3.2 亿用户和 390 万家企业，平台实现交易额 3133 亿元，定制订单量达到 4116 万台，已成为全球代表性的大规模定制解决方案平台。

18.3.4 面向互联网+工业及智能设备信息安全北京市工程实验室

启明星辰是一家互联网安全服务提供商,在互联网安全领域有着核心技术和先进经验。近年来,该公司开始在工业互联网安全领域拓展。2017年2月,成立了"面向互联网+工业及智能设备信息安全北京市工程实验室",以帮助企业开展工业控制系统和智能设备信息安全防护技术研究为目的,以在工控系统信息安全、工业互联网平台安全等领域实现关键技术突破为目标,以全面提升工控实验室的创新能力及培养工控信息安全人才为宗旨。该实验室主要进行智能设备信息安全防护技术研发、工业控制系统信息安全防护技术研发,还包括石油炼化、先进制造、油气管道、电力系统等行业工业控制系统信息安全防护体系研究和进行相关的模拟环境测试。该实验室拥有一批主流工控系统及流程类生产装置(SIEMENS、AB-Rockwell、Schneider、ABB、三菱、GE、和利时、东方电气等),在轨道交通、先进制造、石油炼化、烟草等各个行业的工控协议数据及工艺流程上可以做到完全仿真式模拟。通过多种用户场景的攻击防护模拟,进行工控漏洞扫描操作,及时封堵漏洞;进行工控异常监测,及时发现未知连接并报警;通过工业防火墙自定义防护策略进行安全防护。目前实验室已经投入使用,并已成功孵化出新一代教学研究工控安全试验箱,其主要功能包括:工控系统漏洞挖掘及防护研究、工控信息安全设备测试与验证、工控信息安全实验平台搭建、工控信息安全攻防演练、面向行业工控客户攻防展示、工控信息安全技术培训、工控系统协议仿真及深度解析并验证等。

18.4 发展趋势

据测算,到2020年工业互联网在物联网市场规模中总体占比将达到22.5%,未来15年我国工业互联网市场规模将达到1.8万亿美元,工业互联网将迎来巨大的市场机遇。

1. **工业互联网行业解决方案将继续突破**

推动相关领域关键技术研发和重点行业普及应用,进而提升制造业软实力和行业系统的解决方案,是推动工业互联网创新发展的突破口。通过关键技术的突破和产业化,推进产业链上下游相关单位联合开展制造业+互联网试点示范,有望以全面提升行业系统解决方案能力为目标,面向重点行业、智能制造单元、智能生产线、智能车间、智能工厂建设,探索形成可复制、可推广的经验和做法,培育一批面向重点行业的系统解决方案供应商,组织开展行业应用试点示范,形成一批行业的优秀解决方案。

2. **企业提升自身核心竞争力的需求更加迫切**

未来将会有更多的企业拓展业务进入行业系统解决方案市场,在实践中不断提升服务能力,为开辟新市场、寻求新的增长空间提供突破方向。越来越多的制造业企业、互联网企业、软件和信息服务企业将开展跨界合作与并购重组,通过优势互补、协同创新,强化工业互联网解决方案的自主提供能力,行业解决方案将成为领先制造企业新的利润增长点。

3. **工业互联网安全保障将成为关键**

随着工业互联网发展的不断深入,越来越多的工业控制系统及其设备连接在互联网上,造成的安全风险持续加大。随着控制环境的开放,工厂控制环境可能会被外部互联网威胁渗透；工业数据在采集、存储和应用过程中存在很多安全风险，大数据隐私的泄露会为企业和用户带来严重的影响，数据的丢失、遗漏和篡改将导致生产制造过程发生混乱。工业基础设施、工业控制体系、工业数据等重要战略资源的安全保障机制有望形成，通过制定工业企业网络安全系统相关政策，发展工业互联网关键安全技术和完善工业信息安全标准体系，组织开展重点行业工业控制系统信息安全检查和风险评估，推动访问控制、追踪溯源等核心技术产品产业化，将提升制造业与互联网融合的安全可控能力。

（赵亚利、苗权、李玲、刘叶馨、韩兴霞）

第 19 章 2017 年中国农业互联网发展状况

19.1 发展概况

1. 政策持续利好

2017 年 2 月 5 日,新华社发布了《中共中央国务院关于深入推进农业供给侧结构性改革加快培育农业农村发展新动能的若干意见》(中发〔2017〕1 号),继续锁定"三农"工作,提出"壮大新产业新业态,拓展农业产业链价值链""强化科技创新驱动,引领现代农业加快发展""推进农村电商发展,推进'互联网+'现代农业行动""加快农村金融创新,鼓励金融机构积极利用互联网技术,为农业经营主体提供小额存贷款、支付结算和保险等金融服务"。农业部随即出台了《2017 年农业信息化工作重点》,文件中提出:推进农业行业管理信息化发展,提高信息服务能力,大力发展农业农村电子商务,提高农业生产智能化水平,加强农业物联网技术在种养殖业中的集成应用。

2. 农业互联网独角兽企业端倪初现

2016 年,农业互联网企业陆续受到各方资本的青睐,以及各方资本力量的介入,进一步推动了农业互联网的蓬勃发展。以"农业+服务"为目标的 SaaS 服务、金融、大数据、物联网等 B2B 模式开始逐步兴起。到 2017 年,一线投资机构开始在农业云服务、农业电商、农技服务、农业金融、农业物联网等垂直细分领域挖掘培育部分标杆企业,农业互联网独角兽端倪初现。

3. "互联网+"农业

经过这几年的发展,互联网与传统农业的深度融合让农业发生了很大的变化,对促进农业发展,推动农业转型起到了重要作用。首先是农业物联网技术的发展及应用,使规模化农业企业的种养殖业形成工业化。其次在于信息化服务和多形式农产品交易电商平台的融合式发展,解决了传统农业的产业链长、信息不对称等问题,大型的农产品交易集散中心和以大宗交易为主的电子交易平台,通过互联网技术,实现实时行情交易。农产品品牌化模式加速推进,借助网络营销的力量,大大缩短了传统农产品几年才能完成的品牌打造,爆款现象如褚橙、不知火丑橘等层出不穷。"互联网+"农业大数据正在逐渐发展壮大,研发了以数据为基础的预测分析产品,指导农事生产、辅助农业生产和种植决策,进行全过程透明化管理等,大大提高了市场预判的准确性,降低了种养殖企业风险和生产型企业原料成本,实现了农业提质增效，增产增收。

19.2 农业信息服务

1. 农业信息化服务体系

近年来，我国农业信息化发展取得了巨大成效，在农业信息基础支撑、生产、经营、管理、服务等方面发展迅速，一套现代化的农业信息服务体系初具规模。目前，我国农业信息服务主要由两类主体提供：一类是政府主体，主要集中在生产信息、经营信息及管理信息方面的服务，通过政务信息公开、12316"三农"综合信息服务平台及益农信息社提供从中央到门口的信息服务；另一类主体是社会组织，其主要提供经营和生产信息的服务，通过对开放的政务信息、自身业务的数据等进行开发，实现商业性目的。

2. 农业大数据发展阶段

从发展阶段来看，第一阶段是农业数据的初级积累阶段，这个阶段实现了从有数据无积累、纸质数据到数字化数据，从无"三农"数据到有"三农"数据等几个历程的演进，即实现了初步的信息获取，这个阶段的农业信息服务主体主要包含农业门户型网站、媒体网站等。第二阶段是农业数据规模化积累阶段。在此阶段，随着基础支撑技术的发展，大量APP及个性化定制农业信息服务的出现，用户的交互行为更加频繁，数据规模逐渐增大，供需双方数据体系逐渐完善，信息服务水平和能力逐渐提升。第三阶段是随着农业信息服务的深入，从农业数据的挖掘渗透到农业生产、加工、销售、资源环境、过程等全产业链的价值信息，数据的数量、质量、维度均大幅增加，对数据的分析和潜在价值的发掘更为深入，为精细农业的研究与实施奠定了坚实的基础。

3. 农业信息服务形式多样化

新技术的应用贯穿了农业生产、经营、管理等方面的服务。在生产方面，植保无人机、智能机器人、畜禽可穿戴设备等智能化的软/硬件设备和物联网、AI等新技术发展迅速，能够直接将农业信息转化为生产力，在农业的产前、产中、产后、运维均有广泛的应用场景，如畜禽精准饲喂系统，能够根据每只动物的生长曲线，以更加精准和科学的方式投料，在节省了人力资源的同时，提高了投入品的利用效率和养殖效率。

在销售领域，移动互联网、电子商务、大数据、云计算等技术的应用，深刻地改变了农业销售、服务的产业环境，减少了农业信息不对称的现象，同时通过大数据指导对用户潜在需求的精准发掘，可为经营活动决策提供更加全面的辅助信息，从而避免决策失误，提高经营效率。

4. 农业信息服务商业模式初现

农业信息服务虽然出现的时间相对较早，但早期仍然以政府为主要供给主体，社会主体通过农业信息服务变现相对较难。近年来，随着农业生产性服务业、农村金融等领域的扶持力度不断加大，政府购买信息服务和农村互联网金融等模式为农业信息服务带来了持续发展的契机。以发展较为成熟的农业金融为例，农业信息服务使得金融与农业实体产业更好地融合，通过促进农业行业数据获取和逐步建立征信体系，实现了对传统金融领域长尾产业农业的风险可控，金融工具逐渐渗透到农村农业的产业应用场景中，促进信息的变现，从而使得信息服务变得有价值，也在市场的作用下，自发形成了一些可持续的商业模式。例如，农信金服通过猪联网获取用户的管理经营数据和交易数据，结合线下服务获取的信息，形成较强的风控能力，进而为用户提供信贷、保险、理财、保理、融资租赁等全方位的金融服务。

19.3 涉农电商

1. 政策支持

自2014年以来，农村电商受到各界空前关注，农村电子商务连续四年写入中央一号文件。2017年，中央一号文件更是专设一节，首次提出"推进农村电商发展"，从更高层次、更广视角关注农村电子商务，并提出了相关要求：促进新型农业经营主体、加工流通企业与电商企业全面对接融合，推动线上线下互动发展；加快建立健全适应农产品电商发展的标准体系；支持农产品电商平台和乡村电商服务站点建设；推动商贸、供销、邮政、电商互联互通，加强从村到乡镇的物流体系建设，实施快递下乡工程；加强农产品产地预冷等冷链物流基础设施网络建设，完善鲜活农产品直供直销体系。农村电商政策的内涵不断丰富，也是以农村电商培育新动能，用新动能推动新发展的过程。农村电商如今已经成为推动农业农村经济发展的新引擎，帮助贫困地区实现"弯道超车"跨越式发展的重要手段。

2. 农产品电商

2017年，我国农村网络零售额达12448.8亿元，较2016年年底增长39.1%，其中农产品的网络零售交易额约占20%，达到2500亿元；生鲜农产品电商零售额达到1391.3亿元，平均每年增长50%，自2013年以来连续五年保持50%以上的增长速度。供应链整合能力是农产品电商的核心能力，无论是农业B2B电商代表，如农信商城的国家生猪市场、渔市场、蛋市场、柑橘市场等，还是2C端的代表，如包括供销e家、每日优鲜、盒马鲜生、易果生鲜等在内的电商企业都大力布局。

在2B端，如农信商城，围绕农业产业一个个品类来深耕产业互联网平台，通过SaaS生产管理平台+B2B电商+金融服务，使得农产品从生产源头开始进行过程管理来提高效率和实现溯源，无缝对接电商平台，实现在线交易，提升交易效率及流通过程可追溯。农产品电商可追溯体系建设得到重视，国家层面和企业层面都投入了大量资源建立追溯体系。

2017年6月，国家农产品质量安全追溯管理信息平台上线运行；此外，商务部、国家质检总局、国家粮食局的农产品可追溯体系建设也加快了步伐，逐步形成国家、第三方平台、企业（合作组织）可追溯的框架体系。

3. 农资电商

农资电商经过几年的市场竞争，目前已趋于理性发展。优胜劣汰后的农资电商不再照搬消费电商的老套路，更加注重线下服务能力的打造。一些农资电商平台，如爱种网、农商一号、农资市场等，都在不断的摸索中前行和转型。中国复合肥领军企业金正大斥资20亿元打造的农资电商平台农商一号已经停止运营，其京东旗舰店也已关闭。农一网将"专业服务于农资零售商和种植大户的电商平台"定位升级为"服务于工作站和种植大户的垂直专业电商"，将聚焦在工作站和种植大户开展工作。有种网搭建"互联网+县域"模式，建立一站式新型农资流通渠道（厂家—有种网—农户的一级渠道）和打造线下服务体系；大丰收注重深化服务能力，成立了国内首家互联网（种植）实验室——丰创研究院，联合全国诸多知名院校，为种植者提供土壤监测、农药检测、肥料检测、土壤重金属检测、农产品重金属检测、作物病害分析等全方位的种植服务。农信商城通过单品类产业平台的打造，提供在线种养殖管理平台、在线问诊如猪病痛、种植通等行业专家诊断服务，从而为其农资电商提供了持续的用户和精准导流，打造大数据指导下的专家式电商，更符合农业产业电商的需求和特性。但从总体上说，农资电商的可持续运营推广、线上线下的融合、专家式服务和大数据精准应用、盈利能力等，仍是农资电商的痛点和难点。

4. 发展态势

农村电商不仅在市场体系建设方面具有重要价值，在农村扶贫开发、城镇化建设、农村草根创业等涉及乡村振兴的各个方面都具有积极、重要的意义。随着我国精准扶贫工作的持续推进，电商扶贫、产业精准扶贫等也将成为扶贫工作的重要内容。农村电商的范畴还将不断扩大，农村电商的痛点将得到改善。物流、标准、人才、金融等各类制约农村电商发展的深层次问题将随着各类社会资源的不断涌入，在政策和市场的双重推动下，逐步得到解决。随着基础设施的持续改善，农村电商领域的机会越来越多，将吸引更多的企业和创业者进入，共同致力于农村电商的发展。

19.4 农业生产与物联网融合发展

1. 农业物联网技术积累

近年来，专门面向农业物联网的技术标准体系正在不断完善，目前已有国家批准立项的14项农业物联网国家标准取得重大进展。农业个体标识技术已在个体识别、个体信息共享上取得巨大进展，将颠覆传统农业粗犷式、不区分个体差异的管理方式，是实现农业物联网内节点设备、农业动植物的精细化个体管理的基础。

目前，农业现场总线技术已实现了农业控制系统的分散化、网络化、智能化等要求。同时，由于其鲁棒性、抗干扰能力强、故障率低，是确保农业物联网关键节点信息传输的必备技术。

基于物联网的农业大数据现已初具规模，截至2016年年底，我国于2003年启动的农业科学数据共享中心项目共积累了2.9TB的农业数据，其中包括1.2TB的高分辨率影像数据。信息时代，数据是最重要的资产之一，海量多源数据为农业大数据的研究奠定了基础。

2. 人工智能农业应用

在种植领域，佳格天地公司通过人工智能和深度学习技术，利用大量与农业相关的卫星图像数据，分析农作物病害的发病规律，从而对农作物病害的爆发做出精准预测；中环易达正在建设世界首例"自我进化型"人工光植物工厂，即在实现了高度自动化控制的温室里，将人类的种植数据与AI技术相结合，形成第四代"自学习型"设施农业物联网系统。

在养殖领域，阿里、京东等传统互联网巨头纷纷宣布入局AI养猪，引爆全社会对智能养猪的关注，多家公司开展了人工智能在养猪业的应用场景研究。话题度最高的猪脸识别技术研究，虽然炙手可热，但目前还处于探索阶段，随着这一技术的不断成熟，在生产上将有丰富的应用场景。农信互联发布的猪联网 3.0 版本，也在探索运用多种新老技术的有效结合，如耳标、自动饲喂系统、环境监测及控制传感器、摄像头等与现有猪联网的连接与集成整合，实现猪场猪只身份识别、育种管理、猪场生产管理、猪群健康管理、智能体重测定、母猪精准饲喂、母猪膘情控制、食品安全追溯等；除此之外，多家公司也在积极探索视频图像分析、语音识别、物流算法等在猪场管理上的应用，人工智能极有可能给古老的养猪业带来巨大的颠覆和改变。

3. 农业物联网普及

目前国内还未建立完整的农业物联网技术标准体系，应用标准规范缺失，导致农业传感器标准化程度不够，传感网建设缺乏统一的指导规范，感知数据的融合应用和上层应用系统的开发也没有标准可循，无法互联共享，不利于产业化技术发展。

我国农业生产仍以小规模模式为主，在农业生产精细化、自动化方面还比较薄弱，现有的农业监测及自动控制技术普及率较低，物联网应用环境还不完善，严重制约了农业物联网的发展。

同时，我国的物联网传感器实用化程度较低，与国际先进的物联网传感器技术相比，还存在设备体积大、功耗高、感知数据精度低、设备在恶劣自然环境下不稳定等问题。因此，虽然目前农业物联网应用汇集了大量农业数据，但这些实时感知数据没有得到充分挖掘利用。

4. 发展态势

发展农业物联网的当务之急是推动农业物联网行业的标准化，加快农业物联网相关标准的研究与修订，如基础共性标准、关键技术标准和重点应用标准，加强各应用系统之间的兼容性、互换性，避免农业物联网的投入浪费。

通过农业物联网应用对各地农业小规模经营现状进行重点改革，应适当引导扩大农业种植规模，提高农业生产的机械化程度和新技术采用率，提高种养殖的专业化水平，为农业物联网的实施提供适宜的环境。

为了促进农业互联网进一步良性发展，必须提高农业感知、传输、信息处理等关键技术的环境适应能力与精度，深入农业行业本身，渗透农业农村市场，同时兼顾设备成本，为广大农民提供更多性价比高的产品。同时，与农业专家合作，加强机器在农业业务模型领域的深度学习研究，不断优化模型、算法，为农业精细生产提供真正的指导。

（于莹）

第20章 2017年中国电子政务发展状况

20.1 发展概况

2017年,党中央、国务院高度重视信息化与电子政务工作。习近平总书记强调,电子政务要适应人民期待和需求,让亿万人民在共享互联网发展成果上有更多获得感,要加快推进电子政务,鼓励各级政府部门打破信息壁垒、提升服务效率,让百姓少跑腿、信息多跑路,解决办事难、办事慢、办事繁的问题。李克强总理也多次指出,要借助电子政务,优化再造政务服务方式,融合升级服务平台渠道,夯实应用支撑基础,真正让人民群众少跑腿、好办事、不添堵。2017年《政府工作报告》指出,要加快国务院部门和地方政府信息系统互联互通,形成统一政务服务平台。

2017年5月,国务院办公厅印发《政务信息系统整合共享实施方案》(国办发〔2017〕39号),提出了加快推进政务信息系统整合共享、促进国务院部门和地方政府信息系统互联互通的重点任务和实施路径,计划在12月底基本完成国务院部门内部政务信息系统整合清理工作,初步建立全国政务信息资源目录体系,政务信息系统整合共享在一些重要领域取得显著成效,一些涉及面宽、应用广泛、有关联需求的重要政务信息系统实现互联互通。同月,国务院办公厅印发《关于印发政府网站发展指引的通知》(国办发〔2017〕47号),首次从国家层面对全国政府网站的建设、管理和发展做出顶层设计,为全国政府网站未来3~5年的有序健康发展提出了纲领性、全面性、系统性、规范化的明确要求,进一步加强政府网站管理,引领各级政府网站创新发展,深入推进互联网政务信息数据和便民服务平台建设,提升政府网上服务能力。6月,国务院印发《关于"十三五"国家政务信息化工程建设规划的批复》(国函〔2017〕93号),推动政务信息化建设迈入"集约整合、全面互联、协同共治、共享开放、安全可信"的新阶段。

2017年,全国政府网站常态化监管机制持续巩固,国务院办公厅继续开展全国政府网站普查工作,第三季度总体合格率为97%,比第二季度提高了3个百分点,三个季度抽查合格率平均值达到94%。2月,国务院办公厅印发《关于开展全国政务服务体系普查的通知》(国办函〔2017〕17号),以推进政务服务规范化、精准化、便捷化,提升政府服务效率和群众获得感，推动"放管服"改革各项措施落实到位。10月，国务院办公厅印发《关于全国互联网政务服务平台检查情况的通报》（国办函〔2017〕115号），对全国201个互联网政务服务平台的检查结果进行了通报。截至2017年8月底，已有29个省（区、市）及新疆生产建设兵团建成一体化互联网政务服务平台，其中16个平台实现了省、市、县三级全覆盖。平台功能方面，北京、天津、上海、浙江、山东、广东、海南等地区平台搜索、注册、咨询等功能有效可用的比例在80%以上；服务事项方面，江苏、浙江、山东、广东、贵州、宁夏等地区平台80%以上的服务事项规范性、实用性、准确性较好。此外，浙江提出"最多跑一次"、江苏提出"不见面审批"等，对互联网政务服务平台服务实效提出了更高的要求。

从总体上看，2017年中国政府网站已由以政府网站提供信息服务的单向服务阶段，迈向跨部门、跨层级的整体服务阶段，统一完整的国家电子政务网络已在全国范围内基本形成，做到了让数据多跑路，让群众少跑腿，大数据打通了政府部门之间、政府和人民之间的信息流通边界，使得政府决策更加科学，社会管理更加精准，公共服务更加高效。2017年中国政府网站绩效评估结果显示，部委网站信息发布、办事服务和管理保障整体绩效较好，平均绩效指数达到0.74以上，解读回应平均绩效指数也达到0.7，网站信息内容建设工作正在稳步推进，但网站互动交流指数与应用推广指数偏低，网站的互动交流效果、智能化水平和"两微一端"的建设仍是短板，亟待进一步提高。各地方政府网站的信息发布、办事服务和管理保障平均绩效指数达到0.55以上，处于较高发展水平，解读回应和互动交流平均绩效指数偏低，有待进一步完善，而应用推广平均绩效指数仅为0.275，严重影响了网站的整体发展水平，亟待解决和完善。政府网站的各项绩效指数评估水平如图20.1和图20.2所示。

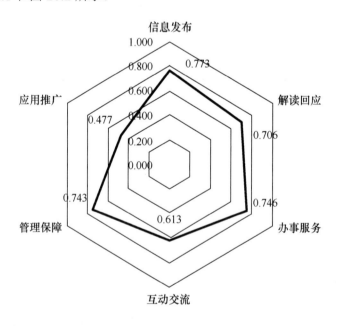

图20.1　2017年部委政府网站各项评估

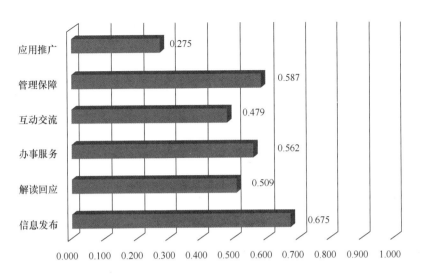

图20.2　2017年地方政府网站各项评估结果

20.2 政府门户网站建设

20.2.1 整体情况

2017年政府网站绩效评估结果显示，部委网站2017年平均绩效得分较好，但两极分化现象仍然存在。部委网站2017年平均绩效指数为0.677，36家部委网站得分超过了平均分，占比达到51.4%，与2016年相比数量有所下降。多数网站处于中等建设水平，约15.7%的网站绩效指数低于0.60，两极分化现象仍然存在。各部委政府网站绩效得分情况如图20.3所示。

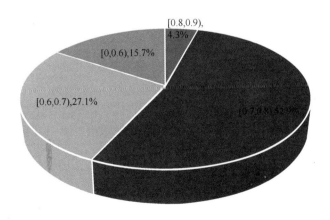

图20.3　2017年部委政府网站绩效得分情况

地方网站总体呈现出省级、地市和区县由高到低的阶梯式发展水平。2017 年政府网站绩效评估结果显示，我国省市县政府网站总体上呈现由高到低的"阶梯式"发展，省级政府网站相对较好，绩效水平达到 0.659；地市级政府网站居中，整体水平为 0.563；区县政府网站发展缓慢，整体发展水平为 0.397，均较 2016 年有小幅提升。各级地方政府网站绩效得分情况如图 20.4 所示。

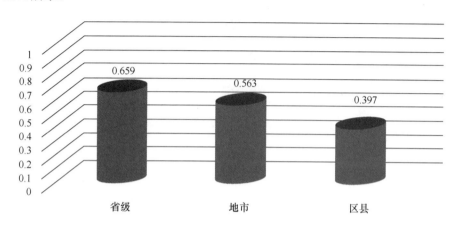

图20.4　2017年地方政府网站绩效得分情况

20.2.2　主要特点

一是集约化工作全面启动，网站建设迈入新阶段。自 2014 年国家提出政府网站集约化建设要求，到《政府网站发展指引》明确网站集约化工作路径以来，各部门、各地区积极探索网站集约化建设模式，并取得了初步成效。超过 2/3 的省份已经颁布了集约化建设的政策文件或实施方案。国税总局、海关总署、广东、江苏等结合本部门、本地区实际情况，先后启动了政府网站集约化建设，平台、资源的规范整合正在深入开展。目前，全国政府网站运行总数已从 2015 年 8 月的 8.4 万余家精简到 2.8 万家，超过 2/3 的网站已经或正在向上级主管、本级门户网站进行整合。北京、贵阳、六安、罗湖等积极推进统一信息资源库建设。通过搭建统一分类、统一元数据、统一数据格式、统一调用、统一监管的信息资源库，为网站服务集约化夯实了基础。

二是互联网政务持续深化，网上办事开启新篇章。调查发现，多数地方政府持续推进互联网政务服务建设，积极推动跨部门、跨地区数据共享和业务协同，依托政府网站加强互联网政务服务平台建设，开展政务服务事项网上全程办理。江苏、广东、广西、海南、四川、宁夏、南京等积极推进"不见面审批"改革，努力实现由"面对面"到"键对键"的转变。例如，江苏按照"网上批、快递送、不见面"改革要求，打通业务办理系统，推进业务协同，精简办理材料，减少跑动次数，有效提升了政务服务整体水平。广西探索推行"网上申报、智能审批、即批即得、电子结果"的互联网办事服务模式，电脑自动审批，即时获得审批结果，以智能审批模式替代传统的人工审批模式，提高了政府审批效率。

三是运维机制逐步完善，网站管理取得新进展。首先，抽查通报机制逐步完善。目前，绝大多数部委、省市已建立政府网站定期抽查通报工作机制，网站运行和管理呈现健康向好的发展态势，国办组织的网站普查结果显示，政府网站的总体合格率持续提升。其次，网站信息协同联动机制逐渐完善。调查结果显示，绝大多数部委、地方政府门户网站在首页显著位置开设了国务院要闻、国务院信息、时政要闻等专栏，及时转载国务院重要动态，实现上下级网站联动。

四是创新应用不断加快，网站发展探索新实践。一些部门、地方发挥自身优势，借助云计算、大数据分析、人工智能等互联网技术，大力探索创新，不断提高网站人性化、智能化服务水平。吉林、河北、浙江、深圳、坪山等网站建设在线智能机器人客服平台，利用自然语言处理技术，依托网站信息、服务资源，建立咨询知识库，为公众提供 7×24 小时的政务咨询服务。工商总局、林业局、安徽、武汉、成都等利用大数据分析技术，提升网站服务能力。例如，成都利用智能分析系统，实时抓取网站各项管理数据并进行分析，及时发现网民的关注热点，进行重点服务策划和推荐，精准定位用户需求。此外，广州、深圳、柳州等积极开展个人主页建设，为社会居民建立集个人信息管理、社交网络互动、公共事务办理等功能于一体的新型个性化公共服务平台。

20.2.3　完善举措

一是网站信息内容实用程度有待提升。首先，政务公开的实用性有待提高。一些网站政务公开栏目虽然能够做到及时更新维护，但仍然与指引要求和公众需求存在较大差距。例如，某省政府门户网站"政府规章"栏目，尚未按照指引要求提供分类和搜索功能，也未在已修改、废止或失效的文件上做出标注。某市网站的信息公开目录只是静态页面，未与文件资料库、信息内容实现关联融合，也不能通过目录检索到具体信息，使用便捷度较低。其次，服务指南的实用性有待提高。不少网站的办事指南仍然存在表格下载不易用、办理材料不实用、服务信息不准确等问题。在表格下载方面，部分省份的地市级网站问题较为普遍。近 70%的抽查事项中，存在应提供但未提供下载功能、下载链接不可用、表格内容与表格标题不一致等现象。多数网站的办事指南存在材料不规范、不清晰等问题。例如，某省网站公安厅的"因私出入境中介服务机构资格认定"事项中，要求提供的办事材料为 10 项，而该省政务服务网同一事项的要求却是 9 项，其中的"出入境中介服务协议书"是否需要提供存在出入。收费信息不准确仍是信息内容质量的一个主要问题。例如，根据"发改价格〔2017〕1186 号"文件规定，自 2017 年 7 月 1 日起，普通护照收费标准由 200 元降为 160 元。但某省政府网站的"中国公民办理普通护照"指南中，收费标准依然显示为 200 元，至今仍未更新。

二是网站平台功能建设水平有待提高。首先，政务公开第一平台作用有待增强。目前，部分网站距离"强化政府门户网站信息公开第一平台作用""在第一时间通过政府网站发布信息"等要求还有较大差距。超过 40%的地方政府网站，所发布的重要工作动态、政策解读、热点舆情回应信息，均标注信息来源为本地、本行业新闻网站、报纸、电视等，尚未实现政府网站首先发声。其次，互联网政务服务平台功能有待完善。服务入口不统一、服务分类不准确、服务关联程度低、站内搜索功能不实用等问题比较突出。例如，某市网站存在三个服务入口，分别是"个人办事"和"企业办事"栏目、"部门办事服务"栏目、"政务服务中心"栏目，且不同入口提供的服务在事项数量上、服务标准上均存在较大差异。也有一些地方、部门存在服务分类不合理、不准确的问题。例如，某市"个人办事主题—旅游服务"中，我们看到有"危害地震监测设施和地震观测环境建设项目审查""水运工程建设项目设计审批"事项。某市网上办事大厅"婚姻登记"主题中，有且只有一项"名称预先核准"的服务。

三是网站规范性建设提升空间较大。一方面，部分政府网站仍然未能及时加注政府网站标识码、公安备案标识。例如，某省所辖的12个地市政府门户网站中，仍然有11个网站未标注政府网站标识码。另一方面，评估结果显示，多数网站尚未对非政府网站链接加注提示功能或信息，没有对本网站的链接进行全面清理。

四是网站应用推广能力还需增强。在智能化应用方面，站内搜索的智能化水平普遍不高，仅有少数网站能够实现"搜索即服务"。多数网站在百度、360等主流搜索平台上，仅能实现站点、动态新闻、通知公告等信息的准确检索，办事、查询、互动等实用性资源检索效果不佳。对部委、省级移动政务APP的调查发现，官方APP无法辨识或不可用、山寨版本层出、服务功能缺位等问题比较严重。例如，某部委的官方APP，尚未在主流应用市场上线，但市场上却存在多个山寨APP，让网民难以辨认；此外，某部委的官方应用，同一时期内，在安卓市场等3个平台上，存在3个不同的版本。

20.3 政府信息公开

20.3.1 部委政府网站

2017年政府网站绩效评估结果显示，各部委政府网站稳步推进信息发布工作，较好地保障了基础信息及公开。在各项指标中，公开保障指标平均绩效指数较高，其次为基础信息。机构信息、政务动态、人事信息等信息公开较为理想，平均绩效指数均高于0.8。其中机构信息、人事信息指标得分较高，大多数部委网站较好地公开了本部门机构设置、职能职责及主要领导信息和人事任免信息；超过80%的部委网站能够及时发布或转载政务要闻、工作动态等信息，并注明信息来源；约70%的网站能够公开本部门出台的法规、规章及指导意见等信息；公开保障平均绩效较高，公开年报指标平均绩效指数达到0.912。

但各部委政府网站重点领域信息公开指标平均绩效仍然明显偏低。网站文件资料、规划计划、数据发布等指标平均绩效指数表现较差，均未超过0.6，其中，规划计划平均绩效指数只有0.475；近60%的网站能够公开中长期规划和年度工作计划信息，但仅有不足10%的网站公开规划解读和工作计划实施进展信息；仅有不足20%的网站能够以文件库形式发布法律政策信息，且只有少数网站能够对修改、废止、失效的法律政策文件及时进行标注；数据发布平均绩效指数只有0.517，约一半网站能够发布本部门、本行业相关统计数据，但数据展现形式较为单一，较少采用图形图表、地图等可视化方式进行展现和解读，数据查询、图表下载等功能实现率不足30%；公开目录、依申请公开等指标平均绩效指数不足0.7，主要表现在公开目录与网站文件资料库、相关栏目内容未进行关联融合，近 50%的网站未提供在线受理申请功能。2017 年部委政府网站政务公开绩效指数如图 20.5 所示。

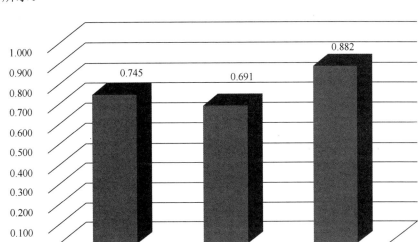

图20.5 2017年部委政府网站政务公开绩效指数

20.3.2 地方政府网站

2017 年政府网站绩效评估结果显示，各地方政府网站基础信息公开和公开保障表现较好。总体上，省、地市和区县级政府网站基础信息指标平均绩效评估指数为 0.672，其中，绝大多数省、地市、区县级政府网站能够按照政府信息公开条例的要求，主动公开本地区概况信息、政务动态、人事信息、规划计划、统计数据等基础政府信息，内容丰富、更新较为及时，并建立政府信息公开目录、提供依申请公开政府信息渠道、按时发布政府信息公开年报；约 67%的地方政府网站开通了重点信息公开专栏，政策信息公开情况较好，围绕民生、企业关注热点，及时公开财政预决算、权责清单、重大建设项目、减税降费、扶贫救助、环境保护、消费领域及安全生产等相关信息。

但各地方政府网站在重点领域信息公开方面有待进一步加强。一是部分基本信息公开不够到位，有部分网站在文件资料修改、废止、失效标注和数据查询、图表下载等功能方面做得不够到位，超过 80%的网站未及时标注文件资料修改、废止、失效等情况，约 23%的网站提供数据查询功能，但数据图表下载功能实现率不足 10%。二是重点信息公开参差不齐，重点领域信息公开仍处于较低水平，综合绩效评估指数仅为 0.513；仍有近 50%的地市、区县级政府网站对重大建设项目、减税降费、扶贫救助及环境保护信息等国务院办公厅要求公开的重点领域信息，未能做到及时、全面公开；政策执行效果、相关名单名录等数据信息公开力度明显不足；仍有超过 30%的地方政府网站，未开通相关专题栏目，存在信息公开内容较为分散、公开内容不够全面及时等问题。2017 年地方政府网站政务公开绩效指数如图 20.6 所示。

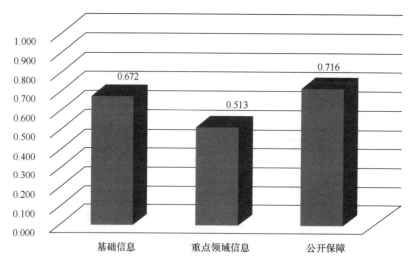

图20.6　2017年地方政府网站政务公开绩效指数

20.4　信息惠民建设

20.4.1　政府网站在线办事

1. 部委政府网站在线办事

2017年,各部委政府网站在落实国务院办公厅要求,推进"互联网+政务服务"平台建设方面取得较好的成绩。绝大多数部委网站能够围绕权责清单,全面提供行政许可事项的办事指南、表格下载、在线申报等服务;网站服务统一性表现较好,多数网站能够对本部门服务资源进行规范化整合;多数部委网站能够结合业务职能和用户需求,提供办事指南、表格下载等基础性办事服务内容,其中,约80%的部委网站按照统一的规范要求提供办事指南,超过50%的部委网站提供示范文本、样表下载或填写说明等服务;约70%的网站能够整合办事服务系统前端功能,提供统一注册登录、在线申报等功能。

但各部委政府网站在服务资源整合、服务功能完备性方面明显不足,网站在线办事和公共服务表现一般,60%左右的网站办事指南中办理材料要素内容存在名称、依据、格式、份数、签章等要求不明确问题,在线咨询、在线查询、公众评价等功能实现程度较低,虽然多数网站能够围绕业务职能提供查询类、名单名录类服务资源,但在资源丰富度上存在较大差异,不少网站的办事指南实用性仍待提高,近70%的抽查事项存在应提供但未提供下载功能、下载链接不可用、表格内容与表格标题不一致等现象。2017年部委政府网站各主要办事服务指标绩效指数如图20.7所示。

2. 地方政府网站在线办事

2017年,多数地方政府网站能够围绕公众和企业需求,加大网上办事服务建设力度,加强互联网政务服务平台建设,积极整合公共服务资源,合理组织相关内容,加强服务内容的实用化建设,整体水平不断提升。80%以上的省、地市和县级政府网站,按照国务院办公厅有关要求,加大网上办事服务力度,建设互联网政务服务平台;近70%的评估对象网站正在推进或已经建成统一的互联网政务服务平台、办事服务大厅等办事服务渠道;80%的省、地市和区县级政府网站能够围绕用户需求,建设教育、卫生、社保、就业等便民服务专题;近90%的公共服务专题下能够提供相关法律法规、政策文件、指南信息,超过60%的服务专题能够整合业务表格、名单名录等资源。

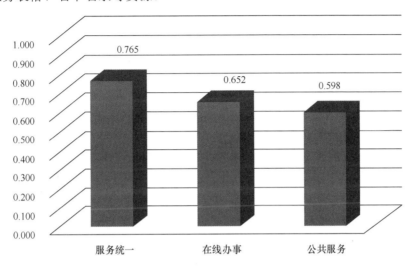

图20.7　2017年部委政府网站各主要办事服务指标绩效指数

但各地方政府网站在在线办事方面与社会公众需求还存在较大差距,主要表现在办事服务规范性、实用性和服务整合力度不够,公众关注度高的便民服务资源匮乏、维护机制不畅通等方面。一是虽然互联网政务服务平台建设率较高,但在入口统一、内容统一及办事指南规范性、服务功能及重点业务提供方面存在较大差异,大多数网站未按照统一格式标明每一服务事项网上可办理程度,超过60%的网站未提供公众评价服务,约65%的网站存在办事指南不规范的情况,其中,指南要素不全的达到56%、申请材料不明确的超过80%,近50%的网站对于流程复杂事项表述不清晰,未提供办理流程或办理流程特别简单(例如,流程仅提供"受理—审核—批准—办结"等环节名称),实用性不强。二是公共服务专题建设力度有待加强,服务资源内容整合不全。住房、交通等便民服务专题和企业开办、经营纳税等利企服务专题建设率不足50%,公告提示、业务查询、常见问题等资源整合率不足30%。2017年地方政府网站各主要办事服务指标绩效指数如图20.8所示。

20.4.2　政府网站互动交流

1. 部委政府网站互动交流

2017年,多数部委政府网站的互动交流渠道日益完善,超过80%的网站开通了咨询投诉、征集意见、在线访谈等互动交流渠道,进一步提高了政务咨询答复反馈质量,围绕社会热点的调查征集次数明显增加;一些部委网站围绕当前工作重点和社会关注热点,通过互动访谈等方式对重要政策、重大决策进行解读;各部委网站政务咨询渠道较为健全,绝大多数的网站提供了在线咨询投诉渠道，大部分网站建立了较为完善的答复反馈机制，能够在规定时间内对用户留言给予有效答复，答复内容比较有针对性，有理有据，基本能够满足用户问询需求，答复质量较高；多数网站设置了实时交流渠道，能够提供在线提问功能，访谈主题与部门重点业务工作结合情况较好，能够以视频、图片、文字等形式公开在线访谈情况；多数部委网站能够提供网上征集调查渠道，并围绕重大政策制定、社会公众关注热点重点开展网上意见征集、调查活动，广泛征求社会公众意见，促进科学、民主决策，渠道建设趋于完善。

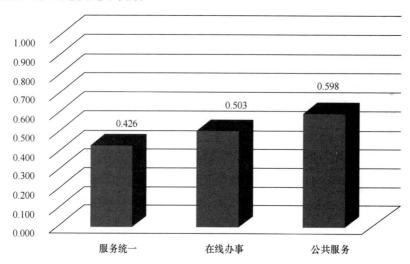

图20.8　2017年地方政府网站各主要办事服务指标绩效指数

但各部委政府网站的交流效果有待进一步提升，虽然在线访谈渠道建设日趋完备，但访谈活动开展的次数明显偏少；虽然调查征集渠道健全，但较少公开意见征集及采纳情况，超过70%的网站未及时公开意见征集结果及意见采纳情况。2017年部委政府网站各主要互动交流绩效指数如图20.9所示。

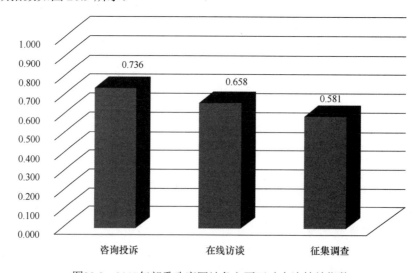

图20.9　2017年部委政府网站各主要互动交流绩效指数

2. 地方政府网站互动交流

2017年，各地方政府网站互动交流渠道日益完善，85%的地方政府网站已经建立了多样化的互动渠道，能够通过咨询投诉、在线访谈、意见征集、网上调查等方式与公众开展互动交流活动；在各省、地市和区县级网站互动交流的相关渠道中，绝大多数网站提供了咨询投诉渠道，积极答复公众问题；90%以上的各省、地市和区县级政府网站提供网上征集调查渠道，约78%的网站能够围绕重大政策制定、社会公众关注热点重点开展意见征集或网上调查活动；72%的网站开设了在线实时交流渠道，邀请嘉宾和网友进行互动。

但交流效果总体水平还有待进一步提高，尤其在调查征集效果、公众参与度等方面尚存在明显不足。一是调查征集和在线交流渠道建设不足，在线访谈和意见征集指标平均绩效指数较低。二是调查征集和在线交流实际应用成效有待进一步提升，在征集调查活动主题选取和组织上，存在明显不足，近20%的网上调查活动问卷设计简单，调查主题仅局限于网站改版等方面，未能充分发挥作用；仅约8.7%的网站能够公开征集调查结果采纳情况。在答复网民提问环节还有待加强，25%的网站实时参与和预告功能较弱，一些政府网站实时交流链接地方电视台的新闻视频等节目，实时访谈流于形式，公众参与热情不高。2017年地方政府网站各主要互动交流绩效指数如图20.10所示。

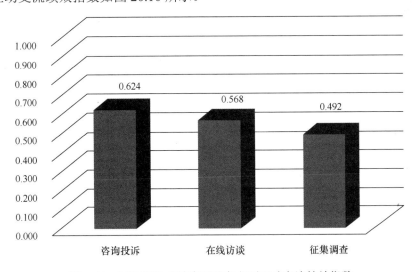

图20.10 2017年地方政府网站各主要互动交流绩效指数

20.4.3 政府网站应用功能

2017年，各政府网站应用推广力度不断提升，但与公众需求仍存在较大差距，网站应用功能和内容传播等应用推广能力还有待进一步提升。

评估结果显示，部委网站应用功能指标平均绩效指数为0.477，基本能够提供站内搜索服务，但站内搜索的智能化水平不高，较少实现"搜索即服务"。在网站内容传播力方面，微博、微信等新媒体应用快速发展，政务微博开通和使用情况较好，但在政务APP建设方面存在明显不足，少于40%的单位建设了政府网站移动APP，且超过40%的APP存在内容或功能不可用等问题，各部委网站信息服务、重点专题等内容在主流搜索引擎等其他第三方平台上的传播力还有待进一步提升。

地方政府网站内容传播力绩效指数相对较高,但智能化水平尚处于起步阶段,绩效指数相对较低。80%左右的省、地市和区县级政府网站,利用政务微博、政务微信等新媒体,及时转发政府网站各类权威信息,有效扩展了渠道,应用效果显著;近40%的省、地市和区县级政府网站,能够提供传统的快速检索、相关度排序等服务,但较少能够实现"搜索即服务";仅不足20%的省、地市和区县级政府网站,能够基于互动知识库、自然语言处理等技术实现自动、自动+人工在线答复网民问题;约70%的省、地市和区县级政府网站信息未被公共搜索引擎及时收录,用户通常不易通过搜索引擎获取最新政府信息。

(张文娟)

第 21 章　2017 年中国电子商务发展状况

21.1　发展概况

2017 年，党中央、国务院高度重视发展数字经济，《国家创新驱动发展战略纲要》《"十三五"国家信息化规划》等均对发展数字经济做出重要部署。电子商务作为数字经济中最活跃的领域，其发展的政策环境、法律法规、标准体系及支撑保障水平等各方面都在不断完善和提升。

《2017 年中国居民消费发展报告》指出，"互联网+"与更多传统消费领域加速渗透融合，电子商务、网上购物、众包物流等新兴消费业态发展迅猛。其中，农村消费规模稳步扩大。推进实施农村消费升级行动，推动电子商务进农村，开展电子商务进农村综合示范，挖掘农村电商消费潜力，支持电商企业搭建特色农产品产销平台，畅通城乡双向联动销售渠道，进一步改善农村信息消费基础设施条件。

同时，我国电子商务与快递物流协同发展不断加深，推进了快递物流转型升级、提质增效，促进了电子商务快速发展。2018 年 1 月 2 日，国务院办公厅发布《关于推进电子商务与快递物流协同发展的意见》，提出了要创新价格监管方式，引导电子商务平台逐步实现商品定价与快递服务定价相分离，促进快递企业发展面向消费者的增值服务；完善电子商务与快递物流数据保护、开放共享规则。在确保消费者个人信息安全的前提下，鼓励和引导电子商务平台与快递物流企业之间开展数据交换共享，共同提升配送效率。引导电子商务、物流和快递等平台型企业健全平台服务协议、交易规则和信用评价制度，切实维护公平竞争秩序，保护消费者权益；鼓励开放数据、技术等资源，赋能上下游中小微企业，实现行业间、企业间开放合作、互利共赢。

出口跨境电商近年来火速发展，正成为互联网行业的风口。2017 年 4 月 8 日，财政部联合海关总署和国家税务总局共同发布《关于跨境电子商务零售进口税收政策的通知》，明确了跨境电商的税收政策，引导电子商务企业开展公平竞争等。2017 年 9 月 20 日，国务院总理李克强主持召开国务院常务会议，指出一要在全国复制推广跨境电商综合试验区形成的线上综合服务和线下产业园区"两平台"及信息共享、金融服务、智能物流等"六体系"的成熟做法；二要再选择一批具备条件的城市建设新的综合试验区；三要围绕推动"一带一路"建设，打造互联互通外贸基础设施，鼓励建设覆盖重要国别、重点市场的海外仓;四要按照包容审慎有效的要求加大监管创新,建立跨境电商风险防范和消费者权益保障机制,打击假冒伪劣等行为。会议还决定,将跨境电商零售进口监管过渡期政策再延长一年至 2018 年年底。跨境电商政策的密集出台,对行业发展起到了积极的推动作用。

21.2 市场规模

根据商务部电子商务和信息化司发布的《中国电子商务报告 2017》,2017 年中国电子商务交易额达到 29.16 万亿元,同比增长 11.7%,增速有所放缓(见图 21.1)。其中,商品类电子商务交易额达到 16.87 万亿元,同比增长 21%,较 2016 年提升 8.7 个百分点;服务类电子商务交易额达到 4.96 万亿元,同比增长 35.1%,较 2016 年提升 13.2 个百分点。

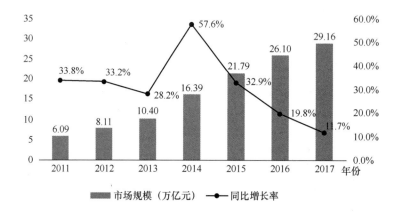

图21.1　2011—2017年中国电子商务市场规模及增速

在"六大消费工程""十大扩消费行动"等政策措施的协调推动下,我国居民消费持续扩大升级,已进入消费需求持续增长、消费结构加快升级、消费拉动经济作用明显增强的重要阶段。国家发展改革委组织编写的《2017 年中国居民消费发展报告》显示,"互联网+"与更多传统消费领域加速渗透融合,大力发展电子商务,网上购物、众包物流等新兴消费业态发展迅猛。国家统计局数据显示,2017 年中国网络零售交易额为 7.18 万亿元,同比增长 32.2%;全国网络购物用户规模达到 5.33 亿人,较 2016 年增长 14.3%;全国电子商务从业人员达到 4250 万人。

商务部数据显示,2017 年中国农村实现网络零售额为 1.24 万亿元,同比增长 39.1%;农村网店达到 985.6 万家,较 2016 年增加 169.3 万家,同比增长 20.7%;农村实物类产品网络零售额达到 7826.6 亿元,同比增长 35.1%,占农村网络零售总额的 62.9%。全国农村地区收投快件量超过 100 亿件,电子商务进农村综合示范地区电商服务站点行政村和建档立卡贫困村覆盖率均达到 50% 左右,电商推动农村消费规模稳步扩大。物流、电信、交通等农村消费基础设施进一步完善,电子商务不断向广大农村地区延伸覆盖,促进农村居民消费潜力持续释放。

21.3 细分市场情况

21.3.1 网络购物市场

1. 市场规模

国家统计局数据显示，2017年中国网络购物市场交易规模达到7.18万亿元，同比增长32.2%，在经过2015年、2016年连续两年的增速放缓后，市场重新焕发活力，市场增速再次迎来拐点并进一步攀升（见图21.2）。在各类零售市场中，实物商品网络零售市场规模为5.48万亿元，同比增长28%，占社会消费品零售总额的15%。

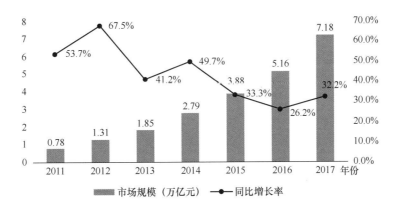

图21.2　2011—2017年中国网络购物市场规模

2017年是线上线下融合的实践年，线上对线下的数据赋能，以及线下对线上的导流作用初见成效，稳定发展的网络购物迎来新的发展活力。线上线下融合的新业态模式不仅是对实体零售的赋能，也是对线上零售结构的重新调整，更多精准、高质量的流量导入使网络零售焕发出新的活力。从垂直领域发展来看，生鲜、跨境、母婴依然是高速增长的热门品类。

2. 市场规模结构

2017年，中国网络购物市场中B2C市场规模占比达到60.3%，较2016年提高5.1个百分点（见图21.3）；从增速来看，2017年B2C网络购物市场同比增长40.9%，远超C2C市场15.7%的增速。

预计B2C市场占比仍将持续增加。随着网购市场的成熟，产品品质及服务水平逐渐成为影响用户网购决策的重要原因，未来这一诉求将推动B2C市场继续高速发展，成为网购行业的主要推动力。而C2C市场具有体量大、品类齐全的特征，满足长尾市场的需求，未来规模也会持续增长。

3. 终端应用结构

2017年，中国移动购物在整体网络购物交易规模中占比达到81.3%，较2016年增长4.6%

（见图21.4）。移动端渗透率进一步提升，移动网购已成为最主流的网购方式。智能手机和无线网络的普及、移动端碎片化的特点及更加符合消费场景化的特性，使用户不断向移动端转移。全渠道融合的浪潮之下，购物场景变得多元化、碎片化，用户线下的消费行为通过移动端得以数据化，全渠道、系统化、纵深化的数据能为零售所有环节提供指导，帮助企业提高运营效率、实现精准营销。

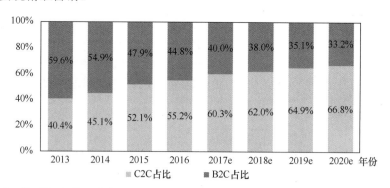

图21.3　2013—2020年中国网络购物市场交易规模结构

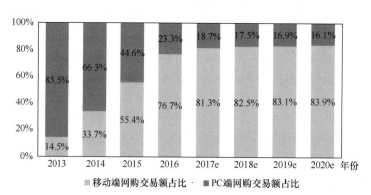

图21.4　2013—2020年中国网购交易额PC端和移动端占比

4. 市场格局

从网络购物企业市场规模来看，平台模式的淘宝一家独大，在整体网购交易规模中占比为74.3%，市场集中度高（见图21.5）。自营电商京东、特卖电商唯品会都是各自领域头部电商，但相较淘宝的市场规模仍存在较大差距。小企业长尾效应明显，随着跨境、生鲜、母婴等垂直领域的火热，仍有大量初创企业涌现；此外，品质电商如网易严选、米家有品等迎合消费升级的大趋势，不断向供应链端布局，市场发展态势良好。

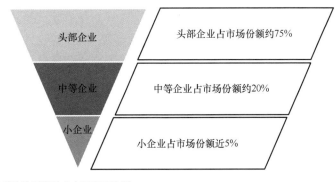

资料来源：艾瑞咨询研究院自主研究及绘制。

图21.5　2017年中国网络购物企业交易规模集中度示意

5. "无人"业态引领零售创新浪潮

当前，中国无人零售行业主要呈现五大特点：以降低人工成本作为无人零售的主要切入点，在重视消费体验、拓展零售场景的同时，通过多种技术手段实现大数据的收集、分析与应用，并最终实现消费流程的全面数据化及整个产业链的智能化升级提效。零售产业链的全面数据化是无人零售背后的战略核心，包括客流数据、商品数据、消费数据、金融数据等的全面融合与应用。

2017年，无人零售市场（含贩卖机）交易规模约为191.3亿元，预计2020年将突破650亿元，三年复合增长率在50%左右（见图21.6）。

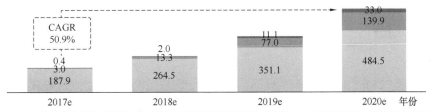

注释：无人零售市场包括自助贩卖机、开放货架和无人零售便利店三部分。自助贩卖机测算主要依靠贩卖机保有量的增长进行推算；开放货架规模测算主要通过中国注册企业数量及渗透率进行推算；无人便利店市场规模测算主要基于民政部统计的社区服务中心（站）数量及渗透率进行推算，默认拥有社区服务中心（站）的社区是基础设施较为完备的中高端社区。
资料来源：综合公开信息、企业访谈，根据艾瑞统计模型核算。

图21.6　2017—2020年中国无人零售市场规模

6. 消费升级，需求端倒逼上游供应链重塑

随着居民可支配收入持续增长，消费升级趋势日益显现——以高品质、高性价比、重体验为发展方向。传统电商中商品质量良莠不齐的问题突出，对用户而言信息甄别成本极高。在此背景下，品质电商应运而生并迅速发展，通过传递"优选""甄选"的品牌形象，获得持续增长的消费受众，迎合消费升级的趋势。通过需求端逆向传导重塑上游供应链，品质和成本控制同步提升，在更好地满足用户消费需求的同时，为传统制造业转型升级提供内在驱动力。

7. 线上线下融合催生新型业态

随着零售业线上线下融合，生鲜品类因其独特属性成为渠道融合模式创新的"试验田"。就品类特征而言，生鲜作为高频刚需品，保质期短易变质，储藏条件要求高，且多为非标品；就行业特征而言，生鲜行业毛利虽然较高，但受制于国内冷链物流发展滞后，生鲜仓储及运输成本高、可控性差，加之生鲜电商起步较晚，定价偏高，线上渠道优势不甚明显；而就消费需求层面而言，生鲜品类消费升级潜力巨大：根据国外经验数据，当人均 GDP 达到 9000 美元时，生鲜市场总体需求呈现明显增长；世界银行数据显示，2016 年我国人均 GDP 达到 8123 美元。

据此，未来三年国内生鲜品类零售（含线上线下）将进入高速增长期。就国内生鲜零售发展现状而言，伴随线上线下融合的发展趋势，以生鲜零售新物种为代表的"门店+餐饮+配送"新型业态将迎来快速发展期。

21.3.2 企业间电商交易市场

1. 中小企业 B2B 营收规模

艾瑞数据显示，2017 年中国中小企业 B2B 运营商平台营收规模为 291.7 亿元，同比增长 17.5%（见图 21.7）。

注释：1. 2017年中国中小企业B2B电子商务市场平台营收规模为291.7亿元，为预估值；2. 艾瑞从2015Q1开始只核算中国中小企业B2B电子商务市场平台营收规模，涵盖平台的会员费、交易佣金、广告费等收入，不包括运营商自营收；3. 艾瑞从2015Q1开始将金泉网计入B2B运营商平台营收核算范围，从2017Q1开始将科通芯城从"其他营收"部分提出，单独核算。
资料来源：综合企业财报及专家访谈，根据艾瑞统计模型核算。

图21.7　2013—2020年中国中小企业B2B运营商平台营收规模

中国经济如今已经进入高质量增长阶段，国家供给侧结构调整的改革主线为企业互联网的发展带来一波政策红利。面对消费互联网端逐渐消失的人口红利，资本市场也逐渐瞄准企业端发力。在政策和资本的双重支持下，将为中国 B2B 数字经济提供巨大的发展机遇。虽然增长相对缓慢，但在产业互联网领域，中国市场还有非常大的潜力。

2. 中小企业 B2B 行业竞争格局

从营收规模来看：阿里巴巴一家独大，占比将近 50%，加上其他几家主流 B2B 企业，头部企业市场份额占比超过 70%，市场较为集中（见图 21.8）。但随着消费互联网向产业互联网的转移，中国 B2B 电子商务也不断涌现出新的初创企业和新模式企业；在供给侧改革等政策红利下，中小企业 B2B 电子商务未来仍有较大的开发空间。

第21章 2017年中国电子商务发展状况

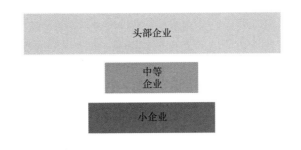

资料来源：艾瑞咨询研究院自主研究及绘制。

图21.8 2017年中小企业B2B电子商务运营商平台营收规模集中度示意

21.3.3 电商交易服务市场

交易服务是电子商务服务业的核心内容，主要包括 B2B 交易服务、B2C 交易服务和 C2C 交易服务三大类别，其运营主体是电子商务交易服务平台。

根据《中国电子商务报告 2017》数据显示，2017 年中国电子商务交易服务营收规模达到 5027 亿元，同比增长 25.7%。其中，B2C 交易服务营收规模达到 2652 亿元，增速为 30.0%，总体占比达到 52.8%；C2C 交易服务营收规模达到 1745 亿元，增速为 22.0%，总体占比达到 34.7%；B2B 交易服务营收规模达到 630 亿元，增速为 18.9%，总体占比达到 12.5%（见图21.9）。

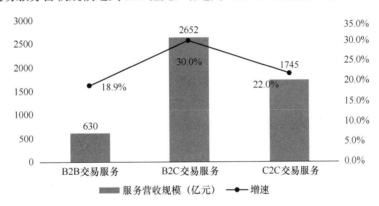

图21.9 2017年中国电子商务交易服务营收规模市场结构

21.4 第三方支付

中国人民银行数据显示，2017 年，中国非银行支付机构发生网络支付业务 2867.47 亿笔，同比增长 74.95%，支付金额达到 143.26 万亿元，同比增长 44.32%（见图 21.10）。2017 年，中国银行业金融机构共处理电子支付业务 1525.8 亿笔，支付金额达到 2491.2 万亿元。其中，网上支付业务 485.78 亿笔，支付金额为 2075.09 万亿元；移动支付业务 375.52 亿笔，支付金额为 202.93 万亿元。

在交易次数方面，非银行机构与银行业金融机构比例为 65.3∶34.7，非银行机构占优；

在支付金额方面，非银行机构与银行业金融机构比例为 5.4∶94.6，银行业金融机构占据绝对优势。第三方交易平台以其便捷、高效的支付模式获取了广大用户的认可，在交易频次方面已超越传统银行机构；但在大额金融支付领域，用户更信任传统支付方式，传统银行业金融机构的市场地位不可动摇。

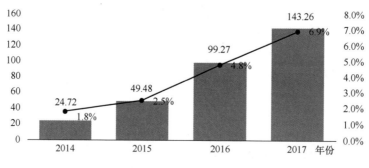

图21.10　2014—2017年非银行机构网络支付规模

2017 年，中国网络支付用户规模达到 5.31 亿人，较 2016 年增长 5661 万人，同比增长 11.9%，使用率达到 68.8%；手机网络支付用户规模达到 5.27 亿人，较 2016 年增长 5783 万人，同比增长 12.3%，使用率达到 70%。在用户规模增速及使用率上，移动端均优于整体发展态势。

21.5　电商物流

国家邮政局数据显示，2017 年中国快递业务发展态势持续向好，全国快递服务企业累计完成 400.6 亿件，同比增长 28%；业务收入累计完成 4957.1 亿元，同比增长 24.7%。其中，同城业务量累计完成 92.7 亿件，同比增长 25%；异地业务量累计完成 299.6 亿件，同比增长 28.9%。

电子商务与物流协同发展进一步加强，在管理制度创新、快递网络规划、配送车辆管理规范、末端服务能力提升和信息协同等方面形成了可复制推广的运维经验，提高了电子商务与物流快递企业的协同运作效率。

1. 物流细分领域市场规模

2017 年，中国车货匹配平台市场规模达到 1.6 万亿元，同比增长 24.5 个百分点（见图 21.11）。未来，随着公路物流的发展，加上行业本身市场集中度的提高，以及大数据、人工智能等技术的成熟，行业效率将得到进一步加强，预计 2018 年将突破 2 万亿元大关。

2. 即时物流

消费升级的主要表现之一，在于消费者对消费体验期望值的增加。即时物流由于快捷、便利的典型优势受到消费者的热捧，需求逐渐提升。2017 年，中国即时物流行业整体订单量为 89.2 亿件，增幅相较 2016 年有所下降，但仍保持 59.0%的较高增速（见图 21.12）。

资料来源:艾瑞研究院自主研究绘制。

图21.11 2013—2020年中国车货匹配市场规模及增速

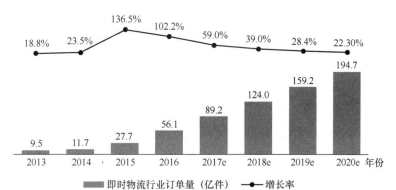

注释:订单量包括平台型企业自建配送完成,以及由第三方物流公司承担的订单配送。
资料来源:艾瑞研究院自主研究绘制。

图21.12 2013—2020年中国即时物流行业订单量及增速

21.6 发展趋势

1. 全渠道融合电商社交化

2017年被称为是新零售的元年,零售业在互联网的推动下进入深度融合的阶段。线上与线下的融合,使用户体验更加具有一致性,生产力要素统一调度和组织协同。未来,零售与流通环节整合、与后端供应链整合,在整个过程中,电商的社交化发挥着关键作用。京东与美丽联合集团成立的合资公司旗下的电商服务平台"微选",是基于微信发现频道中的"购物"一级入口建立的电商新平台,依托于微信,专注微信社交电商新生态。未来,随着移动社交全面深入,电商社交化的趋势将会更加明显,而社交电商将成为电商市场上越来越重要的新生力量。

2. 电商市场垂直细分化

随着电商行业的日渐成熟,用户开始呈现出个性化、定制化、品质化等多样化需求,能否洞察和满足用户独有的消费诉求，成为垂直电商与综合电商的又一场竞争。垂直电商是个双重维度的概念，包括商品品类的垂直，注重产业链上下游资源的整合，将标准品做出特色，将非标品做出品牌；此外，还包括目标人群的垂直，简单地说就是挖掘特定人群的核心需求。通过资本市场的态度来看，运营模式独具特色的垂直电商开始受到新一轮的青睐，如二手车、生鲜、家居等。一方面，综合类电商平台注定不会在一个细分领域深耕细作，更倾向于满足用户"一站式"的购物需求，会选择性忽略掉一些亟待解决的行业痛点问题；另一方面，互联网的整体流量越来越贵，获客成本越来越高，客单价更高的垂直服务因其无可替代性而备受资本市场的青睐。

3. 大数据技术推动电商精细化

服务深化是电商业态升级的重要方向。通过挖掘消费者行为数据，依靠服务和体验引导消费者产生需求，再从需求出发，重构生产者、零售者和消费者体系，建立C2B2C新架构。大数据正在成为全社会的公共资源，消费数据化也成为零售的新常态。大数据技术为精准营销、个性化服务及管理决策打下坚实基础。依托大数据分析，电子商务企业从规模庞杂的用户数据中挖掘出具有市场开发价值的营销数据，更准确地判断消费者需求，更准确地锁定目标受众，制订更具市场竞争力的营销方案，更有效地提高服务和市场运行效率。但大数据共享共用仍有很长的一段路要走。在当前社会经济发展过程中，社会上海量的数据资源仍缺乏整合与联通，社会价值无法得到充分挖掘，数据的共享、开放和应用程度还远远不够，这使得企业在数据信息获取上需要各个突破，成本高昂。

4. 电商物流技术设备升级

物流技术与装备水平是物流现代化的关键因素之一。物流信息化是现代物流的灵魂。我国物流信息化总体水平落后于发达国家，关键技术自主创新能力不足，信息共享、交换效率不高。未来，在条码、北斗定位、射频等技术的集成应用方面，将会不断实现物流各环节信息化和信息共享，推动物流全业务过程的透明化和供应链一体化管理，推进物联网、云计算、大数据等新兴技术在物流运营管理中的创新应用。智能化是物流自动化、信息化、数字化的一种高层次应用，是物流现代化的主攻方向。基础设施是物流现代化的基石。目前，我国物流总体还存在物流网络不完善、结构不合理、体系化不足等突出问题。加强物流基础设施建设与结构优化，推动物流基础设施互联互通和社会协同，形成功能强大、规模合理、布局科学、技术先进、运行高效、安全可靠的物流基础设施网络成为未来发展趋势。

（殷红）

第22章 2017年中国互联网金融服务发展状况

22.1 发展环境

22.1.1 政策环境

从2014年开始，互联网金融已连续几年被写入政府工作报告。在2017年3月的政府工作报告中，李克强总理又一次提及互联网金融，更强调要高度警惕互联网金融累积风险。在2017年7月14日至15日的全国金融工作会议上，习近平总书记强调，把主动防范化解系统性金融风险放在更加重要的位置。要加强金融监管协调、补齐监管短板。设立国务院金融稳定发展委员会，强化人民银行宏观审慎管理和系统性风险防范职责，落实金融监管部门监管职责，并强化监管问责。可以说，互联网金融领域在2017年面临政策环境的总特点是严监管。

22.1.2 市场环境

受监管政策的影响，2017年互联网金融行业进入洗牌期。根据《2017年度·中国互联网金融投融资分析研究报告》，2017年中国互联网金融投融资市场发生的投融资案例共计402起，完成融资的企业数为332家，融资金额约为486亿元。在投融资金额规模方面，较2016年610亿元的规模下降了20%以上。在投融资案例数方面，较2016年的696起，下降幅度高达41.1%。

2017年9—10月，中国互联网金融公司上市地点主要在中国香港地区和美国。在数字加密货币领域，9月13日，比特币中国发布公告，宣布2017年9月30日起停止数字资产交易平台所有交易业务。9月15日，OKCoin币行、火币网也发布公告宣布停止交易。10月31日，比特币交易正式退出国内市场。

22.2 网络支付

网络支付业务是指收款人或付款人通过计算机、移动终端等电子设备，依托公共网络信息系统远程发起支付指令，且付款人电子设备不与收款人特定专属设备交互，由支付机构为收、付款人提供货币资金转移服务的活动[1]。基于 PC 端和移动端的互联网支付、固定电话支付、数字电视支付均属于这一范畴。从 2017 年支付行业整体生态看,个人支付(转账、生活缴费等)、消费支付(网购、线下场景网络支付等)、金融支付(理财、网贷等)成为最典型的交易场景。

22.2.1 市场规模

截至 2017 年年底,中国使用网上支付的用户规模达到 5.31 亿人,较 2016 年年底增加 5661 万人,年增长率为 11.9%,使用率达 68.8%。其中,手机支付用户规模增长迅速,达到 5.27 亿人,较 2016 年年底增加 5783 万人,年增长率为 12.3%,使用率达 70.0%[2]。

央行发布的《2017 年支付体系运行总体情况》显示,2017 年,银行业金融机构共处理电子支付业务 1525.80 亿笔,金额 2419.20 万亿元。其中,网上支付业务 485.78 亿笔,金额 2075.09 万亿元,笔数同比增长 5.20%,金额同比下降 0.47%;移动支付业务 375.52 亿笔,金额 202.93 万亿元,同比分别增长 46.06%和 28.80%;电话支付业务 1.60 亿笔,金额 8.78 万亿元,同比分别下降 42.58%和 48.56%。

2017 年,非银行支付机构发生网络支付业务 92867.47 亿笔,金额 143.26 万亿元,同比分别增长 74.95%和 44.32%。

22.2.2 发展特点

1. 应用场景逐步拓宽

网络支付与用户生活深度融合,且随着使用频率的提高,支付场景从网上购物拓展到交通、医疗等更多的公共服务领域。另外,网络支付加速向农村和老龄网民渗透。调查显示,农村地区网民使用线上支付比例已由 2016 年年底的 31.7%提升至 47.1%;50 岁以上网民使用率从 14.8%提升至 32.1%。

2. 基础设施日趋完善

2017 年 8 月,经中国人民银行批准,非银行支付机构网络支付清算平台的运营机构——网联清算有限公司(NetsUnion Clearing Corporation,NUCC)在北京注册成立。非银行支付机构网络支付清算平台作为国家级重要金融基础设施,是全国统一的清算系统,主要处理非银行支付机构发起的涉及银行账户的网络支付业务,实现网络支付资金清算的集中化、规范化、透明化运作,节约连接成本,提高清算效率,支撑行业创新,促进公平竞争,并推动行业机构资源共享和价值共赢。

3. 科技与支付协同发展

随着 2017 年人工智能成为互联网行业的新热点,与人工智能有着密切联系的生物识别技术快速发展,为我国支付行业的无现金支付等新型支付模式注入新的科技源动力。不同于西方发达国家建立在信用卡既有消费群体之上的支付体系,生物识别技术会更有助于我国无现金支付的发展。

---

1 引自中国人民银行《非银支付机构网络支付管理办法》,2015 年 12 月。
2 引自中国互联网络信息中心(CNNIC)第 41 次《中国互联网络发展状况统计报告》。

22.3 供应链金融

供应链金融是指以核心企业为出发点,对供应链上下游中小企业的物流、资金流、信息流进行管理,为供应链上下游企业提供融资服务。根据借款人在不同贸易环节中融资需求风险点的差异,可分为预付账款类、存货类和应收账款类。在"互联网+"背景下,供应链金融逐渐由传统担保形式向数据驱动转变,金融业务效率和风险防控有效性取得实质性提升。

1. 业务线上化发展,提升运转效率

在传统的供应链金融中,业务审批流程比较复杂,出账时间慢,供应链企业大部分时间都花在业务等待办理状态中,业务效率不高。近几年,中国互联网电子商务平台飞速发展,供应链信息化程度也越来越高,供应链金融的服务模式逐渐向线上发展,企业可以在线申请贷款,放款平台可以自动化审批,降低人工配额,效率显著提升。2013年年底,京东推出自营供应链金融产品——"京保贝",产品可线上自动化审批,资金最快在3分钟内到账。上线一个多月,即到2014年1月底,京保贝融资金额达到10亿元以上。到2017年,大多数商业银行已开展线上供应链金融业务。2017年3月,工商银行与一汽大众合作,根据其系统订单信息数据,为供应链经销商提供在线申请、签合同、提款、还款等全流程线上服务。

2. 参与主体多元化,金融机构与物流企业协同发展

根据《2017中国供应链金融调研报告》,供应链金融行业的参与主体包括银行、行业龙头、供应链公司或外贸综合服务平台、B2B平台、物流公司、金融信息服务平台、金融科技公司等各类企业。其中,供应链公司/外贸综合服务平台、B2B平台类数量约占45%。

另外,金融机构与物流企业融合的供应链金融发展趋势已经显现。2017年中国供应链金融与物流业联盟正式进入筹建阶段,旨在打通物流整个上下游产业链,合作范围将覆盖物流、供应链管理、金融机构等方面[1]。金融机构与物流企业合作,可实现业务拓展;物流企业参与供应链金融,可通过线下物流设施来监控货物,保障上下游资金的正常流动,进而提升竞争力。

22.4 金融服务创新与发展

金融信息数字化变迁缓解了金融交易的信息约束。随着互联网的不断发展壮大,个人和企业信息数字化正在加速,信息的收集和汇总变得越来越简单。尤其是搜索引擎、数据挖掘处理技术、云计算等技术的发展,使个人和企业的信息数据得到较为全面的整合、分析和利用,不仅巩固了金融交易和风险评估的信息基石,也减缓了当前存在的信息差异化和不对称局面,促进了投资、融资、保险、理财等金融交易的发展。很多原本受传统金融服务模式下信息不对称的影响,难以获得服务的客户,成为P2P、众筹、理财应用等互联网金融业态的主要服务对象。

---

1 引自2017第七届中国物流与供应链金融峰会消息。

22.4.1 P2P 行业

合规整改贯穿了 2017 年 P2P 网贷行业的发展。中国银监会于 2017 年 2 月 22 日出台了《网络借贷资金存管业务指引》，于 8 月 23 日出台了《网络借贷信息中介机构业务活动信息披露指引》。现行 P2P 网贷监管框架明确了 P2P 网贷机构信息中介的本质属性；确立了备案管理要求，将备案作为监管的前提和基础；建立了 P2P 资金存管机制，有利于防范资金挪用风险；提出了强制信息披露要求，创造透明、公开、公正的网贷经营环境。这些措施促使网贷行业进入了规范有序发展的新阶段，引导行业健康、可持续发展。

随着互联网金融风险专项整治工作的延期，为控制风险蔓延，按照各个地方落实专项整治工作的要求，整改类互联网金融机构需要实现业务规模和存量违规业务的"双降"，不再新增不合规业务。

据国家互联网金融安全技术专家委员会数据显示，截至 2017 年年底，P2P 网络借贷累计交易额为 11.76 万亿元。网贷之家数据显示，截至 2017 年年底，网贷行业正常运营平台数量达到 1931 家，相比 2016 年年底减少 517 家，全年正常运营平台数量一直单边下行。2017 年退出 P2P 行业的平台数量相比 2016 年大幅度减少，全年停业及问题平台数量为 645 家，而在 2016 年为 1713 家。问题平台数量占比持续降低，2017 年问题平台数量占比为 33.49%，66.51%的平台选择良性退出。正常运营平台数量排名前三位的是广东、北京、上海。由于平台整改进程尚未完成，预计 2018 年网贷行业运营平台数量仍将进一步下降。

22.4.2 众筹行业

2017 年是众筹行业深度洗牌的一年。

在平台方面，据不完全统计，截至 2017 年年底全国正常运营的众筹平台共有 209 家，与上一年的 427 家相比，跌幅达 51.05%。在监管趋严、规范发展的金融监管大背景下，非良性发展的众筹平台逐步退出市场，众筹行业规范性有所提升。

在市场规模方面，2017 年全国众筹行业共成功筹资 220.25 亿元，与 2016 年成功筹资额 224.78 亿元相比差距不大。据盈灿咨询统计，2015 年众筹行业成功融资 114.24 亿元，2014 年众筹行业成功融资 21.58 亿元，而在 2013 年及之前全国众筹行业仅成功筹资 3.35 亿元。截至 2017 年年底，全国众筹行业历史累计成功筹资金额达 584.20 亿元。

在用户方面，据国家互联网金融安全技术专家委员会数据显示，北京、广东和浙江等省市投资者最为活跃。同时，技术平台对股权众筹平台的用户年龄抽样分析显示，平台投资者年龄主要分布在 20~49 岁，其中，20~29 岁投资者数量最多。投资者男性占比大于女性。

依照项目收益方式，众筹可分为奖励众筹、股权众筹、公益众筹和债权众筹。混合经营成为行业发展趋势，105 家平台均经营股权众筹，但其中 46 家经营单一互联网股权众筹业务，剩余 59 家平台中，有 47 家平台同时经营互联网股权众筹、公益众筹等多种形式的众筹业务，另外 12 家平台同时经营互联网股权众筹及网贷、私募基金、资产管理、信托销售等其他业务。

22.4.3 现金贷

根据网贷之家的数据，截至 2017 年 11 月 22 日，全国共批准了 213 家网络小贷牌照（含已获地方金融办批复未开业的公司），其中有 189 家完成了工商登记。从网络小贷公司成立时间来看，自 2016 年开始网络小贷牌照数急速增加，2017 年呈爆发性增加，2017 年年初至今新设网络小贷公司已达到 98 家，超过 2016 年全年总数，是 2016 年全年的 1.66 倍。

据国家互联网金融安全技术专家委员会数据显示，截至 2017 年 11 月，通过技术平台发现市场上运营的现金贷平台达 2693 家。上述平台利用网站、微信公众号和移动 APP 三种形式运营现金贷业务，其中通过网站从事现金贷业务的平台 1044 家，通过微信公众号从事现金贷业务的平台 860 家，通过移动 APP 从事现金贷业务的平台 429 家。

从技术平台监测情况来看，广东、浙江和江苏的用户最多。同时，通过对现金贷平台的用户年龄抽样分析发现，20~30 岁、30~40 岁的用户数量最多，分别占用户总数的 40.76%和 27.71%。男性用户远远多于女性用户，占比分别为 66.65%和 33.35%。全部平台的人均借款金额约为 1400 元，且发现每家平台的人均借款金额与现金贷平台规模呈正比例关系。

借款利率偏高，多头借贷情况严重。现金贷平台借款期限较短，从金额上看利息并不高，且平台往往给出比较小的日化利率，但实际年化利率极高。由于借款门槛较低，借款用户多为次贷人群或低收入者，因此现金贷平台盈利方式通常为"高利率覆盖高坏账"。技术平台监测显示，现金贷利率折算为年化后大部分超过 100%。此外，虽然有部分平台表面利率不高，但通过收取各种费用变相拉高利率，如信息审查费、账户管理费、交易手续费、风险保证金等。据技术平台抽样分析，预计有近 200 万名现金贷借款人存在多头借贷情况，其中近 50 万名借款人在一个月内连续借款十家平台以上。

随着现金贷"高利贷、暴力催收、低门槛"等负面消息持续暴露，监管层明确表示将出手整顿现金贷。2017 年 11 月 21 日，互联网金融风险专项整治工作领导小组办公室发布《关于立即暂停批设网络小贷公司的通知》，明确要求各级小额贷款公司监管部门一律不得新批设网络小贷公司，禁止新增批小贷公司跨省（区、市）开展小额贷款业务。

22.5 互联网银行创新与发展

22.5.1 互联网银行国内外发展状况

传统商业银行一直在金融系统中占据核心位置，互联网技术的发展给银行业带来了变革，20 世纪 90 年代，出现了没有实体网络、通过互联网技术来提供服务的银行，也就是互联网银行。近年来，互联网银行模式进一步创新，出现了完全基于移动手机应用开展银行服务的数字银行（Digital Bank）。

国外互联网银行通常由传统银行设立，或者由金融服务公司转型而来，一般都积累了早期的业务和品牌声誉，为互联网银行做了客户引流。美国是在世界范围内互联网银行数量最多的国家，根据基础业务来划分，美国的互联网银行主要可以分为三大类：一是无业务基础的纯互联网银行，如 BofI Holding, Inc（BofI 银行控股公司），旗下主要银行是互联网联邦银行，是全球最早的互联网银行之一；二是具备早期业务基础和流量入口的互联网银行，如汽车金融服务商 Ally、信用卡专业银行 Discover；三是由传统银行设立的，旨在开拓零售银行业务的互联网银行，如荷兰的 ING direct。

在我国，BAT 等互联网巨头也在纷纷布局互联网银行市场。2014 年 12 月，腾讯系微众银行获批，成为国内首家民营银行和互联网银行；2015 年 6 月，阿里系网商银行正式开业；2017 年 1 月，百度系百信银行开业，成为国内首家以法人形式设立的直销银行。

微众银行和网商银行根据自身优势切入小额业务，微众银行依托腾讯的社交大数据，服务于个人消费者，而网商银行则依靠阿里电商平台，主要面向小微企业和农村用户，设计创新产品，实现差异化竞争。但是，微众银行和网商银行作为纯互联网银行，还面临开户账户功能受限的问题。2015 年 12 月 25 日，中国人民银行发布了《关于改进个人银行账户服务 加强账户管理的通知》，建立银行账户分类管理机制，将个人银行账户分为Ⅰ类、Ⅱ类、Ⅲ类账户，Ⅱ类账户与Ⅰ类账户最大的区别在于不能存取现金、不能向非绑定账户转账，Ⅲ类账户则仅能办理小额消费及缴费支付。微众银行与网商银行由于没有物理网点，无法满足Ⅰ类账户开设条件，因此其存款账户均为Ⅱ类账户，功能受限，导致吸储能力较弱。因此，不同于国外传统互联网银行，国内的互联网银行需要更多地依赖于同业负债，客户存款占比相对较低。

百信银行由中信银行和百度联合发起设立，通过非线下渠道开展业务，聚焦于支付、融资、理财等小额高频业务，客户定位相对广泛，涵盖了个人客户和企业客户。与微众银行和网商银行相比，百信银行背靠中信银行，如果能借母公司突破远程开户的政策限制，实现Ⅰ类账户的开设，其互联网银行的银行基因将更为强大。

22.5.2 银行业技术创新进展

随着大数据、区块链、人工智能等技术的发展，银行业的运行管理也有了新的活力，新技术与传统金融业务相融合，创造新型金融服务产品。2017 年，银行业与科技结合实现创新的进展主要体现在以下领域。

1. 智能投顾

商业银行关注与推出智能投顾（Robot-invest，也称机器人投资）的时间，并不晚于专业金融科技公司。银行智能投顾服务起步于 2016 年，发展至 2017 年年末，以全国性股份制商业银行为例，大多数已提供智能投顾平台。智能投顾发源于美国，因中美在投资咨询业务上的发展差异，中国智能投顾坚持走自身特色之路，尚处于初期的数据积累和算法积累阶段。

2. 智能客服

互联网渠道的成熟度逐渐提升，对银行柜面渠道、电话服务渠道起到了越来越强的替代作用，2017 年，商业银行除了加深互联网在线客服系统的智能化深度外，亦采用新科技尤其是人工智能技术，继续为上述传统渠道赋能。对柜面渠道，营业厅的实体客服机器人得到使用推广，客服机器人的智能化除体现在自动避障、激光导航、路径规划等基础运动方面之外，在与客户人机交互方面更是依靠经验知识库和智能算法做到引导业务分流、咨询应答、业务处理，甚至可以实现营销。对电话渠道，Call Center 系统依靠智能语音识别，尽可能准确地获取客户表达的信息，进而进行智能语义识别并做出快速反应，这将有助于在客户导航和自动应答中节省人工成本。以上两种新技术的应用在银行业推广面更宽，甚至可以成为标配。

3. 区块链技术

对于 2017 年热度高升的区块链技术，商业银行纷纷报以主动拥抱的态度。积极、主动地跟进新技术，一方面可以切实改进业务，提高部分交易效率；另一方面有助于个体获得先发优势。中国农业银行在供应链金融中的区块链应用、中国工商银行运用区块链推进雄安新区建设资金透明管理、招商银行的跨境直联支付区块链平台、兴业银行的区块链防伪平台、平安银行的壹账链 BaaS 等均是相关实践案例。除了商业银行，中国人民银行也是区块链技术的重要关注者，1 月 29 日正式成立数字货币研究所专攻数字货币，专门从事有关数字货币的技术和应用可能性研究。但仅就银行业区块链而言，2017 年实践的场景，都是传统技术仍可支持的，并未充分体现出区块链的替代性优势。而且，在监管法规、行业规范未成熟之际，商业银行的区块链实践尚难以实现产业化和规模化。

4. 大数据风控

风险控制是商业银行的重点工作，2017 年，大数据技术中的大数据风控在商业银行应用的深度和广度进一步提升，个人客户画像逐步延展到企业客户画像。较之传统风控中的人工审核，银行大数据风控在数据分析的基础上更进一步地与人工智能中的深度学习、知识图谱相结合，提高自动决策能力。以截至 2017 年年底的股份制商业银行情况为例，各家已普遍提供基于大数据的直销银行消费贷产品。

5. 生物识别技术

与生物识别技术对支付领域的支撑作用相同，人脸识别、指纹识别等生物识别技术同样获得了较多的关注和推广应用，识别率也进一步提高。"刷脸""远程开户"等词汇在银行领域出现的频率更高，且被公众的接受度更高。这些变化提高了商业银行的效率和互联网化程度，直接提升了移动互联业务操作的安全性和效率。

22.6 金融征信与大数据风控

22.6.1 金融征信

征信是共享债务人债务信息的行业。由于近几年大数据的发展，部分从业者经常在征信前面加上大数据，成了"大数据征信"，这其实是个模糊的概念。个人征信机构本来只做向债权人（一般是指信贷服务机构）提供债务人的债务信息共享服务，但国内市场上的大部分个人征信机构提供的实际上是风险管理咨询服务，时间长了，就反向"定义"了征信就是风险管理咨询服务[1]。

美国的征信产业形成较早且较为发达，主要产品为征信报告、信用分数，以及相关原始数据的提供。征信产业链包括上游的数据收集和提供商，中游的数据处理方及下游的产品使用方。目前美国存在三大征信局，分别是 Experian、TransUnion 和 Equifax。这三家征信局主要业务为收集上游数据提供方提供的个人相关数据并进行处理，生产信用产品，产品主要形

---

[1] 引自《中国金融》2017 年第 1 期文章《个人信息保护与个人征信监管》。

式为个人征信报告,报告里为被查询主体的相关信息,具体包括个人基本信息、公共信息、信贷历史数据和查询信息等。

个人信用分数是征信产业中较为重要的产品,其基于征信局收集到的个人相关信息,计算个人信贷的违约概率并给予一定评分,供金融机构决策时参考。该信用分数的使用降低了金融机构的决策时间并提高了效率。目前美国市场上最通用的为 FICO 分数,始于 1989 年。此外,美国三大征信局也联合开发了属于自己的信用分数——VantageScore,作为 FICO 分数的替代品。

中国征信体系起步是从 2006 年设立央行征信中心(维护央行征信系统)开始的,从征信机构、征信监管者、数据提供商、征信用户、数据主体角度来看,已形成基本的中国征信行业格局。在 2017 年 11 月 24 日召开的中国互联网金融协会第一届常务理事会第四次会议上,审议并通过了中国互联网金融协会参与发起设立个人征信机构的事项,完成了程序上的重要一环。百行征信有限公司(以下简称"信联")由央行主导、中国互联网金融协会出面牵头,邀请芝麻信用、腾讯征信、深圳前海征信、鹏元征信、中诚信征信、中智诚征信、考拉征信、北京华道征信各出资 8%筹建。"信联"也就是现在的"百行征信"。在百行征信成立之前,央行征信中心是国内唯一的官方征信机构。

22.6.2 大数据风控

大数据风控服务包括征信、反欺诈、信用风险评分和大数据查询服务等。大数据风控服务包括:向信贷服务机构提供关于其客户信用风险的各类评估咨询服务,利用更丰富的数据字段和维度,帮助信贷机构提高其客户信用风险评价的精准度。

风控是互联网金融的重要环节。目前大数据风控产品主要应用在贷前、贷中和贷后。

贷前信审产品包括反欺诈产品、信用评估产品和评分产品等。在反欺诈产品中,相应的企业会整合银行、非银金融机构、法院、运营商、政府机构等多维度数据,然后通过对设备和 IP 进行监控,对用户信息进行真实性对比,建立欺诈特征识别系统,用于信贷申请过程。信用评估是从海量的弱变量中选出与信贷相关性较强的变量,根据变量的维度对客户进行相应维度的风险判断。评分是指基于多维度数据对客户的信用进行评分。

贷中主要是对借贷用户的信用变化、流水异动和联系状态等进行实时监测,对高危用户进行提前预警。

在贷后过程中,对失联的信贷不良用户及其主要联系人数据进行修复,使这部分用户状态可追踪。目前,市场上的大数据催收服务平台服务包括提供失联风险预警、共债信息推送、催收评分模型、债务人借口识别、失联客户信息修复等,并在平台基础上实现资源共享、信息交流及资产处置等功能。

22.7 区块链

区块链是当前科技浪潮中的焦点之一,综合利用分布式存储、共识机制、加密算法等技术构建了新型分布式 IT 架构,以集体协商的方式维护一个分布式账本,基于代码化的合约自动化执行各类业务规则,具有多边互信、防篡改、可溯源等优势,能够以较低成本、较高效率促进人们之间的协作,有望为社会发展赋予新动能。

22.7.1 区块链企业分类

根据市场研究机构 Gartner 预测,到 2020 年,基于区块链的业务将达到 1000 亿美元;到 2022 年,有 10%的企业将通过使用区块链技术实现彻底变革。按照业务类型,区块链企业提供的服务可以划分为以下几个层面,如图 22.1 所示。

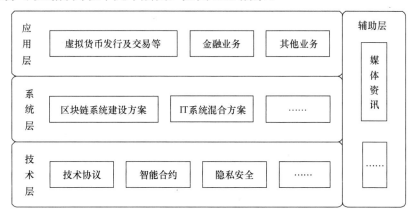

图22.1 区块链产业结构

1. 技术层:提供技术协议、智能合约、隐私保护、网络安全、用户认证等基础性区块链核心技术

区块链涉及众多基础性技术,以下主要介绍技术协议、智能合约及隐私保护等几项关键技术。

1)技术协议

目前,最为主流的两个技术协议为以太坊和 Fabric,还有两个值得关注的技术协议是 Corda 和 BCOS,它们均采用开源的方式对外开放,具体介绍如下。

以太坊:在 2013 年年末发布了初版白皮书,可支持通过构建各种公有链来发行代币。例如,以太坊代币标准 ERC-20 为 ICO 业务提供了极大的便利。

Fabric:适用于构建联盟链和私有链,满足企业商用需求。设置了节点准入审查,采取可插拔方式设置共识协议,注重提升交易频率,目标是每秒钟 10 万次交易。

Corda:是知名组织 R3 的分布式账本系统核心,与现有世界各大银行、金融机构开展全面合作,提供用户隐私保护、业务监管的手段。

BCOS:是一个国内底层技术平台,基于现有的区块链开源项目改进开发,聚焦于企业级应用服务的区块链技术平台,帮助用户构建区块链应用。

2)智能合约

智能合约是区块链中的关键部分,利用描述业务规则的程序代码可将传统业务中需要中介来执行的工作变为由算法来执行。由此带来两个新问题:一是如何用程序代码准确地表述业务规则;二是如何检验智能合约表述的完备性和准确性。比特币系统中只有很简单的转账业务,相应的智能合约易于实现和检验,然而对于较为复杂的业务场景,有效地解决上述两个问题是应用区块链的前提。

智能合约开发：秘猿科技于 2017 年在杭州注册成立，其自主研发了一种面向企业级用户的商用智能合约平台，目前拥有 10 项专利、2 项软件著作权，为区块链应用者提供了便捷的智能合约开发工具。

智能合约验证：当前的解决方法就是公开代码接受所有参与者的审查。该方式在一定程度上解决了问题，但也提升了对审查人员的要求，要求审查人员同时具有法务和编码知识。2016 年年底，深圳市罗湖区政府与牛津大学 Bill Roscoe 教授合作共建和信中欧金融科技研究院，智能合约验证成为其重点研究方向之一。

3）隐私保护

区块链是全网共享数据，然而不同业务参与方对各自的业务数据均有不同的隐私需求。隐私保护的目的就是既要实现数据的全网共享，又要满足各参与方的隐私要求。这也是区块链在很多业务场景下应用时需要解决的另一个关键性问题。

优权天成是 2016 年在深圳注册成立的企业，主要聚焦于区块链隐私安全方面的研究，能提供区块链安全与隐私解决方案，已与国内外多家知名企业展开技术合作，具体应用场景涵盖实物资产防伪溯源、供应链管理、数字资产版权确权等方面。

2. **系统层**：以各类核心技术为支撑，根据具体的应用场景，构建区块链系统或改造原有的 IT 系统

处于系统层的企业通过综合利用各类区块链关键技术及其他 IT 技术，针对客户的具体应用场景及使用需求，提供区块链系统研制或者原有 IT 系统改造的解决方案。

1）区块链系统研制解决方案

区块链系统作为一种创新的 IT 系统，在行业中一些企业就能扮演为业务应用方提供系统解决方案供应商的角色。

趣链科技是 2016 年在杭州注册成立的企业，其核心技术为自主可控的国产联盟链平台，目前已服务于数字票据、数据交易、股权债券、供应链金融、物流管理等众多领域。光大银行基于趣链的区块链平台构建了公益捐款系统，实现"母亲水窖"捐款信息的公开、捐款费用的可追溯、账务信息的不可篡改及捐款者隐私的保护。

2）原有 IT 系统改造解决方案

区块链技术存在很多优势，但也存在不少局限性，不是在任何场景下都适合采用纯粹的区块链系统的。在很多情形下，采用区块链与传统中心化 IT 架构的混合模式可能更为合适。

众享比特是一家于 2014 年注册成立的企业，其主要业务就是利用区块链助力监管科技，推出了区块链交易监管平台、审计数据报送平台、医疗数据审计平台等产品。通过在现有 IT 系统的基础上进行技术升级，解决审计数据不真实、监管工作难开展等实际问题。例如，基于区块链构建原有数据系统的伴随系统，能确保各类原始数据操作在区块链上留痕。

3. **应用层**：在区块链系统之上构建的各类业务应用系统，如比特币支付、股权登记和转让、版权存证等

区块链的应用轨迹是先用于虚拟货币的发行和交易，再渗透应用于金融业务，最后推广应用到社会其他领域。

1）虚拟货币业务

虚拟货币是区块链的最早应用，也是目前最广泛的应用。围绕虚拟货币，催生了提供矿

机/矿池、钱包、交易平台、交易行情、ICO 平台等商业机会。

矿机/矿池：虚拟货币属于一种公有链的应用，为了确定当前交易的记账权，设置了"挖矿"机制。针对此类需求，便出现了比特大陆、嘉楠耘智等专门生产矿机的企业，也出现了 F2Pool、AntPool 等集中分散算力专注挖矿的矿池。

钱包：帮助用户管理区块链上的各类虚拟货币，如 Circle 支持比特币在线汇款及比特币实体零售商线下付款，支持用户随时以美元购买比特币并存储在 Circle 账户或将 Circle 账户比特币提现至美元银行账户。

交易平台：在使用虚拟货币的过程中，存在虚拟货币之间，以及虚拟货币与法币之间的兑换需求，由此出现了两类数字交易平台：一类是诸如 CoinCola、BitPie 等提供场外交易的平台，可以用法币购买虚拟货币的服务；另一类是诸如 Bitthub、Bitfinex 等提供场内交易的平台，可以实现虚拟货币之间的兑换。

交易行情：目前存在 200 多个场内交易所，不同交易所可同时提供相同的币币交易对，交易价格在同一时刻会存在细微差异，带来了一定的套利机会。诸如区块链货币大全、BTC123、非小号等平台则集中提供了大多数交易所的实时交易价格。

ICO 平台：2017 年，ICO 成为诸多区块链创业企业选择融资的渠道。针对此类业务，诞生了 IcoWeb、ICO-CHINA 等一批 ICO 平台，它们为创业公司提供向公众募资的服务，募资成功后，会按照募集的虚拟货币量收取一定的手续费。

2）金融业务

区块链可支持在无中心机构条件下开展业务。金融领域拥有大量的中心机构，存在大量适合应用区块链的业务场景。总结当前的应用案例，区块链在金融领域的应用主要集中在银行间转账、供应链金融、ABS、保险理赔等业务中。

3）其他业务

从当前的应用场景来看，当前区块链业务主要集中在存证确权和信息溯源两个方面。

存证确权：现实生活中存在大量资产的可信性和归属权难以确认，导致使用效率低下，资产所有者的利益得不到保障的情况。利用区块链记录各类资产信息将能很好地解决上述问题，并能促进资源的整合和共享。比邻共赢 2012 年在北京注册成立，推出了"数贝荷包"产品，提供积分、卡券、信用等非货币数据资产的定制、发放、兑换、分析、管理等服务，用户可便利地查询从各机构获得的积分等数字资产，通过赠予、发红包、交易、兑换等方式便捷地使用。

信息溯源：区块链具有防篡改、可追溯等特征，在食品安全、扶贫及公益等领域大有可为。2017 年，阿里巴巴与普华永道达成合作，应用区块链打造透明、可追溯的跨境食品供应链，搭建更安全的食品市场；蚂蚁金服旗下的支付宝已将区块链技术用在慈善公益上，捐助者每一笔款项的资金明细都会记录在区块链上，实现了资金的透明和可追溯；腾讯区块链落地"公益寻人链"，连接腾讯内部多个寻人平台，打破信息壁垒，实现各大公益平台的信息共享。

4. 辅助层：为整个区块链产业的发展提供外围服务，如技术交流、热点新闻解读、咨询培训等

伴随着区块链行业的快速发展，相应的媒体企业也随之一起成长，成为大众了解该行业的入口。

巴比特 2011 年在北京成立，是国内最早的区块链资讯社区门户，为区块链创业者、投资者提供信息、交流与投融资服务。2017 年获得启赋资本、追梦者基金、天使投资人薛蛮子、梅花天使创投千万元人民币的 Pre-A 轮融资。

金色财经 2016 年在北京成立，集行业新闻、资讯、行情、数据、百科、社区等一站式区块链产业服务平台于一体，追求及时、全面、专业、准确的资讯与数据，致力于为区块链创业者及数字货币投资者提供产品和服务。与数十家财经及科技媒体达成内容合作，已有多家企业、个人自媒体、行情分析师入驻平台。

22.7.2 区块链行业的发展特点

1. "币圈"：数字货币市场暴涨

数字货币作为区块链技术的第一个应用在 2017 年吸引了大众的眼球。比特币是数字货币中市值最高的，2009 年面世，2016 年创造了 160%的惊人涨幅，2017 年全年涨幅达到 1700%。而更引人注目的是 2017 年比特币过山车般的行情：2017 年 6 月和 7 月比特币下跌大约 36%，而从 9 月开始突然发力，开始暴涨，到 12 月初高达 20000 美元/枚，之后进入震荡走势，到 12 月底跌破 13000 美元/枚。

2. "链圈"：金融机构和互联网巨头积极布局区块链

区块链可支持在无中心机构条件下开展业务，最有可能先给金融业带来具大变革，各大金融机构均积极尝试、提前布局。2017 年年底，深圳证券交易所发布了面向行业的"深证金融区块链云平台"。美国保险巨头 AIG 保险集团打造新型智能保单，通过分布式计算实现了跨国共享保险资讯，解决了由各国政策不同所带来的问题。

面对区块链的发展热潮，各大科技企业也纷纷试水。2017 年 3 月，阿里巴巴与普华永道达成合作，应用区块链打造透明、可追溯的跨境食品供应链；2017 年 5 月，腾讯发布区块链 TrustSQL，以提供企业级服务的"腾讯区块链"解决方案；2017 年 8 月，上海证券交易所批准通过基于区块链的 ABS 首单业务"百度-长安新生-天风 2017 年第一期资产支持专项计划"。

22.8 互联网金融信息安全与监管政策

22.8.1 信息安全

金融领域的信息安全包括来自网络安全、数据安全与系统安全等多个层面的安全要求。

随着信息流动频率的增加，网络边界变得日益模糊化，通信数据流随着业务的发展而变化。对于金融机构而言，大部分核心资产以数据形式存在，数据本身的价值不言而喻。同时，云技术、大数据应用场景不断深入，数据分级、加密、访问权限控制等安全措施对硬件性能提出了更高的要求。传统网络安全策略模式已无法满足当前金融技术发展的需要，安全技术体系结构难以支撑隐私数据保护的安全需求，以及租户在云环境中的角色信任等，安全风险面临范围迅速扩大的危险。可见，金融科技应用对信息安全产生的影响涉及方方面面。

金融所涉及的利益关联较大，系统较为复杂，金融领域的信息安全也有更高的具体要求。

在个人信息保护方面，个人金融信息是指金融机构在日常业务中积累的各种个人相关信息，包括个人身份信息、个人财产信息、个人信用信息、个人金融交易信息、衍生信息等。目前，个人财务信息的非法使用现象屡见不鲜，这也正是国家从2016年开始高度重视和打击的方向。

另外，金融行业的跨境信息流动较之其他行业更为复杂，它代表的不仅是信息流的流动，还包括资金流的流动。国家层面致力于保障受国际环境因素影响的信息安全与金融安全，防范跨境非法贸易活动，从而产生有效的监管价值。

相关安全管理措施包括：制定明确的法律法规、监管制度及相关技术标准等；维持金融信息跨境流动过程中信息保护与信息流通的平衡关系；完善金融跨境事务的安全保障体系，及时掌握各类金融机构与境外的个人金融信息的交流情况。

同时，中国信息通信研究院也在积极支撑人民银行在金融行业安全方面的具体研究和标准化工作，目前已出台了《个人金融信息保护指南》《数据处境安全评估指南》《金融科技基本术语》等标准。

22.8.2 监管政策

2017年2月，《网络借贷资金存管业务指引》正式落地，P2P网贷合规有了资金存管的硬性指标；8月24日，银监会出台《网络借贷信息中介机构业务活动信息披露指引》，一个办法和三个指引构成了网贷平台的现行监管框架。一个办法指的是《网络借贷信息中介机构业务管理暂行办法》（2016年8月）；三个指引分别是《网络借贷信息中介备案登记管理指引》（2016年11月），《网络借贷资金存管业务指引》和《网络借贷信息中介机构业务活动信息披露指引》。

2017年11月21日，互联网金融风险专项工作领导小组办公室紧急下发《关于立即暂停批设网络小额贷款公司的通知》，叫停网络小贷公司牌照发放，并禁止新增批小贷公司跨省开展小贷业务。

12月1日，《关于规范整顿"现金贷"业务的通知》发布。12月8日，银监会下发《关于印发小额贷款公司网络小额贷款业务风险专项整治实施方案的通知》，重点排查和整治网络小贷公司，涉及审批管理、经营资质、股权管理、融资端及资产端等11个方面，并要求在2018年1月底前完成摸底排查。这意味着现金贷小额、短期、"高利贷"的时代一去不复返，36%的红线将令现金贷平台迎来大转型时代。

2017年ICO火热，出现许多骗局，引起监管部门高度重视。2017年9月，中国人民银行等7部委发布《关于防范代币发行融资风险的公告》（以下简称《公告》），叫停各类代币发行融资活动，要求已完成代币发行融资的组织和个人应当做出清退等安排。《公告》将代币发行融资定性为"一种未经批准非法公开融资的行为，涉嫌非法发售代币票券、非法发行证券及非法集资、金融诈骗、传销等违法犯罪活动。"

在互联网金融基础设施领域，2017年11月，中国人民银行发布《关于进一步加强无证经营支付业务整治工作的通知》，针对无证支付机构进行集中整治，同时颁发了持证支付机构自查内容和无证机构的筛查重点及认定标准说明；12月22日，中国人民银行发布了《关于规范支付创新业务的通知》；12月27日，又下发了《中国人民银行关于印发〈条码支付业务规范（试行）〉的通知》，对支付行业进行规范，直接划定了限额，那些按规定无须办理工商注册登记手续的小微商户也都被纳入受理范围，这将有利于维护支付收单市场合理、公平、有序地发展。

（王一飞、焦松、孙楚原、李晗、罗莉玮）

第23章 2017年中国网络媒体发展状况

23.1 发展概况

截至2017年12月,我国网络新闻用户规模为6.47亿人,年增长率为5.4%,网民覆盖率为83.8%,用户规模保持稳定增长。2017年,网络媒体相关法律法规建设逐步完善,传统媒体加速互联网改造,行业自律不断加强,行业发展环境得以优化。

23.1.1 政策环境

2017年,网络媒体监管法律法规体系不断完善。网信办、原国家新闻出版广电总局等相关主管部门出台多部法律法规和政策意见,着力从体系建设、内容生产、行政执法、从业人员培养、用户信息保护等多个方面构建完备的监管法律法规体系,对信息服务、互联网社群管理、公共账号、人才建设等方面进行制度完善。

5月2日,网信办发布新的《互联网新闻信息服务管理规定》,提出以新媒体形式向社会公众提供互联网新闻信息服务,应当取得互联网新闻信息服务许可。这项政策将"服务许可监管"扩大至"自媒体生态圈"。

同日发布的《互联网信息内容管理行政执法程序规定》,明确互联网信息内容管理部门应当加强执法队伍建设,建立健全执法人员培训、考试考核、资格管理和持证上岗制度。

8月25日,网信办公布《互联网论坛社区服务管理规定》,要求互联网论坛社区服务提供者落实主体责任,建立信息安全管理制度,并对版块发起者和管理者严格实施真实身份信息备案、定期核验等。同时要求用户进行实名认证。

9月7日,网信办印发《互联网用户公众账号信息服务管理规定》和《互联网群组信息服务管理规定》,要求互联网用户公众账号信息服务和互联网群组使用者履行信息发布和运营安全管理责任,积极传播正能量,规范信息发布行为,遵守相关法律法规,维护良好网络传播秩序。

10月30日,网信办公布《互联网新闻信息服务单位内容管理从业人员管理办法》,强调了互联网新闻信息服务单位从业人员在从事互联网新闻信息服务过程中应当坚守的行为规范。

当日,网信办还公布了《互联网新闻信息服务新技术新应用安全评估管理规定》,要求服务提供者建立健全新技术新应用安全评估管理制度和保障制度、信息安全管理制度和安全可控的技术保障措施。

6月1日，原国家新闻出版广电总局印发《关于进一步加强网络视听节目创作播出管理的通知》，强调各类网络视听节目的创作和生产要把好政治关、价值关、审美关；要求网络视听节目服务机构全面落实主体责任，建立健全完善有效的把关机制。

8月15日，原国家新闻出版广电总局发布《关于加强网络视听节目领域涉医药广告管理的通知》，要求各省局对辖区内视听节目网站涉医药产品的广告和节目，严格审核，凡存在问题的都要立即清理。

23.1.2 监管与自律环境

2017年，监管部门不断敦促网络媒体企业把握正确的宣传导向，落实主体责任，通过强力监管，不断引导行业加强自律。2017年上半年，原国家新闻出版广电总局共处理155部存在内容低俗等违规问题的网络原创节目，其中对125部严重违规节目做了下线处理，对30部违规节目做了下线重编处理。

4月2日，因传播低俗信息，网信办首次根据《互联网直播服务管理规定》依法关停了18款传播违法违规内容的网络直播类应用。

5月，文化部公布了针对网络表演经营单位开展的集中执法检查和专项清理整治的结果：在检查的50家直播平台中，10家平台因有色情低俗、封建迷信等内容被关停，48家网络表演经营单位受到行政处罚。

6月7日，北京市网信办约谈多家平台，责令切实履行主体责任，加强用户账号管理，采取有效措施遏制渲染演艺明星绯闻隐私、炒作明星炫富享乐、低俗媚俗之风等问题。

6月，原国家新闻出版广电总局发函责成属地管理部门关停部分在不具备信息网络传播视听节目许可证的情况下开展视听节目服务的网站。

12月29日，国家互联网信息办公室指导北京市互联网信息办公室，针对个别媒体持续传播色情低俗信息、违规提供互联网新闻信息服务等问题，分别约谈两家企业负责人，责令企业立即停止违法违规行为。

在政府的监管和引导下，网络媒体行业自律性、自觉性有所提高。6月12日，美团点评、京东、新浪、搜狐、快手和360等互联网企业联合发布了《反商业诋毁自律公约》，强调约束自身，不去捏造涉及他人的虚假信息，不传播相关的无权威信息源、无法确认等信息，制止互联网上无端的负面评价，抵制"商业诋毁"带来的不正当竞争。

11月7日，中国互联网协会正式对外发布了《移动智能终端应用软件分发服务自律公约》（以下简称《公约》），在应用分发服务领域确定了保护用户权益和公平竞争的基本规则，华为、小米、OPPO、vivo、腾讯、阿里巴巴、百度、360等国内首批16家成员单位在北京共同签署《公约》。

23.1.3 经济环境

2017年，信息服务业产值持续保持高增长态势，且增速明显快于传统服务业，对服务业生产指数的贡献逐季增强。据国家统计局数据显示，2017年信息传输、软件和信息技术服务业增加值达到 2.75 万亿元，同比增长 26%，第四季度更是高达 33.8%。2017 年前 11 个月，规模以上服务业企业中，信息服务行业营业收入同比增长 43.3%，数字内容服务行业同比增长 34.0%。

2017 年，在 IP 大热的背景下，短视频、动漫等泛娱乐领域新媒体受到资本市场的追捧，渗透到新媒体各个垂直细分领域，成为新媒体融资的新风口，新的投资者和资金不断涌入内容创业领域，对信息内容服务业形成有力支撑。根据工业和信息化部信息中心发布的《2018 泛娱乐产业白皮书》显示，2017 年中国泛娱乐核心产业产值约为 5484 亿元，同比增长 32%，占数字经济的比重超过 20%，成为数字经济的重要支柱和新经济发展的重要引擎。

23.1.4 社会文化环境

伴随着社会心态的变化和社会需求的转移，年轻网民群体对严肃公共议题的关注程度逐渐减弱，对生活品质和自我实现的需求不断提升，新生代的互联网生力军对时政类话题的关注度有所下降，对"软新闻"的偏好普遍高于"硬新闻"，娱乐心态愈加凸显。

纯粹的新闻受众正转变为对综合资讯有着多元需求、更加注重情感满足的"用户"，依托某个传播渠道、单纯接受新闻的受众逐渐减少。

23.1.5 技术环境

网络媒体逐渐从技术探索走向技术工程和产品化，以增强现实（AR）、虚拟现实（VR）和人工智能（AI）等为代表的新技术在媒体产业深耕落地，将技术分解落地为适用媒体场景的模式创新，从而推动新媒体形态发展。

利用 AI 技术，有了机器学习的算法加持和推荐，今日头条、一点资讯等兴趣推荐内容平台逐渐壮大。在推荐新闻资讯的精准性方面，2017 年算法首次在用户感知上超越新闻和社交推荐。另外，AI 技术在媒体中的应用也引发公众对于"信息茧房"的担忧。

23.2 发展特点

1. 媒体融合趋势进一步加强

传统媒体、新媒体、自媒体等媒体的边界被逐步打破，人民日报、新华社等主流传统媒体纷纷加强互联网技术的实际运用，在内容、形式、平台、渠道、管理等方面不断深度融合，同时自媒体等平台内容新闻信息属性不断加强，传播形式也越来越多样化。

2. 竞争由流量向技术等转移

优质原创内容成为平台竞争的焦点，大型平台纷纷持续加大对原创内容的扶持；短视频、直播、增强现实技术、虚拟现实技术等富媒体化内容形态逐渐成为行业发展的基础；人工智能在网络新媒体中的应用进一步深化，尤其是机器人记者写稿、AI 技术与网民互动，使得人工智能成为平台发展的核心竞争力；大数据、算法推荐的使用，在信息爆炸的环境下，保障了用户接触有效信息的权利，但同时也给个人信息保护带来挑战。

3. 自媒体发展放缓，原创优质内容成为核心竞争点

2015 年自媒体数量增速达到 37%，2016 年为 20%，经过 2015 年、2016 年两年的井喷式增长期，2017年增速明显放缓，为8.3%。2017年，直播、短视频已成为自媒体标配，自媒体发展从流量为王转向内容为王。自媒体依托优质内容，拓展运营渠道和分发模式，使得盈利模式更加多元化，越来越多的自媒体开始尝试内容电商、付费阅读等变现途径。

23.3 用户分析

1. 新媒体用户"移动伴随"趋势持续增强

2017年，新闻资讯行业已过人口红利期，在用户黏性领域展开竞争。根据国家统计局公布的数据显示，2017年中国移动互联网接入流量高达212.1亿GB，同比增长158.2%。手机网络新闻用户规模达到6.20亿人，占手机网民的82.3%，年增长率为8.5%。随着网民使用习惯的迁移，"移动化日常"行为大幅增加，手机成为获取新闻的第一设备，占据用户90%以上的时间，充分占据用户碎片化场景。用户对移动新闻资讯的时间分配增多，同比增长47%。

2. 网民的富媒体偏好显著增强

2017年，中国网络视频用户规模达到5.59亿人，中国网民通过视频类平台获取资讯的用户渗透率大幅增长，其中视频网站增长高达228%。截至2017年年底，网络直播用户规模达到4.22亿，移动端资讯直播用户呈波动性增长趋势，增速均值为6.6%[1]。

3. 网民网上"求知"行为有所增强

2017年，信息交互逐渐走向透明化，虽然网络上碎片化学习的效果有待核实，但网民获取知识的途径从传统媒体逐渐转到互联网媒介的趋势已经完成。中国有53.9%的网民以手机、电脑等互联网媒介作为获取知识的主要途径，63.1%的用户将"学习某一领域专业知识或了解更多资讯/八卦"作为使用移动社交应用的主要原因。

23.4 细分市场

23.4.1 网络新闻媒体

2017年，中国网络新媒体的用户规模已呈现饱和态势。用户获取资讯的渠道进一步向移动终端转移，或向其他新媒体设备分流等。

在行业分布上，商业资讯媒体在影响力和流量上更具优势，该优势在移动端尤为明显。市场上的新闻客户端可以分为三类：一是传统媒体转型APP，如人民日报、澎湃新闻、封面新闻、凤凰新闻等；二是传统门户转型APP，如腾讯新闻、网易新闻、搜狐新闻、新浪新闻等；三是聚合类新闻APP，如今日头条、一点资讯、ZAKER、天天快报等。

在移动端市场，2017年第一季度中国手机新闻客户端市场用户规模达到6.05亿人。腾讯新闻以41.6%的活跃用户占比位列第一，今日头条以36.1%紧随其后。这与商业媒体所属机构本身的互联网属性相关，与传统媒体相比，这类媒体在技术和开发方面具有先天优势。

在PC端市场，综合门户和传统新闻网站仍占据市场主导地位，其中综合门户具备强流

---

1 资料来源：艾瑞咨询《中国资讯直播市场发展白皮书》。

量优势，主流新闻网站在公信力方面更胜一筹。根据《2017年中国网络媒体公信力调查报告》，体制内媒体的媒体满意度整体高于商业类媒体。人民网、新华网及人民日报客户端、澎湃新闻客户端表现较好；商业类媒体平台中只有少数媒体，如腾讯网、澎湃新闻等网站跻身满意度第一阵营。

网络新闻媒体的融合趋势进一步加深。新闻的视觉化呈现，不仅便于受众理解新闻，也能使受众在轻松娱乐的氛围中接受信息。"有图有真相""无视频，不新闻"已经成为对新闻生产者的新要求。主流媒体在重大主题报道作品策划中已经将可视化呈现作为基本要素。除注重视觉设计外，主流媒体在策划和推广新闻产品的过程中着力利用明星的号召力和各大新媒体平台的覆盖面，扩大新闻作品的传播面和影响力，重视情感动员，用亲近的手法给受众带来"沉浸式"的互动体验。

23.4.2 社交新媒体

随着移动应用技术的发展和用户需求的延伸，社交平台的媒体属性更加明显，社交媒体生态链条持续变化。微信依然是社交媒体领域的领头羊，但其用户增长速度及用户活跃度已经大幅减缓。

互联网巨头们不断完善各自产品的社交功能，如阿里巴巴旗下"钉钉"瞄准中国社交软件对企业用户的服务空白，于2017年年底，以上线不到3年的时间注册用户突破1亿，从企业领域开始反攻个人社交，强势崛起打破社交格局。2017年10月，中国移动重新启用飞信，并更名为"和飞信"，和飞信业务运营支撑服务项目招标金额于2017年年底达到4764.6万元，中国移动通过和飞信再度布局移动社交媒体市场。

2017年，社交媒体在中青年群体的用户覆盖已经接近饱和，社交媒体向大龄群体渗透是产业发展的亮点之一。根据《2017中国社交媒体影响报告》，社交媒体在50～59岁及60岁以上年龄段的使用率增长分别为28.3%和38.2%。

23.4.3 自媒体

2017年，主流网络社交平台均推出了适应自身发展的自媒体生态链，促使自媒体用户创作了海量内容。在自媒体分布上，微信以绝对优势占据市场主导地位。根据艾媒咨询数据显示，各大自媒体平台中，微信公众号以63.4%的市场份额遥遥领先；微博自媒体平台成为用户传播的次要选择，占比为19.3%；行业排名第三的头条自媒体占比为3.8%；其他自媒体合计占比为13.5%。

2017年，自媒体行业流量红利期接近尾声，马太效应愈演愈烈，自媒体发展迎来拐点。腾讯发布的《未来地图：2017中国新媒体趋势报告》显示，超过2/3的用户，关注的自媒体账号数量不再增加，其中1/4还有所下降，近30%的用户比上一年减少了分享自媒体文章。随着自媒体行业竞争日趋激烈，80%的自媒体运营依旧从事着新媒体这份工作，其中22%的人认为行业前景及现状挺好，约20%的自媒体运营方对自媒体行业前景表现出担忧。

网信办于9月7日公布了《互联网用户公众账号信息服务管理规定》，要求相关企业对微信公众号、新浪微博账号、百度的百家号、网易的网易号、今日头条的头条号、腾讯的企鹅号、一点资讯的一点号账号注册进行规范，并打击僵尸号、恶意营销号等。在这种情况下，一批不合规范的账户被清退，规范化发展成为企业的主要改良方向。

23.4.4 网络直播

2017年，中国网络直播市场规模继续增大，行业获得资本和技术的大力支持，各大企业直播平台纷纷获得融资：4月，微吼直播获得C轮2亿元融资，想播就播获得百万美元天使轮融资；7月，云犀直播获得2000万元pre-A轮融资；8月，目睹直播获得亿元级融资。互联网巨头继续布局，提振网络直播发展。2017年，阿里云与微吼达成全面战略合作，双方在技术、用户等方面深入合作；百度腾讯也入局企业直播。

伴随着资本大量进入和直播产品不断丰富，网络直播用户规模持续攀升。《2017—2018中国在线直播行业研究报告》显示，2017年中国在线直播用户规模达到3.98亿人，预计2019年用户规模将突破5亿人。相比2016年60.6%的增长率，2017年直播行业用户规模增速明显放缓，增长率为28.4%。预计到2019年增速将进一步放缓到10.2%。

2017年，网络直播市场营收规模高速增长。根据中娱智库的数据，2017年我国网络表演（直播）市场整体营收规模达到304.5亿元，较2016年增长39%，成为网络文化市场的重要组成部分。

针对行业乱象，我国对网络直播行业的内容监管力度持续提升，违法违规直播内容治理成效显著。随着国家监管部门的"史上最严监管"出台，直播平台逐渐从野蛮发展转向规范发展。目前，行业内一般采取"机器审核+人工审核"模式，每个直播平台基本都有俗称"超管"的房间管理员对主播直播内容进行检查。小的直播平台管理员有20~30人，大的平台大概有几百人到1000人。根据《2017中国网络表演（直播）行业报告》，截至2017年年底，全国共约有200多家公司开展或从事网络表演（直播）业务，较2016年减少近百家，相对于2011年则减少约400家。

行业布局方面，虽然全国直播平台仍高达200多家，但巨头格局已经形成。直播平台的热度基本符合长尾分布模型。虎牙、一直播、MOMO 陌陌等平台已经形成行业壁垒，第二梯队以后的平台已经与其拉开较大差距。

网络直播业务模式持续丰富，"生态图谱"更趋多样化。一是秀场直播、游戏直播和泛娱乐直播仍是网络直播的"三大流量引擎"，渗透率高，聚拢资源广，覆盖人群继续扩大，用户规模分别达到3.12亿、2.47亿、3.6亿，较2016年分别增长0.32亿、0.27亿、0.4亿。二是体育直播、在线教育直播、财经直播、社交直播等继续平稳发展，实现多场景覆盖，直播的工具化特征进一步增强。三是企业直播异军突起，且发展态势向好，将成为下一阶段用户和盈利增长点。2017年，企业直播平台加强合作，实现行业共赢，加之企业在数据分析、动态记录、受众体量方面具有绝对优势，有望发展成为下一阶段企业营销的重要工具和手段。

在商业模式方面，一是直播行业与其他产业的联动日益紧密，"直播+"模式逐渐成型。2017年上半年，各家平台开始与其他领域合作，开展电商直播、非遗直播、公益直播、政府执法监管直播等多种内容的直播，向PGC（专业内容生产）模式转型。直播平台提供的内容和网络游戏、网络音乐、网络文学、网络视频等网络文化形式一样，成为网民文化娱乐消费的重要形式。二是展开差异化布局。网络游戏直播平台，如斗鱼直播、虎牙直播、熊猫直播、龙珠直播、全民直播等，借助"军事演习"类游戏和王者荣耀、英雄联盟联赛等，巩固内容优势；泛娱乐直播平台，如映客、花椒直播、一直播、秀色娱乐、腾讯 NOW 直播等，在生活、户外等方面的布局逐步加深；秀场直播平台，如六间房、YY 等，着重在网红选秀和才艺表演方面投入资源，联合制作娱乐节目。三是 PGC 及自制内容元年到来。在内容同质化和产品趋同的背景下，直播平台开始自制 PGC 内容作为内容差异化的核心方向。熊猫直播推出了《pandakill》狼人杀直播，并得到了携程的独家冠名；全民直播上线了《作死直播间》《全民大胃王》等节目；斗鱼直播上线了《女拳主义》综艺；虎牙直播推出了《godlie》狼人杀节目；花椒联合爱奇艺、SMG 推出了首档汽车音乐脱口秀《卡拉偶客》。这一系列自营品牌项目进一步增强了直播用户的应用黏性，形成了新的盈利增长点。

23.5 发展趋势

2017 年，新闻生产过程被重新建构，内容信息在智媒技术的支持下呈现多元化表现形式，网民在众媒时代各抒己见，媒体从业者在纷繁的舆论意见市场中重新探寻专业的意义与价值。

未来，内容价值将继续回归并更受重视。在人人皆媒、万物皆媒的环境下，优质的内容依然会是核心价值。2017 年，超过半数用户对自媒体内容质量感到担忧，专业媒体将在内容真伪识别、质量控制、专业加工和价值观把握上发挥关键作用。同时，自媒体红利持续耗散，市场竞争态势将进一步加速。

人工智能将更加深度影响传媒业。一方面，在重大突发事件的快速报道中，机器人写作将逐步取代记者的消息采编，新闻从业者将面临如何抵达现场、怎样深度阐释、如何逼近真相的挑战。另一方面，AI 技术将发挥大数据信息获取和解读优势，实时监测新闻热点，即时获取受众反馈，在技术驱动下的新闻生产将更具效率和活力。

短视频将继续成为媒体争夺受众的关键。短视频既能达到视觉化呈现的效果，也能满足受众碎片化媒介消费的需求。未来，新闻视频将与 AR 技术结合、与娱乐消费结合，进一步丰富新闻的呈现形态，更加贴合受众的阅读偏好。同时，新闻和资讯视频的表现形式也将更多样化，超短视频、中长视频、视频直播、真实与虚拟视频的混合等各种形式的视频内容将呈现出更加井喷的增长态势。

（曹开研、杨彦超）

第 24 章 2017 年中国网络音视频发展状况

24.1 发展概况

2005 年以来，中国网络视频行业发展迅速，网络视频用户规模不断扩大，网络视频市场不断成熟规范。在中国已经历 13 年发展的网络视频依然是创新最频繁、变化和升级最明显的朝阳产业。2017 年，网络视频行业继续保持良性较快发展，全年发展概况如下。

24.1.1 政策环境

为进一步促进行业规范发展，国家相关部门加大了对网络视频行业的监管审查力度，逐步建立线上线下统一的监管标准。各项监管政策举措频出，对整个网络视频行业格局产生了重大影响。总体上，政策管控有利于行业整体内容质量的提升，对各播出平台的内容布局将产生较大影响。

2017 年 1 月，中共中央办公厅和国务院办公厅印发《关于促进移动互联网健康有序发展的意见》，为促进我国移动互联网健康有序发展提出了指导意见，从客观上推动了网络视频行业移动互联网技术的升级。

2017 年 5 月，国家互联网信息办公室发布新版《互联网新闻信息服务管理规定》，通过加强新闻信息采编发布流程管理、细化平台管理、落实处罚责任，对互联网新闻信息服务活动进行了规范，同时网络视频新闻类内容生产和发布也得到进一步规范。

2017 年 6 月，国家新闻出版广电总局印发《关于进一步加强网络视听节目创作播出管理的通知》，强调网络视听节目要与广播电视节目同一标准和尺度。

同月，中国网络视听节目服务协会发布《网络视听节目内容审核通则》，对网络剧、网络电影、微电影、影视类动画片、纪录片等网络视听节目做出了明确规范，要求先审后播，并明确了审核内容导向要求和标准。

2017 年 7 月，国家版权局、国家网信办、工信部、公安部联合开展"剑网 2017"专项行动，对重点领域版权专项治理取得重要成效。其中，影视版权专项整治，保护了网络视频内容的重要资源和核心竞争要素，对网络视频行业健康发展意义重大。

2017 年 9 月，中国广播电影电视社会组织联合会电视制片委员会、中国广播电影电视社会组织联合会演员委员会、中国电视剧制作产业协会、中国网络视听节目服务协会联合发布《关于电视剧网络剧制作成本配置比例的意见》，对演员的片酬进行了限制，要求全部演员的总片酬不超过制作总成本的 40%，对引导视频网站合理安排电视剧投入成本结构，优化片酬分配机制，推动行业投入与产出的良性循环发挥了导向性作用。

同月，国家新闻出版广电总局、发展改革委、财政部、商务部、人力资源和社会保障部五部委联合下发《关于支持电视剧繁荣发展若干政策的通知》。涉及网络剧、网上播出影视剧等行为，特别是规定了统筹电视剧、网络剧管理等重大政策，与现有网络视频行业的政策法规相衔接，丰富了网络视频行业监管政策。

24.1.2 经济环境

传统媒体营销价值日益遭受冲击，电视媒体广告投放量呈现逐年下跌趋势，大量广告转向网络视频行业。研究数据显示，2017 年媒体广告电视投放比例约为 24.4%，互联网投放比例为 32%。同时，互联网广告预算进一步向移动端集中，2017 年 PC 端和移动端广告投放比例分别为 39% 和 61%。

短视频行业迎来成熟期，成为拉动视频行业进一步繁荣的新增长点。2016 年，短视频备受资本市场青睐，平台应用密集问世，内容创业者呈爆发式增长。2017 年，短视频行业基于前期积累，市场竞争格局逐渐稳定，行业监管日益规范，逐步形成了稳定可持续的商业模式。传统视频网站纷纷布局短视频，一方面，将长视频剪辑成多个短视频，适应用户碎片化的观看习惯；另一方面，通过引入部分短视频内容，丰富了平台的内容库。

24.1.3 技术环境

自 2015 年国务院办公厅印发《关于加快高速宽带网络建设推进网络提速降费的指导意见》后，相关主管部门大力推进宽带"提速降费"工作，中国宽带网络迎来一轮高速发展期。宽带网速快速提升，实现网速翻倍增长。越来越多的网民用上了更快的光纤网络。工业和信息化部数据显示，截至 10 月底，我国 100Mbps 及以上固网用户数已突破 1 亿。

网民上网效率大幅提高，成本大幅降低。以三大电信运营商中的中国联通为例，截至 2017 年 10 月，其流量平均单价相对 2016 年降幅达到 70%；户均流量由 2015 年年底的 380MB/户提升至 2017 年 10 月的约 3GB/户。网速尤其是移动 4G 网络速率大幅提高，上网资费明显降低，加速提升了移动终端的规模，拉动了移动互联网场景下的网络视频消费。

24.2 市场格局

2017 年，综合性视频网站竞争呈现集中化发展态势。行业角逐主要集中在腾讯视频、爱奇艺、优酷三者之间展开。三家网站整体用户规模居行业前列，日活跃用户数占全网的 77%，使用时长占全网的 76%，建立了流量垄断优势地位，处于市场第一梯队。

其中，腾讯视频和爱奇艺进一步发挥内容版权优势，付费会员数量持续增长，两者竞争激烈、呈胶着态势。腾讯视频通过对内容金字塔的搭建，着力打造"大众+细分"的生态结构，强化了各细分领域的实力，在海外剧领域签订了《权力的游戏》第 7 季、《闪电侠》第 3 季、《X 战警：军团》等一系列独家合作，建立了最大的国产漫画品牌。用户体验层面充分发挥其强大的社交基因，通过弹幕、好友、粉丝衍生品、截屏、截取小视频等功能，打造更好的社交互动体验。爱奇艺的品牌调性和内容策略围绕"悦享好时光",主打青春时尚。以IP为中心进行深度挖掘,拓展IP周边,推出了多个爆款网络综艺和《河神》《无证之罪》等口碑自制剧。爱奇艺在应用中增加了商城、电影票、奇秀直播、泡泡圈等功能,体现出从观看视频到娱乐服务平台的转型趋势。优酷在2017年下半年发力明显,采取"三通"策略,在用户、数据、服务方面与阿里全方位打通,以优酷会员为核心串联合作伙伴的服务,将视频数据与消费数据连接,从而得到更清晰的用户画像。

第二梯队的芒果TV、乐视视频、搜狐视频、暴风影音、哔哩哔哩、聚力传媒等视频网站或依托独家内容资源,或占据应用工具、多终端优势等,也有较好的市场表现,但在用户规模上与第一梯队呈现"数量级"差距。第三梯队的酷6网、风行网、56网、天天看看等视频网站精准针对垂直用户,市场相对小众,用户规模相比第一、第二梯队呈现"几何级"差距(见图24.1)。

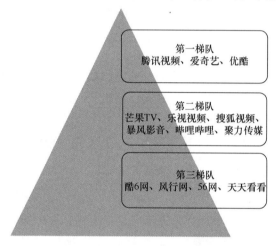

图24.1　2017年中国视频网站格局

在移动视频应用格局方面,依然是腾讯视频、爱奇艺和优酷三家占据市场主导地位,属于第一梯队;第二梯队以乐视视频、芒果TV、哔哩哔哩和搜狐视频为主;第三梯队包含聚力视频、风行视频、咪咕视频等应用(见图24.2)。

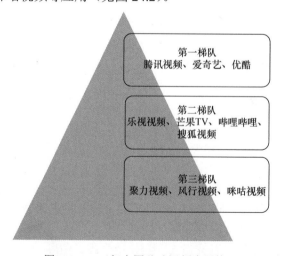

图24.2　2017年中国移动视频应用格局

24.3 商业模式

广告依然是网络视频行业第一营收模式，2017年中国在线视频广告的市场规模达到了440亿元，同时视频广告形式不断取得新突破。视频广告与内容创新相结合，除剧内植入广告外，剧外原创贴、创可贴、移花接木等创意式植入备受广告主好评。

2017年，网络视频用户付费观看视频的习惯逐渐养成，付费模式营收市场急速增长，用户付费的贡献已逐渐逼近广告营收。全年视频网站的付费剧数量达到了121部，相比2016年翻了1倍。爱奇艺、优酷、腾讯视频等视频网站会员数量均突破2000万，腾讯视频付费会员也突破4300万。可以预见，付费用户在优质内容驱动下还将实现持续增长，用户付费即将与广告营收并肩成为网络视频商业模式的"两驾马车"。

视频网站盈利模式日益多元化，传统的业务模式已逐渐不能满足市场需求。围绕着IP的流转、价值最大化和制作，商业模式从内容到延伸，从线上到线下，从软件到硬件，促进行业盈利良性循环。例如，畅销小说可以拍成网剧、动漫、电视剧、电影等。电影通过传统院线营收，动漫可通过玩具等周边衍生品创收，电视剧、网剧通过用户付费及广告营收。多种作品形态、各种营收模式通过IP串联起来，形成多元化商业模式。

此外，正处于风口的短视频行业空前繁荣，更加拓展了视频网站商业模式的发展路径。2017年，短视频行业备受市场和资本青睐，迎来飞速发展。短视频是指播放时长在5分钟以下的网络视频，不只是长视频的缩短，而是移动化、碎片化时代下的新内容消费习惯，具有社交属性强、创作门槛低、观看场景移动化、时间碎片化等特征。各大视频网站在2018年都将短视频列为构建娱乐生态系统的重要组成部分，充分利用视频内容的长尾效应。目前，广告、电商和内容付费是短视频行业依赖的主要商业模式。

24.4 典型企业分析

1. 爱奇艺

爱奇艺目前已成为网络视频行业的领军企业，截至2017年8月，爱奇艺已连续7个月在移动端APP"月度总有效时长"这一指标上排名第二，月活跃设备达5.1亿台，累计月使用时长达60亿小时。爱奇艺APP已逐渐成为仅次于微信的全国第二大APP应用，具有较强的娱乐内容分发能力，成为国内最大的移动娱乐用户聚集平台。

围绕IP生态开发，爱奇艺采取"一鱼多吃"的策略，建立了广告、用户付费、出版、发行、衍生业务授权、游戏和电商组成的货币化矩阵，代表了未来文娱产业的成熟商业架构，也促进了产业链各环节细分市场的价值提升。

具体地说，在网络剧、网络大电影和网络综艺先行试水成功之后，包括动漫、少儿、纪录片等在内的各领域头部内容，都将进入付费分账体系。这意味着高品质内容生产将获得更多的发展空间，马太效应将彻底激活内容生产，成为网络内容的格局拐点。利用信息流观看方式+信息流广告的形式，爱奇艺巨大的分发能力推动短视频成为娱乐生态模式的重要组成部分，成为视频行业的支柱性收入，以开放平台与多元化变现方式，实现视频内容的长尾效应。

内容与商业变现共同繁荣才是网络视频行业健康发展的效果考量。秉持开放的核心原则，内容生产者可以通过爱奇艺接入载体，接入爱奇艺开放平台获取多维度的透明数据和用户画像，形成内容品质良性循环。众多内容生产机构和个人生产者拥有了更多精准创新的可能。

同时，爱奇艺也不断扩展开放式的商业模式。内容合作方不仅可以获得版权收入，还可以通过广告和会员付费等方式，一点接入多点分成。从简单内容生产售卖的传统模式，向"赋能—生产—分发—多维变现"的生态型商业模式转变，将极大地提升内容生产领域的收入规模。

2. "今日头条系"短视频平台

2016年，短视频行业迎来发展风口。今日头条开始全面布局短视频行业，将短视频作为内容创业的下一个风口。2017年，各个"头条系"短视频平台表现不俗，用户增长迅猛，取得了快速发展。首先在产品布局上，今日头条采取多品牌战略，打造西瓜视频、火山小视频、抖音短视频三个不同细分领域的短视频应用平台，瞄准不同的用户群体搭建起差异化产品矩阵。"头条系"平台之间内部各项资源共享，构筑起面向竞争对手的优势壁垒，形成短视频市场发展强劲的集团军。

西瓜视频脱胎于今日头条APP短视频功能，并以独立APP形式上线。2017年6月正式更名为西瓜视频，以PGC短视频内容为主，定位是基于数据分析向用户进行个性化推荐的聚合类短视频平台。西瓜视频重视内容生态建设，紧紧抓住内容生产和商业变现。一方面，西瓜视频打造了一整套培训体系，包括进击课堂与创作者派对，帮助内容生产者在平台迅速成为专业生产者；另一方面，西瓜视频推出"3+X"变现计划，通过平台分成升级、边看边买、互动直播等方式帮助内容生产者实现商业变现。

火山小视频是今日头条孵化的用户生产内容，分享记录生活的UGC平台，定位三、四线城市用户。同西瓜视频一样，火山小视频也非常注重内容生产，为激励内容生产者采取了"火力值"变现方式。2017年8月，火山小视频在农村召开发布会，宣布用10亿元补贴平台内容创作者，并且推出了"火苗计划"——开通用户打赏，提出小视频达人培训计划。

抖音是今日头条旗下一个定位年轻人的15秒音乐短视频社区，85%的用户年龄小于24岁。2017年5月抖音日均视频播放量破亿，8月，抖音日均视频播放量达到10亿。抖音在短期呈现几何式增长，除了精准的年轻人音乐社区定位，强大的运营能力也功不可没。抖音通过大量线上活动保持用户活跃度，引导用户进行UGC生产。抖音作为今日头条官方音乐短视频应用，使节目里的人气选手陆续入驻，在极短的时间内吸纳了大量用户。在内容布局上，抖音遵循音乐社区调性，按照音乐风格进行了内容类别划分，形成了平台特色。

3. 快手短视频

快手短视频的前身是2011年上线的GIF快手，2012年11月从纯粹工具应用转型为短视频社区。2014年11月正式更名为快手。目前，快手短视频应用注册用户约7亿，月活跃用户超过2亿，每日用户原创短视频上传量超过1000万条。在流量上排名仅次于微信、百度、微博，估值达到150亿美元，已成为当之无愧的"国民短视频APP"。

快手短视频的产品定位和服务模式较为清晰，主要定位于普通人用来记录生活的短视频社交应用，用技术算法支持个人分享，不做资源倾斜和大V导向。快手短视频的应用界面简单、学习使用门槛很低，只有"关注""发现""同城"三个观看选项，内容流按照发布时间排序，没有垂直分类，也没有推荐、排行和加V。只需点击右侧摄像机器标志，用户就可以在最短时间内以最低的制作成本进行视频社交。

基于庞大的视频基础、差异巨大的覆盖群体、不运营红人、只依靠算法进行推荐，快手短视频实现了平民化和去中心化。80%的用户来自三、四线城市的农村，快手承载了底层青年自我展示、娱乐、猎奇、社交等综合诉求。很多普罗大众得到了展示自我、获得关注的机会，也引发了同类人群的共鸣。快手短视频的平台内容可以概括为普通草根创作的"土味文化"。在以内容为王的时代，快手短视频记录底层生活内容的广泛真实性使其具备了娱乐性和猎奇性。在满足普罗大众用户表现自我、获取关注并引发共鸣的同时，也满足了其他用户的猎奇心理。

在商业化方面，快手短视频仍处于起步阶段。当前最大收入来源是2016年上线的直播业务，此外还有一部分信息流广告和游戏收入，均属于短视频平台常规盈利手段。虽然快手短视频积累了庞大的用户和流量，并且具备相当的社会影响力，但在商业化拓展上仍然面临着短视频平台的共同瓶颈。

24.5 用户分析

24.5.1 用户规模

截至2017年年底，中国网络视频用户规模约为5.79亿人，较2016年年底增加3437万人，增幅为6.3%，占网民总体的75.0%。移动网络视频用户规模约为5.49亿人，较2016年年底增加4888万人，增幅为9.8%，占移动网民的72.9%（见图24.3）。网络视频类应用在中国网民各类互联网应用使用率中排在第4名，仅次于即时通信、搜索引擎、网络新闻类应用。

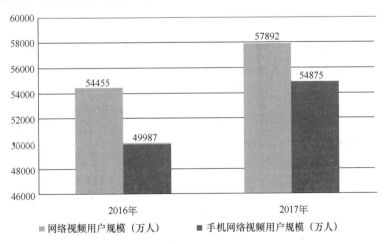

图24.3 2016—2017年网络视频/手机网络视频用户规模

从整体上看，移动视频用户继续保持较高的稳定增长态势，依然是网络视频行业用户规模增长的主要推动力量（见图24.4）。移动网络视频应用在中国网民各类互联网应用使用率中排在第 5 名，增长速度超过排在前列的手机即时通信、手机网络新闻、手机搜索和手机网络音乐。在使用频率增速上，移动视频发展增速也要高于网络视频。

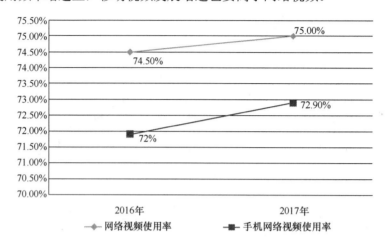

图24.4　2016—2017年网络视频/手机网络视频用户使用频率

24.5.2　用户结构

1. 性别及年龄结构

从用户性别结构来看，男性网络视频用户数高于女性用户数。男性网络视频用户占网民总数的比例为 52.8%，高于女性的 47.2%，在绝对数量上超出约 400 万人。

从用户年龄结构来看，网络视频用户相比整体网民依旧保持相对年轻化。年龄在 29 岁以下的用户占比为 56.0%，比整体网民占比高出 3.8%；40 岁以上用户相比 2016 年 18.4%的占比提升了 3.2%（见图 24.5）。

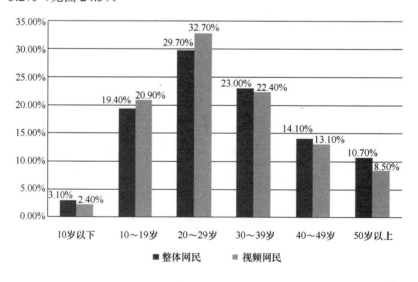

图24.5　2017年中国网络视频用户年龄结构

2. 职业及收入结构

从用户职业结构来看，学生、个体户/自由职业者、企业/公司一般职员构成了主力用户群体，占视频网民总数的近六成。

从用户收入结构来看，网络视频用户收入较高。月收入3001~5000元、5001~8000元和8000元以上的用户占比均高于各对应年龄段整体网民占比。

24.5.3 消费行为

1. 用户收看行为

从网络视频用户对终端的使用来看，智能手机占据绝对优势，95%的用户日常通过智能手机观看视频，台式电脑、笔记本电脑、平板电脑等PC终端的使用则进一步下滑（见图24.6）。

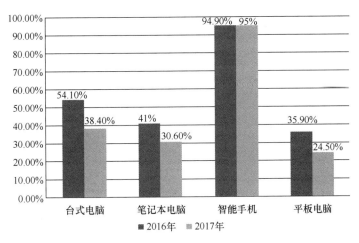

图24.6　2017年中国网络视频终端使用情况

2. 用户付费行为

2017年，网络视频行业用户付费能力明显提升。调查数据显示，2017年国内网络视频用户付费比例达到42.9%，相比2016年增长7.4%，用户满意度达到55.8%。据不完全统计，截至2017年年底，视频网站付费会员总数超过1.7亿，预计未来仍将保持较高速度的增长趋势。

中国网络视听节目服务协会网络视频用户调研数据显示，在付费用户中，男性用户占比高出女性用户约17.8个百分点，29岁以下年轻用户成为付费主力军，占付费网民总数的67%。中高学历人群更愿意为视频内容付费，占付费网民总数的56.7%。半数以上用户对付费业务感到满意。

值得注意的是，虽然2017年用户付费行为相比2016年有了大幅提升，一部分是由于2017年网络视频付费内容比例扩大，拉动付费用户总量增加，但用户付费动力和意愿却有所下降。2017年网络剧、网络综艺精品频出，数量再创新高，但用户对院线电影、微电影、电视剧等各类内容付费意愿普遍降低（见图24.7）。

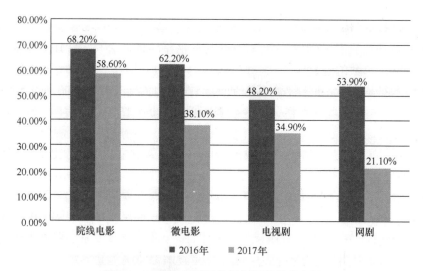

图24.7 2017年中国网络视频用户付费意愿

超过六成的未付费用户表示"未来绝不考虑付费",1/4 的用户表示"如果有特别想看的内容,不介意付费"。面对较弱的付费意愿,视频网站必须立足打造精品内容,精确分析用户观看需求,以优质内容提升付费用户转化率。

24.6 发展趋势

从行业自身发展来看,网络视频行业终端移动化、内容精品化、平台生态化进程将在2018年继续加速,网络视频将会迎来更大的"丰收季"。

1. 终端移动化

近几年,网络视频收看终端移动化趋势日益明显。2015年两会以来,网络"提速降费"已成为民生高频词,提速降费工作取得了不俗成绩。通信业统计数据公报显示,截至2017年年底,移动互联网接入流量消费达 246 亿 GB,全年月户均流量翻倍增长。而工信部在 2018年工作会议上将提速降费作为新一年重点任务,并规划了"加大网络提速降费力度""4G 网络覆盖和速率进一步提升、移动流量平均资费进一步降低"等目标。可以预见,在网络提速降费尤其是移动互联网提速降费政策的助力下,2018 年网络视频收看终端移动化趋势将进一步凸显。

大屏幕智能手机全面普及,手机与电脑、电视、平板电脑等设备相比的观看体验正在逐渐缩小,而手机终端在使用时长、碎片化时间利用上占据绝对优势。2018年,用户观看网络视频行为将更加向智能手机集中。

2. 内容精品化

整体而言,中国网络视频用户增长趋缓,网民数量增长拉动网络视频用户增长的红利期已经结束,业界应转变思路由"拓展新用户"向"精耕老用户"转变,守住价值越来越高的存量市场,用内容深度盘活用户存量,从而激发各视频网站的运营活力。

内容是网络视频行业的核心服务，购买引进版权内容和平台自制内容是网络视频内容的两大支柱。2017年，引进的海外正版视频节目大手笔频频。爱奇艺、优酷分别与Netflix、索尼影视等海外版权方达成内容授权协议，通过引进海外正版视频资源提升内容竞争力。网络平台自制节目数量稳中有升，整体呈现由"数量增长"向"质量提高"转变。相关部门市场监管政策日益完善，各大平台不断加大自我监管力度。早期以"未删节版""删减内容花絮"名义在网上播出或者"擦边球""软色情"等一些网络平台自制内容被剔除，网络自制节目内容更加正规化、精品化。以网络剧为例，2017年上半年网络剧上线数量与2016年同期基本持平，但同比播放增长率达到146%。

精品内容如何成功转化为商业利润，是2018年网络视频内容精品化必须思考解决的问题。就付费用户数量来看，华策影视研究院披露的数据显示，2017年视频网站付费市场规模推算已有200亿元，付费剧数达到121部，相比2016年翻了1倍，预估这一规模将在未来两年内突破500亿元，这意味着付费收入将完全比肩广告收入。

但是需要注意的是，虽然2017年付费用户比例再创新高，接近用户总数的一半，但付费用户比例扩大并不一定意味着未来付费市场的良好态势。在客观上，2017年视频网站付费内容比例扩大，带动了付费用户群体扩张，但在主观上，调查显示用户对院线电影、微电影、网剧等内容付费意愿相比2016年却有所下降。因此，内容精品化与内容付费有效对接还需要业内深入分析研究。

3. 平台生态化

2017年，视频行业着眼从内容平台到大生态体系的构建，网络视频行业一年间的变革堪比过去十年的变化。腾讯的泛娱乐生态则是以IP为核心，涵盖游戏、动漫、文学、影视四个领域的泛娱乐布局。

展望2018年，各大网络视频平台一方面还将致力于以独家原创内容打造核心竞争力，通过开展内容创作计划或投资内容创作机构，实现以内容制作为核心的上下游全产业链协同联动发展；另一方面，网络视频与文学、游戏、漫画、电影等其他内容产业深度融合，生态化平台的整体商业价值将进一步凸显。

（郑夏育）

第25章 2017年中国网络游戏发展状况

25.1 发展概况

1. 监管力度进一步加强

2017年,中国网络游戏行业相对宽松的政策,给中国网络游戏的持续式、爆发式发展提供了重大的机会,与此同时产生的社会问题也持续引发社会各界的讨论。2017年年底,中宣部等八部门联合印发《关于严格规范网络游戏市场管理的意见》,并要求按照意见统一部署,政府部门、行业协会、网游企业等多方联手综合施策,强化价值导向,加大正能量供给,落实企业主体责任,推动行业转型升级,努力营造清朗网络空间。国内游戏行业或将迎来史上最严、最彻底的规范化管理时代。网游的监管制度逐渐走向成熟。

2. 移动游戏成为市场潮流

2017年是中国移动网络游戏从成熟走向创新的爆发年。《王者荣耀》《阴阳师》《绝地求生》等现象级移动游戏成为网民热议的话题,持续引爆市场,再加上长尾效应所产生的差异化市场,使中国移动游戏在整体网游中的占比首次超过PC客户端游戏。2017年下半年火爆的养成类游戏《旅行青蛙》《恋与制作人》,以及微信小程序游戏等新型游戏形式的开拓,给移动游戏的发展带来了更多的可能。移动游戏的崛起壮大已经成为不可逆转的时代潮流,并将持续深入地发展下去。

3. 游戏IP化融合发展态势明显

游戏产业泛娱乐化和融合趋势明显。知识产权(IP)成为游戏与其他娱乐产业融合的媒介,IP提供庞大的核心用户群和宣发路径,游戏企业利用IP同影视剧、动漫、音乐、小说等企业或作者联动,不断打造娱乐一体化产业形态和新商业模式,游戏公司正在成为跨行业的融合性娱乐公司。部分先行企业还积极探索与其他业态融合,以实现与音乐、教育和医学等领域的跨界整合,在泛娱乐领域内持续创新。

4. 游戏分发渠道多样化发展

人口红利用尽后,游戏市场逐渐从增量市场向存量市场过渡,如何抢夺现有的游戏用户成了游戏厂商最头疼的问题,而用户每天都必然会接触的社交软件成了兵家必争之地。社会化游戏分发的重要性逐渐凸显。网络游戏进入质量驱动的时代,除了游戏质量、题材、游戏运营推广等因素外，社交类因素的重要性也逐渐凸显。

5. 国内竞争白热化，游戏出海打造竞争新格局

由于国内游戏市场进入白热化的红海阶段，游戏企业纷纷放眼国际、布局海外。2017年，中国自主研发的网络游戏海外营业收入约为76.1亿美元，同比增长10%。中国网络游戏出口，已超越其他文化形式，成为中国文化出口的主力军。游戏出海具有巨大潜力。

25.2 市场情况

25.2.1 市场规模

2017年，中国网络游戏市场规模约为2354.9亿元，同比增长31.6%，预计到2021年网络游戏市场规模将超过4000亿元（见图25.1）。在人口红利逐渐消失的今天，游戏市场增长率不降反升，表现出游戏作为一门艺术和文化产业的强劲生命力。随着国民人均可支配收入的提升和玩家付费习惯的逐渐成熟，用户能够并且愿意在游戏上投入的时间和金钱也越来越多。整体ARPU值的提升为游戏市场规模的进一步提升打下了坚实的基础。国民手游《王者荣耀》持续火爆，老牌游戏《英雄联盟》《梦幻西游》表现稳定，新游戏《荒野行动》《恋与制作人》亮人眼球，新老结合，共同助力游戏市场规模再创新高。

图25.1 2011—2022年中国网络游戏市场规模

25.2.2 细分市场结构

2017年，在中国网络游戏市场细分市场中，移动游戏市场规模进一步上升，突破60%。随着用户移动化、碎片化娱乐需求的提升，以及移动设备性能的更新迭代，未来移动游戏的占比将会进一步上升（见图25.2）。

2017年年底，腾讯推出微信H5小游戏，进一步利用用户的碎片化时间，为移动端占比的进一步提升提供了可能。

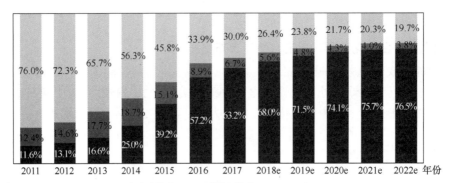

图25.2 2011—2022年中国网络游戏市场细分结构

2017年分季度市场规模相对平稳，没有大幅波动。整体市场稳定，PC游戏和移动游戏均稳步上升（见图25.3）。

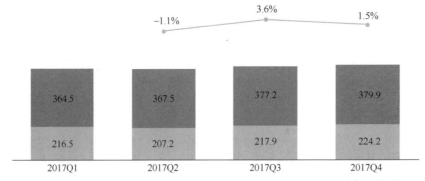

图25.3 2017年中国网络游戏市场规模季度情况

25.3 移动游戏

25.3.1 市场规模

2017年，中国移动游戏市场规模约为1445.8亿元，同比增长41.4%，预计到2020年移动游戏市场规模将超过2000亿元。2017年市场增速有所下滑，一方面是由于用户规模趋于饱和；另一方面，国内手游产品同质化趋势严重，市场需要创新型产品的刺激。但随着用户的成长，用户的游戏习惯和付费习惯的逐渐成熟，用户付费的意愿和付费额度还会有一定上升，整体市场相对稳定。预计未来3~5年，移动游戏会进入一个平稳上升的发展期（见图25.4）。

图25.4 2011—2020年中国移动网络游戏市场规模

近两年，资本对移动游戏市场的追捧有所降温。2016年移动游戏相关并购案例的金额约为329亿元。其中最大的一笔收购事件是巨人网络305亿元收购以色列棋牌社交手游公司Playtika。除此以外，还有两起棋牌游戏相关的收购案例。棋牌、电竞概念成为2016—2017年游戏资本市场的关键词。

25.3.2 用户规模

2017年，移动游戏用户规模约为5.54亿人（见图25.5）。经过前两年的爆发式增长，人口红利逐步消退，移动游戏用户规模已趋于饱和，单纯通过买流量的方式提高游戏收入的时代已经渐渐过去，通过提升产品质量、追求玩法创新、整合营销资源、精细数据分析来提升产品付费率和付费额度会是未来的新方向。

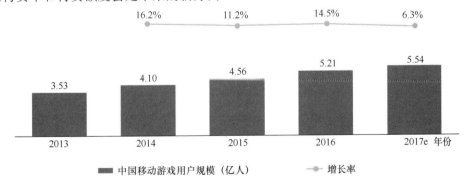

图25.5 2013—2017年中国移动网络游戏用户规模

25.3.3 产品分析

移动游戏产品数量在 2015 年达到峰值，市场上拥有近两万款活跃游戏产品。近两年游戏产品数量回落，截至 2017 年 5 月，仅有 5464 款活跃产品（见图 25.6）。一方面说明经过 2015 年的狂热，市场逐渐进入冷静期；另一方面，从研发商角度来看，有一批小的手游制作团队被挤出市场，存活下来的厂商也在一定程度上精简了项目数量。

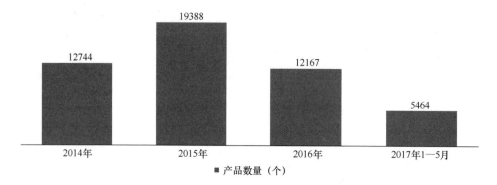

图25.6　2014—2017年中国移动网络游戏活跃产品数量

2017 年，精品化游戏依然稀缺，相比而言，单机游戏的竞争更为激烈，网络游戏的精品产出率约为单机游戏的 4 倍。

几乎所有影游联动的移动游戏都是角色扮演类，在游戏玩法上重合度较高。整体而言，虽然游戏的上线时间和影视剧的上线时间距离较近，研发商也都是具有丰富研发经验的老牌厂商，质量相对有保障，但是相比影游联动的巅峰之作——《花千骨》，近两年的影游联动移动游戏的成绩都不算特别出众。

25.4　发展趋势

1. 分发内容深度化、泛娱乐化

网络游戏精细化运营对大数据的依赖度越来越高，社交平台拥有大量用户数据，同游戏数据对接后，能够帮助游戏实现更加精细化的运营。而网络游戏重度化、精品化的发展提升了对深度内容持续输出的需求，面对重度游戏的庞大世界观和丰富的游戏内容，官方和玩家都会有更多沟通交流、游戏攻略等重度内容的输出需求，社交 APP 将承载更多深度游戏内容。

社交 APP 承载的娱乐衍生内容助力游戏 IP 的价值提升。社交 APP 本身是一个拥有非常多样化内容的平台，可以很好地链接游戏与其他娱乐内容，帮助游戏进行泛娱乐 IP 化发展。例如，微博平台上，明星的游戏日常，游戏与影视、电竞等话题的互动等，都是在利用多个 IP 之间的相互影响力，为 IP 持续加温。

2. 分发源头多样化

随着流量的获取成本越来越高，内容分发平台能够更高效地分配流量，并在用户间形成良好的内容循环。社会化分发在游戏的前、中、后期，都能恰到好处地为游戏推广服务。相比应用商店的榜单型分发，社会化分发的针对性更强，用户自主内容分发的重要性凸显。

3. 移动电竞赛事成熟化

电竞产业经历了从被玩家质疑，到逐渐被主流接受，再到现在成为重要细分类型之一，其运营模式已逐渐成熟。在国内，移动电竞先行者已经抢先进入市场，并且构筑了核心竞争力。得益于头部游戏的火爆，2017年移动电竞游戏收入快速增长带动整体市场规模的飞速上升。另外，相关移动电竞赛事及移动电竞衍生内容的市场规模则相对较小。在移动电竞市场规模迅速扩张的同时，其增速已大幅超越端游电竞市场，该节点标志着移动电竞市场正式进入了成长期。

4. 产品国际化

2017年，中国已超越美国、日本成为全球最大的网络游戏及移动网络游戏市场，正以一个成熟且规模巨大的游戏经济体形象，不断将自己的产品和运营模式等成功输出海外。对于国内网络游戏企业，游戏出口业务的有效拓展不仅可以充分减少区域性的经营风险，分享广阔的海外市场收益，更能增强品牌知名度与影响力。经过市场多年的锤炼，国内部分移动游戏企业，早已具备了全球化竞争的实力，以畅游、完美世界、巨人网络为代表的中国企业已开始面向全球开展网络游戏的运营业务。与此同时，政府也在倡导中国游戏的输出，以此大力推动中国文化走向世界，将中国网络游戏产业转变成中国文化出口的先锋军和外汇收入的新增长点。

在代表中国文化及IP的游戏不断受到国际认可的同时，出海游戏标准渐高，本地化与差异化并存，中国网络游戏出海进程的推进让产品出海与资本出海相结合的势头越发明显。未来游戏投资的本地化发展已成为重要方向之一，这并非单纯的游戏语言的转换，而需要游戏公司对当地的文化、用户习惯、玩家特点进行深度的探索。

5. 打破山寨模式，提升自主创新能力

我国网络游戏市场虽然火爆，但相比于国外网络游戏丰富的IP层次和完整的产业链条，行业及链条成熟度仍远远落后于国外的游戏行业。中国原创网络游戏在模式和观念上创新不足，面临同质化、结构单一、原创匮乏的发展困境，无序竞争的情况比较突出。随着网游生命周期不断缩短，更迭速度加快，有的中小企业为减少创意和制作时间，采用成本低、获利快的"山寨"方式，同时被侵权方维权成本较高，导致游戏市场模仿、抄袭、私服外挂等侵权盗版现象层出不穷。知名网游遭到侵权案件频发，盗版游戏打着正版的旗号，在界面、题材、美术、玩法等方面模仿抄袭。这些成为网络游戏市场、尤其是手游市场快速发展中的突出问题。未来网络游戏的竞争是自主创新的竞争，打破山寨格局，提高自主创新能力，才能真正实现长远发展。

6. 多方共治，责任共担，构建健康的游戏产业生态

2017年，规范化网游生态的道路已经开启，长期以来，部分网络游戏企业为制造噱头获取利润，利用低俗营销手段进行游戏推广活动，通过装备道具等诱导游戏用户过度

消费，部分游戏文化内涵缺失问题较为突出，存在低俗暴力倾向，个别作品格调不高，歪曲历史、恶搞英雄，价值观念出现偏差，触碰道德底线，造成不良社会影响。尤其对于青少年群体，沉溺网络游戏成为青少年发展的巨大阻力。网游企业作为其中的重要一环，尊重历史文化、弘扬社会正能量，是未来构建健康游戏生态所必须承担的社会责任。在这一生态建设的过程中，政府、社会学家、媒体、教育工作者正在发挥其积极的监督、规范和引导作用。

（殷红）

第26章 2017年中国搜索引擎发展状况

26.1 发展概况

1. 移动设备完成普及,搜索入口价值持续分流

2017年,中国互联网已经完成从PC向移动端的用户迁移,而在移动化迁移的过程中,搜索的核心入口价值发生转变。一方面是基于移动端单个APP的产品形式;另一方面,由于大数据算法的全面爆发,资讯开始从用户主动搜索转向资讯主动匹配用户,互联网用户对移动搜索的需求开始下滑,而资讯和浏览器厂商则将搜索作为产品功能内嵌在APP中,持续分流搜索的入口价值,单一的搜索业务模式已难以适应目前快速变化的移动互联网市场,搜索正在被弱化为拥有巨大流量APP中的某一功能,在产业链中的位置趋于下沉。对厂商来讲,如何将PC搜索优势与移动端结合是巨大挑战,搜索厂商也需要另外寻找或开拓新用户入口,以保证持续发展。

2. 丰富产品形态,依靠内容抢夺用户时长

从2014年开始,国内互联网用户上网时长增速开始放缓,截至2017年年底,人均每周上网时长仅增长0.6小时,约27小时(见图26.1),无论从用户规模,还是使用时长的增速来看,中国互联网市场已经进入存量时代。面对市场的变化,搜索厂商积极转型,在用户使用极度碎片化的场景下发力内容,扩展搜索产品生态,将内容引入产品,搜索结合算法推送,以满足当前的用户需求变化,在增加用户黏性的前提下开拓广告位资源。

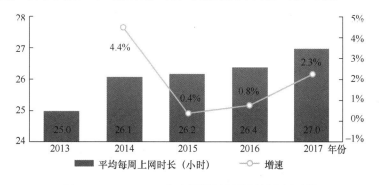

图26.1 2013—2017年中国网民平均每周上网时长

3. 发力人工智能，抢占未来技术高地

搜索引擎厂商拥有较强的技术基因，在快速发展的互联网市场，通过对人工智能技术的深入开发以占领未来市场成为领先厂商的共识，百度、搜狗等企业都凭借搜索引擎的技术优势积极探索 AI 对产品的升级转型，目前来看，语音识别和图像识别是目前商业化发展相对较好的两个方向。

人工智能对互联网行业来讲，是行业基础技术，在改善人机交互、计算机识别、自主学习等方面都会产生巨大的推动作用，而搜索本质上是人工智能技术的分支之一，目前人工智能仍处于发展初期，搜索厂商目前主要基于自身优势针对某一领域进行部署，整体市场发展空间较大。

26.2 市场规模

1. 搜索引擎市场重回增长轨道

在 2016 年经历了"魏则西"事件和严格监管的冲击后，搜索市场进入调整期，2017 年第二季度开始重新回归增长正轨。2017 年，中国搜索引擎市场规模达到 775.2 亿元，同比增长 7.1%（见图 26.2）。

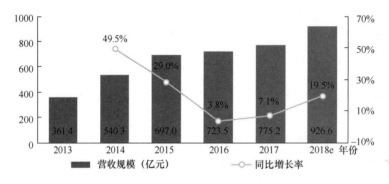

图26.2　2013—2018年中国搜索市场规模

2017 年，主要厂商纷纷发力人工智能领域，以谋求转型，提升搜索竞争力。由于人工智能技术覆盖面较广，目前厂商主要根据自身优势深入探索 AI 细分领域技术与业务的融合发展。从整体上讲，厂商对 AI 的研发仍处于初期，尚未形成直接的营收贡献，但是部分技术已经开始内嵌到产品之中；另外，厂商积极开发移动搜索市场，将搜索与信息流广告相结合，在主动搜索行为下进行关键字广告推送，在非搜索行为下，则基于用户近期的搜索数据进行信息流广告的推送，有效提升了广告效果并保证了用户使用体验。

目前，中国搜索引擎市场竞争格局基本稳定，百度虽然整体份额下滑，但依旧领跑市场，市场份额高达 77.2%，牢牢占据市场第一的位置；搜狗在获得腾讯注资后，合并搜搜，成为 QQ 浏览器、微信的内嵌搜索引擎，开始进入高速增长阶段，在移动互联网时代，凭借腾讯全网第一的流量支持，市场份额持续提升，目前位列第二，市场份额占比达到 6.6%；在谷歌退出中国后，360 凭借浏览器和自有综合搜索引擎，快速占领市场，曾经对百度的市场份额产生了一定的冲击，但在移动化迁移浪潮中，360 移动搜索商业化启动较晚，明显落后于竞

争对手，而且浏览器内嵌搜索的这种模式在移动终端下，用户使用需求明显下降，再加之个性化推荐的冲击，360在激烈的市场竞争中日趋弱势，目前市场份额仅为3.2%（见图26.3）。

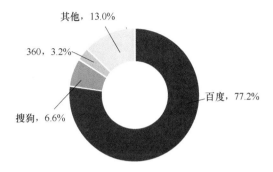

图26.3　2017年中国搜索市场结构

2. 移动搜索引擎市场规模

在移动设备的快速普及下，移动搜索引擎市场在2014年开启商业化进程，且一直保持高速增长，但2016年受整体市场放缓影响，移动搜索市场增长明显放缓，2017年行业回归常态增长，移动搜索占比快速攀升，已经成为搜索营收主力。

2017年，中国移动搜索市场规模达到672.2亿元，同比增长75%，预计2018年，移动搜索市场份额将达到819.5亿元，同比增长21.9%（见图26.4）。

图26.4　2014—2018年中国移动搜索市场规模

随着移动搜索在整个搜索市场中的比例快速提高，移动端市场增速开始放缓，除了传统关键字广告外，厂商需要积极开发新广告位和新广告形式，以实现业绩持续增长。

26.3　商业模式

1. 主流商业模式分析

搜索厂商商业模式相对比较简单，广告变现是厂商最主要的商业化手段。目前，搜索广告形式主要包括固定排名、竞价排名、网络实名及搜索信息流广告等。

固定排名：广告主购买固定关键字，用户在进行相关关键字搜索时，广告主以图文品牌形式展示广告或以其他广告形式在买断时间内保持搜索第一展示位置，相比竞价排名广告，固定排名广告有广告投放费用固定、展示位置固定的特点。

竞价排名：竞价排名是相对固定排名而言的，是典型效果广告，采用 CPC 付费方式，广告主购买竞价排名广告后，注册一定数量的关键词，按照付费越高排名越靠前原则，购买了同一关键词的网站按出价高低进行排名，出现在用户相应的搜索结果中。

目前竞价排名是搜索广告的最主要投放形式，整体占比超过 80%，竞价排名广告拥有成本低、时效性强、投放相对精准等特点。

网络实名：由网络实名（无须 http://、www、.com、.net，企业、产品、品牌的名称就是实名，输入中英文、拼音及其简称均可直达目标）产生的广告，网络实名广告主要在 PC 端出现，整体收入占比较低。

搜索信息流广告：搜索信息流广告是在移动终端快速发展的背景下产生的，相比传统搜索广告形式，搜索信息流广告将搜索与信息流广告结合，在用户进行搜索行为时，除了固定排名、竞价排名之外，在第 3~4 帧的位置，插入匹配用户关键的信息流广告，在用户没有进行搜索行为时，针对用户数据和近期搜索数据进行分析，利用碎片化时间进行刷新，推送相匹配的广告。

在搜索需求下降的移动时代，凭借低打扰性、内容价值相对较高等特点，搜索信息流广告将成为搜索市场继续增长的主要动力，预计未来其市场占比将超过 50%。

2. 移动时代的搜索商业模式转变

面对移动互联网时代搜索无法在多个 APP 之间无缝链接的弱点，以及算法推送下搜索需求下降等问题，搜索引擎厂商开始建立以搜索引擎和浏览器为核心的移动生态方阵，通过将搜索作为工具嵌入旗下 APP，将内容引入产品，搜索或浏览器 APP 不再是单一工具，而是转型为可以使用户实时获取各类资讯（图文、视频）的综合性产品，将用户的核心使用需求，如观看视频、阅读新闻、购物等功能引入，建立自媒体平台，加入小程序，从而再度抢占用户使用入口价值。

在此背景下，用户黏性和留存成为产品的重要考量因素，在存量市场下，最大限度地抢占用户使用时间，从而增加广告资源，是移动互联网时代搜索引擎厂商商业模式的主要转型方向。

26.4 典型企业分析

1. 百度

百度是目前国内最大的综合搜索引擎厂商，虽然近年来在后来厂商的竞争下分流了部分市场份额，但仍牢牢占据绝大部分市场份额，保持市场领先位置。

2016 年，百度受"魏则西"事件及后续的政策影响较大，其搜索收入首次出现同比下滑。2016 年，百度搜索营收 553.8 亿元，同比下降 0.4%；2017 年，经过调整和对医疗广告主严格筛选，百度搜索营收开始恢复性增长，同时移动端贡献收入比重快速提升，2017 年百度搜索收入 598.4 亿元，同比增长 8.1%（见图 26.5）。

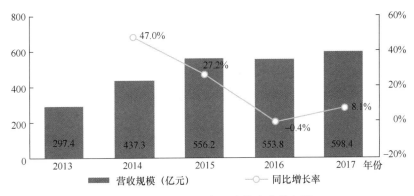

图26.5　2013—2017年百度搜索营收规模

鉴于目前搜索市场已经进入成熟期，整体市场增速放缓，预计 2018 年百度搜索收入将保持低速增长。

在竞争激烈的移动互联网市场，百度整体发展战略相对务实，首先是强化搜索市场的领先地位，其次是通过对人工智能技术的深度研发来占领未来技术高地。

在移动搜索市场，百度推出了"搜索+信息流"的广告模式，即在传统搜索关键字展示广告的基础上，通过对用户数据和用户近期搜索行为的分析推送信息流广告，从而继续深入挖掘移动广告市场潜力。

由于信息流广告需要更强的用户黏性和使用时长，百度将内容引入手机百度 APP，以百家号为平台为自媒体内容创作者提供支持，截至 2017 年年底，入驻百家号的创作者超过 100 万家。

以搜索为核心的移动生态的建立，促进了手机百度用户的稳步增长，截至 2017 年年底，手机百度月活跃用户规模达到 2.9 亿人（见图 26.6）。

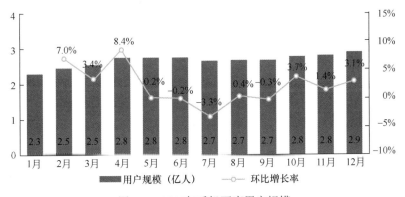

图26.6　2017年手机百度用户规模

人工智能是目前百度转型和发展的方向，由于人工智能是行业基础性技术，分支技术较多，并且商业化尚未展开，因此百度在人工智能领域全面开放 AI 开发平台，将自身目前的 AI 研发成果共享，以平台化为基础，为人工智能创业者提供标准化接口、服务及开发标准。对百度来讲，通过平台化的支持建立 AI 生态，可以有效保证百度在 AI 领域的领先地位并共享合作伙伴的最新技术成果。

从整体上讲，百度目前正处于转型期，搜索业务的占比也逐渐下降，而新业务——人工智能则是百度未来的核心竞争力。

2. 搜狗

搜狗是搜狐旗下的搜索厂商，2013年腾讯入股搜狗，并将自身搜索业务——搜搜与搜狗合并，同时提供巨大的流量支持，从此搜狗进入高速发展期，并以输入法、浏览器、搜索三级业务模式迅速打开市场，2017年11月，搜狗在美股上市，募资5.85亿美元，估值超过50亿美元。

搜狗目前搜索业务营收占绝对比例，旗下产品主要包括搜狗浏览器、搜狗输入法、搜狗搜索及翻译智能硬件等。

相比百度，搜狗受"魏则西"事件影响较小，2016年仍保持22.3%的同比增幅，2017年，在行业回暖和移动搜索商业化快速展开的双重推动下，继续保持稳步增长，搜索业务营收达到51.1亿元，同比增长24.2%（见图26.7）。

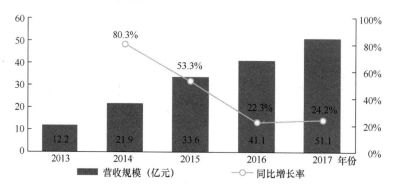

图26.7　2013—2017年搜狗搜索营收规模

随着移动互联网人口红利消失殆尽，互联网巨头垄断市场大部分流量，流量获取成本迅速增加，而搜狗在自有流量和外部导入方面，拥有巨大的流量优势：在自有流量方面，搜狗拥有搜狗输入法、搜狗浏览器、搜狗搜索等产品，在外部流量方面，微信、QQ浏览器等全网级别APP将搜狗部署为默认搜索引擎，QQ浏览器月活跃用户2.6亿。整体上，搜狗在移动互联网拥有庞大的覆盖用户规模，相对目前在搜索市场的份额占比，仍有可观的增长空间。

搜狗在人工智能领域方向明确，主要发力语音识别领域，目前搜狗已经开始将部分人工智能技术部署在产品中，在搜索方面，2017年推出英文搜索，为用户提供可国际交流的搜索内容，2018年推出日文、韩文搜索，继续拓宽搜索内容边界；将输入法作为人工智能落地场景，探索搜狗输入法深度商业化变现路径，根据搜狗最新财报，搜狗输入法日活跃用户超过3亿，已经成为国民级应用，而人工智能技术的持续引入，将颠覆传统人机交互模式，并继续深入开发输入场景下的商业价值；搜狗还将实时翻译与智能硬件结合，推出"搜狗旅行翻译宝"作为人工智能的商业化落地渠道之一。

3. 360搜索

360以安全产品起家，在谷歌退出中国后，凭借360安全浏览器推出自有综合搜索引擎，快速占领市场，与百度、搜狗共同占据了国内搜索市场大部分份额。

相比百度、搜狗，360产品模式差别较大，360以网络安全产品为基础，浏览器搭配自有搜索引擎，在安全浏览器已经占领PC端大量用户的基础上，进行搜索商业化变现，迅速打开市场。

但是在搜索市场从 PC 转向移动的过程中，360 移动搜索商业化启动过晚，加之安全浏览器在移动端的用户规模相对落后，错失移动发展良机，落后整体市场步伐。

截至 2017 年年底，360 浏览器月活跃用户为 0.58 亿人次（见图 26.8），相比其他产品，用户规模较小，处于弱势地位。

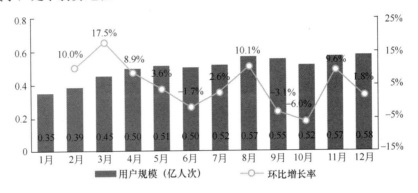

图26.8　2017年360浏览器月活跃用户规模

目前，国内搜索市场格局相对稳定，整体上留给 360 的机会已经不多，一方面是领先厂商纷纷加注人工智能，抢占未来技术高地；另一方面，360 本身基础业务为网络安全产品，搜索是内嵌在浏览器内部的主要功能之一，并非 360 核心业务，加之 360 在移动搜索领域决策失误导致搜索后续发展潜力不足。在搜索市场增速整体放缓的背景下，360 搜索市场环境并不乐观，如果不能把握市场、技术未来的方向，以应对快速变化的互联网市场，预计未来 360 搜索的市场份额将继续下滑。

4. 神马搜索

神马搜索的雏形是 2010 年 UC 推出的"搜索大全"，在 2013 年整合阿里巴巴"一搜"后，UC 和阿里巴巴联合出资成立神马搜索，并将其作为 UC 浏览器默认内嵌搜索引擎，神马搜索主要定位移动搜索市场。

由于市场定位准确及 UC 浏览器在移动端的用户优势，神马搜索在移动搜索市场发展迅速，2017 年 UC 浏览器用户规模基本保持稳定，在 1.50 亿~1.66 亿人的月活跃用户规模范围内波动（见图 26.9）。

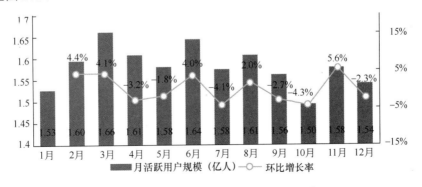

图26.9　2017年UC浏览器月活跃用户规模

神马搜索作为阿里巴巴集团的一员,可以有效借助集团分发优势扩展用户规模,阿里巴巴集团拥有电商、外卖、金融、文娱等多板块业务,以及多款亿级用户以上APP,为神马搜索提供了丰富的分发渠道和搜索内容源,同时也为神马搜索的流量提供了保证。得益于集团化的支持,意味着神马可以深入挖掘搜索的发展潜力并共享集团内部红利,但是也意味着神马搜索的工具属性将日益浓厚,未来的发展也更依赖阿里旗下的APP的流量导入。

26.5 用户分析

26.5.1 用户规模

根据CNNIC统计数据显示,2017年中国搜索引擎用户规模达到6.4亿人次,相比2016年,同比增长6.2%,增速微降0.2个百分点(见图26.10)。

图26.10 2011—2017年中国搜索引擎用户规模

考虑目前我国整体人口基数及中西部互联网渗透率,预计2018年中国搜索引擎用户规模仍将继续保持增长。

2017年中国移动搜索仍保持快速增长,截至2017年年底,用户覆盖达到7.26亿人次(见图26.11),达到74.85%的全网移动用户渗透率,证明搜索仍然是移动用户的主要使用需求之一。

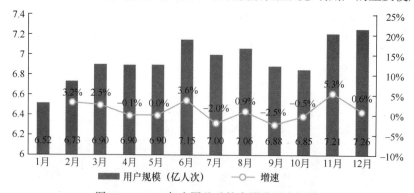

图26.11 2017年中国移动搜索覆盖用户规模

26.5.2 用户特征

在2017年中国移动搜索覆盖人群中,男性占比为63.6%;女性占比为36.4%(见图26.12)。

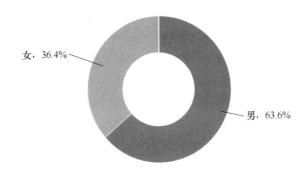

图26.12 2017年中国移动搜索覆盖用户性别比例

2017年，移动搜索覆盖用户主要分布在一线城市，占比为38.08%；二线城市占比为20.47%；三线城市占比19.70%；超一线城市占比11.11%；非线级城市及其他占比为10.64%（见图26.13）。

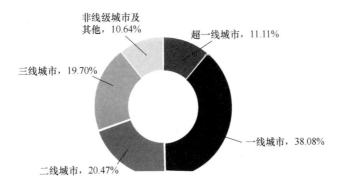

图26.13 2017年中国移动搜索覆盖用户城市分布

在移动搜索覆盖用户中，中等消费能力占比最高，达到33.0%；中高消费能力人群占比为28.7%；中低消费能力人群占比为22.2%；低消费能力用户占比为9.7%；高消费能力用户占比最低，比例为6.4%（见图26.14）。

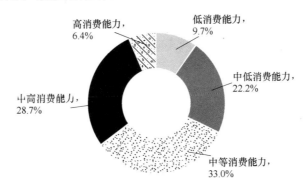

图26.14 2017年中国移动搜索覆盖用户消费能力分布

2017年中国移动搜索覆盖人群分布中，广东省占比最高，山东、江苏、河北、河南、浙江、四川、辽宁、湖北、湖南位列其后（见图26.15）。

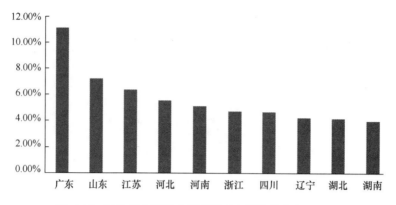

图26.15 2017年中国移动搜索覆盖人群省份分布TOP10

从具体城市来看,广州移动搜索覆盖用户占比最高,达到3.6%;北京、上海、深圳、成都、重庆、武汉、杭州、福州、西安位列其后(见图26.16)。

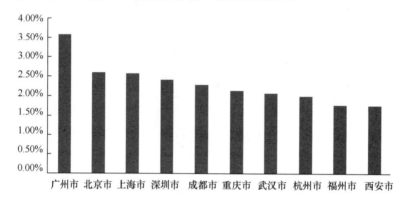

图26.16 2017年中国移动搜索覆盖人群城市分布TOP10

26.6 发展趋势

1. 从通用搜索领域转向垂直领域,问答成为主要方向

在搜索的入口价值逐渐下滑的今天,未来垂直搜索领域或将成为厂商的主要发展方向,目前通用搜索已经进入成熟发展期,整体市场增速放缓,而垂直搜索近年发展滞后,尤其是商业化程度很低,大部分垂直搜索主要是垂直网站推出的站内搜索工具,不具备变现价值。

随着用户对垂直领域知识的需求上升及人机互动加强,垂直搜索开始转向专业知识问答方向,领先厂商也已经开始在部分行业布局。考虑目前国内细分行业特性及搜索技术的发展阶段,专业性较强且通过数据转化手段发展的垂直问答模式较为良好,如金融、财务、法律等领域。从整体上讲,未来垂直搜索市场仍处于蓝海,实现形式也将不仅限于问答,预计随着技术的进步,垂直搜索或将不断打破传统搜索的产品、盈利模式。

2. 搜索或将与硬件相结合,成为新入口

随着搜索的工具属性日趋明显,扩展搜索的产品边界并与智能硬件相结合或将成为搜索引擎的发展方向。

目前在移动端产品中，手机终端一家独大，大型互联网厂商和手机厂商掌握着流量和预装APP的入口，搜索重新占据用户入口希望不大，但智能硬件市场目前仍处于探索阶段，对搜索厂商来说大有可为，目前百度推出智能视频音箱、搜狗推出翻译宝、翻译笔，都是基于自身优势能力外延与智能软件相结合，探索新兴入口。据目前发展情况而言，搜索厂商还处于将AI技术与硬件相结合的阶段，市场上同类产品参差不齐，设备销售量相对较小，用户体验还需要更多的改进，总体产品也需要厂商更多的创新支持。

3. AI将成为最核心竞争力

由于搜索技术天然具有人工智能的基因，在未来搜索市场的竞争中，AI技术将成为基础技术，也将成为最核心的竞争实力。

人工智能技术是多学科、多领域的综合计算机技术，包括如自然语言处理、计算机视觉、神经网络、生物特征识别、深度学习、语言识别等细分领域，目前国内搜索厂商对人工智能技术的开发仍处于基础阶段，距离大规模商业化还有很长的研发周期，对搜索市场来讲，人工智能技术将直接对行业进行从下至上的全面改造，搜索方式、搜索内容、商业模式等方面都将发生巨大变化。

对厂商来说，如何根据自身优势切入人工智能垂直领域成为重点问题，全面研发AI所有技术并不现实，基于搜索的人机语言、图像、生物特征识别、交互或将成为近期市场的主要方向。

4. 搜索形式将转向语音搜索、拍照搜索

在搜索从PC端转向移动端的背景下，过去的文本搜索方式比重将快速下滑，搜索从单一文本关键字向语音搜索、图片特征搜索、实时摄像扫描等方向转变，源于用户搜索需求日趋多样化，传统的网页链接已经不能有效满足用户需求，用户的搜索开始转向专业领域知识、个人兴趣点及实时场景下的疑问解惑，在过去的技术、带宽、数据基础条件下，难以实现。随着人工智能技术的快速发展，富媒体化的搜索方式开始迅速兴起，但目前整体用户体验满意度不高。

（付彪）

第 27 章 2017 年中国社交网络平台发展状况

"社交"指社会上人与人的交际往来，是人们运用一定的方式传递信息、交流思想，以达到某种目的的社会活动。社交类平台即带有社会交往性质的互联网平台。当前，我国互联网社交平台的数量与种类不断丰富，并呈现出社交平台与其他互联网平台相互融合的趋势，互联网社交平台的范围更加广泛，众多传统意义上的其他类网络平台也吸收借鉴了社交类平台的特点与模式。

27.1 发展概况

27.1.1 总体情况

在各类社交网络应用中，即时通信作为基础性应用，其用户覆盖情况一直居各类互联网应用之首，网民使用率达 93.3%。截至 2017 年年底，中国网民使用即时通信的用户规模已达 7.2 亿人，较 2016 年增长 8.1%。即时通信工具发展到现在，已不再是一个单纯的聊天工具，它已经发展成集交流、资讯、娱乐、搜索、电子商务、办公协作和企业客户服务等于一体的综合化信息平台。

在典型社交应用中，综合性社交应用引入直播等服务带来用户和流量的增长，用户使用率较高。截至 2017 年年底，排名前三位的典型社交应用——微信朋友圈、QQ 空间和新浪微博的使用率分别为 87.3%、64.4% 和 40.9%。其中微信朋友圈、QQ 空间作为即时通信工具所衍生出来的社交服务，用户使用率较高；微博作为社交媒体，得益于名人明星、网红及媒体内容生态的建立与不断强化，以及在短视频和移动直播上的深入布局，用户使用率持续回升，达到 37.1%。此外，知乎、豆瓣、天涯等社区使用率均有所提升，用户使用率分别为 14.6%、12.8% 和 8.8%。

27.1.2 移动社交

2017 年，移动社交用户规模进一步扩大，移动互联网发展对社交网络平台的影响进一步增强。艾瑞数据显示，2017 年 5 月中国移动社交 APP 的月度独立设备数接近 5.9 亿台，移动端用户规模持续上升，2016 年经历较快增长后增速放缓，2017 年用户规模仍然稳步增长（见图 27.1）。

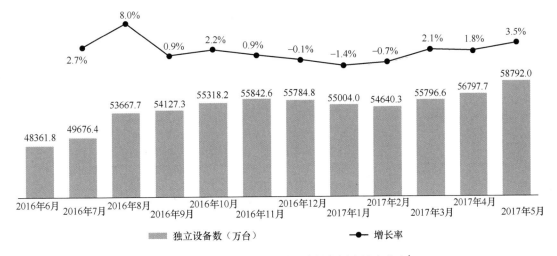

图27.1　2016—2017年中国移动社交用户月度分布[1]

在用户经常使用的移动社交应用类型中,综合社交、兴趣社交、图片社交、商务社交和校园社交分别依次位列前五;在用户最常使用的应用类型中,综合社交、兴趣社交依然是用户最常使用的应用类型,牢牢占据移动社交中的"头部"位置,而商务社交、婚恋交友等更具有功能性的社交产品也会受到更多关注(见图27.2)。

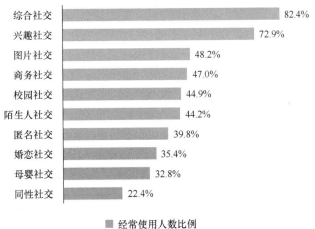

图27.2　2017年中国移动社交领域覆盖情况[2]

在使用时长方面,一方面,中国移动社交APP日均有效使用时间从2016年6月的40.9亿分钟增长到了2017年5月的49.2亿分钟,其间时有增减,总体呈现螺旋上升态势,其中以2016年11月与12月为最高点,达到52.6亿分钟;另一方面,中国移动社交APP日均有效使用时间占总体有效使用时间的比重较为稳定,在3.3%~3.8%浮动(见图27.3)。

---

[1] 资料来源:艾瑞咨询,《2017年中国社交应用需求价值白皮书》。
[2] 资料来源:艾瑞咨询,《2017年中国社交应用需求价值白皮书》。

图27.3 中国移动社交APP日均使用时长分布[1]

近一半的用户每日使用移动社交应用3次以上，更低的流量成本与更便捷丰富的使用场景为移动社交应用的频繁使用提供了基础，移动社交头部应用也逐渐成为平台级入口；80%以上的用户每天使用移动社交应用的时长在1小时以上，移动社交已成为多数用户的必备工具（见图27.4和图27.5）。

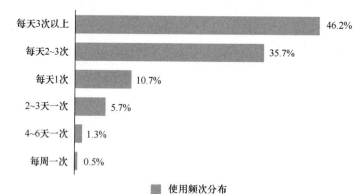

图27.4 2017年中国移动社交用户使用频次

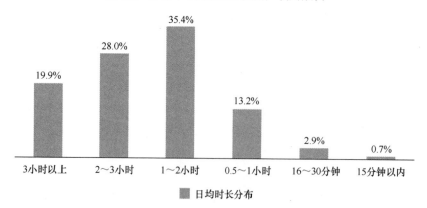

图27.5 2017年中国移动社交用户使用时段分布

---

1 资料来源：艾瑞研究院，《2017年中国移动社交用户洞察报告》。

27.2 用户分析

从性别结构来看，社交用户的男女比例为 52.4∶47.6，与整体网民的性别结构一致。随着即时通信工具、综合社交应用用户规模的不断扩大，网络社交用户和整体网民的结构渐趋一致（见图 27.6）。

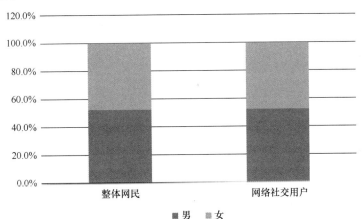

图27.6 中国网络社交用户性别结构[1]

从社交用户的年龄结构来看，以 40 岁以下用户为主，占 78%，其中 20～29 岁年龄段社交用户占 32.1%，在整体人群中占比最大。其次是 30～39 岁用户，占 24.3%；19 岁以下用户的占比也在 20% 以上；50 岁以上用户在整体中占比较小（见图 27.7）。年轻网民更愿意尝试互联网新功能，更容易适应互联网新变化，同时具有较高的社会交往需求，因而网络社交平台的使用对象具有突出的年轻特点。

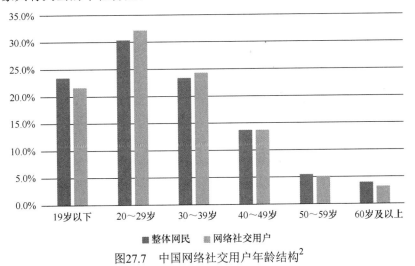

图27.7 中国网络社交用户年龄结构[2]

---

1 资料来源：艾瑞咨询，《2017 年中国社交应用需求价值白皮书》。
2 资料来源：艾瑞研究院，《2017 年中国移动社交用户洞察报告》。

网络社交用户中，具备中等教育程度的群体规模最大，初中、高中/中专/技校学历的用户占比分别为 36.4%、27.4%，大学本科及以上学历用户占比为 12.8%（见图 27.8）。

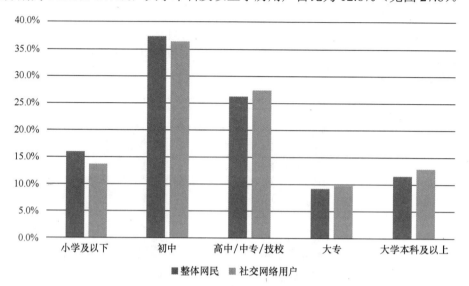

图27.8　中国网络社交用户学历结构[1]

中国社交用户在地域上呈阶梯状分布，用户占比从东部沿海的重度使用区到西部内陆的轻度使用区逐渐降低。用户人数占比最高的前六名地区分别为：广东（11.5%）、江苏（11.26%）、上海（10.47%）、山东（8.9%）、北京（8.7%）、浙江（5.6%）。

27.3　微信

27.3.1　用户规模

截至 2017 年年底，微信日均用户规模达 9.02 亿人，较 2016 年增长 17%，是我国当前使用人数最多的社交网络平台。其中，老年用户规模（55～70 岁）突破新高，已超过 5000 万人。

27.3.2　用户分析

截至 2017 年 9 月，微信用户的男女比例与网民结构相比差异较大，男性用户占比达到 64.3%，远超女性。

在年龄结构方面，微信的用户群体非常年轻，近一半用户低于 26 岁，近 90%的用户年龄低于 36 岁。其中，18～35 岁的中青年为微信的主要用户群体，比例高达 86.2%。

微信用户的职业分布比较集中，企业职员、自由职业者、学生、事业单位员工是比例最多的四类职业，合计占微信用户总比例的 90%以上（见图 27.9）。

---

[1] 资料来源：艾瑞研究院，《2017 年中国移动社交用户洞察报告》。

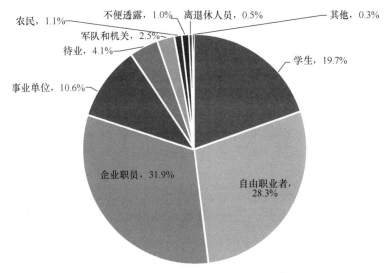

图27.9　2017年微信用户职业分布[1]

27.3.3　用户行为

2017年，微信以绝对优势的用户使用频率数据继续巩固了其即时通信APP龙头老大的地位：微信日均消息发送量高达380亿次，较2016年增长25%；日均语音发送量高达61亿次，较2016年增长26%；音视频日均成功通话2.05亿次，较2016年增长106%。

就微信用户的使用频率来说，每天至少使用微信一次的用户高达94.5%，平均每天打开微信10次以上的用户占比高达55.2%。每天打开微信超过30次的微信重度用户比例接近1/4。用户对微信的依赖程度较高，微信已成为大多数网民不可或缺的社交应用平台（见图27.10）。

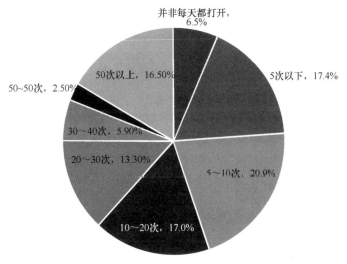

图27.10　2017年微信用日均使用次数[2]

1　资料来源：《2017年微信数据报告》。

2　资料来源：《2017年微信数据报告》。

从微信用户的好友数量来看，有 62.7%的微信用户拥有超过 50 位好友，有超过 40%的用户好友数量超过 100 人，表明微信用户的整体交互性较强（见图 27.11）。

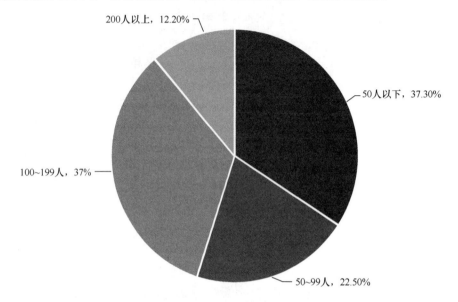

图27.11　2017年微信用户好友数量分布[1]

27.3.4　衍生应用

微信不仅拥有基本的社交功能，同时还在多个领域衍生出自己的产品。2017 年，微信进一步优化了其支付和通信功能，尤其是小程序板块的上线，进一步提高了微信的用户体验，维持了较高的用户黏性。

截至 2017 年年底，微信已经发布了超过 58 万个小程序，日活跃用户高达 1.7 亿。2017 年 4—12 月，微信小程序用户呈爆发式增长，截至 2017 年 12 月底，占微信用户总数的比例将近 50%，有 4 亿微信用户使用微信小程序。

据统计，朋友圈、收发消息、微信公众号、微信红包转账与微信支付是受众使用最多的微信功能。在使用微信的用户中，80%以上属于高黏性用户，同时超过 60%的微信用户在每次使用微信时都会同步刷新朋友圈。朋友圈功能已经成为微信最主要的社交平台。另外，据数据显示，84.7%的用户使用微信红包、58.1%的用户使用微信支付功能，支付功能已成为继社交功能后微信的第二大功能，也拥有广泛的受众基础。

27.3.5　发展趋势

2017 年，随着功能的进一步丰富，微信深度融合互联网+模式，已经基本形成社交+生活、社交+新闻等的服务方式，微信已经越来越成为一款综合性社交平台。

但在微信迅速发展并给人们带来便利的同时，其自身的问题也不可忽视。微信是基于点对点传播的社交平台，具有一定的私密性和封闭性。基于朋友间强关系的私密性与封闭性在

---

[1] 资料来源：《2017 年微信数据报告》。

增强了使用者之间信任的同时,也使得谣言等有害信息的传播更加迅速与隐蔽。相较于其他社交平台,有关部门对于微信传播谣言更难以管理。

27.4 微博

27.4.1 用户规模

2017年,中国微博用户规模持续扩大。截至2017年9月,微博月活跃用户规模达3.76亿人,较2016年同期增长27%。其中移动端占比高达92%。日活跃用户达1.65亿人,较2016年同期增长25%(见图27.12和图27.13)。

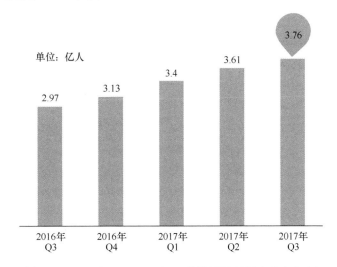

图27.12 2016年Q3—2017年Q3微博月活跃用户季度分布[1]

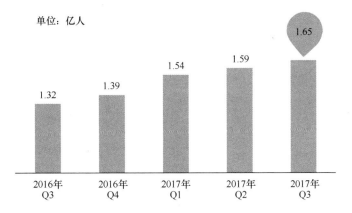

图27.13 2016年Q3—2017年Q3微博日活跃用户季度分布[2]

---

1 资料来源:《2017年微博用户发展报告》。
2 资料来源:《2017年微博用户发展报告》。

27.4.2 用户分析

微博用户的性别比例与微信相似，男性占比均远超女性：男性占比达56.3%，女性占比达43.7%（见图27.14）。

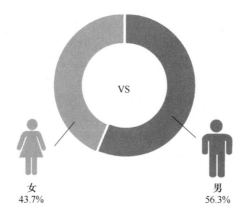

图27.14　2017年微博用户男女比例[1]

在年龄结构方面，微博用户仍然以中青年为主。其中，23～30岁用户占比最高，达38.6%。而40岁以下用户占比更是超过了90%，用户年轻化的特征十分突出（见图27.15）。

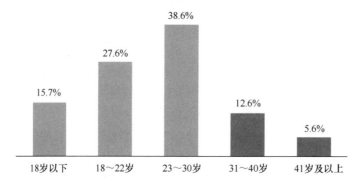

图27.15　2017年微博用户年龄结构[2]

2017年，微博用户区域分布呈现分散化的态势，一线城市占比仅为16.2%，二、三四线城市的占比均在25%上下。其中，来自三、四线城市微博用户进一步沉淀，占微博月活跃用户的50%以上，表明微博不断朝着全民性的社交媒体平台迈进（见图27.16）。

从月登录频次来看，微博对用户仍然保持了较高的黏性。其中月均登录天数在15天以上的高黏性用户占比最高，超过了其他所有低黏性用户的总和（见图12.17）。

1　资料来源：《2017年微博用户发展报告》。
2　资料来源：《2017年微博用户发展报告》。

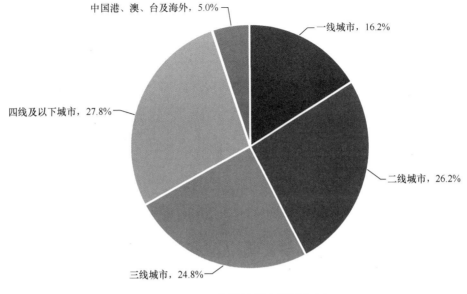

图27.16　2017年微博用户区域分布[1]

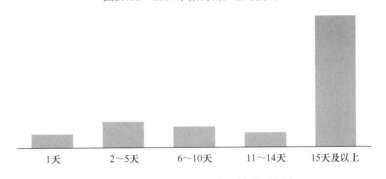

图27.17　2017年微博用户月均登录频次

27.4.3　内容结构

2017年，图文类微博仍是微博用户的主要发布形式；与此同时，包含链接、视频、音乐类博文的占比则实现全面提升。这表明微博的内容形态更加丰富多元，这也是微博持续对用户保持高黏性的主要原因（见图27.18）。

值得一提的是，2017年短视频在微博全面普及，视频消费量大幅提升。随着微博继续加强对视频领域的布局和对视频内容的不断优化，2017年第三季度视频播放量同比增长达175%，其中短视频成为当前微博用户保持活跃的重要驱动力。

通过对微博阅读垂直领域的分析，泛娱乐化的趋势依然十分明显。截至2017年9月，微博月阅读量超过百亿的垂直领域达到25个，其中电视剧、综艺、动漫等领域仍然是微博深度运营的主要领域，也是用户活跃的主要场所。同时，财经、教育、时政等各个领域的内容也在不断扩张，不断丰富微博内容。

---

[1] 资料来源：《2017年微博用户发展报告》。

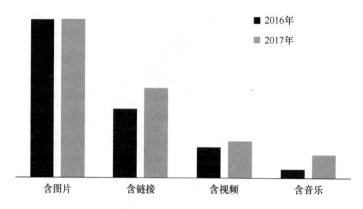

图27.18　2016—2017年微博内容分类对比

27.5　发展趋势

1. 综合发展趋势显现，社交电商将迅速崛起

社交平台在互联网+的作用下，越来越向综合性方向发展，不断完善社交功能，并衍生出其他功能。同时，更多互联网其他领域的平台逐渐向社交领域靠拢，发展出形形色色的社交平台。2018年，思埠集团获得赛富亚洲基金的重大战略投资，顶级风投机构正式进入社交电商领域，社交电商的巨大潜力在社交群体中逐渐被认可。据悉，2017年微商从业人员规模约为2018.8万人，增长速度达31.5%。据估算，到2020年，我国社交电商用户规模将超过2400万户，市场规模将突破万亿元，未来3年行业将有10倍以上的拓展空间。而社交媒体与电商的深度融合依赖于移动支付的普及、移动端社交媒体的迅猛发展及社交网络平台多元化的发展定位。经过十多年社交网络平台的积淀，拥有海量用户的社交网络平台必将与具有强大资本实力的电商深度融合，社交电商将成为社交网络平台发展的新趋势。

2. 虚拟现实内容逐步登台，静态内容将被逐步代替

2017年，以短视频为主要驱动力的动态内容全面崛起，并迅速侵蚀静态内容的市场份额，大大丰富了社交网络平台的内容形式。2017年，我国的VR（虚拟现实）活跃用户已达9000万人，业界预计到2018年年底将有1.71亿用户使用VR设备，几乎是2017年的2倍。届时，整个VR产业的价值预计将达到52亿美元。随着VR设备的普及、5G时代的到来和通信费用的进一步降低，为用户提供更佳体验的VR内容将深受用户热捧。VR行业覆盖了硬件、软件/平台、开发工具、渠道、内容、服务等诸多方面，VR形成的全新生态必将对当前的社交网络生态形成冲击，也将成为未来社交网络平台发展的新方向。

3. 低线城市社交平台使用增长迅速，年轻化趋势凸显

社交平台向低线城市下沉势头明显。目前低线城市的社交平台使用已经从QQ一家独大到各类应用并进趋势发展。2016年微博上线同城频道，实现了微博内容的本地化与区域化。据统计，微博同城已迅速覆盖国内340个城市，下沉步伐顺利。同时，越来越多的社交平台开始立足低线城市，2017年，网络视频直播社交平台快手和抖音的火爆正体现了深交平台的充分下沉，与其他直播平台专注于明星效应不同，快手将目标用户集中在低线城市与乡村，

通过"接地气"的直播要素,迅速覆盖了大量低线城市与农村人群。

4. 社交平台的新闻传播作用更加突出

社交平台已成为重要的互联网新闻分发渠道,社交平台移动端已成为互联网新闻最主要的竞争市场。2017年上半年通过手机上网浏览新闻的网民占比达到90.7%,只用手机浏览新闻资讯的比例高达62.9%,经常使用手机浏览新闻资讯的网民占比高达85%。用过微信、微博获取新闻的用户比例分别为74.6%和35.6%,用手机浏览器获取新闻的用户比例为54.3%,用新闻客户端获取新闻的用户比例为35.2%,社交平台已经与新闻传播深度融合。

(冯步方)

第28章 2017年中国网络教育发展状况

28.1 发展概况

2017年，受全球经济企稳回暖、国内政策利好等因素影响，我国教育产业，尤其是网络教育行业在回归理性的同时，迎来了新的发展机遇。2017年，我国网络教育发展主要可概括为政策多重利好、资本积极参与、新兴模式涌现三大特点。政策多重利好方面：新修订的《民办教育促进法》正式落地，新的教育事业发展五年规划、人工智能发展规划、招生考试制度改革等政策陆续出台，为网络教育提供了增量发展空间和存量变革动力；资本积极参与方面：2017年我国网络教育市场规模2180亿元，同比增长36.2%，从业机构达4.5万家，公开的融资次数超过200笔，累计融资额约100亿元，其中VIPKID融资2亿美元，成为2017年全球K12在线教育领域最大的一笔融资；新兴模式涌现方面：知识付费、"双师教学"、"网师课堂"等成为网络教育领域发展的新形态，在促进教育公平、降低教育成本等方面发挥着作用。同时，2017年是知识付费的爆发之年，知识付费平台崛起，网民为知识付费的习惯正在形成。

28.2 政策环境

2017年1月10日，国务院发布了《国家教育事业发展"十三五"规划》，为网络教育发展指出了新方向。《国家教育事业发展"十三五"规划》把教育的结构性改革作为发展主线，专门提出要"积极发展'互联网+教育'"，指出"培育社会化的数字教育资源服务市场，探索建立'互联网+教育'管理规范，发展互联网教育服务新业态""综合利用互联网、大数据、人工智能和虚拟现实技术探索未来教育教学新模式""积极鼓励高等学校和职业学校依托优势学科专业开发具有竞争力的在线开放课程""鼓励学校或地方通过与具备资质的企业合作、采用线上线下结合等方式，推动在线开放资源平台建设和移动教育应用软件研发。"

2017年7月20日，国务院颁布了《新一代人工智能发展规划》，人工智能正式成为国家发展战略，其理论体系将更加成熟、应用场景将更加丰富、创新效果将更加显著，也将为网络教育发展打开"天花板"、提供新动力，进而能够为公众提供个性化、多元化、高品质的网络教育服务。《新一代人工智能发展规划》指出要建立在线智能教育平台，要"构建包含智能学习、交互式学习的新型教育体系""推动人工智能在教学、管理、资源建设等全流程应用""开发立体综合教学场、基于大数据智能的在线学习教育平台""开发智能教育助理，建立智能、快速、全面的教育分析系统"。目前人工智能技术和理论仍在不断完善和发展过程中，其应用领域和使用场景相对较窄，距离大规模产业级应用存在较大差距，在教育领域目前仍处在智能批阅、拍照搜题等初步渗透应用阶段。

2014 年 9 月，国务院发布《关于深化考试招生制度改革的实施意见》，上海、浙江成为新高考改革的第一批试点地区，2017 年随之成为"新高考"元年。同时，2017 年启动了第二批试点地区（北京、天津、山东、海南）的高考改革，为 2018 年在全国 19 个省份大范围推行高考改革做好准备。高考改革带来的不仅仅是考试方式的变化，也使得以单一教学目标为导向的固定班级、固定老师、固定学生的传统教学方式转变为以教学和学生兴趣双重目标为导向的一室一课表、一人一课表、一班一课表的全新教学模式。高考一直是社会关注的热点和焦点，是整个教育改革链条上的关键一环，高考制度的改革直接影响甚至倒逼传统教学环节和管理方式产生显著变革，学校必须借助信息化手段改进课程体系设计、制订走班排课策略、优化教学资源（如老师、教室）分配、调整课堂教学管理模式（如出勤、作业、考试）、完善教育教学评价体系，这些都为教育信息化、网络教育提供了广阔的市场发展前景。

2017 年 3 月"两会"发布的《政府工作报告》指出，以促进消费稳定增长为主线，培育、满足家庭消费升级需求，推动供给结构和需求结构相适应，支持社会力量提供教育服务，扩大数字家庭、在线教育等信息消费。这是在线教育首次被写进《政府工作报告》。随后，国务院于 2017 年 8 月印发《关于进一步扩大和升级信息消费持续释放内需潜力的指导意见》（以下简称《指导意见》）。《指导意见》将面向学习培训的在线教育服务产业作为重点发展方向，同时也是公共服务类信息消费的重要组成内容。通过鼓励学校、企业和各界社会力量，开发在线教育资源、推动在线开放教育资源平台建设和移动教育应用软件研发，培育社会化的在线教育服务市场等措施来壮大在线教育行业、提高教育信息消费供给水平。

28.3 市场情况

28.3.1 国际市场

2012 年全球教育产业规模为 4.5 万亿美元，2017 年达到 6.3 万亿美元，复合年均增长率为 7%。与之相对，2012 年全球在线教育产业规模为 909 亿美元，2017 年达到 2550 亿美元，复合年均增长率为 23%，在线教育行业规模增速远高于整体教育产业。六年内，在线教育行业规模占教育行业比例翻番，由 2%上升至 4%。从学段划分来看，高等在线教育规模，2012—2017 年复合年均增长率为 25%，2017 年行业规模达 1500 亿美元，是 2012 年的 3 倍。基础教育（K12）增长速度最快，2012—2017 年复合年均增长率高达 33%，2017 年市场规模达 700 亿美元，5 年内在在线教育市场占比由 18%迅速增至 27%。学前教育和培训辅导占比较小。从应用终端划分来看，2012 年移动在线教育市场规模为 44 亿美元，2017 年预计达 162 亿美元，规模是 2012 年的 3.7 倍，所占在线教育产业比例由 5%微增至 6%。

2017 年，美国在线教育领域发生 126 起融资事件，总额超过 12 亿美元，高于 2016 年的 10 亿美元，为 2011 年以来第二高水平，仅次于 2015 年的 14 亿美元。前十大项目融资金额合计 7.5 亿美元，其中 EverFi 以 1.9 亿美元融资额位列第一，超过 2016 年排名第一的 Age of Learning 的 1.5 亿美元融资，连续两年位居融资项目前十。从学段来看，融资主要集中在 K12 领域，融资额为 7.53 亿美元，其次是高等教育领域，融资额为 4.7 亿美元。

28.3.2 中国市场

2015 年，中国教育市场总规模为 6.8 万亿元，2017 年达到 9 万亿元，复合年均增长率为 14.5%，相当于 GDP 增速的 2 倍。2017 年我国教育一级市场转暖升温，全年共发生 412 起投融资事件，累计融资额约为 283 亿元。

在教育需求方面，以中小学家庭教育支出为例，2016 年下学期和 2017 年上学期，全国基础教育阶段家庭教育支出总体规模约为 19 万亿元（占 2016 年 GDP 比重为 2.48%），城镇平均家庭教育支出 1.01 万元。全国中小学生学科校外教育参与率为 37.8%；农村为 21.8%，城镇为 44.8%，平均费用为 5021 元，估算市场规模约为 3369 亿元。兴趣类校外教育的参与率为 21.7%，平均费用为 3554 元，估算市场规模约为 1314 亿元。网络教育方面，2017 年我国从事网络教育的机构约为 4.5 万家，涵盖 K12 教育、应试学习、职业教育、语言教育等多个领域。

2017 年，网络教育整体市场继续保持高速增长，市场规模达到 2180 亿元，同比增长 36.2%。其中高等教育、职业教育、语言教育占据主要地位，所占比例分别为 40.1%、25.6%、20.4%，K12 占比为 6.1%。2017 年，网络教育领域公开的融资次数超过 200 笔，累计融资额约为 100 亿元，占当年教育行业融资额的比例约为 35%。

28.3.3 融资情况

K12 在线学科辅导和课外英语学习获得资本青睐。得益于庞大的学龄人口数量、城市中产群体消费能力提升，以及学科学习、兴趣学习需求升级，K12 阶段在线学科学习和课外英语学习成为网络教育发展热门领域和竞争赛道。2017 年，我国 K12 在线教育融资额 70 亿元，较 2016 年的 30 亿元、2015 年的 55.3 亿元融资均有较大程度提高。2017 年，国内教育行业一级市场十大融资事件中有四件与 K12 学科辅导相关、两件与英语学习相关。前者融资额达 29.4 亿元，占十大融资事件总额的 40%，其中作业帮、猿辅导、掌门 1 对 1、学霸君分别获得 1.5 亿美元（C 轮）、1.2 亿美元（E 轮）、1.2 亿美元（D 轮）、1 亿美元（C 轮）融资，位列十大融资事件第四至第七名。后者融资额 15.6 亿元（美元折算后），其中 VIPKID、流利说分别获得 2 亿美元（D 轮）、1 亿美元（C 轮）融资，位列十大融资事件第一、第九名，前者成为 2017 年全球 K12 在线教育领域最大的一笔融资。

28.3.4 课程资源

课程资源是教育资源的核心内容，谁能够打造并拥有优质课程资源，谁就能够掌握网络教育的源头活水，在激烈的市场环境中拥有核心竞争力。因此，2017 年互联网巨头和行业风投纷纷布局优质课程资源。网易云课堂在其"2017 内容伙伴大会"上公布了"行家计划"，宣布将在未来 2 年内，深度挖掘各领域行业专家，打造 100 个年收入 500 万元的知识 IP。腾讯旗下儿童内容开放平台企鹅童话获得千万元 Pre-A 轮融资，腾讯还跟投精品付费英语课程平台——轻课。面向中学数学学习的洋葱数学获得9700万元的B轮融资，主要用于产品研发和品类扩展，包括中小学数学、物理、化学在线学习产品的标准化。

28.4 商业模式

28.4.1 传统教育产业链模式

传统教育产业链包含三大核心环节：内容资源提供方、平台/工具提供方和技术服务提供方。

网络教育内容资源提供方主要提供视频、文档、讲义、课件、习题等教学资源，内容资源提供方处在整个产业链的上游。典型机构包括：①传统网校、远程教育机构及线下教育培训机构，如北京四中网校、正保远程教育、新东方、龙文教育、学而思等；②音像图书出版社，如中国广播音像出版社、外研社、培生教育出版集团等；③纯线上课程内容提供方，如洋葱数学；④各级各类学校，尤其是大学，如北京大学、清华大学、人民大学等；⑤文档资料提供方，如百度文库、豆丁网等。

平台/工具提供方主要整合教学资源，具有一定的技术实力和网络运营能力，利用互联网面向终端用户提供授课讲课、答疑解惑、辅助学习、知识分享等服务。按照教育资源或服务供给的方式，可以将平台/工具划分为B2C、B2B2C、C2B2C三种模式。其中B2C是指网络教育平台/工具提供方直接面向终端用户提供在线教育服务，平台/工具提供方同时承担教育服务和网络运营角色，如VIPKID、新东方在线、学而思网校、中华会计网校、极客学院、作业盒子、猿题库等；B2B2C是指公司或机构通过平台/工具向终端用户提供在线教育服务，公司或机构只专注于提供各类在线教育服务，平台/工具负责技术维护、流量导入、营销宣传等网络运营角色，如CCtalk、学堂在线、网易云课堂、淘宝教育、腾讯课堂等都属于B2B2C平台/工具；C2B2C是指专家、学者、讲师或者用户本身（UGC）通过平台/工具向终端用户提供服务，如轻轻家教、YY、多贝网、果壳网、知乎、豆瓣、第九课堂等都属于C2B2C平台/工具。

技术服务提供方主要为网络教育平台/工具提供正常运营所需要的解决方案、工具产品、评测咨询等技术或服务。例如，专注于自适应学习系统的knewton为教育培训机构提供数据整合和分析解决方案及产品，科大讯飞提供从信息收集到自适应方案推荐的一系列智慧教育产品，ATA提供考试测评技术，还包括云朵课堂、保利威视、立思辰等。

28.4.2 "双师教学"模式

"双师教学"目前多应用于K12教育领域，是指一位主讲教师（通常是资深或知名老师）以直播或录播的方式开展在线教学，另一位辅助教师在远端线下课堂负责组织学生收看、维持课堂秩序，并根据课堂学生情况开展互动、讨论、答疑、练习、测试。"双师教学"利用了互联网不受时空限制开展知识传播的优势，实现了线上线下教育资源的整合和优势互补，是对传统教学模式的升级，有利于促进优质教育资源共享、解决教育资源不平衡、不充分问题。

2016年11月底，北京市教委发布了《北京市中学教师开放型在线辅导计划（2016—2020）》。该计划面向北京市中学和教师研修机构的区级以上骨干教师招募在线辅导教师，鼓励教师们通过中学教师开放型在线辅导管理服务平台（智慧学伴平台），在校外课余时间为学生提供在线学科辅导、解难答疑等服务。2016年年底，该计划率先在通州区的初一和初二年级中考学科（不含体育学科）试点，北京市中学中考学科区级以上骨干教师按照校历规定的每个学期内（不含寒暑假），自主选择在线时间，为学生提供每周不少于两个小时的在线辅导。经过一年多的运行，该计划中由北京市教委统筹"智库教师"数量在6000～7000人，每学期学生上线总次数在1万次左右。

人大附中早在2013年8月就与创新人才教育研究会、友成企业家扶贫基金会和国际基础教育资源共建共享联盟共同发起了"双师教学"项目。经过3年多的积累磨炼，2017年该项目已经覆盖了广西、重庆、内蒙古、河北等21个省（市、自治区），超过200所乡村中学，方便了偏远乡村学校共享人大附中优质教育资源。调研结果显示，开展"双师教学"的实验班平均成绩普遍高于年级平均成绩，对学生的学习习惯、学习兴趣和学习信心产生了积极影响。

由于在人力成本、开拓渠道成本和房租成本方面具有优势，以新东方、高思、好未来、学而思等为代表的校外培训机构纷纷布局"双师教学"，以满足众多学生培优、补差等培训需求。例如，新东方采取和地方直营校合作共建双师学校试点、挑选定点城市自行建设双师课堂、并购地方教学机构，利用双师模式输出资源等方式开展"双师"教学运营模式。高思则和三、四线城市培训机构合作，高思的教师进行直播，培训机构的教师负责在线下配合开展助教工作。

28.4.3 知识付费模式

知识付费是泛知识的内容产品化与商业价值转换过程。知识付费兼具教育行业的知识传授、出版行业的知识构建和传媒行业的知识传播功能，本质上是教育、出版和传媒三个行业融合下的一种新型知识产消模式，它在降低知识生产门槛、扩大知识传播范围、降低知识消费成本的同时，也创造了商业价值。

2017年，国内知识付费的总体规模有望达到500亿元，总体用户规模达到1.88亿，其中一批知识技能共享平台用户规模均达到亿级规模，网民为知识产品付费的习惯正在快速形成。因此，继2016年知识付费火热兴起后，2017年被称为知识付费的爆发之年。

从服务模式和内容看，知识付费平台可分为四类：第一类是社交知识服务平台，以粉丝与知识专家的社交、问答为主，如知乎、在行、分答、得到、问咖；第二类是课程汇聚平台，平台提供技术支持，知识分享者自主上传课程、与平台分成，如喜马拉雅、千聊、YY课堂、小鹅通等；第三类是垂直领域培训平台，如插座学院、三节课、创业邦等；第四类是社群阅读学习平台，以促进读书效能为目标，建立线上线下阅读社群来提供知识服务，同时也促进图书销售，如十点读书、有书、樊登阅读会、薄荷阅读等。

从产品形态看，知识付费产品可分为六类：第一类是音频录播，如喜马拉雅FM、得到；第二类是图文分享，如知乎、简书；第三类是在线问答，如分答、微博问答、知识星球；第四类是视频直播，如千聊、荔枝微课；第五类是视频录播，如腾讯课堂、慕课网；第六类是一对一咨询，如在行、问咖。

从付费方式看，知识付费产品可分为三类：第一类是订阅合辑付费模式，用户根据自己的兴趣爱好主动订阅某一知识生产者产出的一系列知识产品，如豆瓣、喜马拉雅；第二类是单次付费模式，用户查看特定内容时仅需付费一次，如分答、微博问答；第三类是打赏、授权转载付费模式，用户查看内容后自愿选择是否为内容付费及自己决定付费金额，如知乎、简书。

28.5 典型企业

28.5.1 北京大米未来科技有限公司

北京大米未来科技有限公司推出的VIPKID平台以美国教学标准为依据，针对国内孩子的特点研发教材，通过雇用北美地区高等教育学历背景的居民向国内4～12岁儿童开展一对一远程在线视频授课，帮助国内儿童学习和掌握英文。VIPKID自2014年6月1日正式上线运行以来，每年连续获得机构投资，其中2017年8月完成2亿美元D轮融资，成为迄今为止全球K12在线教育领域最大的一笔融资，其估值超过10亿美元，成为我国在线教育领域引人注目的"独角兽"。截至2017年年底，VIPKID共有超过260万注册用户和20余万付费用户，超过3万注册北美外教，以55%的市场占有率位居国内在线少儿英语教育市场行业榜首。VIPKID为加拿大、美国等国家提供了可观的就业机会，提高了所在国兼职教师群体的收入水平。VIPKID探索海外汉语学习培训，于2017年8启动"Lingo Bus"项目，计划3年内帮助5万名海外儿童学习中文，并培养1万名以上的中文老师。截至2017年年底，该项目已有来自46个国家和地区超过4000名注册用户，5000多名中国教师申请加入。

28.5.2 沪江教育科技（上海）股份有限公司

沪江是国内较早从事互联网教育的企业之一，2001年成立，2006年开始公司化运营，2009年推出自营B2C品牌沪江网校，自2015年起沪江以"平台化"和"移动化"为主要战略目标布局移动端业务，打造沪江学习、开心词场、CCTalk、小D词典、听力酷等移动端产品。沪江主打B2C业务沪江网校及B2B2C平台业务CCtalk，旨在将沪江网校打造成教育行业的"京东"，将实时互动平台CCtalk打造成教育行业的"淘宝"。基于CCtalk，沪江提出"网师课堂"概念，将"网师"群体定义为："指那些能够充分利用互联网进行教学，并能在平台上获得持续收入，能在教学过程中收获尊严和乐趣、拥有独立人格的群体"。2017年，沪江网校已拥有超过3000门课程，涵盖12国外语课程及留学、中小幼、考研、职场、兴趣、司法等领域；CCtalk入驻老师超3万名，入驻机构数千家，服务用户超过1000万人。在科技部火炬中心、中关村管委会、长城战略咨询、中关村银行联合发布的《2017年中国独角兽企业发展报告》中，成为代表在线教育企业的独角兽之一。

28.5.3 上海证大喜马拉雅网络科技有限公司

上海证大喜马拉雅网络科技有限公司是一家致力于打造音频分享平台的网络科技公司，

其主打产品喜马拉雅 FM 是一款聚合型移动电台 APP，也是中国最大的音频分享平台之一。喜马拉雅打通产业上下游形成完整的音频生态链，提出"专业用户生产内容"（PUGC）战略，形成"UGC+PGC+独家版权"内容生产模式。喜马拉雅 FM 平台共拥有陈志武、凯文·凯利、马东、吴晓波、龚琳娜、华少、乐嘉等 2000 多位知识网红、20 万位加 v 认证主播及 500 万诵读爱好者，开设超过 10000 节付费课程，覆盖音乐、新闻、综艺娱乐、儿童、情感生活、评书、外语、培训讲座等 5453 类共计 1 亿多条原创有声内容。截至 2017 年年底，喜马拉雅 FM 的用户已突破 4.5 亿人，日活跃用户数约为 5700 万人，活跃用户日均使用时长达 128 分钟。2017 年"123 知识狂欢节"销售总额 1.96 亿元，是 2016 年首届知识狂欢节消费总额的近 4 倍，其估值已超百亿元。

28.6 用户分析

截至 2017 年年底，我国网络教育用户规模达到 1.55 亿人，较 2016 年年底增加 1754 万人，年增长率为 12.7%；网络教育用户使用率为 20.1%，较 2016 年增加 1.3 个百分点。其中，手机网络教育用户规模为 1.19 亿人，较 2016 年增长 2092 万人，增长率为 21.3%；手机网络教育用户使用率为 15.8%，较 2016 年增长 1.4 个百分点。

从学段划分来看，网络教育分为学前网络教育、K12 网络教育、高等网络教育、职业网络教育四个阶段，各个阶段用户情况如下。

28.6.1 学前网络教育

以宝宝巴士为例，学前儿童用户主要集中在 3~4 岁，占比达到 30%，女童略高于男童，占比达到 56.09%。学前网络教育用户家长以 35 岁以下中青年为主，占比为 68.26%；女性家长用户远高于男性，占比高达 78.47%；家长用户普遍具有高学历，本科及以上学历占比为 57.95%；家长用户具有较高的消费能力，其中高消费人群、中高消费人群、中等消费人群分别达到 8.07%、41.15%、23.86%，总占比为 73.08%。

28.6.2 K12 网络教育

2017 年 6 月，中国 K12 教育市场整体 APP 月度活跃用户达到 9831.90 万人。K12 教育用户中，女性用户占比为 66%，男性占比为 34%。K12 教育用户地域集中分布在一、二线城市，合计占比高达 54.67%。其中，一线城市用户最多，占比高达 31.13%。K12 教育用户以中高等消费人群为主，其中高消费人群、中高消费人群、中等消费人群分别达到 4.78%、26.33%、23.66%，总占比为 54.77%。

28.6.3 高等网络教育

我国有 66.1%的大学生参与过线上培训课程，男性占比为 58%，女性占比为 43%。用户以大学本科学历为主，占比为 73.5%，大专和硕博学历占比分别为 7.5%、18.9%。高等网络教育用户"985"院校学生占 18.6%，"211"院校学生占 23.5%，普通一本院校学生占 30.1%。大学生参与在线学习的驱动因素排在前两位的是：个人能力提升、想学习其他名校教师的讲解内容，分别占 85.8%和 71.7%。语言、职业技能课程需求最大，其次是兴趣学习和大学课程，分别占 64.1%、59.6%、54.6%和 54.3%。

28.6.4 职业网络教育

以 30 岁以下年轻人为主，其中 25~30 岁占 32.8%，24 岁及以下占 45.9%；女性用户比例为 56.6%，略高于男性。职业网络教育用户主要分布在较发达地区，北、上、广、深占比为 15.1%，其他省会城市占比为 33.6%，乡镇农村占比仅为 20.2%。用户学历以本科及以下学历为主，其中本科学历占比为 37.8%、大专学历占比为 16.3%、高中中职占比为 31.6%。职业以学生、自由职业者和公司职员为主，占比分别为 35.8%、22.9%、15%。用户对职业教育需求品类主要集中在语言、考证/考职称、学历提升，认为迫切需要开始三类学习的用户占比分别为 62.4%、50.5%、34.2%。

28.7 发展趋势

28.7.1 网络教育市场规模持续扩大，垂直细分领域迎来机遇

在国家政策利好、居民消费需求升级、"二孩"政策推广、终身学习观念渐入人心、网络基础设施日趋完善、新兴技术不断迭代创新等众多因素驱动下，教育市场，尤其是网络教育市场保持持续快速增长态势。德勤《风口上的教育产业》报告指出，到 2020 年我国的教育市场规模有望扩大至 2.9 万亿元，复合年均增长率达到 12.7%，早教、K12、职业培训将成为未来的主力增长点。其中网络教育市场规模在教育产业市场规模的总体占比将由 2015 年的 7.25%上升至 2020 年的 10.54%，预计将达到 3081 亿元。未来，高科技教育技术产品研发、满足政策引导方向、迎合市场专业需求、优质资源相对匮乏的垂直细分领域将成为网络教育发展新方向，如以人工智能为基础的个性化"智适应"学习、一对一或小班额在线辅导，以及国家教育主管部门倡导的自主阅读、体育、艺术、科普、娱乐游戏等素质教育。

28.7.2 网络教育市场面临政策调整与规范发展

自 2018 年年初以来，教育部连续印发《关于切实减轻中小学生课外负担开展校外培训机构专项治理行动的通知》《关于规范管理面向基础教育领域开展的竞赛挂牌命名表彰等活动的公告》《关于做好 2018 年普通中小学招生入学工作的通知》《关于加快推进校外培训机构专项治理工作的通知》等文件，对校外培训市场将产生重大深远影响，资质不全、应试导向、超纲教学的培训机构面临整改或出局。在地方，北京市于 3 月 3 日率先发布《北京市中学教师开放型在线辅导计划（2018—2020 年）》，该计划招募北京市中学和教师研修机构的区级及以上骨干教师，通过一对一实时在线辅导、一对多实时在线辅导、问题广场和微课学习四种形式面向北京市初中生提供在线教学、答疑等服务。针对上述两种情况，一方面，政府整顿校外培训市场后，部分家长的教育培训需求和校外培训机构将向线上转移，网络教育市场将获得发展机遇，但日后同样存在整顿规范的可能性；另一方面，政府免费提供优质在线教育服务可能挤压部分网络教育企业的生存空间。此外，根据《关于教育网站网校审批取消

后加强事中事后监管工作的通知》要求，网络教育将面临办学条件、教学内容、教学质量、证书资质等方面的事中、事后监管。

28.7.3 新技术推动网络教育应用服务模式迭代升级

以分析技术、虚拟现实、物联网、人工智能为代表的新兴技术对教育的不断渗透融合，将有助于提高学生的数字素养、整合正式与非正式学习、重塑教师角色，使得网络教育应用服务模式更加泛在化、精准化和个性化。分析技术是基于教育环境中的一种大数据应用技术，能够将过去学期或季度成绩、年级升学和毕业率等被动的、潜在的指标转变为满足学生需求的交互式和实时性指标，教师可以根据指标及时调整课程和教学法，制订有利于促进学生成功的新方式或策略。虚拟现实是指在计算机生成的环境中，模拟实际存在的人或物体并获得身临其境的感官体验。虚拟现实能够使学习更真实，有身临其境的感觉，从而增加学生的参与度，充分体现以学生为中心的学习方式。物联网能够将校内外具有感知、计算和传输能力的传感器无缝连接，全面感知和记录校园物理环境、教室教学环境、网络学习环境，以及师生的身体、行为、性格、精神等信息，从而实现从环境的数据化到数据的环境化、从教学的数据化到数据的教学化、从人格的数据化到数据的人格化转变，从而提升服务师生的能力和水平。人工智能具备更强的数据挖掘、深度学习和机器学习的能力，目前已经在图像识别、语音语义识别、复杂策略推演等方面取得一定的进展。未来人工智能将进一步地深入理解学习者特征和思维模式，从而提升在线学习和自适应学习系统的性能。

28.7.4 网络教育的资源广义化和认证体系化成为新方向

互联网的开放性和跨界性在教育资源领域的投射就是教育资源的广义化。未来，只要能够服务学习者的资源就都是广义的教育资源。互联网为教育资源的广义化提供了技术基础和实践途径，使得教育资源穿越了"教材边界、学科边界、学校边界、学区/区域边界、社会/生活边界"。因此，未来的网络教育资源既包括传统的教材和练习册，也包括维基百科和百度知道，既包括持证上岗的专业教师，也包括所有能够贡献经验、知识、智慧的人群。此外，网络教育不再仅仅是教育体系的补充和参考，而是成为终身教育体系的重要组成部分，通过体系化的认证设计，网络教育将在校内外具有普遍的权威性和认可度。例如，从事线上教育的教师不仅能够获得收入，其线上工作经历可以折算成一线教学工作、继续教育或交流经历，作为职称评定的参考或依据。学生的在线学习成果以课程证书、数字徽章等微证书形式认定，并将微证书与学分认证、职业认证、学位认证挂钩。

（唐亮）

第29章 2017年中国网络健康服务发展状况

29.1 发展概况

近年来,中国医疗健康养老市场在不断增长。2017年12月,在由工业和信息化部、民政部、国家卫生计生委主办的智慧健康养老产业发展大会上,工业和信息化部副部长罗文表示,到2030年,我国健康产业和养老产业规模将分别达到16万亿元和22万亿元。

虽然市场前景广阔,但在医疗健康养老方面还存在一些尚需解决的问题。医疗资源存在分配不均现象,优质医疗资源主要集中在东部地区及一线城市,如北京和上海每千人口卫生技术人员数量远高于中西部城市。优质资源的过度集中导致中西部区域、偏远地区看病难,大众的医疗质量受到影响。社会养老服务体系建设仍然处于起步阶段,还存在与新形势、新任务、新需求不相适应的问题,主要表现在:社区养老服务和养老机构床位不足,供需矛盾突出;养老机构功能单一,难以提供照料护理、医疗健康、精神慰藉等多方面服务;布局不合理,区域之间、城乡之间发展不平衡;政府投入不足,民间投资规模有限等问题。

基于互联网技术的网络医疗健康服务、智慧养老服务等将能较为有效地缓解上述医疗健康养老服务问题,同时相关产业链的发展还会提供更多的就业机会。

网络医疗健康服务是指利用互联网提供医疗健康服务,包括向大众用户或者患者提供在线健康保健、在线诊断治疗服务、药品和医疗用具供给服务,向医生提供的社交、专业知识(如临床经验、病例数据库、医学学术资源等)及在线问诊平台等工具和服务。

智慧健康养老利用物联网、云计算、大数据、智能硬件等新一代信息技术产品,实现个人、家庭、社区、机构与健康养老资源的有效对接和优化配置,推动健康养老服务智能化升级,提升健康养老服务质量和水平,使老年人老有所学、老有所乐、老有所为,帮助老人切实解决生活和精神赡养的部分问题。

国家对互联网医疗健康养老服务高度重视,发布的医疗健康政策如表29.1所示。

表29.1 2017年中国互联网医疗健康相关政策

时间	部门	名 称
2017.1	国务院办公厅	《中国防治慢性病中长期规划(2017—2025年)》
2017.5	国家卫计委卫生和计划生育委员会办公厅	《关于征求互联网诊疗管理办法(试行)(征求意见稿)》 《关于推进互联网医疗服务发展的意见(征求意见稿)意见的函》

续表

时间	部门	名称
2017.6	科技部、国家卫生计生委、国家体育总局、国家食品药品监管总局、国家中医药管理局、中央军委后勤保障部	《"十三五"卫生与健康科技创新专项规划》

《中国防治慢性病中长期规划（2017—2025年）》指出，促进互联网与健康产业融合，发展智慧健康产业，探索慢性病健康管理服务新模式；完善移动医疗、健康管理法规和标准规范，推动移动互联网、云计算、大数据、物联网与健康相关产业的深度融合，充分利用信息技术丰富慢性病防治手段和工作内容，推进预约诊疗、在线随访、疾病管理、健康管理等网络服务应用，提供优质、便捷的医疗卫生服务。

《关于征求互联网诊疗管理办法（试行）（征求意见稿）》和《关于推进互联网医疗服务发展的意见（征求意见稿）意见的函》两个文件，对互联网诊疗活动准入、医疗机构执业规则、互联网诊疗活动监管及法律责任做出规定。两份文件的发布为我国互联网医疗的发展提供了规范化的发展方向和更加明确的政策保障，对互联网医疗行业将产生重大影响。

《"十三五"卫生与健康科技创新专项规划》提出，"推动信息技术与医疗健康服务融合创新，重点发展个性化健康服务、协同医疗、智慧医疗、医学应急救援等新型健康服务技术，创新疾病诊疗和健康管理服务模式"，在"医学人工智能技术、智慧医疗技术、个性化健康服务技术研究"等方向开展研究，进行"互联网+"医疗健康科技示范。

10月9日的国务院常务会议指出，以"互联网+医疗"模式破解现有难题，改变医疗行业原有运行机制，加快推广远程医疗、预约诊疗、日间手术等医疗服务，推动在医疗机构之间实现就诊卡和诊疗信息共享，深入推进家庭医生签约服务，全面推进医疗便民惠民服务。这些举措和要求，将会对未来医疗行业的发展带来巨大改变。

在智慧养老方面，国家发布的政策如表29.2所示。

表29.2　2017年中国智慧养老相关政策

时间	部门	名称
2017.2	国务院	《国务院关于印发"十三五"国家老龄事业发展和养老体系建设规划的通知》
2017.2	工业和信息化部、民政部、国家卫生计生委	《智慧健康养老产业发展行动计划（2017—2020年）》
2017.6	国家发展改革委	关于印发《服务业创新发展大纲（2017—2025）》的通知
2017.6	国务院办公厅	《关于制定和实施老年人照顾服务项目的意见》
2017.8	财政部、民政部、人力资源社会保障部	《关于运用政府和社会资本合作模式支持养老服务业发展的实施意见》
2017.11	民政部、财政部	《关于确定第二批中央财政支持开展居家和社区养老服务改革试点地区的通知》

近些年，可穿戴设备、大数据分析、人工智能、云计算、第四代移动通信（4G）、蜂窝物联网等技术的发展，极大地促进了互联网医疗健康养老服务的开展。可穿戴设备可实时采集用户居家、移动时的体征参数，为医生提供更为丰富的诊断数据。蜂窝物联网技术（如NB-IoT）用于可穿戴设备，可有效提高设备续航时间。第四代移动通信技术具有的高带宽特

性,可实时传输音视频,便于远程通信。大数据分析和人工智能技术可提高医疗诊断的水平、效率与可靠性,扩大医护服务范围并降低医疗护理成本。

在大数据和人工智能方面,国家相继出台和落实了一系列举措:

2017年1月,国家发展改革委下发《关于开展医疗大数据应用技术国家工程实验室组建工作的通知》,由中国人民解放军总医院为牵头单位筹建医疗大数据应用技术国家工程实验室。

2017年4—6月,由原国家卫生计生委牵头,筹建成立中国健康医疗大数据产业发展集团公司、中国健康医疗大数据科技发展集团公司和中国健康医疗大数据股份有限公司。

2017年7月21日,国务院发布《新一代人工智能发展规划》,其中明确提出:推广应用人工智能治疗新模式、新手段,建立快速、精准的智能医疗体系。探索智慧医院建设,开发人机协同的手术机器人、智能诊疗助手,研发柔性可穿戴、生物兼容的生理监测系统,研发人机协同临床智能诊疗方案,实现智能影像识别、病理分型和智能多学科会诊。加强群体智能健康管理,突破健康大数据分析、物联网等关键技术,研发健康管理可穿戴设备和家庭智能健康检测监测设备,推动健康管理实现从点状监测向连续监测、从短流程管理向长流程管理转变。建设智能养老社区和机构,构建安全、便捷的智能化养老基础设施体系。加强老年人产品智能化和智能产品适老化,开发视听辅助设备、物理辅助设备等智能家居养老设备,拓展老年人的活动空间。开发面向老年人的移动社交和服务平台、情感陪护助手,提升老年人的生活质量。

29.2 市场情况

2017年,互联网医疗行业由快速发展进入稳定发展阶段。艾媒咨询数据显示,2017年中国互联网医疗行业的市场规模达到223亿元,同比增长43%。预计未来几年我国互联网医疗年均复合增长率将达到55.01%,2021年中国移动医疗市场规模将达到697.4亿元。2017年,中国互联网医疗用户规模达到2.53亿人,年增幅为29.7%,网民使用率约为32.7%。

1. 医院间的远程医疗服务(B2B)

医院间的远程医疗主要是医联体内牵头医院建立远程医疗中心,向医联体内其他基层医疗机构提供远程会诊、远程影像、远程超声、远程心电、远程病理、远程查房、远程监护、远程培训等服务。这样基层患者就能够在家门口的医院获得上级医院诊疗服务。我国近年来开始加大对远程医疗的支持,2015年2月,国家发展改革委、国家卫生计生委研究决定,同意宁夏回族自治区、贵州省、西藏自治区分别与解放军总医院、内蒙古自治区与北京协和医院、云南省与中日友好医院合作开展远程医疗政策试点工作。在国家政策的推动下,我国远程医疗市场规模出现明显增长。2016年,我国远程医疗服务(包括远程患者监测、视频会议、在线咨询、个人医疗护理装置、无线访问电子病例和处方等)市场规模达到61.5亿元,同比增长51%。

2. 医院为用户个体提供的远程医疗服务(B2C)

医院为用户提供的远程医疗服务(互联网医院服务)是指在具备从事诊疗活动资质的医疗机构内,专业的医疗人员远程向用户提供专业的诊疗服务。

根据前瞻产业研究院统计，截至 2017 年年底全国共有 87 家互联网医院。其中，银川市于 2016 年率先发布和落实"一个办法、两个制度"，填补了国内互联网医院监管的空白。2017 年，银川市再度发布了《互联网医院执业医师准入及评级制度》《银川市互联网医院管理办法实施细则（试行）》《银川市互联网医院医疗保险个人账户及门诊统筹管理办法（试行）》三项新政策，先后建成和在建 17 所互联网医院，极大地促进了互联网医院的发展。

3. 医疗健康服务提供商提供的健康管理、医疗健康咨询服务（B2C）

国家卫生计生委明确规定，非医疗机构的网络平台只能做健康方面的咨询，不能开展诊疗服务工作。目前提供个人健康管理、医疗健康咨询的服务主要包括：在线问诊咨询、预约挂号、医药病理知识普及、体征测量等。以苹果 APP Store 中的 APP 数量为例，截至 2017 年年底，医疗健康咨询服务免费下载的 APP 应用类型中"预约挂号"类应用最多，其次为"运动健身""个人健康管理""在线问诊""医药电商"；付费下载 APP 中"医药病理知识普及"类应用最多，其次为"运动健身""个人健康管理""体征测量"等。

29.3 商业模式

29.3.1 互联网医疗健康

2017 年，各类互联网医疗服务中，医疗信息查询、网上预约挂号用户使用率最高，分别达到 10.8%和 10.4%，其次为网上咨询问诊、网购药品、医疗器械、健康产品、运动健身管理等。互联网医疗服务的主要收费方式包括以下几种。

1. 面向用户收费

面向用户收费是指用户为所享受的远程医疗服务及医疗健康咨询服务等支付服务费用。向患者收费方面虽然可行方式不少，然而已具规模的盈利模式却尚未出现。具体到收费方式上，硬件销售盈利模式长期难以成立，而软件服务收费模式还在探索，因而面向用户收费模式离爆发还有一段距离。

2. 面向医院收费

以在线问诊咨询平台为例，将用户患者引入线下医院就诊治疗，医院给予互联网平台一定报酬。由于医疗服务体系的特殊性及医院难以撼动的地位，互联网医疗目前主要集中于对传统医院的改进、信息化，短期内空间较大，但中长期上瓶颈明显。部分企业正在探索基于数据的医院收费模式，但数据和技术都有待积累和改进，前景尚不明朗。

3. 面向保险公司收费

我国社会医保是主流，用户在医保定点医院的费用（包括）由社保支付一部分。此外，国外有大量的保险公司来为购买医疗保险的用户支付相关费用，但这种方式在我国还未普及。目前一些互联网医疗平台推出医生停诊险、意外险等，是商业保险的营销渠道之一，尚未实现直接为接受到的医疗服务支付费用。

4. 面向药企、医疗健康用品厂家收费

在一些互联网医疗健康平台、微信公众号等媒质上，发布相关药企、医疗健康用品厂家

产品的广告。这些药企、医疗健康用品等厂家会支付相关的广告费用。基于流量的广告营销已经是目前向药企收费的主要盈利模式。

在远程医疗、互联网医院服务中，主要是由用户和医疗保险（社保）支付费用；在健康管理（含在线问诊咨询）中，由用户及在互联网咨询平台上投放广告的公司（药企、健康用品公司等）支付费用，平台和提供咨询服务的医生获得相关报酬。

29.3.2 智慧养老

智慧养老服务主要由以下几部分组成：养老基础设施提供（包括养老住宅、园区的建设）、智慧养老人力服务（医疗和家政人员的培训和服务等）、智慧养老系统提供（包括相关软件、硬件、终端等）、智慧养老信息服务（包括养老咨询和资讯提供等）、智慧养老金融服务等。智慧养老主要提供居家养老和基于专业机构养老（如养老院、养老中心）两种服务方式。居家养老以家庭为核心、以社区为依托、以专业化服务为依靠，为居住在家的老年人提供以解决日常生活困难为主要内容的社会化服务。

专业养老机构分公办、私办及政府和社会资本合作模式。公办养老机构是我国养老机构供给的主体，其他形式的养老机构供给主体发展不充分，床位数供给量小，不能填补公办养老机构留下的供给缺口。根据《2018—2023年中国养老产业发展情景及投资机会研究报告》数据显示，2016年我国有养老服务机构2.85万个，养老服务机构床位数达到780.0万张，每千名老年人口养老床位数33.8张。根据2013年国务院《关于加快发展养老服务业的若干意见》中拟定的目标，到2020年，每千名老人拥有的养老床位要达到35~45张，则到2020年各类养老床位需求将达到875万~1125万张，这之间有195万~445万张的缺口。

社区智慧养老各项服务中，精神慰藉服务和咨询服务的使用频率最高，应急援助的使用频率最低。从满意度来看，咨询服务和生活照料的满意度最高，老有所学的满意度最低。老年人愿意购买的智慧养老产品，主要集中于信息设备和通信设备，如智能手机、智能手表、数字电视等。

此外，一些新的模式也在探索中。例如，2016年年底，中国平安集团旗下的"平安好医生"与南方医科大学深圳医院签署战略协议，双方从院前、院中、院后三个环节着手，共同打造创新型"互联网+保险+医院"模式，并在业内率先推出"商保直赔系统"，首批接入平安人寿保险深圳地区250万用户。在此次合作中，通过南医大深圳医院、平安人寿和平安好医生三方系统对接，平安好医生及平安人寿保险公司用户在门诊或住院期间，后台系统即可进行实时分账、结算，从原来的滞后赔付，转为即时支付。"商保直赔系统"构建了一个公立医院直接对接商业保险的行业范例。

除传统的公立、私立养老机构外，PPP模式近些年发展较快。财政部2017年发布的《关于运用政府和社会资本合作模式支持养老服务业发展的实施意见》（财金〔2017〕86号）提出，通过优化财政资金投入和创新金融服务，推动PPP模式在养老服务业的发展。

优化财政资金投入包括：推动财政资金支持重点从生产要素环节向终端服务环节转移，从补建设向补运营转变，支持养老领域PPP项目实施。对社会急需、项目发展前景好的养老服务项目，通过中央基建投资等现有资金渠道予以积极扶持。鼓励各地建立养老服务业引导性基金，吸引民间资本参与，支持符合养老服务业发展方向的 PPP 项目。

创新金融服务包括：鼓励金融机构通过债权、股权、设立养老服务产业基金等多种方式，支持养老领域 PPP 项目。积极支持社保资金、保险资金等用于收益稳定、回收期长的养老服务 PPP 项目。充分发挥中国 PPP 基金的引导带动作用，积极支持养老服务 PPP 项目。鼓励保险公司探索开发长期护理险、养老机构责任险等保险产品。

29.4 典型案例分析

1. 远程医疗服务

中日友好医院从 1998 年开始提供远程医疗服务，2012 年 10 月，经原卫生部批准，在中日医院设立"卫生部远程医疗管理培训中心"。2017 年年初，国家卫计委委托中日医院牵头筹建国家级互联网医院。目前，中日友好医院的远程医疗服务包括影像诊断、病理诊断、远程会诊、远程查房、病理讨论、基层医生培训等。目前中日友好医院的远程医疗网络已覆盖全国各省（自治区、直辖市）近 3000 家医疗机构。自 2015 年以来，中日友好医院年平均远程会诊量超过 5000 例次。

2. 互联网医院

2016 年 10 月，广东省第二人民医院推出广东首个以单病种为主的移动医疗医生团队平台。该平台是以广东省网络医院为基础搭建的，吸引了多家国内知名医疗团队签约入驻，同时也向海外名医开放，北美中华心脏学会等海外医生团队已同步进驻。患者将可在家中通过手机 APP、电脑用户端等，完成预约挂号、分诊咨询、远程门诊、线上付费、检查预约、住院床位预约、慢病随访等医事服务。同时，该平台为医生开具的处方投保，保障医生和患者的权利及服务安全。截至 2016 年 11 月，广东省网络医院日诊已达 4000 多人次。

2016 年，武汉市中心医院与阿里健康签署合作协议，用户通过天猫医药馆的网络医院入口，可进行挂号和就诊，然后获得电子处方，继而在天猫医药馆下单药品，通过阿里系菜鸟物流网络实现配送。阿里健康网络医院的医生以医疗机构的身份入驻，开出的电子处方和线下实体医院开出的处方一致。

3. 健康管理及咨询服务

平安健康互联网股份有限公司是中国平安集团旗下的全资子公司，于 2014 年 8 月成立，总部设在中国上海。平安健康推出了在线健康咨询及健康管理 APP "平安好医生"，它以医生资源为核心，提供实时咨询和健康管理服务，包括"一对一在线专属家庭医生服务""5000 名三甲名医的专业咨询、额外门诊加号、手术主刀预约服务""50000 名主治级医生每周义务咨询"等服务内容，旨在为用户打造便捷、高效、优质的全新健康管理 O2O 体验。

"春雨医生"和"好大夫"等 APP，可以提供预约挂号、医患双方咨询和在线沟通等服务。此外，患者可以通过该平台预约自己心仪的医生。

4. 医药电商

天猫医药馆入驻的实体药店超过 300 家，2017 年 9 月成交单数为 199.1 万。天猫医药馆涵盖 6 大类目，分别为医疗器械、OTC 药品、计生用品、隐形眼镜及护理液、保健用品和医疗健康服务。从销售额来看，医疗器械、OTC 药品等比重较大。

5. 智慧养老

2017 年 11 月，工业和信息化部、民政部、国家卫生计生委联合发布智慧健康养老示范单位名单，其中包括普天信息技术有限公司、北京爱侬养老服务股份有限公司等 53 家智慧健康养老示范企业，天津市河东区东新街道、沧州市泊头市解放街道等 82 家智慧健康养老示范街道（乡镇），以及廊坊市固安县智慧健康养老示范基地、沈阳市苏家屯区智慧健康养老示范基地等 19 家智慧健康养老示范基地。

29.5 发展趋势

1. 社会对互联网医疗健康养老的需求旺盛

社会成员对医疗健康养老服务在服务质量、服务效率、相关流程优化方面的需求不断增长，将来发展更趋向于服务种类多样化、人性化，服务质量和过程高效化。目前，互联网医疗健康养老服务才刚刚起步，用户普及率还较低，提供的服务也尚未完全满足这些需求。可以预见，随着互联网医疗健康养老相关政策、服务、系统、技术的发展，会有越来越多的用户逐步使用更多的互联网医疗服务，如使用互联网医院进行慢病管理，使用可穿戴设备对日常体征信息进行收集，然后提供给服务提供商进行健康提醒或者健康建议。

2. 政府将会继续加大对互联网医疗健康养老的投入和扶植

发展互联网医疗健康养老服务对稳增长、促改革、调结构、惠民生具有重要意义，是国家"互联网+"战略中非常重要的环节。2018 年 3 月 5 日，李克强总理在《2018 年国务院政府工作报告》中明确提出要实施大数据发展行动，加强新一代人工智能研发应用，在医疗、养老等多领域推进"互联网+"进程。国务院常务会议 4 月 12 日审议并原则通过的《关于促进"互联网+医疗健康"发展的指导意见》（以下简称《意见》）规定，可以依托实体医院建设互联网医院，拓展业务范围和服务半径；同时也支持符合条件的第三方机构搭建互联网信息平台，开展远程医疗。在"互联网+药品"供应保障服务方面，《意见》明确指出线上开具的处方经过药师审核以后，医疗机构和药品经营企业可以委托符合条件的第三方机构进行配送。在推进"互联网+保险结算"方面，将逐步拓展在线结付功能，包括异地结算、一站式结算来方便病人；还要鼓励推进人工智能等新技术的研发应用，提高医疗服务效率。

3. 新兴技术和产品促进互联网医疗健康及养老产业的普及和深化

随着各类新技术的迅速发展，医疗健康养老服务与互联网的联系变得更加紧密。例如，当人工智能技术在医学图像识别中的应用更加成熟时，一些重复性、需要大量人工投入的医学图像筛查工作可由人工智能系统完成，专业医疗机构的医生可以将更多时间的投入疑难病症的检查；相关基层的疾病初筛工作将由人工智能系统完成，无须医生花费大量时间在社区进行筛查。随着体域网技术及其产品的成熟，新型健康监测设备可以驻留在人体内，对人体内的血管状况、特征指标进行精确测量，并将数据发送到体外，从而实现对用户更为精准的健康照护。

可以看出，互联网医疗健康及养老服务产业的进一步发展，还需要充分发挥市场机制作用和商业健康保险专业优势，积极发展多样化健康保险服务（包括社会保险和商用保险），进一步制定和完善促进健康服务业发展、符合医疗质量标准的技术要求、管理规范、行业标准等，妥善处理应用发展与保障安全的关系，增强安全技术支撑能力，有效保护个人健康隐私数据。

（李连源、李娟）

第30章 2017年中国网络出行服务发展状况

30.1 发展概况

2017年,网络出行[1]服务行业继续受到庞大消费需求拉动和社会资本助推,总体保持强劲发展势头,政府鼓励创新、规范发展的监管政策持续密切跟进,典型行业竞争加剧、优胜劣汰,总体格局经过洗牌渐趋平稳,网络出行服务行业走向平稳发展新阶段。

1. 网约车

随着2016年下半年以来全国各地网约车新政的颁布与实施,网约车行业在适应规范监管的过程中也经历了一次大浪淘沙。2016年滴滴完成对优步的收购后已占据市场绝对优势地位,2017年网约车市场竞争格局基本回归平稳。滴滴出行的主要优势在于依靠用户黏性占据了城市巡游出租车呼叫接口,以及占据市场绝对领先地位的P2P模式私家车主群体。此外,首汽约车、神州专车、易到用车等平台纷纷瞄准细分领域和区域市场进行深耕和拓展,从总体竞争格局上各自形成了独特优势,各大平台差异化竞争的发展方向更加明显。从用户角度看,网约车的社会接受度和市场规模继续稳步提升,但网约车服务质量及安全性等用户体验问题仍是困扰用户的主要问题。

2. 共享单车

共享单车行业技术门槛较低,运营模式较易复制,2017年各方资本纷纷涌入共享单车领域,在短短半年时间内,市场上新成立注册共享单车品牌已超过50家,部分城市的车辆投放从2016年的投放量不足直接进入了严重过剩状态,共享单车堵路甚至给正常的社会秩序造成了严重困扰,引发监管部门和社会关注。随着政府监管的介入、各地"禁投令"的出台,市场竞争和淘汰步伐加快。截至2017年年底,国内市场曾经出现过的77个共享单车品牌中,20余家已经倒闭或者停止运营;剩余企业中,ofo小黄车和摩拜单车凭借行业先行者的巨大市场和资源优势,依旧把控共享单车领域的绝大部分版图,形成了不可企及的第一梯队;哈罗单车、永安行等其他品牌各自在区域市场占据了一定份额,但在体量上对第一梯队远构不成威胁。

---

[1] 本章所称网络出行泛指基于出行场景的互联网服务。

3. 共享汽车

随着消费升级和出行消费理念的转变，在城市道路资源越发短缺的当下，车辆分时租赁模式越来越被消费者接受和认可。2017年资本端开始大量向共享汽车领域注入资金，城市共享汽车投放量逐渐增大，市场也呈现快速增长趋势。Gofun、EVCARD等共享汽车品牌在市场需求和资本助推下开始加速成长和扩张布局，脱颖而出成为业内领先者，但整个行业仍远未达到类似网约车和共享单车行业寡头垄断的地位。由于该市场商业模式尚未成熟定型，消费潜力和未来市场空间巨大，各品牌技术路线和竞争策略相近，未来行业格局仍有相当的不确定性。

30.2 市场情况

统计数据[1]显示，2017年我国共享经济发展势头迅猛，全年共享经济市场交易总额约为49205亿元，同比增长47.2%，其中交通出行领域共享经济市场交易总额达到2010亿元，同比增长56.8%。网络出行市场规模快速增长的背后，一方面是国内移动互联网的普及和公众移动支付习惯的不断巩固为网络出行消费持续高速增长提供了重要基础；另一方面是用户消费升级带来的出行需求增长、对交通工具从私人占有到共享使用的消费观念转变，导致国内网络出行市场需求持续旺盛；此外，政府注重环境保护、提倡绿色出行等宏观政策环境和有关引导性举措的出台，也为网络出行服务行业的发展提供了有力助推。

30.3 细分市场

30.3.1 网约车

网约车是指以互联网平台为信息媒介开展经营活动的城市巡游出租车及各类专车、快车、顺风车等的统称。2017年，随着各地网约车的细则陆续出台，网约车市场规模由无序的激进式发展向规范的渐进式发展演进，网约车治理工作整体上向着积极的方向发展。针对各地方政府对于网约车平台监管采用的牌照准入模式，2017年滴滴、神州、首汽分别在38个、45个和40个城市拿下准入牌照，在适应较高监管要求的情况下迅速拓展市场，并压缩竞争对手的市场生存空间，行业优胜劣汰有助于整体服务标准和服务水平的提升，并带给用户更好的出行体验和安全保障。但与此同时，随着网约车服务门槛的提升，满足条件的网约车保有量降低，用户高峰期出行的打车难、打车贵问题呈现加重趋势。如何用好监管政策这把"双刃剑"，还需政府和网约车平台共同深入研究。

1. 用户规模

艾媒咨询统计数据显示[2]，截至2017年年底，中国网络约车用户总规模（含网约出租车

---

1 国家信息中心《中国共享经济发展报告2018》。
2 CNNIC第39次《中国互联网络发展状况统计报告》。

与专车、快车等）达到 4.35 亿人[1]，增速为 19.2%，基本保持平稳增长（见图 30.1）。

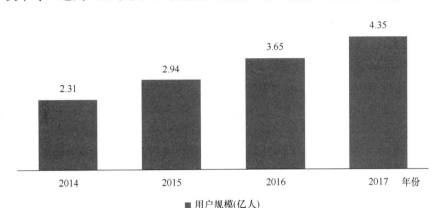

图30.1　2014—2017年中国移动出行用车用户规模

网约出租车用户规模达到约 2.87 亿人，较 2016 年年底增加 6188 万人，增长率为 27.5%；网约专车等用户规模达到约 2.36 亿人，较 2016 年年底增加 6844 万人，增长率为 40.6%（见图 30.2）。

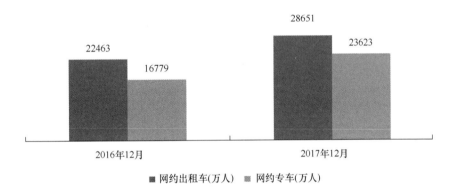

图30.2　2016—2017年网络约车用户规模及使用率

从行业渗透力来看，在 2017 年公众常用的打车方式中[2]，使用网约车 APP 的最多，占 75.2%，另有 15.7% 的人选择路边叫车，使用电话预约等其他打车方式的占比不足 10%。从城市渗透率看，网约车在国内城市的整体渗透率平均接近七成[3]，其中，一、二线城市仍是最大的市场，渗透率已接近或超过 80%，三、四线及以下城市的渗透率基本都在 55% 左右（见图 30.3）。当前在社会公共交通工具无法满足更多出行需求的情况下，网约车作为社会公共交通的重要补充，已经成为公众出行的普遍选择，在交通出行领域的渗透和影响力越来强。

1　艾媒咨询《2017—2018 中国网约车行业研究专题报告》。
2　比达咨询《2017 年中国网约车 APP 产品市场监测报告》。
3　速途研究院《2017 年网约车市场研究报告》。

另外，从订单数量[1]上看，一、二线城市是目前国内网约车服务的主要订单贡献区域，分别占31.6%、33.2%，三线以下城市仍然潜力较大。

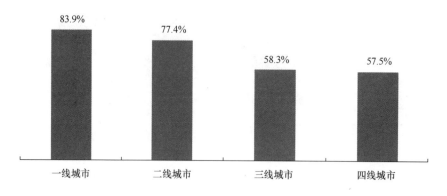

图30.3　2017年中国网约车城市渗透率

2. 用户分析

在用户结构方面，网约车用户呈年轻化态势，25～35岁的网约车用户所占比例为51%（见图30.4），成为网约车用户的主力军，这与该年龄区间用户的经济能力和接受新事物的能力密切相关。

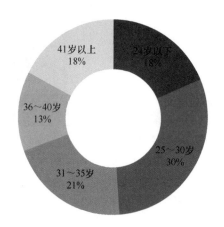

图30.4　2017年中国网约车用户群体年龄分布

在用户消费频率方面，每月使用一次以上的用户总比例达到了约70%，其中每周使用一次及以上的用户总比例达到了约20%，说明国内网约车用户的消费习惯已基本养成，小部分用户消费习惯已成熟（见图30.5）。

在搭乘网约车的原因方面，71.3%的网约车用户选择搭乘网约车是为了节约时间；此外，价格便宜及更佳的乘车环境也是用户选择网约车出行的重要原因（见图30.6）。

1　比达咨询《2017年中国网约车APP产品市场监测报告》。

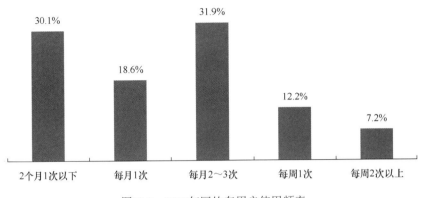

图30.5 2017年网约车用户使用频率

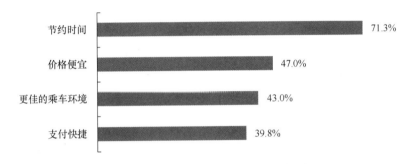

图30.6 2017年用户搭乘网约车出行的原因

在用户诉求方面[1]，当前用户认为网约车市场最大的痛点在于其本身司机门槛较低，存在较多的安全隐患，特别是有两成的女性用户会拒绝独自使用专车服务；有超过50%的用户担心在使用网约车服务时可能产生个人电话、账户信息包括私人住址等私密信息泄露，带来不安全问题；另外，有25%的人对于网约车服务质量和消费纠纷投诉问题表示担忧（见图30.7）。

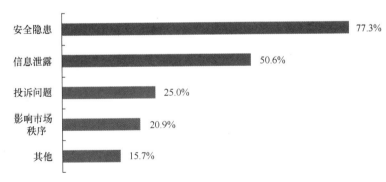

图30.7 2017年网约车用户担心的问题

3. 市场格局

在行业竞争格局方面，滴滴出行以58.6%的渗透率位居各平台之首，远超其他网约车平

---

[1] 速途研究院《2017年网约车市场研究报告》。

台，在网约车出行市场中滴滴出行具有绝对的领导地位；除此之外，首汽约车、神州专车、易到等平台也各自拥有一定的用户影响力（见图30.8）。

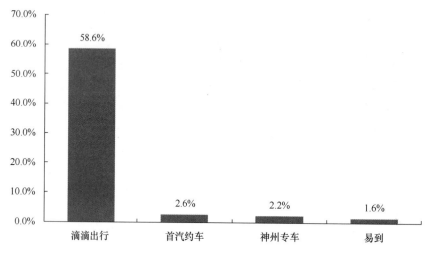

图30.8　2017年各网约车平台用户渗透率

4．典型企业

随着此前烧钱补贴大战的结束，滴滴出行依靠吞并行业另一巨头优步所赢得的网约车主流量平台入口，以及积累的数量庞大的P2P车辆资源，在行业内基本占据市场主导地位。但在此之后，滴滴出行迎来网约车价格是否上涨这一重要抉择，用户也纷纷对此表示担忧。在运营管理方面，滴滴凭借极大的市场、资本和资源优势，开始向综合性、全方位出行服务平台的方向不断扩张，坚持自营和平台两种模式、高中低不同档次、汽车和单车不同类别的出行服务全覆盖，力图打造出行领域的完整生态圈。从总体上看，滴滴出行在各大平台中仍旧保持了较为领先的业务增长速率，说明市场和用户对于当前网约车服务价格仍有一定的接受和消化能力。

神州专车、首汽约车两个追赶者在体量和流量入口上无法做到与滴滴出行比肩，但凭借自身优势在中高端路线上进行深耕，在差异化市场竞争方面保持领先。2017年，神州专车和首汽约车继续采用自有车辆、专业司机的模式，瞄准企业、政府、高级白领等中高端人群发力，主打服务和体验牌，保持了较高的行业渗透力。其中，首汽约车力推的政府官方约车服务在一些大城市为其品牌形象的树立提供了重要支撑，而神州专车主打的服务质量牌也在2017年顾客满意度调查中为其赢得良好口碑。但从反面看，两家平台坚持高端化路线，可能一定程度上限制了其市场扩张能力，特别是在消费能力有限的中小城市的扩张能力。对此，2017年神州专车和首汽约车均在C2C领域试水，神州推出了"U+战略"，首汽约车成立了"首汽约车品质出行学院"，探索面向私家车开放平台，扩大司机和车辆规模，此举可视为两家平台试图寻求更大发展空间的尝试。

另外，曹操专车作为第一家全部采用新能源汽车的专车品牌，因契合了绿色环保的出行理念和未来新能源车辆发展趋势而继续受到关注，且在吉利集团的支持和推动下，2017年保持了较快的扩张速度，目前已在全国17个城市上线。

30.3.2 共享单车

共享单车是指以分时租赁模式提供的城市自行车共享服务。从社会治理角度看，共享单车对于优化社会交通结构、提升出行效率及带动产业升级、培育经济新动能发挥了显著作用。据测算[1]，截至2017年年底，仅摩拜单车累计带来的碳排放量减少就达到440万吨，带来总体经济效益超过1.94亿美元；2017年，共享单车企业共生产自行车3000万辆，为传统自行车产业创造了新空间；到2020年，国内共享单车企业创造的经济产值将达到714亿元。

对于共享单车这一新兴行业，政府政策总体持鼓励和支持态度。2017年7月国家发改委等八部门联合印发的《关于促进分享经济发展的指导性意见》明确提出支持和引导分享经济发展，营造公平规范的市场环境，提高社会资源利用效率，便利人民群众生活；2017年8月交通运输部等10个部委联合印发《关于鼓励和规范互联网租赁自行车发展的指导意见》，对车辆标准、企业运营、信息安全等进行全面规范，要求对共享单车投放数量、停放区域进行合理调控，遏制共享单车企业恶性数量竞争，采取市政管理、押金监督等一系列监管举措，推动共享单车行业有序发展。在实际操作层面，各地方政府在严控共享单车市场投放的同时，对于其造成的较为突出的社会秩序问题大多采取了政企共治的思路，一方面加大监督执法和违停清理力度，另一方面指导共享单车企业利用电子围栏、信用体系等技术手段规范乱停车行为，基本实现了对共享单车堵路现象的有效治理。

1. 用户规模

2017年，共享单车行业受到资本市场热捧，呈现爆发式增长。统计数据显示[2]，2017年国内共享单车投放总量达到2300万辆，增幅近10.5倍，覆盖200个城市，共享单车用户达到2.21亿人（同比增长10.6倍），累计骑行里程达到299.47亿公里，增幅约11倍。共享单车作为2017年用户规模增长最为显著的互联网应用类型，已成为2017年度的现象级应用。另据交通部统计，2017年共享单车创造的社会价值（包括产业带来的联动价值）达到2000多亿元。

2. 用户分析

在用户应用方面[3]，国内共享单车用户使用场景排名前三的分别为日常短途出行、外出购物、上下班或上下学，占比分别为54.6%、49.3%和47.2%（见图30.9）。此外，也有一部分用户使用共享单车开展健身或社交等。

在上述场景中，共享单车随走随停的运作方式具有极高的快捷性，在节省用户出行时间的同时，还能降低经济成本。据调查数据显示，用户对共享单车提升短途通勤效率持普遍持认可态度，55.9%的用户认为共享单车显著提升了通勤效率（见图30.10）。

从用户使用频次来看，ofo小黄车、摩拜单车、永安行等单车的用户日均使用频次都在1次以上。从用户使用时长来看，平均骑行时长基本都控制在13分钟以下。这也与共享单车所承担的解决"最后一公里"出行问题的定位相符（见图30.11）。

---

1 中国信息通信研究院《2018中国共享单车行业发展报告》。
2 CNNIC《第41次中国互联网络发展状况统计报告》。
3 艾媒咨询《2017中国共享单车夏季市场专题报告》。

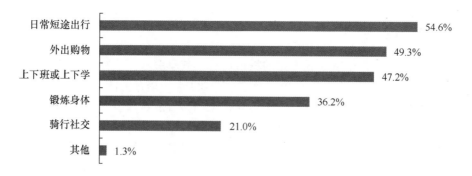

图30.9　2017年共享单车使用场景

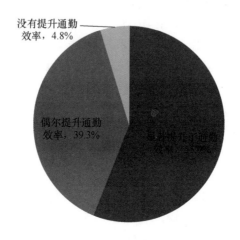

图30.10　2017年用户对共享单车的认可度

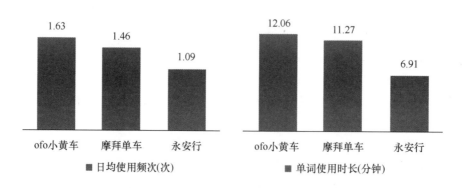

图30.11　2017年共享单车用户使用频次及时长

在用户体验方面，用户反映较为强烈的普遍问题主要包括车辆自身功能性能、停车点过少、离线使用不便及客服质量有待提升等问题。特别值得注意的是，用户关于车辆自身的设计、系统功能、停放要求等功能性方面的诉求占了大多数，各平台下一步还应该在产品质量和用户体验方面持续加以改进（见图30.12）。

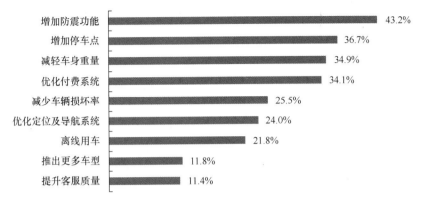

图30.12　2017年共享单车用户诉求

3. 市场格局

从市场格局来看，经过了 2017 年的激烈竞争和重新洗牌，市场格局基本回归平稳，截至 2017 年年底，在活跃用户数量方面领先的前四家企业分别是 ofo 小黄车、摩拜单车、哈罗单车和永安行[1]。其中，ofo 小黄车和摩拜单车的月活跃用户数都超过了 2000 万，基本瓜分了绝大部分的市场；而随后的哈罗单车和永安行月活跃用户数则在 500 万以下，与"第一集团"存在较大差距（见图 30.13）。

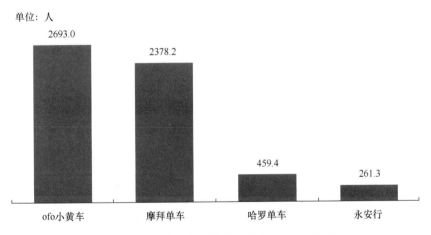

图30.13　2017年12月国内共享单车月活跃用户数

4. 典型企业

2017 年，整个共享单车产业融资近 260 亿元，阿里、腾讯等互联网巨头和多方社会资本先后入局，整个共享单车市场经历了从品牌的爆发式增长、激烈市场竞争到最后优胜劣汰、逐渐回归平稳的过程。截至 2017 年年底，牢牢占据行业第一梯队的 ofo 小黄车与摩拜单车瓜分了市场绝大部分份额；而自 2017 年下半年起，二、三梯队品牌迎来破产、倒闭潮，部分共享单车企业避开一、二线城市的竞争，转向三、四线城市寻求发展空间。

ofo 小黄车和摩拜单车作为目前国内共享单车市场起步最早、份额最大、知名度最高的

1　极光大数据《头部共享单车 APP12 月报告》。

两家企业，一直备受关注。从竞争策略来看，摩拜单车一直尝试以高质量单车提高用户体验，但较高的成本造价容易成为其盈利障碍；ofo小黄车则奉行以大量低成本单车快速占领市场，但在精确定位等提升用户体验和配合技术监管方面相对存在劣势。从行业影响力来看，除了两者以先发优势打下的市场外，整个共享单车行业随着技术的发展演进和规模提升带来成本迅速降低，各品牌在成本、技术及用户体验方面的差距正逐步缩小，且激烈竞争导致各家普遍实行充值返现、免费骑等同质化竞争策略，全行业同质化趋势不断增强，相互替代性很高，因而作为行业巨头的ofo小黄车和摩拜单车现阶段溢价能力仍不够强，仍需依靠资本的保驾护航维持其市场领导地位。据统计[1]，2017年摩拜单车完成融资70亿元，ofo小黄车完成融资82亿元，总体融资规模不相上下；其中，摩拜单车获得腾讯、携程资金注入，而ofo小黄车获得阿里巴巴和滴滴出行资金注入；互联网巨头注资共享单车行业的背后，不仅是对行业前景的看好，另一个深层次原因是对于共享单车用户高价值数据（如用户生活轨迹、生活方式、消费偏好等）及单车出行带来的庞大移动支付场景的争夺，以此扩展自身生态体系边界。在强大资本的助推下，摩拜单车和ofo小黄车的目光都已不局限于国内市场，纷纷将布局拓展到了海外，据报道，截至2017年年底，摩拜单车已在全球12个国家的200个城市进行了投放，ofo小黄车也已在全球20个国家总计250个城市进行了投放。作为互联网创新的一张名片，中国共享单车品牌的海外布局既有助于拓展市场空间，同时也有助于提高中国品牌的海外认知度。

2017年下半年，共享单车产业迎来"倒闭潮"，悟空单车、町町单车、小鸣单车、小蓝单车等平台由于经营等各种原因都遇到了资金链断裂的困境，随之而来的是倒闭或被托管，但涉及广大用户的"退押金难"问题引发公众不满，大量用户甚至对小蓝单车等平台提出诉讼维权请求，引发社会和媒体关注。据统计，2017年共享单车平台倒闭造成的用户押金损失已经超过10亿元。如何加强共享单车押金的安全存管，运用法律法规和行政管理手段维护用户的合法权益，成为监管亟待解决的一个重点问题。

30.3.3 共享汽车

共享汽车即互联网汽车分时租赁，是指基于互联网的、通常以使用时长计费、随订即用的自助式汽车租赁服务方式。2017年8月，交通运输部、住房和城乡建设部联合发布《关于促进小微型客车租赁健康发展的指导意见》，其中肯定了汽车分时租赁对于缓解城市私人汽车保有量快速增长及道路、停车资源紧张情况的积极作用，明确表示鼓励分时租赁新业态发展，合理确定分时租赁在城市综合交通运输体系中的定位，创新监管方式，为相关租赁模式发展营造良好发展环境。随后，广州市出台了《关于征求促进广州市共享汽车（分时租赁）行业健康发展的指导意见》，从完善公众出行体系、规范开展市场治理的角度对共享汽车的发展进行了规范和扶持，从融资政策、试点示范、运营成本、公共管理和公务出行等方面给予支持。相关政策利好将为共享汽车行业后续发展提供有力助推。

1. 市场规模

相较于共享单车行业，共享汽车资金投入更大、运营难度更高，给相关市场规模扩张速度带来了一定的制约。经历了2015年和2016年的试水与铺垫，市场和消费者对于共享汽车

---

[1] 21世纪经济报道《洗牌后的共享单车格局几何》。

模式的接受度逐渐提高，2017年各大汽车厂商和资本纷纷进入共享汽车领域，共享汽车市场投放力度开始加大。研究显示[1]，2017年中国共享汽车市场规模达到7.9亿元，同比增长83.7%，预计2018年全年市场规模将达到21.5亿元，增速远超2017年，共享汽车市场将迎来市场加速扩张期（见图30.14）。

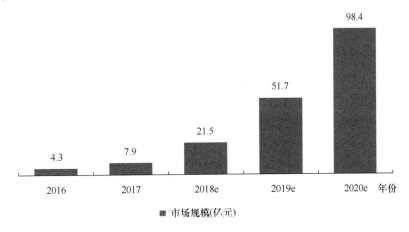

图30.14 2016—2020年中国共享汽车市场规模及预测

2. 市场格局

截至2018年2月初，EVCARD的APP下载量达到440.6万次，领跑共享汽车行业，紧随其后的是GoFun（339.2万次），TOGO途歌、一度用车等平台位居行业第二梯队（见图30.15）。

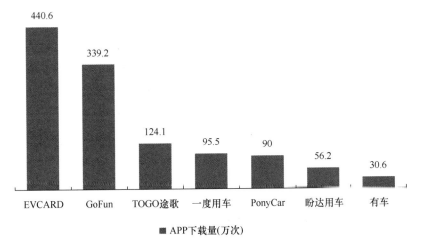

图30.15 2017年共享汽车APP下载量

3. 用户分析

从用户年龄分层来看，调查统计[2]显示，24~40岁的中青年群体是共享汽车用户的主力。

---

1 速途研究院《2017年共享汽车市场研究报告》。
2 易观《2017中国互联网汽车分时租赁市场专题分析》。

一方面,该群体具备对互联网新兴事物的接受能力,且拥有较为充足的消费能力作为支撑;另一方面,该年龄段群体承担的社会工作和家庭责任也增加了其汽车出行的需求,共享汽车为其需求释放提供了空间(见图30.16)。

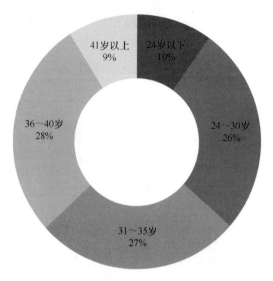

图30.16　2017年共享汽车活跃用户年龄分布

从用户性别分布来看,男性用户对于共享汽车这一新模式的体验比例明显高于女性用户。这与女性对于车辆的安全性、舒适性和整洁性要求较高有关(见图30.17)。

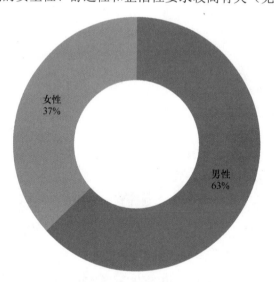

图30.17　2017年共享汽车用户性别分布

从影响用户使用的限制因素来看,用户对于车辆取用的便捷程度关注最高,有37.5%的人认为附近没有租车点是影响选择共享汽车的首要因素。在寸土寸金的城市中,共享汽车平台对于车辆安置点的空间资源部署和花费等问题都是足以影响其发展的巨大挑战。对于共享汽车使用手续烦琐及费用高的问题也是影响共享汽车使用的重要因素(见图30.18)。

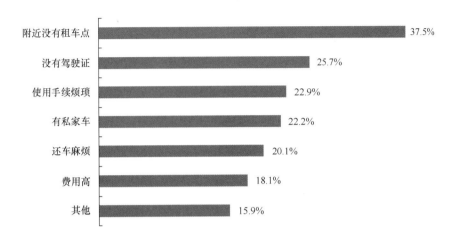

图30.18 2017年共享汽车使用限制因素

4. 典型企业

共享汽车行业体量较大、渗透率和用户活跃度较高的两家典型代表企业分别是 GoFun 和 EVCARD，两者分别起源于北京和上海，各自作为京津冀和长三角两大地区共享汽车行业的典型代表，都拥有不错的发展势头。

GoFun 是首汽集团推出的新能源分时租车品牌，于 2016 年年初正式上线，目前布局城市已经涵盖了北京、上海、广州、厦门、宁波、青岛等 21 个城市，投放汽车超过 1.5 万辆；EVCARD 则起步相对较早，2015 年年初即在上海周边地区开展试运营，目前已完成上海、广州、成都、重庆、南京等 62 个城市布局，投放汽车超过 2.7 万辆。在技术路线和运营模式方面，两家企业都是采用网点式取车还车模式和新能源车型和在线支付方式，仅在计费模式上略有区别。而在市场拓展方面，两家品牌除了各自守住京沪大本营外，其余布局均瞄准了国内一、二线城市和重要旅游城市的市场，在布局理念上也趋同。两家典型企业也基本代表了目前国内各共享汽车品牌发展的典型模式。

盼达用车是重庆力帆旗下的汽车分时租赁品牌，于 2015 年年底上线运营，不同于其他品牌从京沪市场向外拓展的路线，其从重庆、成都地区起步并逐渐向外拓展布局。另外，盼达用车以换电作为新能源车辆的补给方式，降低了对充电设施的要求，提高了服务的灵活性。

从总体上看，共享汽车品牌拓展仍需依托本地各大汽车厂商的大力支持，如 GoFun 背后的北汽、EVCARD 背后的上汽、盼达用车背后的力帆等。各平台在寻求扩大市场布局的过程中开始与当地企业开展合作。共享汽车不仅带来了新的汽车消费理念，也与国内新能源汽车蓬勃发展的趋势保持了一致，这也给传统汽车制造商带来了新的发展机遇。例如，奇瑞汽车就与 GoFun、EVCARD 等均达成了战略合作，借此实现自身新能源产品的推广，从效果看实现了合作共赢。随着传统汽车厂商在政策引导下逐步在新能源车制造领域投入更多精力，共享汽车这一平台预计将会引起越来越多汽车厂商和更多资本的关注，行业发展前景较为乐观。

30.4 发展趋势

1. 规范发展仍是主旋律

从宏观上看，网络出行对政府社会公共交通服务形成了有效补充，各级政府在2017年出台的关于网约车、共享单车、汽车分时租赁等相关文件中都对相关业务形态持肯定和支持态度。但近年来无论是网约车领域滴滴和优步的补贴烧钱大战，还是共享单车领域过度投放、堆积占道问题，以及网络出行服务背后的潜藏的个人信息安全、金融安全监管、用户权益保障等问题，都构成了对社会正常治理秩序的挑战。政府在2017年出台的政策文件基本都以鼓励引导网络出行相关领域规范发展为总基调，由政府牵头全面统筹城市经济水平、产业结构、功能布局规划、交通出行供需现状等特征，合理配置包括网络出行在内的社会公共交通服务，对由社会资本控股的网络出行服务加强安全监管、订立服务标准、划定范围和红线，实施准入控制和宏观调控，最终实现政府公共服务与社会资本的有效衔接，在促进网络出行行业发展、满足社会公众不断提升的出行需求的同时，兼顾城市综合治理和维护社会公众合法权益的需要。从目前政策释放的信号看，今后一段时期内规范促进行业发展的总体政策导向还将继续坚持。

2. 行业巨头垄断格局正在形成

从发展趋势看，网约车和共享单车两个行业所经历的市场演变过程几乎相同。两个行业技术门槛并不高，当一个全新的商业模式推出后，大量社会资本跟风进入，催生大量同质化产品，市场展开激烈竞争，政府从维护市场秩序角度适时出手调控监管，而后无法适应市场竞争和监管要求的企业逐步淘汰退出，经过一轮洗牌后，资本渐趋集中，推动行业整合，在竞争格局中幸存下来的第一梯队既拥有庞大的资本势力支持，又对整个行业的用户流量入口基本形成垄断态势，在竞争中占据绝对优势，形成垄断或寡头博弈态势，行业竞争格局基本奠定；其余企业因很难再对行业领先的"巨无霸"形成有效威胁，往往需要向细分领域深耕和拓展，依靠差异化竞争策略寻求生存空间。而对于政府和用户而言，寡头垄断提升了卖方在服务定价上的话语权，以及与监管政策进行议价的能力，给政府维护市场秩序与用户维护自身权益等带来难题，这一问题需要持续关注。

3. 用户体验成为成败关键

现阶段网约车和共享单车行业市场已拥有相当的体量，市场格局也渐趋稳定，与之形成鲜明对比的是服务质量方面仍不能满足用户需求。例如，因司机群体素质良莠不齐，不少网约车用户对于个人人身安全及享受的服务质量产生担忧情绪。又如，共享单车用户普遍表达了对骑行体验的不满，特别是对车辆本身功能性能的不满。在当前行业同质化竞争越发严重的情况下，除了已有的资本和前期市场布局外，未来使企业在竞争中脱颖而出的关键在于为用户提供更优质的服务和更好的使用体验。一方面，企业需要以优秀的管理水平不断改进用户体验，以技术创新逐步解决安全性、便利性等用户痛点问题；另一方面，企业还需要通过技术创新和服务升级来适应当前消费升级的大趋势，提升服务质量和层次，尝试从大众化服务向专业化、个性化服务转型，满足不同用户的个性化出行需求，提升参与市场竞争的能力。

4. 市场仍存广阔空间

现阶段，一、二线城市和经济较发达地区的网络出行市场基本呈现饱和状态，由于常住人口基本稳定及消费升级在短期内不会有质的变化，一、二线城市的网约车、共享单车等出行市场需求总体上不会有太大突破，行业竞争格局较为稳定。与之形成鲜明对比的是，随着三、四线城市乃至乡村地区居民出行理念的不断改进和消费能力的不断提高，规模庞大的出行市场需求正在加速形成，行业发展仍有广阔空间，此前一些定位区域性经营的网约车和共享单车品牌已取得成功就是明证。下一步，相关平台要想继续保持市场扩张，须深入布局更为广阔的三、四线城市乃至乡村市场，寻找新的增长点。

（李志强）

第 31 章　2017 年中国网络广告发展状况

31.1　发展概况

1. 广告监督管理制度不断完善

2017 年，我国深入实施修订后的《广告法》，提出了要继续加大执法力度，坚持有法必依，执法必严，违法必究，落实整治虚假违法广告部际联席会议制度，加强工作衔接等政策规范的持续完善，使互联网广告市场进一步规范。

2017 年，我国启用广告监测中心和监管调度指挥平台等机构机制，通过分析、研判广告市场秩序现状、趋势和社会热点，及时发现、制止可能造成社会不良影响的广告和其他违法广告。加强事中事后监管，建立广告信用监管制度，完善广告活动主体失信惩戒机制。加强舆论监督和社会监督，回应社会热点问题，及时处理违法广告投诉举报，支持广告领域的消费维权等监督体系的建立，进一步推动互联网广告秩序化发展。

2. 信息流广告规模持续增长

2017 年，信息流广告形式成为众多互联网平台销售竞争的主要阵地。随着快手、火山小视频、抖音等短视频产品在 2017 年的持续火爆及 AI 在信息流、OTT、线下电子屏等领域的持续深入，广告类型也随着原生广告的发展而不断进化，广告与内容之间的界限愈加模糊。

短视频行业生态逐步成熟，内容生产方、内容分发方、广告主、用户及第三方服务商、监管部门在短视频生态体系中的定位和职能也随之走向成熟。

3. 广告营销方式从数字化向智能化方向发展

在广告营销中运用机器学习与人工智能手段能够更高效地吸引和服务消费者，帮助广告主用更少的预算找到合适的人群和场景。云端 CRM 管理系统通过打通所有营销平台上的消费者信息，从而提供 360 度全方位客户分析。这也使得品牌能够更精确地了解消费者的需求和喜好，和消费者建立良好的互动关系，从而更好地吸引更多消费者。人工智能和 CRM 的内容仍然是新互联网营销时代的核心。

31.2 市场情况

31.2.1 市场规模

根据国家工商总局发布的数据,2017年全国广告经营额为6896.41亿元,同比增长6.3%。根据艾瑞统计数据,2017年,中国网络广告市场规模达到3828.7亿元,在中国广告市场中的占比超过50%。受数字媒体使用时长增长、网络视听业务快速增长等因素推动,未来几年,报纸、杂志、电视广告市场规模将继续下滑,而网络广告市场还将保持较快速度增长。随着互联网广告规模的不断扩大,预计到2019年中国网络广告市场规模将突破6000亿元。届时传统广告的投放比例将进一步下沉,互联网广告时代全面来临(见图31.1)。

图31.1 2013—2020年中国网络广告市场规模

31.2.2 各种形式网络广告

2017年,在中国各种形式网络广告中,电商广告占比为29.8%,与2016年基本持平;信息流广告占比超过14%,继续保持高速增长;搜索广告占比持续下降,预计到2020年仅保持在20%左右的份额。预计信息流广告将成为未来网络广告的主要增长点,原生化的信息流广告将具有更多的表现形式(见图31.2)。

同时,随着网络环境的不断改善,视频成为人们接受信息更习惯的内容形式,视频贴片广告也得到较快发展。此外,AI的快速迭代也将在网络营销领域快速得到落地,智能营销成为当前最火热的名词,也为行业注入新的机会点。

31.2.3 媒体类型网络广告

2017年,在中国不同媒体类型广告中,电商、社交、门户及资讯与电商的广告占比均比2016年有所增加。在线视频、社交与电商广告收入的发展更具潜力,其中,受到信息流广告的带动,社交广告收入份额与2016年相比增加了1.2个百分点,门户及资讯广告收入份额增长0.6个百分点。

预计到 2020 年，电商广告份额仍将占据首位，社交广告与在线视频广告仍具有发展潜力。新晋者高歌猛进，细分领域风云变幻（见图31.3）。

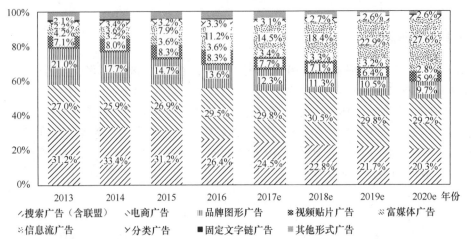

图31.2　2013—2020年中国不同形式广告市场份额

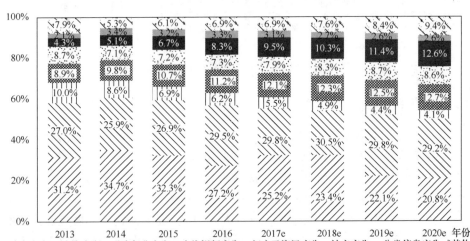

图31.3　2013—2020年中国不同媒体类型网络广告市场份额

31.3 不同类型广告

31.3.1 原生广告

原生广告作为更具有贴近性、自带好感度的广告形式，有其独特的魅力，近年来原生广告强势增长，其个性化内容带来十分丰富的表现形式，在未来具有巨大的发展潜力。原生广告的形式也从最初的搜索广告不断发展为具有丰富玩法和融入内容的方式。2017年，中国原生广告市场规模达到1638.5亿元，占总体网络广告的比例近四成。预计到2020年，随着更多广告形式的原生化程度加深，原生广告规模将占据网络广告的半壁江山，占比将超过50%（见图31.4）。

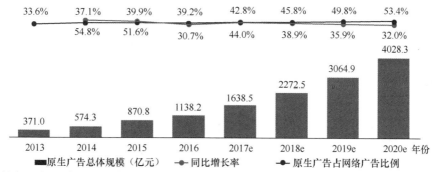

图31.4　2013—2020年中国原生广告市场规模

31.3.2 搜索广告

2017年，搜索引擎企业营收市场规模突破1100亿元，较2016年增长超过200亿元，增速达到24%，重回中高速增长轨道。搜索企业营收在2017年创下新高的主要原因在于：一方面，搜索广告走出了2016年一系列搜索广告政策的影响，重新回归正常价值曲线；另一方面，搜索引擎企业的新业务信息流广告增长迅速，成为搜索企业营收规模新的驱动力量，未来2~3年，信息流广告对搜索企业营收的推动作用仍将持续体现。

2017年，中国搜索广告市场规模为937亿元，增速达到22%（见图31.5）。一方面，2016年受政策影响而数量减少的医疗等部分行业广告主，在2017年数量重新恢复增长；另一方面，广告客单价也有所提升，双重因素推动搜索广告整体增长。但是，搜索广告虽然已经走出政策影响，但其面临的挑战却更大了，其隐患在于通用搜索的入口地位。一方面，移动端APP孤岛现象的存在，分流了大量的搜索广告主；另一方面，在未来物联网时代的入口地位之争中，搜索广告有了更多强有力的竞争对手，如手机厂商、操作系统、超级APP等。因而，对搜索广告而言，未来仍然充满变数。

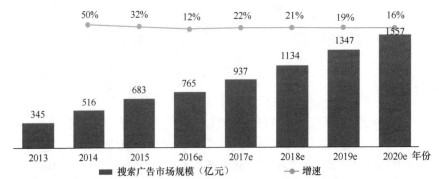

图31.5　2013—2020年中国搜索广告市场规模

从中国搜索引擎企业竞争层面分析，市场格局较为稳定，人工智能已经成为企业竞争战略的重点。2017年对搜索企业而言，是丰收之年：一方面，搜索企业营收增长喜人，并且找到信息流这一新的业务增长点；另一方面，搜索市场重要参与者中，搜狗成功赴美上市，迈入50亿美元市值公司行列，360回归A股取得阶段性进展。

31.3.3　在线视频广告

2017年，中国在线视频行业广告市场规模达到463.2亿元，同比增长42%。领先的在线视频平台，基于其庞大的用户基础和长期对用户视频观看行为的数据分析，不仅能够提供大量的有效曝光，还可根据数据进行定向推送，因此不断吸引各类型广告主进行投放。

除常规的贴片广告外，视频企业就其他广告形式的展开探索，如依托自制内容进行曝光的植入和冠名形式，进行深度内容原生广告植入的探索。此外，还进行信息流广告、视频压屏广告等多元尝试，不断为广告主提供新思路，预计未来在线视频广告市场仍将长期保持活力，并且进一步提升在整体网络广告市场中的占比（见图31.6）。

图31.6　2013—2020年中国在线视频广告市场规模

在在线视频行业发展构成中，信息流广告为移动广告带来了新的增长空间。在线视频平台引入信息流广告大大提高了整体广告的市场空间，而信息流广告多应用于移动端进行曝光，相对带来移动端广告规模的进一步增长。2017年，在线视频移动端广告规模达到317.1亿元，在整体视频平台广告中的占比达到68.4%，预计到2020年，在线视频移动端广告将占据整体视频平台广告收入的九成份额（见图31.7）。

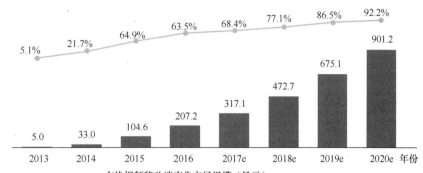

图31.7　2013—2020年中国在线视频移动端广告市场规模

31.3.4　社交广告

2017年，中国社交网络广告规模为364.2亿元，同比增速达到52%（见图31.8）。社交平台作为与用户互动性较强，更需要用户自主进行内容生产的平台，原生广告为其商业化价值找到了新的增长点，也拉动了社交广告整体的发展。随着广告原生程度的加强，社交广告与多平台、多内容、多形式的其他广告形成联动，不断扩大原生广告的玩法和边界。

图31.8　2013—2020年中国社交广告市场规模

31.4 发展趋势

1. 智能与原生

网络广告在 2017 年的关键词为"智能化"与"原生化"。在广告链扩充技术与内容的推动作用下，2017 年网络广告迎来 3.0 时代。广告主对于网络广告的运用方式更加灵活，广告类型也随着原生广告的发展而不断进化，广告与内容之间的界限愈加模糊。随着网络环境的不断改善，视频成为人们接收信息更习惯的内容形式，视频类广告也得到较快发展。同时，AI 的快速迭代也将在网络营销领域快速得到落地，智能营销成为当前最火热的名词。

2017 年，随着网络综艺及自创网剧的火爆，原生化广告植入也成为重要运营模式。通过将计算机视觉、深度学习、大数据等前瞻性技术引入原生视频广告，将广告和视频内容充分融合，带来不同以往的视频广告植入模式。在《爸爸去哪儿》《声临其境》《歌手》《中餐厅》等热门综艺节目中，各种品牌元素与节目场景融合，将品牌形象与理念悄然传达给观众，既满足了广告主的品牌曝光需求，让消费者与产品产生情感联想，又不影响观众观赏节目的体验。

2. 原生魅力持续迭代

原生广告的发展随着媒体内容流的不断增多、媒体承载形态的不断丰富而持续扩张。以信息流广告为代表的新原生广告形态，其市场规模从 2015 年的 188.2 亿元增长至 2017 年的 701.4 亿元，预计在 2020 年市场规模将超过 2000 亿元，复合增长率将超过 60%，成为原生广告发展的主要推动力（见图 31.9）。搜索广告同人工智能结合后保持稳步增长，但增速将低于新形态的原生广告。但同时，在如此乐观的市场环境下，原生广告在未来 10 年内也将迎来相对瓶颈期。其瓶颈主要来自媒体内容的承载能力（库存量）、用户在有限的注意力时间内对于原生广告的频率接受上限等。

注释：1.原生广告市场规模包含搜索广告、信息流广告（社交、视频、资讯、搜索及工具等媒体类型）、视频原生广告（创意中插、压屏条等）、推荐广告、锁屏广告等以形式原生广告；2.原生广告市场规模以媒体口径统计，以媒体原生广告的实际收入为准，未考虑企业财报因财务口径的季节性波动而导致的收入误差；3.原生广告规模未包含以内容原生为主的广告形式，如口播、深度植入、软文、自媒体推广、道具植入等。
资料来源：根据企业公开财报、行业访谈及艾瑞统计预测模型估算。

图31.9　2013—2020年中国原生广告市场规模结构

3. 信息流广告一枝独秀

近年来，随着信息流广告规模的持续增加，信息流模式已成为未来主要演进路线。在移动数据和人工智能的引领下，传统户外广告成功转型为新型广告投放模式产品，依托智能技术，打通了手机、平板、电脑、OTT、户外广告屏幕等所有的媒介渠道，向广告主的受众对象定向投放精准的个性化广告资讯，通过与消费者的信息互动，达到品牌市场营销的目的，实现基于数字技术的跨屏营销。

在新媒体时代，用户行为呈现出由"整体性"到"碎片化"转移的特点。受众行为模式从传统的引起注意、产生兴趣到主动搜索、采取行动及进行分享来完成整个过程，逐渐发展成为引起共鸣、进行确认、参与互动及共享和传播。

从 Google 数字营销，再到百度聚屏，两大搜索及 AI 巨头已经通过其数据优势率先完成了数字营销跨屏广告的布局。凭借技术手段在创意内容、广告环境、发布媒介三者之间建立联系，实现一种特有的视觉呈现或互动体验，已为多家大型企业完成智能化广告投放。

4. 数字营销进入深水区

从 1997 年英特尔在 ChinaByte 上投放的第一个互联网广告算起，数字营销已经走过二十个年头，其间获得了超高速增长。然而，随着互联网环境的变化，作为广告基石的流量，其固化现象越发明显，数字营销步入深水区，主要体现在"流量增量放缓"和"流量存量向头部集中"两个特点。

基于此，数字营销未来发展要解决的核心问题是挖掘新的流量增长点，并提升流量变现效率（见图 31.10）。

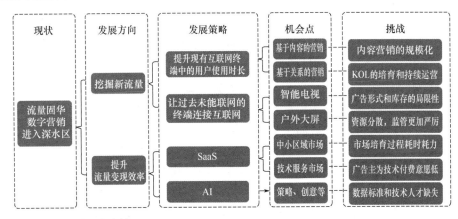

图31.10 数字营销进入深水区的现状与未来

（殷红）

第32章 2017年其他行业网络信息服务发展状况

32.1 房地产信息服务发展情况

32.1.1 市场情况

2016年12月，中央经济工作会议提出"房子是用来住的，不是用来炒的"，"房住不炒"显示出中央严控房地产泡沫的决心。2017年12月的中央经济工作会议提出，要加快建立多主体供应、多渠道保障、租购并举的住房制度。

2017年，房地产市场从总体上看，地方以城市群为主要调控场，从传统的需求端调整向供给侧结构性改革进行转变，限购、限贷、限售叠加土拍收紧，调控效果逐步显现。从调控政策来看，短期调控与长效机制的衔接更为紧密，政府部门大力培育发展住房租赁市场，深化发展共有产权住房试点，在控制房价水平的同时，完善多层次住房供应体系，构建租购并举的房地产制度，推动长效机制的建立健全。

尽管当下仍有中国房地产难以走出屡控屡涨怪圈的声音，但从本轮调控来看，中国房地产市场或迎来新时代，特别是房地产税的加快落地，以及地方与中央财权与事权的理顺，将从根本上摆脱土地财政的顽疾；而更加注重增长质量而非速度，缩小贫富差距的新要求也使得未来中国经济需要降低对房地产的过度依赖，通过改革与创新寻找中国经济的新动能。

2017年第一季度房地产政策调控继续深化，以一线城市为中心辐射城市周边，二、三四线城市联动收紧，信贷政策也收紧；第二季度调控紧缩保持延续，限售城市扩大，住房信贷进一步收紧，房贷利率上涨；第三季度全国性调控再度推进，房地产市场热度在政策影响下有所降温，信贷收紧政策对市场影响逐步显现，业内认为中国房地产市场已告别高速增长的阶段，进入平稳发展期。

艾瑞咨询监测数据显示，2017年第一季度，受政策、市场、企业营收压力、营销周期等因素影响，房产类网络广告投放总费用较2016年第四季度同比下降10.1%，广告主数量同比下降22%；第二季度虽然房地产市场持续收紧，但企业市场动作表现积极，房产类广告投放总费用环比上升19%，广告主数量环比上升14.4%；第三季度房产类广告投放总费用与第二季度保持一致，但广告主数量有所下滑（见图32.1）。

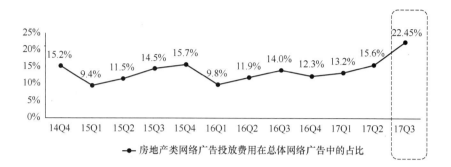

图32.1 2014Q4—2017Q3年房地产类网络广告投放费用占比

32.1.2 网站情况

Alexa网站数据显示,从网站覆盖度指标看,全国房地产网站排名在前三位的分别为腾讯房产、吉屋网和焦点房地产网。新浪乐居、安居客、365地产家居网、城市房产、人民网—房产频道、中国房产超市网和搜房网分列第四至第十位(见图32.2)。与2016年比,腾讯房产和焦点房地产网的相对位次保持稳定,吉屋网快速跃进。腾讯房产在覆盖数方面依然保持较大的比例优势。

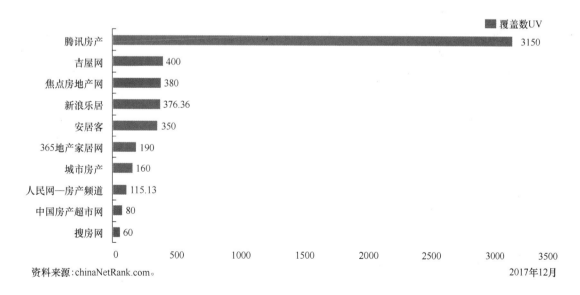

图32.2 2017年房地产类网站覆盖情况

32.1.3 用户情况

艾瑞咨询监测数据显示，受政策、市场等多种因素影响，2017年第一季度房地产网站PC用户覆盖总人数、用户季度总访问次数和季度总浏览页面量都有所下降；第二季度由于房地产企业市场表现积极，房地产网站整体用户规模略高于第一季度；第三季度又呈现下滑趋势（见图32.3）。

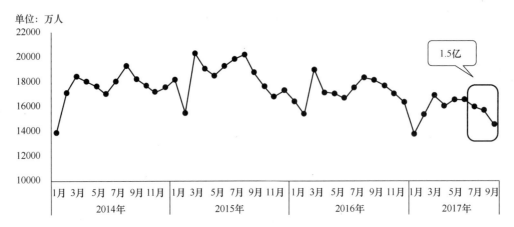

资料来源：iUser Tracker，2017.8，基于对40万名家庭及办公（不含公共上网地点）样本网络行为的长期检测数据获得。

图32.3 2014—2017年房地产类网站月度覆盖变化

艾瑞咨询监测数据显示，2017年第三季度房产网站用户季度总浏览页面量为70.0亿页，环比上升5.5%，和2016年同期相比下降8.7%。

从总体上看，随着互联网改造传统行业热潮的掀起，以及"互联网+"与经济社会领域的深度融合，房地产行业也加速了互联网+的进程步伐，部分互联网企业也逐步尝试进入房地产市场。就目前来看，互联网企业还不具备直接进入房地产行业并颠覆的能力。部分规模较大的房地产开发商加速互联网领域的布局，借助线上渠道，拓展数字红利，不断通过互联网思维对房地产行业进行升级改造。一是使互联网成为营销推广传播的手段；二是互联网渗透到传统行业的主要业务模式，核心是产品及供应链的重构；三是互联网思维改造企业的战略选择，重构企业经营的价值链。例如，You+公寓和WE Work联合办公产品就是利用"用户思维"进行产品的精细化改造，满足客户的深度需求。

32.2 IT产品信息服务发展情况

32.2.1 市场情况

随着移动电子商务、视频直播等应用的崛起，IT产品等垂直类网站面临新的挑战。一是IT产品网站模式面临一定的冲击。作为中国互联网最早模式之一，IT产品网站在一定程度上见证了中国IT行业的发展和普及。初期诞生了ChinaByte比特网、赛迪、硅谷动力等专注IT

产业新闻的网站。行业发展期间，IT168、太平洋、ZOL、小熊在线、走进中关村、IT 世界等一大批产品网站应运而生。随着产品全面普及和市场成熟，人们对于产品需求已经从了解转向了直接购买，由此推动京东等 3C 电子商务的爆发式发展。IT 产品网站虽然长期专注于IT，但运作的模式却未有太大变化，已经成为一个劳动力密集型的企业模式，并且在人力、存储、带宽、运营等方面的硬成本持续攀升。二是 IT 产品网站收入单一且持续下滑。传统IT 产品网站的主要收入来自广告营收，囿于收入渠道单一，因此网站的盈利生存能力面临一定的不稳定因素。三是京东、微博、微信等电商和社交网络平台的冲击。随着移动化、智能化的快速发展，电商平台、社交媒体不断融入，市场供给日益多元，商业模式不断完善，从而导致传统 IT 产品网站面临被挤压的风险。

32.2.2 网站情况

Alexa 数据显示，从网站覆盖度指标看，全国 IT 产品信息服务网站排名在前三位的分别为中关村在线、cnBeta 和赛迪网。万维家电网、爱活网、中国家电网、IT168、IT 之家、电脑之家和 PCPOP 电脑时尚网分列第四至第十位（见图 32.4）。与 2016 年相比，排名前十位的网站基本保持稳定。

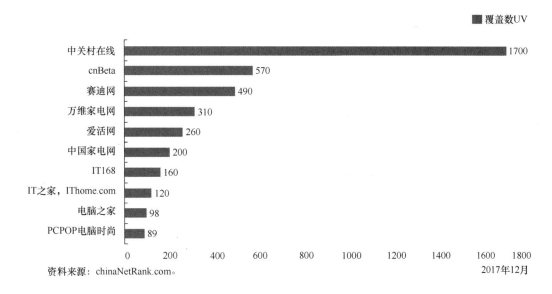

图32.4　2017年IT产业信息服务网站覆盖情况

32.3　网络招聘服务发展情况

中智咨询调研中心对 2800 余家企业样本数据的统计分析显示，2017 年全国应届毕业生中，本科、硕士、博士的起薪平均水平分别为 4854 元/月、6791 元/月、9982 元/月。招聘市场呈现良好发展趋势，招聘企业数量增多。2017 年，全国范围内有 71%的企业进行应届生招聘，相比 2016 年的 66%有小幅回升，其中还有 47%的企业增加了招聘人数。薪酬水平止跌回升。全国整体调薪幅度近5年一直保持下降趋势，2017年首次回升，整体调薪率为7.4%，同比增长0.5%。高科技制造行业约有54.2%的企业将薪酬范围定位在20万元以内；互联网行业定位在50万~70万元层次的企业占比与其他行业相比相对较高，约为18.2%。人员流动加快趋势显现，2017年一半以上的行业人员流动同比增长，尤其是互联网、金融行业。其中，互联网公司人才流动更跨界，部分人才从互联网企业转向传统行业组建"互联网+"。

2017年，我国高校毕业生数量近800万人，再创历史新高，从供给角度看，引发的求职需求也正在呈现出逐年递增的趋势。互联网在一定程度上推进了招聘求职行业的发展，但在人才供给与企业需求的匹配方面，仍有提升空间。

32.3.1 市场情况

随着求职者和企业招聘需求的升级、深化、多元化，招聘平台也面临新的机遇和挑战。从总体上看，网络招聘的增速有所放缓，但其规模却依然在不断扩大。艾瑞咨询数据显示，中国网络招聘市场稳定增长。2017年上半年中国网络招聘市场规模为27.1亿元，同比增长18.9%。前程无忧、猎聘网和智联招聘等平台在行业内表现较为出色。

32.3.2 网站情况

Alexa数据显示，从网站覆盖度指标看，全国招聘网站排名在前三位的分别为智联招聘、猎聘网和前程无忧。应届生求职网、英才网联、中华英才网、职友集、应届毕业生求职网、过来人求职网、汇博人才网分列第四至第十位（见图32.5）。

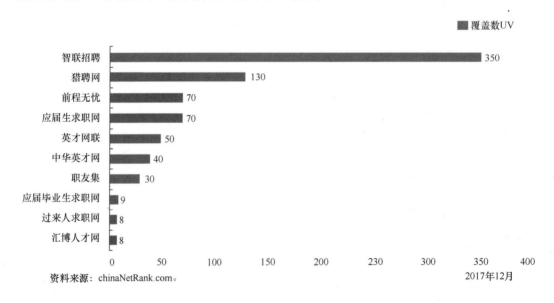

资料来源：chinaNetRank.com。　　　　　　　　　　　　　2017年12月

图32.5　2017年中国在线招聘网站覆盖情况

随着移动互联网的发展和智能手机主体用户的年轻群体步入职场，移动端网络招聘平台

的使用呈现活跃态势。速途研究院数据显示，累计下载量前三位的网络招聘APP分别为前程无忧、智联招聘和boss直聘，排在后面的拉钩、脉脉、斗米兼职、兼职猫、大街和猎聘同道的下载量均在2000万以上（见图32.6）。

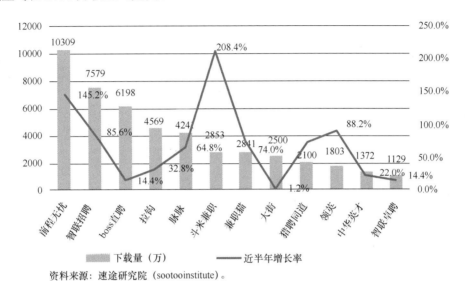

图32.6　2017年招聘类APP下载量

32.3.3　用户情况

随着行业新兴业务的崛起，在线招聘的影响力也将进一步扩大，2017年在线招聘用户规模增至1.7亿人（见图32.7）。随着互联网信息服务给招聘行业带来的便利，可以预见借助线上平台进行招聘的用户及企业，占整体招聘用户及企业的比例将会不断增加。

图32.7　2014—2018年中国在线招聘用户规模及增长率

网络招聘平台的用户流量呈现出一定的季节性波动。受春节影响，2017年1月的用户流量最低，在2月迅速回升。月度浏览时长方面，1月最低，2月开始回升，3月达到上半年最高值。

2017年在线招聘用户性别比例分布差距不大，男性用户占比为57.8%，女性用户占比为42.2%（见图32.8）。而在年龄方面，在线招聘用户主要分布在22～35岁的年轻群体之中。

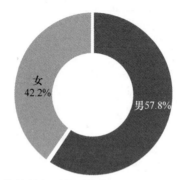

资料来源：速途研究院（sootooinstitute）。

图32.8　2017年在线招聘用户性别分布

32.4　在线旅游信息服务发展情况

32.4.1　发展概况

根据国家旅游局发布的统计数据，2017年国内旅游人数为50.01亿人次，比2016年同期增长12.8%；出入境旅游总人数为2.7亿人次，同比增长3.7%；全年实现旅游总收入5.4万亿元，同比增长15.1%。随着总体市场规模的持续、高速增长，以及市场渗透率的稳步提升，中国在线旅游市场规模在2017年也创下新高，总体增速依然快于大盘。在规模扩张的同时，2017年的在线旅游市场继续深度盘整，无论是增长逻辑，还是市场格局都发生了一些明显的变化。2017年整体上可以看成在线旅游行业的"盈利年"，无论是上市公司，还是非上市公司，都把提升盈利水平放在突出位置，以亏损换市场的策略不再被资本市场认可。在携程等传统OTA企业继续保持相对优势的同时，拥有流量优势的"超级应用"纷纷涉足在线旅游领域，行业原有格局正在慢慢被打破。

32.4.2　市场情况

综合中国旅游业发展趋势及艾瑞咨询等研究机构的数据，2017年中国在线旅游市场规模约为7106.9亿元，交易规模同比增长约20%，预测在未来3年将保持18%的年度增幅，增长曲线虽略显趋缓，但总体增速仍将显著高于中国旅游业大盘。按照目前的增长趋势，预计2020年在线旅游市场的交易规模将突破1万亿元，市场渗透率将达到16%以上（见图32.9）。

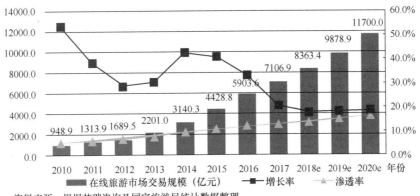

图32.9 2010—2020年在线旅游市场规模

交易结构方面,"机票+酒店"依然占据了在线旅游交易的大头。根据比达咨询发布的《2017年度中国在线旅游度假行业发展报告》,2017年在线旅游交易中机票交易占比为57.3%,酒店交易占比为19.8%,两者合并占比为77.1%。整体上,度假交易的比例在加速上升中,2017年占比提升到了17.8%,逼近酒店交易的比例(见图32.10)。根据艾瑞咨询预测数据,2017年中国在线机票市场交易规模预计在4121.2亿元的水平,2019年预计将达到5545.5亿元(见图32.11)。而根据劲旅咨询预测数据,2017年中国在线住宿市场规模(交易规模)预计在1477.3亿元,2018年预计将达到1701.9亿元。综合各方预测数据,2018年"机票+住宿"的交易规模预计在5800亿~6000亿元。

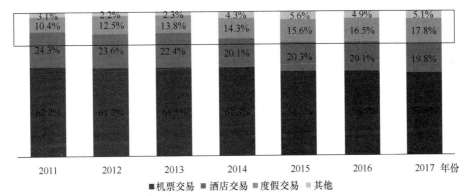

图32.10 2011—2017年在线旅游行业交易规模

另外,在线火车票、汽车票、船票业务近来年也取得了快速的增长,与在线机票构成了体量可观的在线旅游交通领域,正在成为一个新的万亿级细分市场。

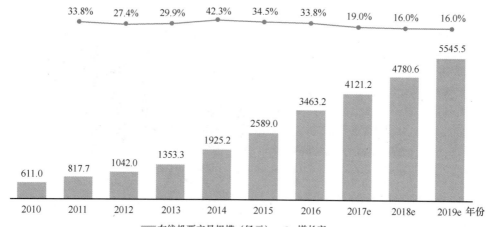

图32.11 2010—2019年在线机票市场交易规模

32.4.3 市场格局

随着携程、腾讯、阿里等巨头相继完成各自在线旅游投并公司的整合进程，以及美团等跨界"选手"的强势介入，行业的竞争主体已经由之前的单一平台转化为不同生态体系之间的角逐。作为传统 OTA 模式代表的携程系（去哪儿、同程艺龙等）依然占据主导地位，同时，拥有 10 亿 MAU（月活跃用户）的微信平台和超 2 亿 YAU（年活跃用户）的生活服务 O2O 平台美团凭借庞大的流量优势和独特的生态体系逐渐成为在线旅游行业的另外两极，背靠阿里电商生态的飞猪也已成为一支强大力量。在"生态"竞争时代，流量和用户的争夺退居次要位置，增长质量和用户口碑成为各方比拼核心竞争力的关键，以亏损换市场的扩张模式不再被资本认可。公开资料显示，携程 2017 年全年实现营业利润 48 亿元，同比增长 140%，途牛 2017 年亏损面大幅收窄，亏损额同比下降 67.9%，同程旅游也宣布结束了长达 43 个月的亏损回归盈利。

在新的行业格局下，中国在线旅游市场的集中度进一步提高，无论是交易额，还是流量都在向头部企业加速集中。艾瑞 mUserTracker 监测数据显示，从用户使用时长占比来看，在线旅游度假行业移动端企业流量呈现倒金字塔结构，头部企业占据用户使用时长的 77.1%，中等企业占据 16.9%，小企业占比不足 6%。从流量角度来看，TOP9 企业流量占比为 94%，市场高度集中。交易规模份额方面，携程系占据了 40%以上的份额，市场前三名市场份额之和超过了 70%。但是，随着"生态"竞争时代的到来，原有的市场格局正在被快速打破，特别是美团等"跨界者"的进入正在改变行业的力量对比。

32.4.4 用户情况

用户层面，移动旅行预订的网民渗透率继续大幅提升。第 41 次《中国互联网络发展状况统计报告》显示，截至 2017 年年底，手机旅行预订的网民使用率为 45.1%（报告期近半年通过移动应用预订过机票、火车票、酒店或度假产品的网民比例），相比2016年同期增长了7.4个百分点，用户规模达到了3.396亿人，年增长率为29.7%。《2017年上半年中国在线旅游年度监测报告》显示，以访问次数统计，2017年6月移动在线旅游服务月度访问次数占比达到了60.2%（见图32.12）。过去两年间，移动在线旅游服务平均月度访问次数占比在60%左右。

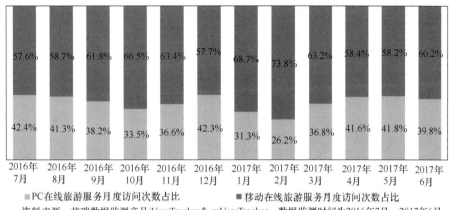

图32.12 2016年7月—2017年6月在线旅游应用访问次数

在用户规模大幅增长的同时，用户在移动端的旅游购买行为也发生了一些变化，除专业旅行类应用（OTA等旅游企业的客户端）外，微信、QQ、微博、搜索及团购类应用正在成为用户获取旅游资讯和预订旅行产品的重要渠道。根据腾讯发布的《移动旅游用户研究报告》，微信平台、QQ平台和微博类平台已经成为专业旅游APP之外重要的旅游资讯分发渠道（见图32.13）。

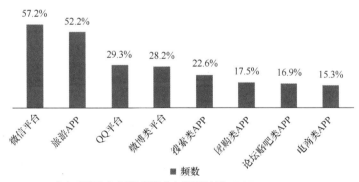

图32.13 2017年在线旅游资讯获取渠道

在出游过程中及行程结束后的旅游分享阶段，在线旅游用户对于微信朋友圈的依赖度也非常高。根据《2017年中国在线自助游市场研究报告》，67.4%的自助游用户通过微信朋友圈分享出游经历，基本延续了2016年的趋势（见图32.14）。

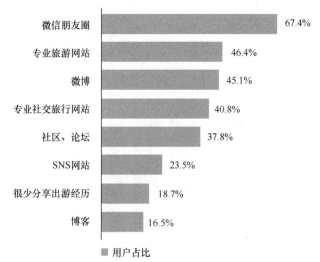

图32.14 2017年在线旅游用户出游经历分享渠道

移动互联网时代，在线旅游用户购买渠道也在悄然分化。根据腾讯发布的《移动旅游用户研究报告》，在2017年使用过的旅游产品购买（在线）渠道中，旅游APP依然是最主要的购买渠道，其次是专业出行预订平台（铁路12306等）。但是，在年龄维度的交叉分析中可以看出，"90后""95后"等新生代用户相比其他年龄段的消费群体更加倾向于通过团购类APP、微信平台、QQ平台等购买旅游产品（见图32.15）。

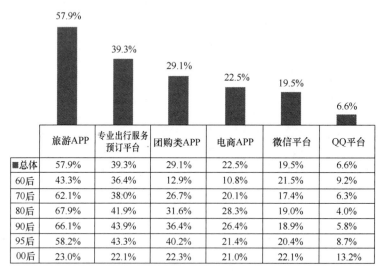

	旅游APP	专业出行服务预订平台	团购类APP	电商APP	微信平台	QQ平台
总体	57.9%	39.3%	29.1%	22.5%	19.5%	6.6%
60后	43.3%	36.4%	12.9%	10.8%	21.5%	9.2%
70后	62.1%	38.0%	26.7%	20.1%	17.4%	6.3%
80后	67.9%	41.9%	31.6%	28.3%	19.0%	4.0%
90后	66.1%	43.9%	36.4%	26.4%	18.9%	5.8%
95后	58.2%	43.3%	40.2%	21.4%	20.4%	8.7%
00后	23.0%	22.1%	22.3%	21.0%	22.1%	13.2%

腾讯CDC问卷调查：您使用过哪些渠道购买旅游产品？（N=4480）

图32.15 2017年在线旅游产品购买渠道

数据表明，新生代用户在旅游资讯获取、旅游产品购买及旅游经历分享等旅游消费的关键环节表现出了异于"70后""80后"的偏好，特别是对各类社交平台拥有较高的偏好度。这一趋势正在成为改变在线旅游行业竞争格局的重要推动力。

32.4.5 发展趋势

2016年以来，中国在线旅游行业的增长速度趋缓，增长方式及行业格局进入调整期。而从整个旅游消费的大环境看，这些变化只是当前这场行业大变革的前奏。在全域旅游改革、消费升级及技术变革等多重力量的推动下，2018年及之后的2~3年内的在线旅游将呈现出以下几个方面的发展趋势。

首先，线上、线下融合的趋势将继续保持。一方面，经过了2015年以来的行业整合，在线旅游的流量基本被巨头或巨头的投并企业控制，线上的流量竞争时代基本宣告结束，而线下的流量则依然相对分散（2.7万多家传统旅行社），增长潜力巨大。另一方面，随着在线旅游渗透率的快速提升，用户对于服务体验的要求越来越高，在线旅游平台围绕用户体验的竞争愈演愈烈，服务重心向线下延伸也成为必然之选。目前，携程、同程、途牛、驴妈妈等均有各自的线下布局，而中青旅等传统大型旅行社集团也初步完成了线上布局。

其次，行业格局将呈现各大"生态体系"鼎足而立的局面。到2017年年底，在线旅游行业内的"洗牌"基本结束，行业竞争主体由单一企业转向不同"生态体系"之间的竞争。目前来看，美团、微信、支付宝已经以"生态体系"的面目深度参与到在线旅游市场的争夺中来。未来1~2年内，在线旅游行业将基本被几大"生态体系"主导。

再次，整体发展方向方面，服务品质和用户体验将成为竞争焦点。一方面，在严厉的监管政策（打击低价游）及资本力量的共同作用下，在线旅游基本告别了价格战，转而将用户体验的持续提升作为积蓄核心竞争优势的基石。另一方面，旅游消费升级势不可当，用户对于服务品质的要求越来越高，同时政策层面也在大力推进优质旅游发展转型。因此，服务品质和用户体验将成为未来在线旅游行业竞争的焦点。

最后，行业的边界将不断扩大。随着旅游消费成为居民家庭重要消费支出项，旅游业与其他行业的融合将是大势所趋（也为政策所鼓励），这一趋势也必然对在线旅游行业产生影响，其与金融、生活服务、教育、医疗、养生等领域的融合趋势将催生新的业态并创造出新的机会。

32.5 网络文学服务发展情况

32.5.1 市场情况

2017年，我国网络文学呈现出全新的发展态势，创造了许多亮点，同时也显露出新的特点。据统计，2017年我国网络文学用户已经从2016年的3.33亿人增加至3.6亿人。各层次网络写作人数约1300万人，其中有600万人定期更新小说，签约作家达60万人。40家主要文学网站存储的原创小说达1400余万部，日增原创作品更新达1.5亿汉字。年度内新增网络作品超过300万部（篇），涌现出一批大众喜闻乐见的作品，如辰东的《圣墟》、唐家三少的《龙王传说》、我吃西红柿的《雪鹰领主》、叶非夜的《亿万星辰不及你》、丁墨的《乌云遇皎月》、苏小暖的《神医凰后》等。网络文学市场规模首次破百亿元，达到150亿元，较2016年增加了30亿元（见图32.16）。

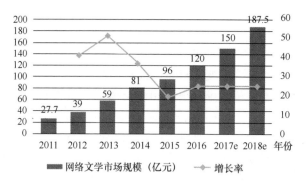

图32.16　2011—2018年我国网络文学市场规模

近年来，中国网络文学风靡海外。例如，创立于北美的中国网络文学翻译网站"武侠世界（WuxiaWorld）"已拥有近400万日活跃用户，读者分布在全球100多个国家和地区，其中北美读者约占1/3。另据不完全统计，全球自发翻译并分享中国网络小说的海外社区、网站已超过百家，读者遍布全球20多个国家和地区，被翻译成十余种语言文字。有网民甚至将中国网络文学与好莱坞大片、日本动漫、韩剧并称为"世界四大文化奇观"。

32.5.2　网站情况

Alexa数据显示，晋江文学城的UV和PV最高，3个月内平均值分别超过了97万和1093万，人均浏览次数为11.2次（见图32.17）。此外，起点中文网、纵横中文网、潇湘书院、17K等也位居前列。整体而言，在移动端和PC端均是阅文集团的活跃用户数占比最高，分别为48.4%和46.5%，领先优势较大。掌阅在移动端具有一定的市场优势，以25%的比例排名第二。百度文学和中文在线则在PC端的用户数较多，分别为18.1%和13.5%。

	UV（3月平均值）	PV（3月平均值）	人均浏览次数
晋江文学城（阅文50%）	976000	10931000	11.20
起点中文网（阅文旗下）	213440	2988000	14.00
纵横中文网（百度旗下）	150400	827000	5.50
潇湘书院（阅文旗下）	102400	563000	5.50
17K（中文在线旗下）	41600	212000	5.10
红袖添香（阅文旗下）	20160	151000	7.49
四月天（中文在线旗下）	8960	13000	1.45

资料来源：ALEXA，国信证券经济研究所整理。

图32.17　2017年主要网络文学平台流量

艾瑞统计数据显示，网络文学在移动端的MAU（月活跃用户数）为1.5亿人，月浏览时间超过8亿小时。2017年第二季度，网络文学移动端数字阅读月独立设备数超过2.3亿台，意味着至少有 2.3 亿的读者是通过手机在阅读网络小说，网络文学"掌上化"的特征进一步显著。

iVideo Tracker 数据显示，2017 年 1—9 月的 TOP10 电视剧中，有 5 部作品改编自网络小说，且榜单前四位均为网文 IP 衍生剧集，排名第一的《三生三世十里桃花》更以 1.49 亿的覆盖人群数遥遥领先，被视为 2017 年最火的网文 IP 之一。排名第二至第四的热播剧——楚乔传、择天记、欢乐颂 2 等均改编自网络小说（见图 32.18）。

排名	电视剧	覆盖人数（万人）	原著
1	三生三世十里桃花	14908	唐七公子《三生三世十里桃花》
2	楚乔传	13016	潇湘冬儿《11处特工皇妃》
3	择天记	11805	猫腻《择天记》
4	欢乐颂2	11671	阿耐《欢乐颂》
5	我的前半生	9025	出版小说
6	人民的名义	8513	出版小说
7	鬼吹灯之精绝古城	6960	天下霸唱《鬼吹灯》
8	那年花开月正圆	6848	剧本改编
9	因为遇见你	6394	剧本改编

图32.18　2017年网络文学改编电视剧情况

32.5.3　用户情况

从用户情况来看，网络文学用户规模从 2013 年的 2.7 亿人上升到 2016 年的 3.3 亿人，2017 年中国网络文学用户规模达到 3.6 亿人，同比增长 6.6%，增长率较 2016 年有一定程度下降。预计未来一段时期，网络文学的用户规模将保持 5%左右的速度继续增长，预计到 2019 年将达到 3.9 亿人（见图 32.19）。

图32.19　2011—2019年中国网络文学用户规模

艺恩网 2017 年数据显示，19~24 岁的用户群体在网络文学用户中占比高达 45.1%。无论是在 PC 端还是移动端，以 95 后、00 后为代表的年轻群体，都对优质网络文学的内容消费保持着较高的依赖度和活跃度，通过付费获取高质量内容的意愿不断提升。

在移动端，2017 年掌阅、QQ 阅读用户数遥遥领先于其他阅读 APP，处于行业第一梯队。掌阅、QQ 阅读 2017 年 6 月的月活跃用户数分别为 5956 万人和 3847 万人，其中 QQ 阅读用户数从 2016 年 6 月的 1807 万人增长至 2017 年 6 月的 3847 万人，用户增速高于掌阅并有反超趋势。第二梯队应用的月活跃用户在 1000 万至 2000 万人之间，主要包括书旗小说、百度阅读和咪咕阅读，上述平台的月活跃用户数分别为 1712 万人、1233 万人和 970 万人，其中百度近年来不断推进网络阅读领域的布局，百度阅读在近一年之内的月活数翻了 4 倍，用户规模显著提升。至此，在排名前五名的阅读 APP 中，百度、腾讯、阿里巴巴各占一家（见图 32.20）。

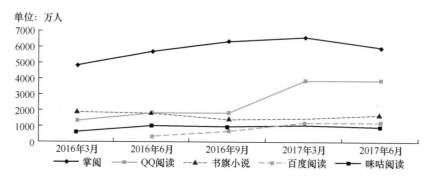

图32.20　2016年3月—2017年6月移动阅读APP月活跃用户规模变化

32.6 体育信息服务发展情况

32.6.1 市场情况

2017 年，体育领域各项改革新举措频出，体育事业发展持续推进，全民体育蓬勃发展，体育产业开始步入新增长周期。与此同时，乒球退赛等热点事件也暴露体制机制方面的问题，各方期待国家持续为体育事业发展助力，促进全民体育更加蓬勃发展。

从 2017 年体育领域的情况来看：一是冬奥会筹办扎实推进，激发民众冰雪体育的热情。二是竞技体育多点开花。三是全民体育加速普及，群众性体育赛事显著增多。《人民日报》报道，以 2017 年全民健身日为例，全国有全民健身活动及赛事 3300 场，参与群众预计超过 9000 万人次，其中赛事 2015 场，参与群众超过 1800 万人次；活动 1286 场，参与群众超过 7000 万人次。仅每年在国家奥林匹克体育中心运动健身的人群就近 280 万人次。四是体育产业发展迅猛，体育消费初具规模。

2017 年以来，各路资本争相布局体育小镇。2017 年 8 月，体育总局公布首批运动休闲特色小镇试点项目名单，名单共有全国 31 个省、自治区、直辖市的 96 个运动休闲特色小镇入选，预计 3 年投资 20 亿元。包括恒大淘宝、万国击剑、多想互动、泛华体育等在内的共计12家体育新三板公司布局体育小镇、体育公园及综合服务体。

此外,"体育+旅游"已成热潮。例如,海南省普及推广亲水运动,引导体育旅游消费;北方各地加快推进滑雪产业发展,推动我国"滑雪经济"提速。搜狐网数据显示,2017年的体育赛事门票成交量相比2016年增长480%,体育用品产业的总收入也已经跨过了万亿元大关,近5年来,更是保持年均两位数的高增长。此外,2017年我国电子竞技市场规模将达到908亿元,环比增长73.3%,电子竞技用户将达到3.5亿人,环比增长约40%。

当前,中国体育服务业处于政策激励、形势向好、技术带动、基础薄弱的市场发展期,体育事业发展迎来新的机遇。但与此同时,也面临行业规模增长较快、体育人口基数较大、行业结构不均衡、人口老龄化速度加快等问题。

近年来,体育IP、俱乐部和各类体育赛事正在国内风靡开来,"体育+旅游""体育+电竞"也逐渐开辟出新的增长窗口。互联网行业的发展,促使体育服务业形成更多的服务模式。互联网企业进军体育市场的准入成本降低,为打造互联网体育生态圈带来可能。此外,体育行业消费持续升级,但从结构来看更集中于体育用品的消费,服务付费仍然处于培养期。2017年中国互联网体育产业图谱如图32.21所示。

资料来源:艾瑞咨询研究院自主研究及绘制。

图32.21　2017年中国互联网体育产业图谱

32.6.2　网站情况

速途研究院数据显示,有40%的用户更加关注线上体育平台及应用的用户体验,其中便利程度成为衡量用户体验的一个重要维度。数据显示,有14%和13%的用户侧重于平台的权威性与数据分析的专业性;部分用户则关注平台的趣味性、是否拥有独家资源及界面的美观与交互性(见图32.22)。当前,在线体育平台已成为用户观看体育赛事的重要渠道之一,特别是随着WiFi的普及和移动4G网络的发展,以及提速降费的政策红利,让更多的用户从传统的电视网、互联网 PC 端转移到了移动端。大而全的在线体育视频已成为在线体育平台争夺流量的竞争点，体育版权的重要性日趋凸显。

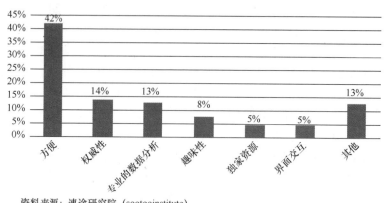

图32.22　2017年在线体育用户功能侧重调查

32.6.3　用户情况

速途研究院调查数据显示，在互联网体育领域的用户中，约77%的用户为男性用户，女性用户占比为23%。近年来，随着国民对于体育内容关注度的逐步提升、生活水平的提高及健身热潮的兴起，越来越多的年轻群体加入其中。特别是伴随着"健身健美""塑形养生"等消费意识的扩大，女性用户的比例及数量也正逐年增长，对体育活动的参与需求也越发强烈，有望成为互联网体育用户群体中的重要组成部分。

此外，18～45岁的互联网体育用户群体几乎占到了90%，其中26～35岁的用户占到了45%（见图32.23）。由此表明，青年群体、中年群体正成为互联网体育用户的重要组成力量。原因主要为：一是此类群体有着较强的运动健身需求和思维理念，在认识层面重视强身健体，因此对于时间成本与经济成本的投入意愿较为强烈。二是拥有体育锻炼的爱好及习惯。三是对于新事物接受程度较高，互联网+体育行业的发展给用户带来了极大的便利性，同时基于智能穿戴、在线课程、LIVE 模式、数据测量等功能，使体育与健身更加科学高效，交互性更强，吸引更多群体加入。四是具有一定经济消费能力的人群多分布在此类群体中，随着互联网体育行业的不断细分与专业，用户的消费需求不断被拓展。

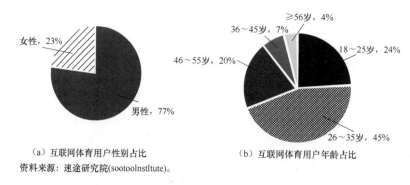

图32.23　2017年在线体育用户性别及年龄结构

32.7 婚恋交友信息服务发展情况

32.7.1 市场情况

CNPP大数据平台提供的数据显示,通过综合分析婚恋网站行业17个品牌的知名度、员工数量、企业资产规模与经营情况等各项实力数据,结果显示百合网、世纪佳缘、有缘网、珍爱网ZHENAI分别位列投票榜前列。

2016年,中国网络婚恋交友行业市场营收为34.4亿元,在整体婚恋市场中占比为36.5%。随着2017年国内一大批基于视频社交的产品出现,进一步刺激婚恋交友市场的产品升级,2017年中国网络婚恋交友行业市场营收为36.5亿元,较2016年市场营收显著增长,预计2020年规模可接近60亿元(见图32.24)。易观智库数据显示,网络婚恋行业营收增长来源于核心企业经过资本运作整合后,整体营收恢复增长的促进。核心企业不断拓展业务边界,从专一于婚恋服务向婚礼、金融等高潜力业务拓展,服务不断呈现多元化,市场覆盖范围剧增,行业正处于从专一到多元的转型期。为不断提高在行业内的竞争力,纵深布局、升级服务、拓展业务、深度打磨等成为行业内企业竞相发力的重要着力点。

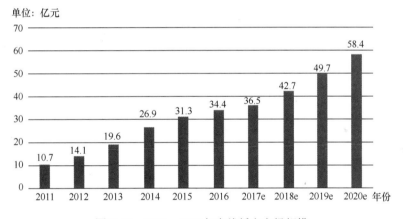

图32.24 2011—2020年在线婚恋市场规模

随着国内移动手机使用量的快速递增,以及4G服务的不断普及,加之各类社交应用平台的迅速发展,推动了婚恋交友信息服务的快速变革,助推了网络婚恋企业在产品和服务上的更新换代。

目前,主流婚恋平台已开始发力,力图通过技术升级产品,以提升用户体验。例如,珍爱网开启"1v1直播速配",百合网引入阿里云实人认证技术,与百合网合并的世纪佳缘甚至声称其要引入区块链技术。共享概念的大热催生了诸多概念性产业,百合网联合创始人慕岩以自己从事婚恋行业多年的经验和资源,将"1号媒婆"打造成了一款基于社交关系网的创新婚恋平台。"1号媒婆"以微信为介质,以红包为激励,让用户共享身边的单身资源,每一个单身用户既可以在平台上寻找异性,也可以扮演媒婆的角色帮身边的单身朋友找对象,并能获取收益。

32.7.2 网站情况

根据艾瑞咨询发布的《中国网络婚恋交友行业研究报告》，百合佳缘集团旗下的世纪佳缘、百合网平台以大幅度优势领跑行业。在 PC 端用户数据中，世纪佳缘作为唯一一家日均覆盖人数超 70 万人次的平台独居产业第一梯队，百合网以日均覆盖人数超 40 万人次的平台位居行业第二；移动端方面，世纪佳缘、百合网位居第一梯队。据 2016 年数据，中国网络婚恋 PC 端位于第一梯队的核心企业为世纪佳缘、网易花田&同城交友、珍爱网和百合网。2017 年，世纪佳缘在用户数据中延续了 2016 年的领先势头。

在 PC 端用户活动数据方面，2016 年核心企业 11 月度总使用时长排名第一的是世纪佳缘（2.69 亿分钟），排在随后的依次为百合婚恋 1.78 亿分钟、珍爱网 1.64 亿分钟、有缘婚恋 0.63 亿分钟和网易花田 0.52 亿分钟。2017 年，百合佳缘旗下的世纪佳缘平台以超过 400 万小时的月度浏览时长领跑，占据产业 PC 端用户活跃数据的超过一半以上的比例。移动端方面，世纪佳缘、百合网、珍爱网占据移动端用户月度使用时长第一梯队，其中世纪佳缘在保持行业第一地位的同时，于 2017 年 5 月后领先优势不断扩大，用户月度总有效时间超过 5 亿分钟。百合网、珍爱网呈交叉领先态势，有效时间均较以往有明显增加（见图 32.25）。

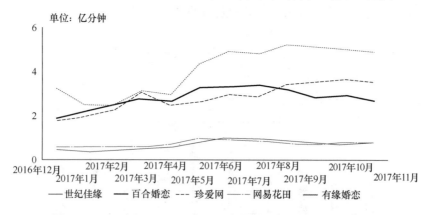

图32.25 2016年12月—2017年11月在线婚恋移动端月度访问时长

在移动端用户活跃数据方面，2017 年网络婚恋交友服务移动端月独立设备数整体增长趋稳，在 2017 年 9 月达到峰值 2045 万台，年度月均独立设备数为 1856 万台。未来随着移动端服务的不断丰富，月独立设备数将进一步增长。在单个婚恋 APP 使用时长数据的表现上，珍爱网、世纪佳缘、百合网和有缘网近年来通过加强传播，品牌知名度不断扩大。四大应用继续占据婚恋移动端总使用时长的前四位。其中，珍爱网、百合网和世纪佳缘分别占据用户时长的 25.9%、20.1%和 18.7%，较其他婚恋交友应用形成了明显的用户黏性优势。

32.7.3 用户情况

据统计，在单身人口中，使用婚恋交友应用的用群体户集中在 30~49 岁，这部分人群或进入晚婚年龄，或有二次婚姻重组的需求。跟 2016 年相比，20~29 岁的用户占到了 11.99%，成为 2017 年婚恋交友用户的一个最新特征（见图 32.26）。

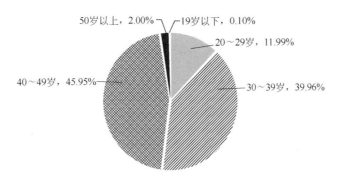

图32.26 2017年在线婚恋用户年龄分布

百合网报告数据显示,在都市白领群体中,对于男士而言,择偶偏好中教师、公务员、医生最受青睐。女性方面,另一半的行业或企业口碑与形象,以及对方收入能力显然成为关注重点。其中,外企及央企高管、公务员、医生这三个职业最受欢迎,较以往相比,艺术家、飞行员、演员这三个"光鲜"职业却位列最后三位。

报告显示,没钱、没房、没车这三项经济因素已经跌出了影响单身择偶的前三位。在2017年的数据中,"遇不到合适的人""没交际圈""没时间"是目前进行进一步婚恋交往的主要障碍因素。但与此同时,经济因素依然是单身择偶群体的重要考量。据不完全统计,50.23%的受访群体伴侣的收入水平至少是5000~10000元,月收入低于5000元的则处于"较难接受"的范围。此外,仍有超过8成的女性群体,希望自己的另一半拥有房产。

32.8 母婴网络信息服务发展情况

32.8.1 市场情况

中国电子商务研究中心发布的《2016年度中国网络零售市场数据监测报告》显示,2015年母婴电商市场交易规模为3606亿元,2016年母婴电商市场交易规模为9645亿元,同比增长167.47%(见图32.27)。另据艾瑞咨询发布的数据显示,2017年母婴电商市场交易规模约3万亿元,电商、社交资讯、综合服务是中国母婴行业产业的三大板块。21世纪经济研究院预测,受出生人口增长和消费升级的推动,未来5年,中国母婴电商市场规模仍将持续上升,预计将以每年不低于16%的增速增长,到2020年整体市场规模超过4万亿元。

从总体上看,2017年母婴行业投融资的力度与规模不断扩大。2017年,该领域融资数量共244起,较2016年大幅增加。连续3年的融资金额也从2015年的185亿元、2016年的169亿元增加到2017年的230亿元。

其中,早幼教领域投融资占比最大,达到42%。此外,亲子产品与服务、母婴医疗健康、母婴人工智能、母婴零售、母婴内容创业等也是融资的重要对象(见图32.28)。

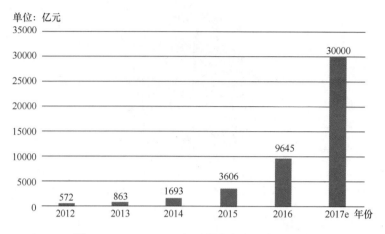

图32.27 2012—2017年母婴电商市场交易规模

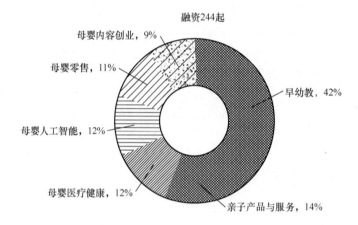

资料来源：母婴研究院。

图32.28 2017年母婴电商市场融资情况

2017年，中国母婴商品网络零售总额约为3744.3亿元，约占网络零售总额的6.2%，预计到2019年母婴商品网络零售总额将占网络零售总额的6.9%（见图32.29）。随着用户基数的增多，年轻群体家庭消费行为及理念的进一步升级，母婴商品网络零售总额将继续扩大。

图32.29 2013—2019年中国母婴商品网络零售总额

2017年，互联网母婴市场呈现出迅速发展的态势。互联网母婴社区、工具、电商、内容，以及母婴相关教育、医疗、旅游等服务加快融合。互联网母婴厂商积极研发自主品牌，探索创新产品和服务，尝试不断满足母婴消费群体的多元需求。随着科技的发展，消费者对智能母婴产品的认知和需求也将会不断增加。与此同时，80 后、90 后母亲群体在消费需求上，不仅关注婴儿的投资消费，同时也关注自身的消费升级。在身体恢复、美容保养、营养健康、时尚设计等方面，都有着更多的需求。此外，年轻群体更加重视产品的安全性与服务的专业性，在消费理念、消费能力方面有了显著的提高。

据统计显示，对于市场关注的"洋货"和"国货"选择问题，一、二线城市的母亲群体更偏好进口母婴商品，一方面通过电商进行购买，另一方面借助所谓"代购"来获得消费品的人群亦在多数。三、四线城市母亲群体，对于国产母婴产品的选用所占比例较大。在国家政策扶持、技术提升、消费观念、质量保障的多重作用下，国产品牌的市场接受度和市场容量与 2016 年相比呈现不断上升趋势。

32.8.2 网站情况

CNPP 大数据平台数据显示，通过综合分析母婴行业品牌的知名度、员工数量、企业资产规模与经营情况等各项数据，妈妈网、宝宝树 babytree、贝贝网、育儿网等是众多网友喜爱的品牌。

易观智库发布的 2017 年度母婴亲子领域排行榜显示，"宝宝树"旗下的"宝宝树孕育"APP 的活跃用户数遥遥领先于同类互联网产品。从流量活跃度上看，目前每月有 2.6 亿人次在"宝宝知道"（含 APP、WAP 及 PC 网站）上获取母婴领域的相关信息，并分享自己的育儿心得，约有超过 60%的百度母婴搜索需求被"宝宝知道"所满足。根据"宝宝树"公布的用户数据，有 56.7%用户会经常使用短视频与直播功能，另外有 43.3%的用户每天浏览视频类母婴信息达一小时以上。

在母婴市场中，近期完成了正式更名和升级的"妈妈网轻聊"APP（原"妈妈网"APP）用户活跃度远高于其他母婴社区，人均单日开启次数排名同类产品第一位，人均开启次数接近 6 次（见图 32.30）。

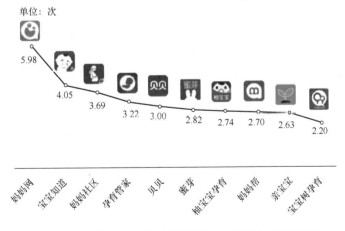

图32.30 2017年7月互联网母婴市场APP人均单日启动次数

据统计，2017 年上半年用户通过移动端下单的比例为 79%，PC 端为 1%，微信端为 20%。微信端下单占比较 2016 年上升 16%（见图 32.31）。贝贝母婴研究院认为，移动互联网时代每个人都是一个中心，社群化特征越发明显，去中心化的时代已经到来。

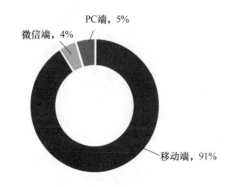 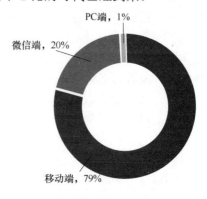

(a) 2016年全年中国母婴用户母婴用户下单渠道

(b) 2017上半年中国母婴用户母婴用户下单渠道占比

资料来源：贝贝大数据平台。

图32.31　2016年全年和2017年上半年母婴用户下单渠道

32.8.3　用户情况

2017年，互联网母婴信息服务领域活跃人数呈现出稳步增长的态势。截至2018年1月，该领域活跃人数已增长至5684.533万人。随着母婴用户人数逐渐活跃在互联网母婴领域，预计互联网母婴用户越来越呈现多元化的特点，其增速或将超过全网活跃人数的增长速度，全网渗透率将增长到5.8%。

由于母婴用品及服务的特殊属性，女性群体依然是购买母婴用品及服务的主力。根据贝贝网的用户数据显示，母婴消费人群中，90%左右为女性购买者，男性占比仅为10%（见图32.32）。用户年龄分布显示，31岁及以上人群的占比迅速增加。随着二胎生育政策的放开，二胎生育率增加，预计用户年龄或有上升趋势。在消费能力分布方面，49%用户以中高档消费为主，并且消费能力有不断提升的趋势，由此显示出用户对消费产品及服务质量的关注。

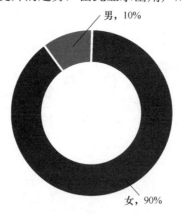

资料来源：贝贝大数据平台。

图32.32　2017年母婴用户性别分布

（申涛林、程超功）

第四篇 附录

 2017 年中国互联网产业发展综述与 2018 年发展趋势

 2017 年影响中国互联网行业发展的十件大事

 2017 年中国互联网企业 100 强分析报告

 2017 年中国通信业统计公报

 2017 年中国电子信息制造业运行情况

附录 A 2017 年中国互联网产业发展综述与 2018 年发展趋势

2017 年，党的十九大报告多次提及互联网，互联网在经济社会发展中的重要地位更加凸显。这一年，中国互联网产业发展加速融合，网络强国建设迈出重大步伐，互联网建设管理手段不断完善，互联网、大数据、人工智能和实体经济从初步融合迈向深度融合的新阶段，转型升级的澎湃动力加速汇集，广大人民群众在共享互联网发展成果上拥有更多获得感，中国数字经济发展步入快车道。

2017 年，中国互联网产业呈现出以下发展态势和特点。

一、提网速，广连接

我国信息网络建设扎实推进，网络速度持续提升。信息网络技术应用创新，网络连接范围日益广泛。

（一）骨干网络优化提速明显，固定宽带普及目标提前完成

我国全面建成光网城市，3 个新增骨干直联点全部投入运行，共有 13 个骨干直联点。数据显示，互联网骨干直联点开通后，网间延时降低 60%以上，从 120ms 降低到 40ms 以下，丢包率降低 90%以上，网络响应速度提高 85%以上。网络运营商已经实现按需服务的功能，能够智能化响应面向服务的带宽和连接请求。网络基础设施支撑能力大幅提升，网络互连瓶颈实现突破，区域流量效率得到提升。

我国宽带普及水平继续快速攀升。截至 2017 年第三季度，我国固定宽带家庭用户数累计达到 32115.7 万户，普及率达到 72.5%；移动宽带（3G 和 4G）用户数累计达到 113769.9 万户（包含基础电信企业和移动转售业务服务提供商的移动宽带用户），移动宽带用户普及率达到 82.3%。我国固定宽带家庭普及率已提前三年并超额完成"十三五"规划 2020 年末达到 70%的目标；移动宽带用户普及率与 OECD（经济合作与发展组织）国家相比，可在全部 35 个国家中排到第 20 位，已超过法国、德国、加拿大等发达国家。电信普遍服务试点全面完成 3.2 万个行政村通光纤任务部署，前两批试点完工率达到 95%。

（二）网络提速降费成效显著，移动网络体系建设加快推进

全国 50MB 以上宽带用户比例超过 60%，4G 用户平均下载速率较 2016 年同期提高 30%，互联网骨干网间互联带宽扩容目标超额完成，手机国内长途和漫游费全面取消，手机流量资费、中小企业专线资费大幅下降。在 4G 网络提速降费方面，中国移动自 2015 年 4 月至 2017 年 11 月期间，上网流量单价累计下降 68%，4G 客户人均 DOU（平均每户每月上网流量）较 3G 时期增长超过 13 倍。自 2016 年流量收入超过语音收入之后，中国移动 4G 用户的单月用户流量消耗已经超过 2GB，并呈现进一步扩大的趋势。

我国 5G 技术研发完成第二阶段试验，中频段频率规划率先发布，网络架构等技术成为国际标准。4G 对经济社会发展的支撑效应凸显，4G 正式商用以来，我国已经建成全球规模最大的 4G 网络，用户总数达到 9.62 亿户。截至 2017 年 11 月，中国移动电话基站达到 323 万个，其中 4G 基站达到 179 万个，全业务传输网络 1200 万皮长公里；服务移动用户超过 8.8 亿户，其中 4G 用户占比超过 71%，达到 6.2 亿人。

（三）物联网络部署大幕拉开，专有网络连接更加广泛

5 月，中国电信宣布建成了全球首个全覆盖的 NB-IoT（窄带物联网）商用网络，共计 31 万个 NB-IoT 基站覆盖。中国联通已在上海等 10 余座城市开通了窄带物联网试点。其中，上海联通已建成 800 个站点的全国最大规模试商用网络，是国内首家实现全域覆盖的省级运营商。1 月，中国移动在江西省鹰潭市建成了第一个覆盖全城的 NB-IoT 网络，涉及基站 100 多个。5 月，浙江移动率先开通省内杭州、宁波、温州、嘉兴四地的蜂窝物联网网络，拉开了中国移动 NB-IoT 网络部署试验的大幕。12 月，中国移动上海公司正式发布商用 NB-IoT 网络，已建成具备 NB-IoT 能力的基站超过 2 万个，首批开通超过 3500 个，成为上海域内规模最大、覆盖最好的 NB-IoT 网络。12 月，全球最大的全自动化码头洋山港四期码头投入运行，装卸区通过基于 5G 技术的无线网络实现互联，由工作人员远程控制集装箱的装卸。

截至 2017 年第四季度，国内飞机中安装了基于 Ku 波段卫星的机上互联网系统的飞机已经超过 100 架，机上互联网覆盖率已达到 3%。4 月 12 日，中国首颗高通量卫星"中星 16 号"（又称实践十三号卫星，通信总容量达到 20Gbps 以上）成功发射，为我国建设覆盖大部分地区、近海海域、飞机、高铁、偏远山区的高宽带移动通信系统奠定了坚实基础。2017 年开通的京沪高铁复兴号动车组实现了 WiFi 全覆盖，对今后高铁 WiFi 的运营具有重要参考意义。8 月进行试验的超高速无线通信（EUHT）技术在高铁全程 300km/h 的高速移动情况下，通信切换可靠性达 100%，平均通信延时 5ms，空口时延小于 1ms，平均传输带宽达到 150Mbps，实现了高铁高速互联网技术的突破。11 月 5 日，我国成功发射了两颗北斗三号组网卫星，其测速精度可达到 0.2m/s，授时精度可达到 20ns，正式开启了北斗卫星导航系统全球组网时代。

（四）智能硬件丰富信息交互，推进传统产业转型升级

伴随着人工智能、物联网、云计算等技术的发展，智能硬件在人机交互模式、智能处理性能等方面更加完善。2017 年，我国智能硬件市场规模约为 3999 亿元，同比增长 20.63%，市场总体保持稳定增长。智能车载设备随着交通出行领域的智能化发展，在人工智能、物联网等技术的发展带动下高速发展，2017 年市场规模约为 265 亿元。随着国民收入水平的提高、健康大数据平台的不断完善，智能医疗健康设备及其增值业务逐渐丰富，市场规模约为 90 亿元。智能家居产业链日益完善，智能家居产品由单品爆发向系统化方向发展，2017 年市场规模约为 1404 亿元，未来智能家居市场规模将进一步扩大。

新型信息技术重塑制造业数字化基础，互联网开放连接理念变革传统制造模式，智能工业产业链趋于完善，工业经济转型升级步伐加快。与消费、生产等传统产业结合的智能服务机器人市场逐渐萌芽，已在客服、餐饮、物流、农业、医疗、交通等多领域提供辅助性或代替性工作，2017 年市场规模约为 98.4 亿元。

（五）资源连接范围持续扩大，产业互联互通步伐加快

分享经济保持高速增长，"衣食住行"各领域通过平台进行信息、人员、资金、物品等

多种资源的共享。从2016年1月到2017年4月,分享经济用户数月均增长12.7%,日均用户活跃度增长了8.7倍。截至2017年12月,ofo进入全球20个国家的200余个城市。摩拜单车进入全球12个国家的约200个城市。截至2017年4月,在全国381个城市,芝麻信用提供的免押金场景覆盖民宿、汽车租赁、共享单车等行业,累计提供免押金额约为313.8亿元。在金融领域,截至2017年6月,移动支付用户规模达到5.02亿人,4.63亿网民在线下消费时使用手机支付。截至2017年6月,网络直播用户达到3.43亿人,占网民总体的45.6%。其中,游戏直播用户规模达到1.8亿人,较2016年年底增加3386万人,占网民总体的23.9%;真人秀直播用户规模达到1.73亿人,较2016年年底增加2851万人,占网民总体的23.1%。

在传统产业领域,农业生产智能化、经营网络化、管理数字化、服务在线化水平大幅提升,农民信息化应用能力明显增强。农业农村电子商务快速发展,2017年上半年农村网络零售额为5376.2亿元,同比增长38.1%,增速高出城市4.9个百分点,农产品电商增速远高于电子商务整体增速。2017年,我国智能制造试点示范和智能制造专项稳步推进,制造业骨干企业"双创"平台普及率接近70%。

二、深融合,强制造

互联网与经济社会各领域全面深度融合,产业互联网蓬勃兴起,制造强国建设迈上新台阶,工业互联网创新发展,农业现代化加快推动,"双创"平台成为融合发展的新动能。

(一)产业互联网全面深度融合,服务实体经济创新发展

以大数据、云计算、人工智能、移动互联网、物联网为代表的新一代信息通信技术与经济社会各领域全面深度融合,催生了很多新产品、新业务、新模式。互联网与传统产业的全面融合和深度应用,消除了各环节的信息不对称,在设计、生产、营销、流通等各个环节进行数字化和网络化渗透,形成新的管理和服务模式,在推进供给侧结构性改革、振兴实体经济、实现产业转型升级等方面发挥的作用日渐凸显。在中国互联网百强企业中,以服务实体企业客户为主的产业互联网企业数量已达到32家,互联网业务收入规模达到1258.62亿元,占全部百强企业的比重为11.77%,服务企业数量超过700万家。越来越多的互联网企业紧抓与传统产业融合发展的重大机遇,通过推广个性化定制、众包设计、协同研发、全生命周期管理等新模式整合线上线下资源,为传统产业提供新的基础支撑、拓展新的价值空间,实现生产和服务资源在更大范围、更高效率、更加精准的优化配置,产业数字化、网络化、智能化发展取得新进展。

(二)"中国制造2025"全面实施,制造强国建设迈上新台阶

习近平总书记在党的十九大报告中强调:加快建设制造强国,加快发展先进制造业。李克强总理指出,要依托"互联网+"和"中国制造2025",加快培育新动能、改造传统动能。工业和信息化部深化落实"中国制造2025",纵向联动、横向协同的工作机制不断完善,国家制造业创新中心建设、智能制造、工业强基、绿色制造、高端装备创新五大重点工程稳步推进,国家级示范区启动创建,工业强基工程"一揽子"重点突破行动持续推进。制造业数字化、网络化、智能化发展水平不断提高,智能化生产、个性化定制、网络化协同、服务型制造等新模式继续涌现。数据显示,2017年1—11月,全国规模以上工业增加值增长6.6%,新旧动能转换加快,高技术产业、装备制造业增加值的增速分别为13.5%和11.4%。企业产业技术水平和先进产能比重不断提高,近两年来技改投资在工业投资中的占比均在40%以上,

化解钢铁过剩产能超过 1.15 亿吨。制造业与互联网的融合促使制造企业、用户、智能设备、全球设计资源及全产业全价值链之间的互联互通与高效协同,利用互联网加强企业内外部、企业之间及产业链各环节之间的协同化、网络化发展,促进制造业加速转型升级,从而提升我国制造业核心竞争力。

(三)工业互联网全力纵深推进,产业生态体系显现雏形

2017 年 11 月 27 日,国务院印发了《关于深化"互联网+先进制造业"发展工业互联网的指导意见》,明确了我国工业互联网发展的指导思想、基本原则、发展目标、主要任务及保障支撑,为当前和今后一个时期国内工业互联网发展提供了指导和规范。工业和信息化部通过开展工业互联网试点示范和工业互联网转型升级专项、启动工业互联网综合实验平台和管理平台建设等工作,全力推动工业互联网落地实施。泛在连接、云化服务、知识积累、应用创新成为工业互联网平台的主要特征,航天云网 INDICS、树根互联根云 RootCloud、海尔 COSMOPlat、中移动 OneNET、中国电信 CPS、华为 OceanConnect IoT、寄云科技 NeuSeer、阿里巴巴 ET 工业大脑等工业互联网平台不断创新商业模式,带动信息经济、知识经济、分享经济等新经济模式加速向工业领域渗透,持续提升供给能力,培育增长新动能。

(四)"互联网+农业"迸发巨大能量,技术助推产业链升级

物联网、大数据等数字技术推进农业供给侧结构性改革,培育发展新动能,服务性能更加贴近农业生产实际,服务价格更加低廉,服务设备已经逐步覆盖农业生产和流通各个环节,形成了一个完善的"农业互联网生态圈",实现了信息的开放和对称,可以融通整个产业链的产品、资金和信息流。数据显示,国家粮食管理平台建设的"数字粮库"系统投入使用近 1000 套,在建超过 3500 套。截至 2017 年 11 月,全国共有 16 家众筹平台专注于农业领域。全国新增江苏宿迁、安徽黄山、广东梅州等 9 个城市的"全国快递服务现代农业示范基地"。11 家"首批国家现代农业产业园"加快建设,涉及 10 个省份,是打造现代农业技术装备集成的载体,不断用信息化手段提升现代农业管理水平。"互联网+农业"融合现代信息技术与智能设备,搭建农业信息系统,利用大数据技术对地块的土壤、肥力和气候进行分析,提升农业生产效率,改变农产品流通模式,促进农产品电商优化传统销售渠道。

(五)"双创"平台持续普及推广,成为融合发展新动能

制造业构建基于互联网的"双创"平台,骨干企业"双创"平台普及率接近 70%。互联网企业加快建设制造业"双创"服务体系。2017 年,制造业"双创"平台试点示范项目达到 117 个,包括新松机器人、小米生态链、海尔"人单合一"等项目。通过线上集众智、汇众力,发挥推动制造业与互联网融合发展的新动力。在协同研发方面,依托"双创"平台,调动企业内部、产业链、企业和第三方创新资源,开展跨时空、跨区域、跨行业的研发协作;在客户响应方面,依托"双创"平台实现企业对客户需求的深度挖掘、实时感知、快速响应和及时满足;在产业链整合方面,依托"双创"平台,大企业协同中心企业促进产业链生态系统的稳定和竞争能力的整体提升。

三、兴业态,惠民生

人工智能、大数据、云计算等技术不断成熟并在消费中得到应用,线上线下消费渠道加速融合,多领域共建共享,为惠民、便民打开新的空间。

（一）智能技术助力业态焕新，打造科技时尚新生活

伴随大数据、分析平台、先进算法的开源及机器学习方法的优化，加之移动互联网触网成本降低，传统消费领域效率极大地提升，用户的消费体验极大地提高。文化、娱乐、体育、健康等新消费需求爆发，催生了无人零售店、智能物流等新业态。在餐饮、住宿、出行、购物、旅游、娱乐等方面，细分、品质化的消费需求升级，更加注重消费的体验性、复合性和新智能技术的运用。智慧物流大幅提升物流速度，在线教育更加个性化、智能化，互联网医疗提升医生的诊断效率与患者的就医体验。地图技术、室内外定位技术能够帮助企业和消费者供需互通，区块链技术可以提升身份认证、信用保证、合同合约、结算等商业效率，消费体验的深度和广度进一步革新。

智慧城市作为破解各类城市发展难题的重要手段，可以提升城市治理能力现代化水平，实现城市可持续发展的新路径、新模式、新形态，成为落实国家新型城镇化发展战略，促进城市发展方式转型升级的系统工程。我国智慧城市建设取得积极进展和初步成效，超过300个城市和三大运营商签署了智慧城市建设协议，290余个城市入选国家智慧城市试点。

（二）新型消费优化产业布局，构筑个性化、智能化应用场景

新消费重构了"人、货、场"的关系，数字标牌、电子试衣间、智能定位、自助终端和VR展示等一系列智能应用，带给消费者智能化和场景化的购物新体验。通过引入自动化数据采集、智能调度，优化消费的服务链路，以消费者数据为驱动的逆向模式逐渐走入前台。智能技术逐渐改变消费者的消费场景，智能设备成为消费者生活中的重要角色。随着新消费的崛起，新的价值体系正在被塑造，价值体系上的商业模式也正在被塑造。新生代消费群体追求自我、敢于表达、与众不同的主要特点，带动体验式消费、小众内容、多样化的消费产品蓬勃发展，呈现出垂直跨界、精深有趣、更加个性化的新型消费场景。

（三）无人零售领域百花竞放，服务布局向线下聚拢

随着线上线下消费渠道的加速融合，大量结构化、可靠的数据能够精准地描摹出消费者画像，成为帮助用户定制个性化体验的重要手段。传统电商开始向线下聚拢，多渠道、多路径、多场景触达目标受众。以苏宁云商、美团点评、京东、饿了么等为代表的无人零售，以猩便利、果小美、每日优鲜等为代表的办公室便利无人货架，以淘咖啡、盒马鲜生、便利蜂、7FRESH、缤果盒子、F5、未来商店、24爱购、Take Go、神奇屋等为代表的无人便利店兴起，成为零售史上的一场重要变革，标志着传统电商对市场的争夺已从线上拓展到线下，带动消费业态进一步升级。

（四）分享经济加速优胜劣汰，强势企业瞄准AI领域

分享经济快速发展，向共享出行、共享空间、共享知识教育、共享餐饮、共享医疗、共享技能等多个领域辐射，市场竞争激烈。滴滴出行、ofo、摩拜单车等独角兽企业占领了更多的市场份额，知识分享这一新兴市场的发展潜力十分可观，实现了传统领域资源要素的快速流动与高效配置。同时，新兴企业市场竞争不断加剧，倒闭潮、押金难退等新闻不断曝出。面对新挑战，分享经济持续进化，部分企业在变革中谋求新机遇，向人工智能领域发力，初步覆盖共享单车、共享租房、共享翻译、共享WiFi、共享数据等多个领域。例如，芝麻信用为共享单车提供的免押金服务，即通过人工智能机器学习平台进行用户画像及风控模型构建，预判市场风险与违约概率；ofo运用人工智能系统和卷积神经网络技术进行交通能力分

析，从而更好地调度单车。

（五）在线娱乐行业加速升温，产品丰富但问题不容小觑

在线直播、在线视频、网络游戏等在线娱乐行业用户规模加速扩大，消费者付费娱乐方式成为主流，即时个性化服务受到热捧，用户打赏成为重要盈利点。网络直播管理逐步跟进，行业准入门槛提高，市场格局逐渐明朗，全民直播风光不再，资本逐渐向其他领域转移。短视频行业迎来了机遇，部分热点短视频点播量已破亿。阿里、今日头条、腾讯等巨头开始密集布局和发力短视频，火山、快手等独角兽出现，大量的用户和制作者纷纷涌入。移动电竞行业持续发展，《王者荣耀》成为全民手游，渗透率、安装数量和收入连续保持增长。中国移动电竞市场持续升温，游戏精品走向成熟。游戏、电竞、直播形成良性互动，游戏产品、赛事活动、直播内容及电竞周边产业前景广阔。但我国在线娱乐文化内涵问题不容小觑，个别直播、视频、网络游戏内容格调不高，对网民尤其是青少年身心健康造成危害，因此管理部门持续加强监管。

（六）创新领域覆盖更广、更深，网络惠民触手可及

教育、医疗、社保、旅游等公共领域的数字化、网络化、智能化正在快步发展。综合性的数据平台正在涵盖养老保险、资格认证、基金财务、电子档案等信息，公安、民政、工商、卫生、银行等部门的数据共享日趋加深。第三方支付机构的创新促进了移动金融在电子商务、公共服务等领域的规模应用。政务信息化建设正走向深度融合阶段，政务服务平台、公共资源交易平台、信用信息共享平台、投资项目在线审批与监管平台等项目逐步融合落地。高新技术、先进装备与系统在环保领域得到应用，环境信息数据共享机制能够提供面向公众的在线查询和定制推送服务。医疗信息智能推送融合线上线下各类业务，从挂号、问诊、缴费到医保支付的闭环路线，简化了就医流程。警务云等公安业务基础信息化建设得到完善，大数据技术对安全态势感知、安全事件预警预防及应急处置机制的能力日渐增强。新的创新手段、新的公益性创新应用普及，为惠民、便民打开新的空间，人民群众可以轻松享受触手可及的便捷优质服务。

四、谋创新，拓市场

移动互联网应用逐渐从跟随者、借鉴者向创新者、引领者发生转变，数字内容服务逐步实现了从PC端到移动端的用户转移，产业链上下游联动加强，向多平台、广布局、深延展的方向发展。

（一）应用创新向技术创新挺进，商业化应用竞争加剧

随着中国互联网用户红利逐步消退，产业逐步向技术创新方向挺进，机器学习、智能机器人、商业无人机、自动驾驶汽车等智能技术应用不断突破。在全球市值排名前十的互联网公司中，阿里、腾讯、百度、京东四家中国公司入列，科技创新成为企业市场角逐的核心竞争力。4月，百度正式宣布阿波罗计划开放，该计划旨在广泛集聚全球产业资源，打造自动驾驶技术开放生态。今日头条创新性地实现了媒体个性化精准信息推送，开启变革全球媒体分发行业大幕。7月，阿里推出无人超市，融合人脸识别+RFID技术，助推服务从线上向线下拓展，倒逼实体商超转型升级。

（二）多级平台同步孵化产品，"内容为王、创意为先"优势凸显

移动互联网应用平台进一步提升内容服务的品质，营造良好的创作与创新环境，通过投

资并购、版权合作、联合运营等多种方式推广，且持续强化内容的衍生开发及市场的开拓培育。垂直细分领域的差异化竞争优势增强，优质 IP 的生命化管理及营销布局顺势壮大。2017 年，爱奇艺、腾讯视频、优酷视频月用户活跃度位居前三。Media+Tech 模式在互联网领域的应用更加强化，媒体不再受限于一个传播平台，而是更多地参与到内容制作和投资中，集内容生产与营销业务于一体的企业优势凸显，营收与竞争规则随之改变，作者的品牌效应初步显现。企业不再单兵作战，而是以获得优质 IP 为契机，不断完善竞争与合作机制，多平台同步孵化产品，实现产业链上下游联动，内容服务触及更多的买家和卖家。

（三）互联网平台走向生态化，产业链依存关系持续增强

综合应用不断融合社交、信息服务、交通出行及民生服务等功能，打造一体化服务平台，扩大服务范围和影响力；互联网消费打破线上线下边界，构建关注用户体验的零售新生态，产业发展呈现出数字驱动、全渠道融合的特点；互联网医疗服务模式逐渐成型并清晰，消费者需求、数据、社群、线下资源加速聚合，在线问诊入口市场争夺激烈，服务平台走向生态化。移动互联网行业从业务改造转向模式创新，引领智能社会发展，海量数据挖掘及大数据技术的应用，为社会生产优化提供更多可能，企业通过有效连接多个创新的产品与服务主体，打造生态体系服务网络，市场竞争主体的相互依存关系持续增强，融合发展过程中的竞争边界面临重塑。中国互联网协会发布《移动智能终端应用软件分发服务自律公约》，为产业链上下游的服务界限和竞争机制提供范式，具有里程碑式的重要意义和未来价值。

（四）企业"进军"农村市场，县域经济蓬勃发展

面对农村市场巨大的发展空间，阿里巴巴、京东等企业大举"进军"农村市场，通过农村淘宝、京东服务帮等形式，带动农村电子商务的快速发展。阿里巴巴在 500 个县建立了 28000 多个村点，通过搭建菜鸟农村县运营中心、村服务站逐步形成一张物流双向网络。蚂蚁金服农村金融、京东的"京农贷"、小马 bank 的"互联网金融+线下平台"等农村金融服务产品发展迅速，有效地满足了农村市场小额金融服务的需求。共享单车开始试水农村市场，"通冠"等一批二线共享单车全力奔赴乡镇、村庄。微医、朗玛信息等互联网医疗企业积极推动构建合理、快捷的分级诊疗制度，加快基层医疗服务网络的建立，寻找新的盈利增长点，逐渐成为医联体建设的神经中枢。

（五）推广中国本土优势经验，"出海"足迹延伸更广

凭借庞大且强劲的内需市场，中国互联网领军企业快速崛起，在用户规模、企业营收等方面位居世界前列。随着用户红利进一步放缓，"一带一路"倡议深化落实，中国互联网企业大幅开拓海外市场，加快全球化布局，从跨境运营向当地推广演进，从短期获利进入长期耕耘的新阶段。阿里巴巴继续以支付为入口撬动海外商户和用户，推出首个海外 eWTP 试验区，马来西亚数字自由贸易区在吉隆坡启用运营；腾讯聚焦游戏和社交，在印度、韩国、日本、俄罗斯、以色列等国广泛布局；百度地图初步形成亚洲、非洲、北美洲、南美洲、大洋洲、欧洲六大洲 209 个国家和地区的覆盖，完成从"中国地图"到"世界地图"的壮举；新兴创新企业基于差异化定位，凭借中国本土经验优势，拓展发展中国家新兴市场。滴滴已经与北美、东南亚、南亚、南美等 1000 多个城市优秀合作伙伴展开业务合作，覆盖超过全球人口的一半。许多企业独辟蹊径，瞄准海外市场，取得巨大成功。国产智能手机亦是大"出海"的一年，华为、OPPO、vivo、小米在欧洲、印度、东南亚等市场均有良好的表现。在印

度市场，第三季度小米取得了23%的市场占有率。在东南亚市场，第三季度OPPO以17.2%的占有率列东南亚市场整体市场第二位。茄子快传通过点对点的方式高效分享数据，全球用户已近10亿人。猎豹浏览器在全球诸多区域长期位居浏览器类应用榜首。

五、重安全，共治理

网络安全保障能力稳步提升，网络安全产业向服务主导型迈进，防范打击通信信息诈骗成效显著，网络环境更加清朗，全球互联网治理体系深度变革，网络空间治理取得明显成效。

（一）系列法律法规加速实施落地，为网络安全保驾护航

《中华人民共和国网络安全法》《互联网新闻信息服务管理规定》《网络产品和服务安全审查办法（试行）》《公共互联网网络安全威胁监测与处置办法》《公共互联网网络安全突发事件应急预案》等一系列互联网安全领域的法律法规正式实施，这是适应国内网络安全新形势、新任务，保障网络安全和发展利益的重大举措，也为中国网民撑起了一把"保护伞"。《中华人民共和国网络安全法》的颁布成为我国网络空间法制建设的重要里程碑，其正式实施意味着我国对网络安全的重视和保护已上升到前所未有的高度，对互联网实行科学管理，对网络秩序进行依法整治，使安全的篱笆得以扎紧，网络空间日渐清朗，国家网络安全保障得以巩固。

（二）网络安全保障能力持续提升，安全产业向服务主导转型

我国网络安全威胁态势依然严峻，移动互联网的恶意程序数量呈高速增长态势，针对关键信息基础设施的攻击频率增加，物联网安全、勒索病毒传播、僵尸网络、网络攻击、网络诈骗、信息泄露等问题日渐突出。为有效应对国内外网络安全新挑战，多部门联合推进《网络安全法》实施落地，积极构建协同联动的网络安全保障体系，组织开展数据安全和用户个人信息保护专项检查，修订《互联网新业务安全评估管理办法（征求意见稿）》，扎实做好维护网上意识形态安全和反恐维稳各项工作，立项发布网络与信息安全相关标准90余项，网络安全保障能力稳步提升；组织开展跨区域网络安全突发事件应急演练，建立健全跨省联动和跨部门协同应急处置机制，网络安全突发事件监测预警和联动处置能力显著提升。网络安全产业正由产品主导向服务主导转型，态势感知、监测预警、云安全服务等新技术、新业态层出不穷，网络安全技术密集化、产品平台化、产业服务化等特征不断显现，产业综合实力显著增强。

（三）有效防范打击通信信息诈骗，全力保障社会民生

在国务院打击治理电信网络新型违法犯罪工作部际联席会议办公室的指导下，工业和信息化部等部门在信息通信和互联网行业开展防范打击网络诈骗工作，并取得阶段性成果，诈骗电话高发势头得到有效遏制，防范打击通信信息诈骗群防群治、社会共治的格局初步形成，公安通报的涉案电话号码数量逐月大幅下降，诈骗电话举报数量也呈现整体持续下降趋势；全国诈骗电话技术防范体系初步建成，已圆满完成国际以及31个省级诈骗电话防范系统建设，群众财产损失数同比下降超过27%，有力地维护了人民的合法权益。

（四）不良信息治理力度持续加大，网络空间更加清朗

各部门深入开展"扫黄打非"等专项工作，依法坚决管控违法有害信息，加大网络安全防护检查和威胁治理力度，营造清朗的网络环境和安全的消费环境。国家互联网信息办公室密集发布《互联网新闻信息服务管理规定》《互联网信息内容管理行政执法程序规定》《网络产品和服务安全审查办法（试行）》《互联网新闻信息服务许可管理实施细则》《互联网论坛社区服务管理规定》《互联网跟帖评论服务管理规定》《互联网群组信息服务管理规定》《互联网用户公众账号信息服务管理规定》《互联网新闻信息服务新技术新应用安全评估管理规定》《互联网新闻信息服务单位内容管理从业人员管理办法》等相关管理办法和规定，规范和保障互联网信息内容管理部门依法履行行政执法职责，提高管理规范化、科学化水平，弘扬社会主义核心价值观，培育积极健康的网络文化，促进互联网信息服务健康有序发展。

（五）命运共同体理念深入人心，互联网全球治理体系深度变革

全球互联网治理体系变革进入关键时期，构建网络空间命运共同体日益成为国际社会的广泛共识。3月，我国发布《网络空间国际合作战略》，全面宣示中国在网络空间相关国际问题上的政策立场，推动国际社会携手努力，加强对话合作，共同构建和平、安全、开放、合作、有序的网络空间。9月，金砖国家领导人会晤期间数字经济成为重要议题。11月，亚太经合组织领导人非正式会议期间深入落实互联网和数字经济路线图。12月，以"发展数字经济促进开放共享——携手共建网络空间命运共同体"为主题的第四届世界互联网大会在乌镇举办，又一次彰显了我国在网络空间领域的影响力、感召力、塑造力，秉承着大家的事由大家商量着办的原则，做到发展共同推进、安全共同维护、治理共同参与、成果共同分享，多边、民主、透明的全球互联网治理体系建设迈入新阶段。

迈进新时代，踏向新征程，2018年中国互联网产业发展有如下趋势值得关注。

一、新技术

新技术正在成为产业融合、行业引领、企业竞争的重要战略力量，将会在新兴数字经济领域具有更广泛的影响和应用，在未来深刻改变互联网产业格局。

（一）下一代网络建设带动5G产业崛起

2018年将进入5G技术的商用期，运营商、厂商有望为5G注入更多发展预期。我国企业正在积极进行大规模试验，预计2018年5G R15标准的冻结，将为全球5G规模性商用奠定基础、指明方向。同时，5G技术的应用将加速物联网的普及，降低设备成本，有助于延长电池寿命，将出现更好的可穿戴设备、智能产品和安全设备，并带动移动流量的持续增长。

下一代网络建设提速，加快推进IPv6规模部署，构建高速率、广普及、全覆盖、智能化的下一代互联网，是加快网络强国建设、加速国家信息化进程、助力经济社会发展、赢得未来国际竞争新优势的紧迫要求。中国互联网将进入一个新时代，对世界互联网发展将产生重大影响。

（二）工业互联网促进制造业集成创新

制造业与互联网进一步融合发展，网络化协同、个性化定制、在线增值服务、分享制造等"互联网+制造业"新模式有新的进步。工业化与信息化融合管理体系进一步完善，信息技术服务基础能力进一步加强，企业数字化、网络化、智能化水平进一步提升；基于网络、平台、安全体系的工业互联网将获得较大发展；低功耗、广覆盖、低时延、高可靠的工业物联网将大量投入使用；以多源数据建模为基础的信息物理系统（CPS）架构将进入实用阶段；基于云计算的工业大数据存储、维护、分析和挖掘技术有望获得突破。

工业互联网发展提速，转型升级加快推进。互联网和新一代信息技术与工业系统全方位

深度融合所形成的产业和应用生态进一步形成，面向网络、平台和安全三大体系的大型企业集成创新、中小企业应用普及将进一步完善，产业、生态与国际化支撑能力将逐步具备。

（三）大数据、人工智能将加速推进产业深度融合

自主可控的大数据产业链、价值链和生态系统将逐步形成。高速、移动、安全、泛在的新一代信息基础设施构建取得进展，将逐步统筹规划政务数据资源和社会数据资源，完善基础信息资源和重要领域信息资源建设，形成万物互联、人机交互、天地一体的网络空间。

人工智能的应用将更加广泛，嵌入式人工智能等新模式将推动计算需求向更深层次发展。人工智能与大数据、物联网、云计算、移动互联网等技术加速融合，推动边缘计算在智能化领域崛起，将智能化应用带给用户和企业。

（四）技术创新推动金融信用体系趋于完善

金融业利用大数据、人工智能和云计算等技术，能够对客户进行更精准的营销。金融技术创新将聚焦服务的效率和质量，普惠金融服务的覆盖面、渗透率和效率将逐步提高，服务成本将逐步降低。区块链技术的进一步应用将完善金融风险防控和信用体系建设。随着社会信用体系建设的深入推进，包括信用服务标准、信用数据采集和服务标准、信用修复标准、城市信用标准、行业信用标准等在内的多层次标准体系将出台，社会信用标准体系有望快速推进。一批综合实力强、信用服务经验丰富、社会信誉好的信用服务机构将深度参与细分领域的信用体系建设，助力金融市场有效监管。

二、新动能

推动经济结构转型升级必须加快新旧动能转换。新动能覆盖一、二、三产业，重点以技术创新为引领，以新技术、新产业、新业态、新模式为核心，以知识、技术、信息、数据等新生产要素为支撑，体现了新生产力发展趋势，是实体经济发展升级的强大动力。

（一）产业互联网推动新旧动能加速转换

从传统产业和生产性领域视角看，产业互联网将更多地面向生产体系各个层级，通过机器之间、机器与系统、企业上下游的实时连接与智能交互，实现泛在感知、实时监测、精准控制、数据集成、运营优化、供应链协同、需求匹配、服务增值等。从互联网视角看，产业互联网将从营销、服务、设计环节的互联网新模式、新业态带动生产组织的智能化变革，基于互联网平台逐步实现精准营销、个性定制、智能服务、众包众创、协同设计、协同制造。依托产业互联网在这些领域的潜力和优势，传统产业将更好地提升产业发展水平，推动新旧动能转换，助力实体经济振兴。

智慧城市建设将培育城市发展的新动能，时空大数据与云平台运用新一代信息技术，持续深化城市各类数据深度融合、平台高效运转、公共服务水平提升。智慧城市建设将在基础地理信息数据汇聚的基础上，逐步推进人口、法人、气象、交通、规划、国土等多源数据的智能汇聚和动态关联，形成"智慧城市管理的一张活图"。

（二）"互联网+先进制造业"成为振兴实体经济的重要途径

工业互联网作为新一代信息技术与制造业深度融合的产物，将成为深化"互联网+先进制造业"的重要基石，对未来工业发展产生深层次的影响，工业互联网的应用路径将初步形成。工业互联网平台建设及推广指南制订并出台，将促进大型企业集成创新和中小企业应用普及，龙头工业企业利用工业互联网将业务流程与管理体系向上下游延伸，带动中小企业开

展网络化改造和工业互联网应用更加普遍,"单项冠军"不断涌现,工业企业上云和工业 APP 培育将取得新进展;产业联盟、行业协会整合产业资源的优势充分显现,通过建设验证测试平台、培育开源社区、举办开发者大赛、推动平台间的合作等举措,共同开创实体经济振兴的新局面。

数字化生产、网络化协同、个性化定制、服务型制造等新模式继续推广:设备预测性维护、生产工艺优化等应用服务帮助企业用户提升资产管理水平,制造协同、众包众创等创新模式实现社会生产资源的共享配置,用户需求挖掘、规模化定制生产等解决方案满足消费者日益增长的个性化需求,智能产品的远程运维服务驱动传统制造企业加速服务化转型。面向用户实际需求的各类应用场景将更加丰富:面向工业现场的生产过程优化(设备运行优化、工艺参数优化、质量管理优化、生产管理优化)、面向产品全生命周期的管理与服务优化(故障提前预警、设备远程维护、产品设计反馈优化)、面向社会化生产的企业间协同(云制造、制造能力交易、供应链协同)等模式都将进一步提升企业运转效率。

(三)制造业与互联网融合的行业解决方案将继续突破

围绕制造业与互联网融合,推动相关领域关键技术研发和重点行业普及应用,进而提升制造业软实力和行业系统解决方案,是推动制造业与互联网深度融合的突破口。通过关键技术的突破和产业化,推进产业链上下游相关单位联合开展制造业+互联网试点示范,有望全面提升行业系统解决方案服务能力,面向重点行业、智能制造单元、智能生产线、智能车间、智能工厂建设,探索形成可复制、可推广的经验和做法,培育一批面向重点行业的系统解决方案供应商,组织开展行业应用试点示范,将形成一批行业的优秀解决方案。越来越多的制造业企业、互联网企业、软件和信息服务企业将开展跨界合作与并购重组,通过优势互补、协同创新,强化制造业与互联网融合解决方案的自主提供能力,行业解决方案将成为领先制造企业新的利润增长点。

(四)智能制造的网络安全保障将成为关键一环

越来越多的工业控制系统及其设备连接互联网,工业网络和设备的安全风险持续加大。随着控制环境的开放,工厂控制环境可能会被外部互联网攻击和渗透。工业数据在采集、存储和应用过程中存在很多安全风险,数据泄露会为企业和用户带来严重的影响,数据丢失、遗漏和篡改将导致生产制造过程发生混乱。工业基础设施、工业控制体系、工业数据等重要战略资源的安全保障机制有望形成,通过发展工业互联网关键安全技术和完善工业信息安全标准体系,组织开展重点行业工业控制系统信息安全检查和风险评估,推动访问控制、追踪溯源等核心技术产品产业化,将提升制造业与互联网融合的安全可控能力。

(五)农业全产业链信息化升级将加速

物联网、云计算、大数据、移动互联网等技术将持续推动农业全产业链的改造升级,进而通过互联网平台加速我国农业现代化发展进程。互联网与农业的融合将从农产品流通方面逐渐向产中、产前等领域扩展,并在各个垂直细分领域得到体现,如粮食、农机装备、仓储物流、农业金融等。农业生产、经营、管理和服务水平将通过互联网进一步提升,网络化、智能化、精细化的现代"种养加"(种植、养殖、农产品加工)生态农业新模式逐步形成。无人驾驶农机、作业机器人等农业机械日益智能化,将逐步提升农业生产效率和质量。

三、新场景

网络消费线上线下联动,一体化、全渠道消费体验成为新的发展趋势,以消费者为核心的商业模式不断催生应用新场景,应用创新让消费场景日益智能化。

(一)数据与服务开辟消费新场景

随着移动互联网的深度普及和消费主体的多样化,消费场景日益多元化和分散化。以消费者为核心的商业模式发展将势如破竹,消费者的参与度逐步成为市场关注的重点。文化、娱乐、体育、健康等新消费需求不断爆发,不同年龄层消费者也呈现出越发多元、细分的消费诉求。大数据、VR、AR等新技术的运用,将使得互联网消费更加多元、生动,服务更加贴近客户个性化定制需求。凭借数据驱动和技术助力,消费渠道将进一步融会贯通,把消费的场景扩大化与普遍化。消费频次增加、消费场景增多、消费链路聚合、消费动力升级,从而促使整个互联网消费生态颠覆与重构,推动未来互联网消费领域的新场景革命朝着聚合式、生态化的方向发展。社交化特征将更加明显,利用社交媒体更好地与消费者保持高频次的互动,获取消费痛点,把握消费圈层,营造新的消费场景,聚集全数据、全链路、全媒体、全资源,打造优质的用户体验。

(二)共享服务更加智能化和全球化

共享服务将进入更加智能的新阶段。共享出行领域将抓住人工智能的发展契机,全面发力智能化的共享服务,获取更丰富的用户画像及更生动的数据图谱,为分享与租赁经济打开新的想象空间,从而迈入感知型、智慧型的共享阶段。分享经济的全球图谱将更加开阔,全球化合作日趋加深,以数据共享中心、云服务中心、全球多职能中心等聚合起来的共享服务中心,将构建起全球化的共享生态平台,推动共享服务向纵深发展,共建共享将无处不在,未来将有更多的机会共享所有可能共享的资源。

(三)智能化赋能更多平台场景

新技术、新应用不断激发消费升级活力,人工智能、大数据、云计算等技术逐步成熟并在消费中得以应用,让传统消费领域的效率获得很大提高,极大地降低了成本,提升了消费体验,消费者与商家之间的消费通道越发顺畅。互联网各个平台将逐渐打通,朝着更加智能化的方向融合,用户永远处于某种场景下,移动互联网不断创造新的场景,且场景越来越丰富与个性化。云端化的产品存储平台成为常态化场景。利用感知智能来判断特定场景下人的状态和需求,在海量信息的基础上向用户进行推送,达到个性化的需求匹配和有针对性的互联网营销,成为大势所趋。

四、新体验

数字化浪潮正在重新定义消费者需求,智能化应用给我们的生活带来了更多便利,新的服务模式、消费场景促使互联网新体验不断涌现,服务更加精准化和智能化。

(一)智能交互催生消费新体验

智能硬件将与"互联网+"相结合,精准地满足现实世界中的各项用户需求,实现虚拟与现实的无缝对接,原有的互联网业务将在智能融合要素的影响下产生各种全新体验。信息交互方式将有可能发生重大变化,由以键盘、触屏操作为主转向以语音识别为主。随着语音识别与语义分析技术的发展,将会有越来越多的设备无须通过传统方式交互信息,口述将成为日常信息输入方式。

(二) 车联网、智能家电促进"住行"新体验

从投资规模上看,车联网是仅次于公共交通的重点科技投资领域。在未来,用户将不再局限于家庭、办公场所和手机来进行网络连接,车联网或将成为新的移动互联网入口,集人机交互、智能化服务和娱乐应用于一体,不断丰富用户体验。智能家电也将是产业变革升级的重要阵地,用户可通过任意家电来操控整个家庭的智能设备,智能电视、智能音响、智能冰箱等家电可能会成为家庭信息入口争夺的关键。

(三) AR有望重新定义移动交互体验

以AR眼镜等平视显示器为终端,以Li-Fi为通道利用光谱传输数据,以大数据为基座提供数据支撑,与网络连接后虚拟元素将真正同现实相结合,带来完全不一样的生活体验,改善人们的工作、生活和娱乐方式:AR游戏能让用户在线下体验,社交性大幅提升,开辟了一种全新的社交模式;AR购物可将商品投射到现实场景,现实感、体验感极强;AR在教育领域应用于情景式学习,使教育体验更加丰富,大幅提升了教学的生动性、趣味性,提升了学习者的存在感和专注度。

五、新挑战

"网络安全是全球性挑战,没有哪个国家能够置身事外、独善其身,维护网络安全是国际社会的共同责任。"网络安全共同维护需要及时应对新挑战,也需要不断完善网络空间安全的顶层制度设计与配套制度。

(一) 勒索病毒类攻击或将成为常态

勒索病毒攻击呈现出全球性蔓延态势,给广大电脑用户带来的损失日益增长,并向金融、能源、医疗等众多行业蔓延,严重的危机管理问题日益凸显。勒索病毒直接威胁到每个人的数据财产、数据权利,乃至威胁到了社会经济和国家安全。随着互联网深度普及应用,勒索病毒类攻击或将成为常态,攻击手段和传播能力将越来越强,所造成的经济损失也将越来越大,新时代、新环境下的安全挑战值得各界重视。

(二) 个人信息保护将面临严峻挑战

用户信息泄露呈现渠道多、窃取泄露等违法行为成本低、追查难度大的发展趋势,"精准诈骗"案件持续增多,个人信息保护将成为各界关注的焦点。个人信息安全保护标准、个人信息保护法等配套法律政策标准将加速制定,中国互联网协会将成立个人信息保护工作委员会,不断完善个人信息保护公众监督机制、行业自律及行业标准制定等工作,对掌握个人信息的运营单位或机构进行个人信息保护的资质审核与认证。

(三) 关键信息基础设施的安全风险将不断攀升

随着各类网络攻击技术的迅速发展,针对关键信息基础设施的攻击频率将进一步增加,再加上关键基础设施存在硬件过时、用户认证较弱、从业人员安全意识薄弱、系统易攻击等多种防御工作弱点,关键信息基础设施面临的网络安全风险问题将不断攀升。随着《网络安全法》《关键信息基础设施安全保护条例》等一系列法律政策规范进一步落地实施,关键信息基础设施保护、网络安全审查、数据跨境评估工作将持续推进,网络环境治理体系化建设将逐渐加强,企业防范和保障关键信息基础设施安全的能力和意识将逐步提升。

(四) 网络空间安全防护能力将大幅加强

随着移动互联网、云计算、大数据、工业互联网、人工智能等新一代网络信息技术加速

推广应用，新技术、新生态、新场景不断涌现，网络安全发展也面临更多挑战。党的十九大报告指出，要加快建设创新型国家，加强应用基础研究，拓展实施国家重大科技项目，突出关键共性技术、前沿引领技术、现代工程技术、颠覆性技术创新，为建设科技强国、网络强国、数字中国、智慧社会提供有力支撑。我国网络安全技术产业的支撑能力将不断适应网络安全新常态，网络安全核心技术加快突破，安全保障能力加速提升，网络安全产业规模也将进一步扩大。

（五）企业拓展国际化市场将面临激烈竞争

中国移动互联网发展速度进一步引起世界瞩目，"出海"进程将全力加速，路径将越走越多元化。移动互联网将完成从复制借鉴向创新引领的蜕变，从工具类产品到内容类产品，全球各地复制"中国制造"的情况将越来越多。掘金海外市场也潜藏着暗礁与风浪，如何做好本土化运营，做到真正符合当地用户需求和喜好，有效避免宗教、政策、法律等方面的风险，成为互联网出海企业普遍思考的问题。

六、新生态

网络空间天朗气清、生态良好，符合人民利益。中国迈向网络强国新时代，更需要依法加强网络空间治理，加强网络内容建设，做强网上正面宣传，为广大网民特别是青少年建立风清气正的网络新生态。

（一）物联网和工业互联网安全生态建设将日益完善

随着交互感知技术的应用和联网设备的增加，各种网络攻击事件不断发生，网络安全的形势不容乐观。网络安全防护、平台责任、数据管理等法律要求和战略部署将积极贯彻，工业互联网安全指导意见将陆续出台，工业互联网安全标准体系逐步健全，国家级工业互联网安全技术研发和手段建设将持续统筹推进，企业安全意识和防护水平将大幅提升。工业互联网网络安全制度将进一步细化，工业互联网关键信息基础设施和数据保护相关规则将逐步建立，工业互联网网络安全态势感知预警、网络安全事件通报和应急处置等机制将日益完善，产品全生命周期各环节数据收集、传输、处理规则将逐步明确。

（二）平台经济创新与协同治理的需求将更加迫切

平台经济带动了上游供应链和下游服务业的快速发展，预计到 2030 年，中国平台经济规模将突破 100 万亿元。平台之间的竞争将持续加剧，市场格局变化将更快，新型竞争行为将不断涌现。在激烈的互联网竞争中行稳致远，必须为其注入规范发展的血液。平台治理将继续坚持审慎包容和协同治理的原则，发挥政府规则引导，完善法规标准、保护知识产权、维护市场秩序等方面的作用。从发展来看，强化企业市场主体地位，平台与平台之间良性的竞争秩序将逐步建立健全，日益平衡技术创新、产业突破、平台构建、生态打造之间的关系，通过不断制定自律公约，建立打假、打击炒信、利用大数据构建信用体系及代码规则等措施，让平台治理更加高效精准。

（三）数据权属关系受到广泛关注

人与人、物与物、人与物之间产生了海量的数据，数据的流动与共享推动商业服务跨越边界，编织全新的生态网络与价值网络。预计 2020 年将有超过 500 亿部终端与设备联网，超过 50%的数据需要在网络边缘侧分析、处理与储存。数据商业化所引起的用户数据隐私界限、数据归属及数据资产定价标准等问题依旧备受关注。在需求驱动下，亟须研究制定法律法规，以明确用户数据的隐私界限与权属关系，以利于数据资产的商业化探索及行业的长远发展。

（四）网络综合治理体系将加快完善

随着互联网与实体经济的深度融合，产业发展呈现生态化的趋势，多元主体交织影响，及时感知网络舆情态势与风险预测能力进一步提升，治理的精准化需求将会大幅增长。网络综合治理体系将加快建立，决策模式将逐步从经验模式向数据驱动模式转变，政府、协会、企业多元主体共同参与的协同治理模式进入新阶段，初步实现提升治理的社会化、法治化、智能化、专业化水平，将助推网络空间朝着更加公正、合理的方向迈进。

（五）全球互联网治理体系将深度变革

网络空间全球治理是世界各国共同面对的一个重大课题，互联网领域发展不平衡、规则不健全、秩序不合理等问题依然凸显。中国坚持尊重网络主权，发扬伙伴精神，大家的事由大家商量着办，继续通过有效、建设性的合作，为构建网络空间命运共同体，推动全球互联网治理体系变革贡献中国智慧，并与世界各国携手共筑清朗地球村。

附录B 2017年影响中国互联网行业发展的十件大事

2017年，网络强国建设迈出重大步伐，国家级战略规划相继出台，互联网法治建设不断健全，中国互联网科技产业蓬勃发展，工业互联网助推先进制造业发展，网络安全保障能力稳步提升，互联网内容建设不断加强，网络空间更加清朗。中国互联网协会紧扣时代发展脉搏，发布2017年影响中国互联网行业发展的十件大事。

一、党的十九大报告多次提到互联网，互联网在经济发展中的重要地位更加凸显

在中国共产党第十九次全国代表大会上，习近平总书记代表第十八届中央委员会向大会做了题为《决胜全面建成小康社会 夺取新时代中国特色社会主义伟大胜利》的报告。报告中多次提到了互联网：思想文化建设取得重大进展，公共文化服务水平不断提高，文艺创作持续繁荣，文化事业和文化产业蓬勃发展，互联网建设管理运用不断完善，文化自信得到彰显，国家文化软实力和中华文化影响力大幅提升；深化供给侧结构性改革，加快建设制造强国，加快发展先进制造业，推动互联网、大数据、人工智能和实体经济深度融合，在中高端消费、创新引领、绿色低碳、共享经济、现代供应链、人力资本服务等领域培育新增长点、形成新动能；加快建设创新型国家，加强应用基础研究，拓展实施国家重大科技项目，突出关键共性技术、前沿引领技术、现代工程技术、颠覆性技术创新，为建设科技强国、质量强国、航天强国、网络强国、交通强国、数字中国、智慧社会提供有力支撑；牢牢掌握意识形态工作领导权，加强互联网内容建设，建立网络综合治理体系，营造清朗的网络空间；优先发展教育事业，推动城乡义务教育一体化发展，高度重视农村义务教育，办好学前教育、特殊教育和网络教育，普及高中阶段教育，努力让每个孩子都能享有公平而有质量的教育；扎实做好各战略方向军事斗争准备，统筹推进传统安全领域和新型安全领域军事斗争准备，发展新型作战力量和保障力量，开展实战化军事训练，加强军事力量运用，加快军事智能化发展，提高基于网络信息体系的联合作战能力、全域作战能力，有效塑造态势、管控危机、遏制战争、打赢战争；世界正处于大发展、大变革、大调整时期，和平与发展仍然是时代主题，世界面临的不稳定性突出，世界经济增长动能不足，贫富分化日益严重，地区热点问题此起彼伏，恐怖主义、网络安全、重大传染性疾病、气候变化等非传统安全威胁持续蔓延，人类面临许多共同挑战；全面增强执政本领，增强改革创新本领，保持锐意进取的精神风貌，善于结合实际创造性推动工作，善于运用互联网技术和信息化手段开展工作。

二、国家出台一系列发展规划，推动互联网技术创新纵深发展

2月17日，工业和信息化部发布《信息通信行业发展规划（2016—2020年）》，提出开展5G研发和产业推进，为5G启动商用服务奠定基础。

7月8日，国务院印发《新一代人工智能发展规划》，提出面向2030年我国新一代人工智能发展的指导思想、战略目标、重点任务和保障措施，部署构筑我国人工智能发展的先发优势，加快建设创新型国家和世界科技强国。

11月15日，科技部宣布百度、阿里、腾讯、科大讯飞等公司为首批国家新一代人工智能开放创新平台。

11月26日，中共中央办公厅、国务院办公厅印发《推进互联网协议第六版（IPv6）规模部署行动计划》，提出我国要用5～10年的时间，建成全球最大规模的IPv6商用网络，预计2018年年末，IPv6活跃用户数将达到2亿人，在互联网用户中的占比将不低于20%。

11月27日，国务院发布《国务院关于深化"互联网+先进制造业"发展工业互联网的指导意见》（以下简称《意见》）。《意见》指出，要深入贯彻落实党的十九大精神，以全面支撑制造强国和网络强国建设为目标，围绕推动互联网和实体经济深度融合，聚焦发展智能、绿色的先进制造业，构建网络、平台、安全三大功能体系，增强工业互联网产业供给能力，持续提升我国工业互联网发展水平，深入推进"互联网+"，形成实体经济与网络相互促进、同步提升的良好格局，有力推动现代化经济体系建设。

12月8日，中共中央政治局就实施国家大数据战略进行第二次集体学习，习近平总书记在主持学习时指出，要构建以数据为关键要素的数字经济，坚持以供给侧结构性改革为主线，加快发展数字经济，推动实体经济和数字经济融合发展，推动互联网、大数据、人工智能同实体经济深度融合，继续做好信息化和工业化深度融合这篇大文章，推动制造业加速向数字化、网络化、智能化发展。

12月14日，工业和信息化部印发《促进新一代人工智能产业发展三年行动计划（2018—2020年）》，提出以信息技术与制造技术深度融合为主线，以新一代人工智能技术的产业化和集成应用为重点，推进人工智能和制造业深度融合，加快制造强国和网络强国建设。

2017年，工业和信息化部多措并举推进网络提速降费工作，全国50MB以上宽带用户比例超过60%，手机国内长途和漫游费全面取消，手机流量资费、中小企业专线资费大幅下降，进一步增强人民群众的获得感。

7月11日，第十六届中国互联网大会以"广连接、新活力、融实业"为主题，积极贯彻落实国家战略，搭建交流、合作、分享的大平台，紧紧把握互联网变革发展的新趋势，积极探索互联网融合发展的新思路，推动国家战略落地实施。

三、中国互联网法治化建设有序推进，协同治理迈入积极探索期

2017年，中国互联网法律政策制定紧跟产业发展步伐，重点覆盖网络安全、网络虚拟财产、数据流动、信息保护、竞争规则、平台责任等多个领域，效力层级更高，适用领域更广，调整程度更深。

互联网法律体系逐步形成，《网络安全法》正式实施，《民法总则》及时回应网络时代新问题，新修订的《反不正当竞争法》增设互联网不正当竞争行为专条，《电子商务法（草案）》进入二审阶段。

互联网细分领域配套制度逐步建立，工业和信息化部发布的《中国互联网络域名管理办法》确立了我国基础资源管理基本制度。为确保《网络安全法》有效实施，不断提升网络安全保障能力。《网络产品和服务安全审查办法（试行）》《工业控制系统信息安全防护能力评估工作管理办法》《公共互联网网络安全威胁检测与处置办法》等规范性文件对网络与信息安全工作给予有效指引。国家互联网信息办公室修订的《互联网新闻信息服务管理规定》将应用程序、论坛、博客、微博客、即时通信工具、搜索引擎等纳入管理范围。《互联网论坛社会服务管理规定》《互联网跟帖评论服务管理规定》《互联网群组信息服务管理规定》《互联网用户公众账号信息服务管理规定》等文件陆续发布，使互联网治理从开放空间向半封闭的领域延展，互联网服务管理责任不断增强。

在行业交流方面，第三届中国互联网法治大会以"建设网络强国，共建法治生态"为主题，积极汇集政、产、学、研各界共商互联网法治创新与治理，为中国互联网法治生态建设贡献了力量。

2017年，部门协同、政企联动的治理效果良好，行业组织与企业联盟作用日益凸显，企业自治意识与能力显著增强。管理部门在全国范围内治理垃圾短信，清理规范互联网网络接入服务，打击"黑广播""伪基站"，打击电子商务领域侵权假冒、刷单炒信、虚假宣传等工作成效显著。

2017（第四届）中国互联网企业社会责任论坛以"新时代互联网企业的责任与使命"为主题，引导企业增强平台自治意识，督促企业切实履行企业责任。数字技术平台在互联网金融风险整治中的作用凸显，开放共享的产业发展态势倒逼数据权属关系加速理清，个人信息和数据安全保护日益受到重视，网民个体责任随之强化。

互联网市场竞争逐渐告别"丛林法则"时代，融合发展助推产业链上下游竞争边界重塑。中国互联网协会发布的《移动智能终端应用软件分发服务自律公约》具有里程碑意义，为产业链上下游的服务界限和竞争机制提供了范式，具有积极的示范效应和未来价值。

四、互联网百强企业营收实破万亿元，境内网站性能持续提升

由中国互联网协会、工业和信息化部信息中心联合发布的《2017年中国互联网企业100强分析报告》显示，中国互联网百强企业的互联网业务收入总规模达到1.07万亿元，首次突破万亿元大关，同比增长46.8%。互联网百强企业收入占信息消费的比重达到27.43%，比2016年提高了4.66%，带动信息消费增长8.73%，贡献率比2016年提升0.63个百分点，对经济增长的贡献进一步提升。72家企业互联网业务收入增速超过20%，其中31家企业实现了100%以上的超高速增长。中国互联网企业TOP10依次为：腾讯、阿里巴巴、百度、京东、网易、新浪、搜狐、美团、携程、360。

11月，腾讯市值突破4万亿港元，首次超越了Facebook，成为仅次于苹果、谷歌、微软、亚马逊的全球第五大科技公司，距离第四名的亚马逊也只有100亿美元的差距，成为亚洲首家市值超过5000亿美元的科技公司。阿里巴巴以4800亿美元紧随其后，成为全球排名第七的科技公司。

我国处于新旧动能接续转换的关键时期，传统增长引擎对经济的拉动作用减弱。我国互联网发展虽然起步稍晚，但发展迅速，已形成设施优势、用户优势和应用优势三大优势凸显的一个新兴产业，基于互联网的新业态、新模式层出不穷，产业保持了强劲的增长势头，数字经济蓬勃兴起，成为经济发展新动能的领军产业；与传统产业融合渗透，驱动新一轮的产业革命，成为促进供给侧结构性改革、加快新旧动能接续转换的重要抓手。2017年，互联网百强企业对经济增长发挥了积极作用,长期保持强劲的增长势头,综合实力持续增强,对经济发展新动能的培育和发展做出了重要贡献。

由中国互联网协会与国家互联网应急中心共同发布的《互联网行业运行指数(ISC-CNCERT Web Index,简称网行指数)——中国网站报告》,全面分析了我国网站基础资源发展现状及网络安全水平状况。数据显示,截至2017年年底,我国网站数量达到526.06万个,网站主办者达到401.65万个,接入商数量达到1274家,各省市网站性能都明显提升。

"中国信息无障碍公益行动"正式启动,广泛组织政务网站、公共服务网站及商业网站开展信息无障碍建设,让信息获取有障碍的人群能够共享科技发展成果和社会发展进步福祉。6月,国际电信联盟授予中国互联网协会"中国政务信息无障碍服务体系"2017年信息社会世界峰会项目大奖。

五、"中国制造2025"全面实施,工业互联网助推先进制造业发展

2017年,"中国制造2025"进入全面实施阶段,配套政策措施陆续推出,纵向联动、横向协同的工作机制不断完善,国家制造业创新中心建设、智能制造、工业强基、绿色制造、高端装备创新五大重点工程稳步推进,"中国制造2025"国家级示范区启动创建,一批标志性项目落地实施,重大创新成果开始涌现;国家制造业创新体系建设进一步完善,信息光电子、印刷及柔性显示、机器人3家国家制造业创新中心得到批复,48家省级创新中心启动培育;工业强基工程"一揽子"重点突破行动持续推进,高档数控系统、高端装备等重点领域技术瓶颈问题进一步缓解;202个综合标准化和新模式应用项目完成立项,一批主营业务收入超过10亿元的系统解决方案供应商快速成长;大企业"双创"平台持续普及,制造业骨干企业"双创"平台普及率接近70%;上海、浙江、湖北、辽宁、陕西等省市细化落实"中国制造2025"分省市指南,推进试点示范城市建设取得突出成效。2017年1—11月,全国规模以上工业增加值同比增长6.6%。

发展工业互联网已成为抢占全球产业竞争新制高点、重塑工业体系的必然选择。11月,国务院印发《关于深化"互联网+先进制造业"发展工业互联网的指导意见》,明确了我国工业互联网发展的指导思想、基本原则、发展目标、主要任务及保障支撑,是我国推进工业互联网的纲领性文件,将为当前和今后一个时期国内工业互联网发展提供指导和规范,将为推动互联网和实体经济深度融合、推进制造强国和网络强国建设打下坚实基础。工业和信息化部大力推动工业互联网创新发展战略实施,构建网络、平台、安全三大体系,发布《工业互联网平台白皮书》,推动国家级工业互联网平台及一批行业互联网平台建设。由中国互联网协会主办的第二届中国产业互联网大会,积极搭建产业互联网合作交流平台,全方位、多角度地促进制造业与互联网的融合和工业互联网创新发展,打造产业发展新动能,服务实体经济发展。

六、互联网金融监管渐趋明朗,市场秩序更趋稳定

2017年,比特币表现耀眼,价格暴涨逾10倍,但各类监管和市场突发事件让比特币坐上了"过山车",走势跌宕起伏,高潮迭起。1月1日,比特币价格为每枚960美元,1月11日达到全年最低的789美元,6—7月,一度下挫36%,而到11月末,突破一万美元关口,12月中旬又极速上升至近20000美元。圣诞节假期前后,比特币经历了巨幅回调,目前价格在14000美元左右,全年涨幅超过1700%。比特币所依托的区块链技术蕴藏着振奋人心的机

遇，对包括金融、制造业、公用事业等诸多领域产生了重大影响。

互联网金融市场风生水起，然而监管重拳层层加码，节奏紧密，铿锵有力，2017年步入互联网金融合规元年。2月，银监会发布《网络借贷资金存管业务指引》，详细规定了开展互联网金融业务的各项要求，帮助银行和网民更好地辨别网贷机构的合规性和安全性。8月，银监会正式印发实施了《网络借贷信息中介机构业务活动信息披露指引》《信息披露内容说明》，标志着网贷行业"1+3"制度框架基本搭建完成，初步形成了较为完善的制度政策体系。"现金贷"业务被纳入互联网金融专项整治范畴。

在支付领域，围绕备付金管理、跨机构清算、条码支付业务等，人民银行出台了《关于实施支付机构客户备付金集中存管有关事项的通知》《关于将非银行支付机构网络支付业务由直连模式迁移至网联平台处理的通知》《关于进一步加强无证经营支付业务整治工作的通知》《关于规范支付创新业务的通知》《条码支付业务规范（试行）》等规范性文件。

10月，国家互联网金融风险分析技术平台获得国家发展改革委员会批复立项，由国家互联网应急中心负责建设和运营。该技术平台是目前唯一的国家级互联网金融监测基础设施，已在全国互联网金融专项整治中发挥了重要作用。

11月，国务院金融稳定发展委员会成立，将原来金融监管的"一行三会"格局升级为"一委一行三会"，预示着从过去宽松、鼓励新金融业态创新的松周期、弱监管状态进入紧周期、强监管状态。网络融资依法依规开展业务，已成为互联网金融平台良好发展的关键因素。

七、安全威胁态势依然严峻，网络安全保障能力稳步提升

2017年，我国网络安全威胁态势依然严峻，移动互联网的恶意程序数量呈高速增长态势，针对关键信息基础设施的攻击频率增强，物联网安全、勒索病毒传播、僵尸网络肆虐、网络攻击、网络诈骗、信息泄露等问题日渐突出。Cerber、Crysis、WannaCry三大勒索软件呈现出全球性蔓延态势，攻击手法和病毒变种也进一步多样化。

5月12日，WannaCry勒索病毒在全球近百个国家和地区爆发，受到勒索病毒攻击的电脑会被锁死，把所有文件都改成加密格式，并修改用户桌面背景，弹出提示框告知交纳"赎金"的方式。国内多所大学校园网"中招"，不少应届毕业生的毕业设计文件被锁，政府部门、医疗服务、公共交通、邮政、通信和汽车制造业也深受影响。勒索病毒事件，又一次印证了网络安全的重要性。

我国网络安全产业正由产品主导向服务主导转型，态势感知、监测预警、云安全服务等新技术、新业态层出不穷，网络安全技术密集化、产品平台化、产业服务化等特征不断显现，产业综合实力已显著增强。与我国网络设施、融合应用、个人信息等安全保障需求的迅速扩大相比，网络安全技术产业的支撑能力仍显不足，网络安全核心技术亟须加快突破，安全保障能力仍须加快提升，产业规模有待进一步扩大。

多部门联合推进《网络安全法》实施落地，积极构建协同联动的网络安全保障体系，组织开展数据安全和用户个人信息保护专项检查，研究发布《网络产品和服务安全审查办法（试行）》《工业控制系统信息安全防护能力评估工作管理办法》《关键信息基础设施安全保护条例（征求意见稿）》《公共互联网网络安全威胁检测与处置办法》等一系列政策法规，修订《互联网新业务安全评估管理办法（征求意见稿）》，扎实做好维护网上意识形态安全和反恐维稳工作，立项发布网络与信息安全相关标准90余项，建成国际及我国31个省级诈骗电话防范系统,群众财产损失数同比下降超过27%,"安全百店"行动实现"一键举报、百家联动",联合广大手机应用商店共同抵制恶意手机应用软件,累计下架改号软件APP近千款,防范打击通信信息诈骗的成效显著,网络安全保障能力稳步提升。

八、新生代创新型互联网企业涌现,探路"出海"脱颖而出

数据显示,我国独角兽企业总数达到120家,整体估值总计超过3万亿元。其中,互联网金融行业蚂蚁金服以超过4000亿元估值高居榜首,滴滴出行以超过3000亿元位列第二,小米、新美大并列第三。独角兽企业在出行、短租、医疗、物流、安全、金融、知识付费、网络直播等领域多点开花,无人机、机器人、移动互联网、生物医药、新材料、现代物流等从高端制造业到高新技术产业,再到现代服务业,各领域涌现出独角兽新秀。在资本的推波助澜下,中国独角兽企业的诞生速度加快,围绕"连接+需求"的发展模式成为众多独角兽企业的共同选择。从发展趋势来看,独角兽企业基于差异化定位,凭借中国本土经验优势扬帆"出海",成为企业盈利的新选择。蚂蚁金服先后通过注资或收购的形式,将业务版图开拓至海外市场,与多家海外金融企业建立合作关系,同时针对海外市场开发移动支付工具。滴滴与北美、东南亚、南亚、南美等地区的1000多个城市优秀合作伙伴展开业务合作,覆盖超过全球人口的一半。中国互联网的独角兽企业在转型的阵痛中逐渐迈入良性生长周期,新兴业态与模式将走向颠覆式创新。

九、共享产品呈现大浪淘沙态势,分享经济从喧嚣中回归冷静

分享经济得到较快发展,也经历了不断洗牌的过程。一方面,滴滴出行、ofo、摩拜单车等企业占领了更多的市场份额,覆盖领域不断增加,交易市场不断完善,共享出行、共享空间、共享资金价值、共享知识教育、共享餐饮、共享医疗、共享技能等多个领域共享服务活跃进场,除网约车、共享单车之外,充电宝、雨伞、篮球、马扎乃至睡眠舱等共享模式五花八门。知识分享作为新兴市场潜力可观,通过把知识技能分享与传统领域结合,实现了传统领域资源要素的快速流动与高效配置。另一方面,新兴企业也正不断遭受市场的考验,市场竞争不断加剧,倒闭潮、押金难退等新闻不断曝出。分享经济从热潮回归理性,行业风口紧缩,多家企业折戟沉沙,优秀的企业在这场大浪淘沙中站稳脚跟,企业运营模式日趋成熟。

从行政监管角度来看,坚持包容审慎的监管理念,给市场自我净化的时间和空间,反而更为理性。

3月,李克强总理在政府工作报告中提出,要"支持和引导分享经济发展,提高社会资源利用效率,便利人民群众生活。本着鼓励创新、包容审慎原则,制定新兴产业监管规则。"

7月,国家发展改革委等八部门联合印发《关于促进分享经济发展的指导性意见》,是贯彻落实创新驱动发展战略、促进"互联网+"行动的战略部署,是从中央层面再次明确表态大力发展分享经济的重要文件,也是支持与引导分享经济发展的顶层设计,通过释放制度红利,推动供给侧结构性改革,激发市场活力,促进大众创业、万众创新向更广范围、更深程度发展。

十、互联网内容建设不断加强,助力社会主义文化繁荣发展

全民阅读理念更加深入人心,全民阅读质量和水平不断提高,文字、视频、音频成了知识变现的三种载体,付费阅读成为时尚。逻辑思维推出APP"得到",提供付费订阅内容;米果文化出品的"好好说话"在"喜马拉雅"电台推出付费收听节目;新浪微博、今日头条等也都推出问答类产品。数据显示，我国各大数字阅读平台数字阅读移动端月度平均有效使用时长超过 18 亿小时，用户阅读时长有显著增长，知识付费用户规模达到 1.88 亿人。随着用户需求提升、市场下沉及产业链拓展，国内数字阅读平台纷纷向海外市场伸出橄榄枝，一方面促进了我国文化产业向国外拓展，另一方面也彰显了我国坚定的文化自信和文化软实力。

2017 年，我国互联网内容建设与管理运用不断完善，网络空间日益清朗。《互联网信息内容管理行政执法程序规定》《网络产品和服务安全审查办法（试行）》《互联网论坛社区服务管理规定》《互联网跟帖评论服务管理规定》《互联网群组信息服务管理规定》《互联网用户公众账号信息服务管理规定》《互联网新闻信息服务新技术新应用安全评估管理规定》《互联网新闻信息服务单位内容管理从业人员管理办法》等办法相继出台，规范和保障互联网信息内容管理部门依法履行行政执法职责，提高管理规范化、科学化水平，弘扬社会主义核心价值观，培育积极健康的网络文化，为广大网民营造风清气正的网络空间，促进互联网信息服务健康有序发展。

文化部出台《关于推动数字文化产业创新发展的指导意见》和《文化部"十三五"时期公共数字文化建设规划》，推进文化产业创新，促进产业融合发展，培育新型文化业态，进一步满足人民群众高品质、多样化、个性化的数字文化消费需求，提升人民群众的幸福感和获得感，增强中华文化在数字化、信息化、网络化时代的国际竞争力、影响力。

附录 C 2017 年中国互联网企业 100 强分析报告

一、评价方法

（一）评价对象

2017 年中国互联网企业 100 强的研究对象是持有增值电信业务经营许可证、收入主要通过互联网业务实现、主要收入来源地或运营总部位于中国大陆地区、2016 年互联网业务收入大于 1 亿元、无重大违法行为的企业。对于集团公司的全资子公司或控股子公司（含附属公司，集团控制比例大于 50%），需以集团总公司的名义统一参评。例如，优酷合一信息技术（北京）有限公司、上海全土豆文化传播有限公司、北京爱奇艺科技有限公司等综合实力较强、知名度较高的企业根据集团公司归属关系，以集团总公司的名义统一参评。

（二）数据来源和数据处理

本次评价的数据基础是企业 2016 年度数据。本次评价以企业自主申报数据为基础，并使用上市公司财务报告、拟上市公司招股说明书、企业审计报告、所得税纳税申报表、第三方研究报告、第三方数据平台监测数据等多种渠道的数据进行审核验证和补充。

2017 年 5 月，中国互联网协会和工业和信息化部信息中心联合发布《关于申报 2017 年中国互联网企业 100 强的通知》，组织企业自行申报年度发展数据，得到了互联网企业的广泛响应。6—7 月，完成了企业申报数据的收集和审核，作为本次研究主要数据依据。对汇总得到的数百家企业数据进行了细致的核查，以保障数据的客观性和准确性，重点核查的方面主要包括：企业经营许可证情况核查、企业主营业务类型核查、企业数据真实性和准确性核查及企业诚信和合法合规性核查等。对于自身情况不符合申报要求、申报材料不符合要求、无法获取完整数据的企业，为了确保研究工作的严谨性，本年度不将此类企业纳入研究对象。

（三）评价指标及方法

本项研究采用综合分析方法，选取代表企业规模、盈利、创新、成长性、影响力和社会责任六大维度（见图 C-1）的 8 类核心指标，综合行业发展特点和专家意见对指标设置了权重，加权平均计算生成综合得分作为企业的最终得分，对候选的数百家企业进行排序，取前 100 名的企业作为 2017 年中国互联网企业 100 强。

二、2017 年中国互联网企业 100 强总体评述类企业

2017 年中国互联网企业 100 强包括综合门户类企业 14 家、垂直门户类企业 10 家；综合电商类企业 4 家、垂直电商类企业 5 家、B2B 电商类企业 6 家；产业服务类企业 13 家、网

络营销类企业 10 家、IDC（含 CDN）类企业 3 家；网络游戏类企业 17 家、网络视频类企业 7 家、个人工具类企业 4 家、在线旅游类企业 3 家；其他类别企业 4 家。

图 C-1　2017 年中国互联网企业 100 强评价维度

从收入结构上看，综合电商类企业收入最高，占总体比重为 45.47%；综合门户类企业位居第二，收入占比为 26.68%，两类企业合计达到了 72.15%，之后分别是 B2B 电商（9.35%）、在线旅游（5.47%）、网络游戏（2.51%）、网络视频（2.24%），其余类别收入占比为 6.51%。15 家电子商务类公司（含综合电商、垂直电商和 B2B 电商）的电子商务交易总额达到 5.38 万亿元，同比增长 30.34%）。不同业务领域的公司数量和 2016 年互联网业务收入总额如图 C-2 所示。

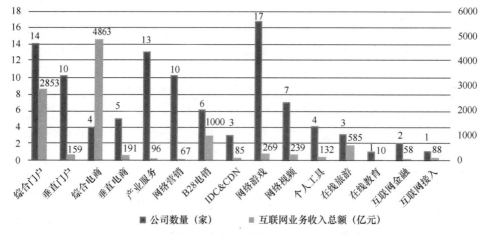

图 C-2　不同业务领域的公司数量和 2016 年互联网业务收入总额

（一）增长势头依然强劲，有力壮大经济发展新动能

当前，我国处于新旧动能接续转换的关键时期，传统增长引擎对经济的拉动作用减弱。我国互联网产业的发展虽然起步稍晚，但发展迅速，已形成设施优势、用户优势和应用优势三大优势凸显的一个新兴行业，基于互联网的新业态、新模式层出不穷，产业保持了强劲的

增长势头,数字经济蓬勃兴起,成为经济发展新动能的领军产业;与传统产业融合渗透,驱动新一轮的产业革命,成为促进供给侧结构性改革、加快新旧动能接续转换的重要抓手。

在这个过程中,互联网百强企业发挥了积极作用,长期保持强劲的增长势头,综合实力持续增强,对经济发展新动能的培育和发展做出了重要贡献。2017年,互联网百强企业的互联网业务收入总规模达到约1.07万亿元[1],首次突破万亿元大关,同比增长46.8%(见图C-3)。互联网百强企业收入占我国2016年信息消费的比重达到27.43%,比重比2015年提高了4.66%;带动信息消费增长8.73%,贡献率比2015年提升0.63个百分点,对经济增长的贡献进一步提升;对数字经济发展也有所拉动。有72家企业互联网业务收入增速超过20%,其中有31家企业实现了100%以上的超高速增长(见图C-4)。

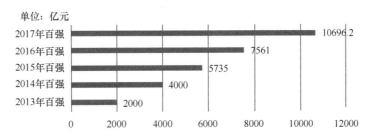

图C-3　2013—2017年中国互联网企业百强市场规模

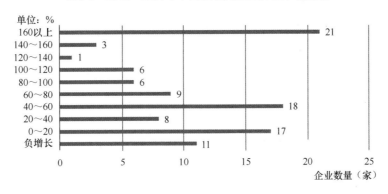

图C-4　互联网百强企业2016年互联网业务收入增长率分布情况

在发展规模不断扩张的同时,互联网百强企业的发展质量也保持在较高水平,互联网百强企业普遍盈利,取得了良好的经济效益,商业模式较为成熟且具有可持续性。互联网百强企业2016年营业利润总额为1362.86亿元,平均营业利润率达到9.44%。79家企业实现盈利,盈利企业的利润总额为1569.59亿元,平均营业利润率高达21.51%,11家企业的营业利润率超过了40%(见图C-5和图C-6)。

但是值得注意的是,互联网行业的集中度仍然较高,"赢者通吃"的行业特点依然明显。互联网百强企业中,"两超"格局越发凸显,前两名的腾讯集团和阿里巴巴集团的互联网业务收入达到2958亿元,营业利润达到997.52亿元,分别占全部互联网百强企业互联网业务总收入和营业利润的28%和73.2%;前五名企业的互联网业务收入和营业利润总和分别达到

---

[1] 本报告中使用的货币单位均为人民币。

6586亿元和1202.85亿元，分别占百强企业互联网业务收入和营业利润的62%和88.3%，前十名的企业分别包揽了67.5%和88.5%的互联网业务收入及营业利润，前三十名企业的互联网业务收入和营业利润占比分别达到了87.2%和93.8%，前五十名企业的互联网业务分别占据互联网百强企业分别互联网业务总收入和营业利润的94.2%和95.8%，大企业的竞争优势明显（见图C-7）。

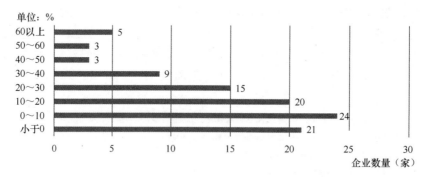

图C-5　互联网百强企业2016年营业利润率分布

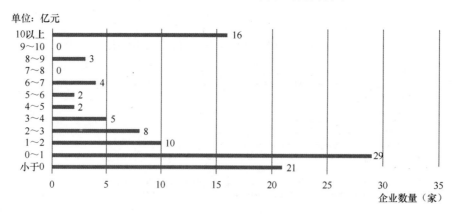

图C-6　互联网百强企业2016年营业利润分布

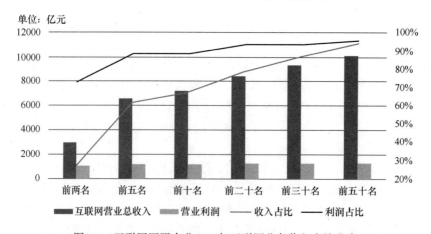

图C-7　互联网百强企业2016年互联网业务收入占比分布

互联网百强企业2016年互联网业务收入分布如图C-8所示。

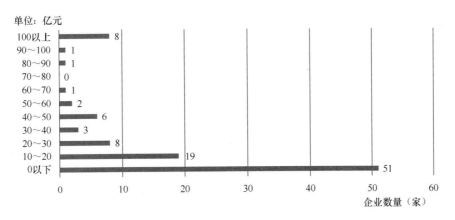

图C-8 互联网百强企业2016年互联网业务收入分布

（二）创新驱动成果丰硕，新技术产业化快速推进

当前，以信息技术为核心的新一轮科技革命孕育兴起，大数据、云计算、人工智能等互联网产业的新技术、新业态、新产业蓬勃发展，数字化、网络化、智能化浪潮席卷全球。互联网产业是当前全球研发投入最集中、创新最活跃、应用最广泛、辐射带动作用最大的技术创新领域，加快互联网产业创新驱动发展，对深化供给侧结构性改革，促进经济转型升级，意义重大。党中央、国务院高度重视互联网产业在创新驱动发展中的重要作用，习近平总书记强调"世界经济加速向以网络信息技术产业为重要内容的经济活动转变，我们要把握这一历史契机，以信息化培育新动能，用新动能推动新发展"。国家"十三五"规划、创新驱动发展战略、信息化发展战略等都对我国互联网行业创新发展做出了重要部署。

互联网百强企业着力加强党组织建设，已有72家企业建立了党组织，党员数量超过了50000余名，占员工总数超过5%，党员占比最高的企业达到了43%。党组织充分发挥了战斗堡垒作用及党员先锋模范作用，贯彻落实"四个意识"，在习近平总书记系列讲话精神的引领下，积极成为企业创新发展的"先锋队"，有力推动互联网百强企业积极践行新发展理念，实践创新驱动的发展模式，积极研发新产品、开发新技术、探索新业态、开拓新模式，持续加大研发创新力度，技术研发投入维持在较高水平，创新成果大量涌现，加快推进人工智能、云计算、物联网、工业互联网等前沿技术的产业化进程，引领全行业乃至全社会的创新浪潮。

2016年，互联网百强企业研发投入达到749.6亿元，同比增长29.7%，平均研发强度达到11.8%，较2015年提高了2.8个百分点；研发人员达到15.6万人，同比增长17.65%，研发人员占比达到19.5%，较2015年提高了1.3个百分点，有力地带动了高技术人才的培养和就业，产生了积极的社会影响。互联网百强企业2016年研发强度分布和研发人员占比分布分别如图C-9和图C-10所示。

互联网百强企业对人工智能、大数据、云计算、物联网、工业互联网等领域的大幅创新投入，已经产生了丰硕成果，加速了前沿技术产业化。2017年互联网百强企业中大数据领域相关企业近一半，人工智能相关企业近20家，区块链相关企业不到5家。根据日均活跃用户量分析，人工智能业务的用户量最高，大数据和云计算次之，区块链的用户量最低。人工智能、大数据和云计算的技术较为成熟，用户量大，产业化程度高，物联网和区块链领域还有待企业加强研发投入、战略布局和市场拓展（见图C-11）。

中国互联网发展报告2018

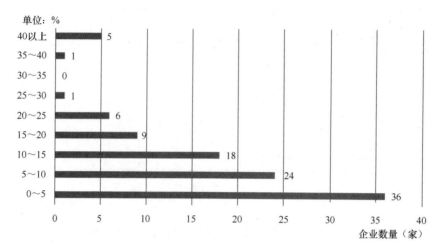

图C-9 互联网百强企业2016年研发强度分布

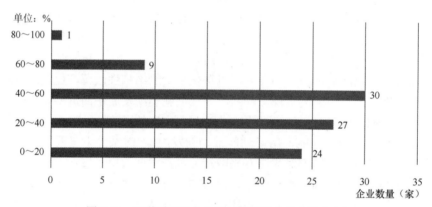

图C-10 互联网百强企业2016年研发人员占比分布[1]

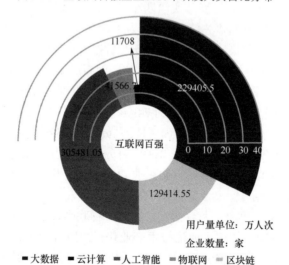

图C-11 互联网百强企业2016年企业数量和用户量分布

---

[1] 个别公司未能提供本项数据。

科大讯飞股份有限公司将智能语音及人工智能技术与医疗、交通、客服、家居等领域相结合，智能客服系统在主要呼叫中心市场领域实现了大规模落地和全面布局，市场占有率超过 80%。小米通讯技术有限公司消费物联网平台连接激活了超过 5000 万台设备，实现了全年生态链硬件收入 150 亿元。杭州泰一指尚科技有限公司的大数据应用能力开放平台利用独有的数据挖掘算法、个性化的标签体系为数据源公司、品牌用户、行业客户等合作伙伴提供大数据技术和数据商用服务及全网实时数据监测分析。海南易建科技股份有限公司的"海航云"研发了具有自主知识产权的企业级云计算服务平台，可提供云基础、云平台、云应用、云安全及云运维等一体化服务，已应用于智能楼宇、健康医疗、智慧机场、航空保障、虚拟运营商及协同办公等多个行业及领域。上海找钢网信息科技股份有限公司基于全国化的交易平台每天产生的大量真实、可靠的产业大数据，建设了一套完整的大宗行业产业大数据平台体系，使得整个产业链可以最快地获得市场动态监控、渠道预测预警等重要信息资源，支撑实现全产业链的互联互通。用友网络科技股份有限公司的用友云平台、领域云、行业云、小微企业云、企业金融云和云市场等云服务平台，为企业提供一站式、社会化云服务，服务企业客户数超过 298 万家。

（三）产业互联网取得新进展，推动传统产业转型升级

当前传统制造业正在加快从数字化向网络化、智能化发展；互联网产业正在加速向实体领域拓展，形成历史性交汇。以融合创新为突出特征的"第四次工业革命"正在加快到来，对促进实体经济转型升级意义重大。产业互联网通过互联网与传统产业的全面融合和深度应用，消除各环节的信息不对称，在设计、生产、营销、流通等各个环节进行数字化和网络化渗透，形成新的管理和服务模式，有利于提高生产效率，节约能源和成本，扩大市场，为用户提供更好的体验和服务。以大数据、云计算、移动互联网、物联网为代表的新一代信息通信技术与经济社会各领域全面深度融合，催生了很多新产品、新业务、新模式。利用互联网全面改造提升传统产业，对于推进供给侧结构性改革、振兴实体经济、实现产业转型升级具有重要意义。通过推广个性化定制、众包设计、协同研发、全生命周期管理等新模式整合线上线下资源，为传统产业提供新的基础支撑、拓展新的价值空间，实现生产和服务资源在更大范围、更高效率、更加精准的优化配置，产业数字化、网络化、智能化取得新进展。

在"十三五"规划、《中国制造 2025》《国务院关于积极推进"互联网+"行动的指导意见》《国务院关于深化制造业与互联网融合发展的指导意见》等重要战略和政策的引导下，越来越多的互联网企业紧抓与传统产业融合发展的重大机遇，加速提升产业发展水平。在百强企业中，以服务实体企业客户为主的产业互联网领域企业数量已达到 32 家，包括：产业服务类企业 13 家、网络营销类企业 10 家、IDC（含 CDN）类企业 3 家、B2B 电商类企业 6 家。此类企业的互联网业务收入规模达到了 1258.62 亿元，占全部百强企业的比重为 11.77%，服务企业数量超过 700 万家。以服务企业客户的 B2B 电商为例，企业数量为 6 家，电子商务交易额达到 2568.11 亿元，同比增长 79.6%。

重庆猪八戒网络有限公司围绕中小微企业成长的全生态链条，基于十年积累的海量交易数据，全面开展"猪八戒网+知识产权""猪八戒网+传统印刷业""猪八戒网+工程设计"等创新业务，为传统产业提供一站式的企业全生命周期服务。北京中钢网信息股份有限公司依托多年积累的需求采购大数据，为国内数千家钢铁厂家、数十万钢贸企业、数万家终端采购

提供网上资源展示、询价议价、网上下单、电子合同、在线支付、物流监控等一系列服务，2016年平台总交易额为921亿元，有力地促进了供需实时对接。江苏满运软件科技有限公司汇聚了全国95%的货物信息和78%的重卡司机，逐步成为中国乃至全球最大的整车运力调度平台之一，平台用户平均找货时间从2.27天降低为0.38天、空驶率降低了10%。

（四）应用场景覆盖丰富，社会影响力进一步提升

随着我国"互联网+"的进程不断深化，互联网百强企业的社会影响和覆盖人群进一步扩展，服务的日均活跃用户数之和达到90.26亿人次。互联网百强企业服务覆盖的场景不断丰富，各种应用服务繁荣发展，随着移动互联网的快速发展和垂直行业的不断细分，新闻、网游、视频直播、互联网金融等垂直行业注册用户数量不断攀升。百强企业中直播类网站日均活跃用户量之和超过4500万人次，音乐类日均活跃用户量之和超过1.1亿人次，网游日均活跃用量之和超过1.9亿人次，新闻媒体网站的日均访问人次超过2亿人次。从日均活跃用户量角度看，用户量排名靠前的企业的优势明显，影响力明显大于其他企业，排名前五名的企业用户量之和占互联网百强企业总用户量的43.6%，前十名占62.6%，前二十名占72.3%。互联网百强企业2016年流量分布如图C-12所示。

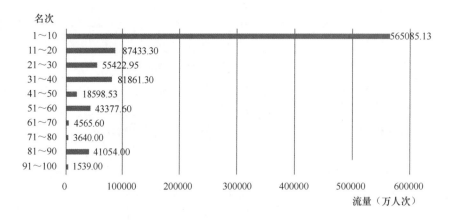

图C-12　互联网百强企业2016年流量分布

（五）龙头企业国际领先，"独角兽"企业迅速崛起

在互联网百强企业中，领军企业强者更强。腾讯集团、阿里巴巴集团等企业优势明显；新浪公司、搜狐集团、网易集团等老牌互联网公司实力依旧，网易集团和新浪公司"复兴"势头明显。网易集团攀升至前五强，整体营收规模持续提升，网易集团在邮箱、电商及农业、云服务、教育、人工智能等多个领域同时发力，表现强劲。新浪公司营收触底回升，2016年，新浪微博全年总营收同比增长45%，达到43.83亿元，全年净利润大幅增长180%。在微博的强势推动下，新浪公司全年营收首次突破10亿美元[1]，新浪新闻成为综合资讯行业发展最快的新闻客户端[2]。

在互联网百强企业中，龙头企业处于国际领先地位，腾讯集团、阿里巴巴集团、百度公

1　微博2016年第四季度及全年财报。
2　QuestMobile2016年度APP价值榜。

司、京东集团等企业位列全球互联网公司市值前十强，京东集团、阿里巴巴集团、腾讯集团、苏宁云商等企业位列《财富》世界500强。在互联网百强企业中，有55家企业为上市或挂牌企业，其中有38家企业在中国大陆上市或挂牌（见图C-13）。

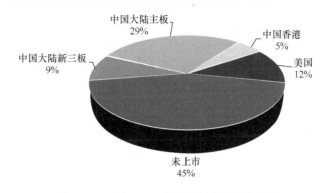

图C-13　互联网百强企业上市或挂牌地分布

2016年，分享经济、人工智能、网络直播等新领域快速发展，催生出诸多新模式、新业务。尚未上市的大型创业公司，在资本助力下，360、美团点评、饿了么、今日头条、小米、蘑菇街、同程旅游、猪八戒网、微贷网、斗鱼直播、沪江教育、快乐阳光、连尚网络13家"独角兽"企业持续崛起，成为互联网行业的新秀代表。"独角兽"企业大量出现，源于"双创"政策提供的良好发展环境，使企业能在短时间内抓住机会、整合资源，实现爆炸式成长。"独角兽"企业的成长，反过来也可以进一步优化创业生态，促进经济转型。

从近几年互联网百强企业的变化看，互联网行业的发展格局仍然在不断变化，竞争格局并不稳定。与2016年发布的互联网百强企业相比，在2017年发布的榜单中有35家企业排名上升，36家企业新入榜。榜单的变化一方面说明新业态、新模式层出不穷，经济发展新动能发展迅速；另一方面也说明互联网行业存在部分"明星企业"昙花一现，被市场过度追捧的企业兴起快、衰亡也快的客观现象。

（六）中西部百强企业进一步增加，双创成果"百花齐放"

2016年，随着各地对于互联网产业的重视程度空前提升，扶持力度不断加大，配套政策加速落地，中西部地区的互联网产业也开始呈现出欣欣向荣的方兴未艾之势。各地互联网行业快速发展，特色鲜明，领军企业纷纷涌现，呈现"百花齐放"的格局。2016年，拥有百强企业的省（市）数量不断增加，在前一年的14个省（市）的基础上，减少了1个省（市），新增了安徽、江西、天津、贵州、海南、辽宁6个省（市），扩大到19个省（市），地域覆盖更广。安徽、江西、河南、湖北、湖南、黑龙江、重庆、四川和贵州9个中西部地区省（市）的13家企业名列百强，比上年度增加了6家，互联网业务收入总额为177亿元，占比为1.65%，较上年稍有提升（见图C-14和图C-15）。江西、安徽、贵州三省政府对产业的扶持力度不断加大，网民规模增速位居全国前列，分别达到15.7%、13.6%和13.2%，诞生了中至数据集团股份有限公司、科大讯飞股份有限公司、贵阳朗玛信息技术股份有限公司等土生土长的"双创"企业，并呈现方兴未艾的发展之势，有力地带动了当地就业，产生了极大的社会效益和经济价值。

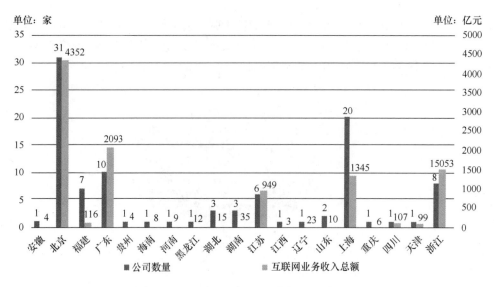

图C-14　2016年互联网百强企业注册地分布

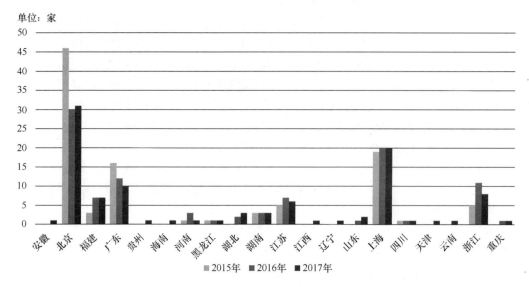

图C-15　2015—2017年互联网百强企业所在省（市）分布

2017年中国互联网企业100强如表C-1所示。

表C-1　2017年中国互联网企业100强

排名	中文名称	企业简称	主要品牌
1	深圳市腾讯计算机系统有限公司	腾讯	微信、QQ、腾讯网、腾讯游戏
2	阿里巴巴集团	阿里巴巴	淘宝、天猫、优酷、土豆
3	百度公司	百度	百度、爱奇艺
4	京东集团	京东	京东商城、京东金融
5	网易集团	网易	网易、有道
6	新浪公司	新浪	新浪网、微博

续表

排名	中文名称	企业简称	主要品牌
7	搜狐集团	搜狐	搜狐、搜狗、畅游
8	美团点评集团	美团点评	美团、大众点评
9	携程计算机技术(上海)有限公司	携程旅行网	携程旅行网、途风旅行网
10	三六零科技股份有限公司	三六零	360安全卫士
11	小米通讯技术有限公司	小米	小米、MIUI系统、小米商城、米家
12	苏宁控股集团	苏宁控股	苏宁易购、苏宁金融、苏宁文创、苏宁软件
13	鹏博士电信传媒集团股份有限公司	鹏博士	长城宽带、大麦影视
14	网宿科技股份有限公司	网宿科技	网宿
15	用友网络科技股份有限公司	用友	用友
16	上海东方明珠新媒体股份有限公司	东方明珠新媒体	BesTV百视通、SiTV、五岸传播
17	新华网股份有限公司	新华网	新华网
18	三七互娱(上海)科技有限公司	三七互娱	37游戏、37手游
19	拉扎斯网络科技(上海)有限公司	饿了么	饿了么、蜂鸟即时配送
20	东软集团股份有限公司	东软集团	东软、熙康云医院
21	上海二三四五网络控股集团股份有限公司	二三四五	2345网址导航、2345王牌浏览器 2345贷款王
22	北京天盈九州网络技术有限公司	凤凰网	凤凰新媒体、凤凰网
23	上海钢银电子商务股份有限公司	钢银电商	钢银
24	杭州顺网科技股份有限公司	顺网科技	顺网游戏,氧秀直播,网喵app
25	广州多益网络股份有限公司	多益网络	神武、梦想世界
26	同程旅游集团	同程集团	同程国旅、同程金服
27	宜人贷公司	宜人贷	宜人财富、宜人贷借款
28	北京昆仑万维科技股份有限公司	昆仑万维	昆仑万维
29	南京途牛科技有限公司	途牛旅游网	途牛旅游
30	游族网络股份有限公司	游族网络	少年三国志、大皇帝女神联盟
31	联动优势科技有限公司	联动优势	联动信息、联动支付、联动国际
32	杭州边锋网络技术有限公司	边锋网络	边锋游戏、游戏茶苑
33	北京车之家信息技术有限公司	汽车之家	汽车之家
34	北京搜房网络技术有限公司	房天下	房天下
35	上海找钢网信息科技有限公司	找钢网	找钢商城、胖猫物流
36	东方财富信息股份有限公司	东方财富	东方财富网
37	四三九九网络股份有限公司	4399	4399小游戏
38	北京怡生乐居信息服务有限公司	乐居	乐居
39	美图公司	美图	美图秀秀、美颜相机、美拍
40	竞技世界(北京)网络技术有限公司	竞技世界	JJ比赛
41	北京字节跳动科技有限公司	今日头条	今日头条、内涵段子

续表

排名	中文名称	企业简称	主要品牌
42	深圳市迅雷网络技术有限公司	迅雷网络	迅雷
43	上海东方网股份有限公司	东方网	东方网
44	上海连尚网络科技有限公司	连尚网络	WiFi万能钥匙
45	咪咕文化科技有限公司	咪咕公司	咪咕音乐、咪咕视讯、咪咕数媒
46	北京中钢网信息股份有限公司	中钢网	中钢网
47	福建网龙计算机网络信息技术有限公司	网龙	魔域、征服、英魂之刃
48	苏州蜗牛数字科技股份有限公司	蜗牛数字	蜗牛网、免商店、免卡、九阴真经
49	黑龙江龙采科技集团有限责任公司	龙采	龙采
50	贵阳朗玛信息技术股份有限公司	朗玛信息	39健康网、贵阳互联网医院、39互联网医院
51	厦门吉比特网络技术股份有限公司	吉比特	问道
52	杭州泰一指尚科技有限公司	泰一指尚	DATAMUST、T-DATA、AdMatrix
53	央视国际网络有限公司	央视网	央视网、央视影音、中国IPTV
54	人民网股份有限公司	人民网	人民网、人民视讯、环球网
55	深圳市梦网科技发展有限公司	梦网科技	码信通
56	湖南快乐阳光互动娱乐传媒有限公司	快乐阳光	芒果TV
57	上海波克城市网络科技股份有限公司	波克城市	波克平台、波克捕鱼、捕鱼达人
58	拓维信息系统股份有限公司	拓维信息	云课云宝贝智慧幼教平台
59	二六三网络通信股份有限公司	二六三	263云通信及企业邮箱、263互动直播、iTalkBB蜻蜓
60	北京世纪互联宽带数据中心有限公司	世纪互联	世纪互联、蓝云、快网、光载无限
61	微贷（杭州）金融信息服务有限公司	微贷网	微贷网
62	北京六间房科技有限公司	六间房	六间房、石榴直播
63	上海米哈游网络科技股份有限公司	米哈游	崩坏学园
64	暴风集团股份有限公司	暴风集团	暴风影音、暴风商城、暴风金融
65	北京光环新网科技股份有限公司	光环新网	光环云
66	海南易建科技股份有限公司	易建科技	海航云平台、智慧机场云平台
67	山东开创集团股份有限公司	开创集团	开创集团、开创云
68	佳缘国际有限公司	世纪佳缘	世纪佳缘网、佳缘金融
69	重庆猪八戒网络有限公司	猪八戒网	猪八戒网
70	有米科技股份有限公司	有米科技	有米广告、ADMIX、米汇
71	上海塑米信息科技有限公司	塑米信息	塑米城
72	武汉斗鱼网络科技有限公司	斗鱼直播	斗鱼直播
73	科大讯飞股份有限公司	科大讯飞	讯飞输入法、讯飞听见、晓译翻译机
74	杭州卷瓜网络有限公司	蘑菇街	蘑菇街
75	深圳市思贝克集团有限公司	思贝克	思贝克商城
76	福建利嘉电子商务有限公司	利嘉电商	你他购

续表

排名	中文名称	企业简称	主要品牌
77	上海晨之科信息技术有限公司	晨之科	咕噜游戏
78	河南锐之旗网络科技有限公司	锐之旗	锐之旗、企汇网
79	江苏满运软件科技有限公司	运满满	运满满
80	湖南竞网智赢网络技术有限公司	竞网	竞网营销
81	中至数据集团股份有限公司	中至集团	中至长尾广告、2217游戏
82	浙江省公众信息产业有限公司	信产	店完美联盟、数字教育云、翼眼
83	广州酷狗计算机科技有限公司	酷狗音乐	酷狗音乐
84	广州游爱网络技术有限公司	游爱网络	风云天下OL、比武招亲、塔王之王
85	湖北盛天网络技术股份有限公司	盛天网络	易乐游、战吧、58游戏网
86	首都信息发展股份有限公司	首都信息	首都信息
87	沪江教育科技（上海）股份有限公司	沪江	沪江网校、CCtalk、开心词场
88	心动网络股份有限公司	心动网络	横扫千军、神仙道、天天打波利
89	江苏三六五网络股份有限公司	三六五网	三六五淘房、租售宝、安家贷
90	换车网（武汉）网络技术有限公司	换车网	换车网、帮帮卖车、卡班金融
91	北京亿玛在线科技股份有限公司	亿玛在线	易博DSP、亿起发、易购网
92	上海誉点信息技术有限公司	上海誉点	雷霆之怒、赤月传说2、皇图
93	北京洋浦伟业科技发展有限公司	梆梆安全	梆梆安全
94	北京飞利信科技股份有限公司	飞利信	飞利信
95	北京亿起联科技有限公司	亿起联科技	点入魔方、PandaMobo
96	厦门美柚信息科技有限公司	美柚	美柚、柚宝宝、柚子街
97	金华比奇网络技术有限公司	金华比奇	5173中国网络游戏服务网
98	广州趣丸网络科技有限公司	趣丸网络	TT游戏、TT直播
99	山东广电新媒体有限责任公司		山东IPTV、齐鲁网
100	厦门鑫点击网络科技股份有限公司	点击网络	点击网络

附录D 2017年中国通信业统计公报

2017年，中国通信业深入贯彻落实党中央、国务院决策部署，积极推进网络强国战略，加强信息网络建设，深入落实提速降费，加快发展移动互联网、IPTV、物联网等新型业务，为国民经济和社会发展提供了有力支撑。

一、行业保持较快发展

（一）电信业务总量大幅提高，电信收入增长有所加快

初步核算，2017年电信业务总量达到27557亿元（按照2015年不变单价计算），比2016年增长76.4%，增幅同比提高42.5个百分点。电信业务收入12620亿元，比2016年增长6.4%，增速同比提高1个百分点（见图D-1）。

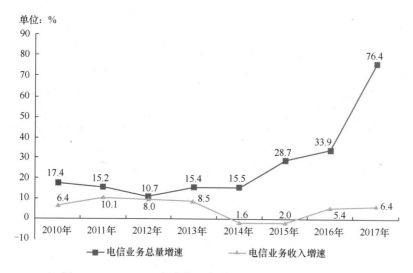

图D-1 2010—2017年电信业务总量与业务收入增长情况[1]

2017年，固定通信业务实现收入3549亿元，比2016年增长8.4%。移动通信业务实现收入9071亿元，比2016年增长5.7%，在电信业务收入中占比为71.9%，较2016年回落0.5个百分点（见图D-2）。

---

[1] 2010—2015年电信业务总量按照2010年不变单价计算，2016—2017年电信业务总量按照2015年不变单价计算。

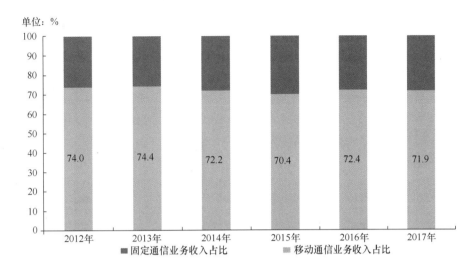

图D-2　2012—2017年固定通信和移动通信收入占比变化情况

(二)数据及互联网业务稳定增长,语音等传统业务继续萎缩

宽带中国战略加快实施带动数据及互联网业务加快发展。2017年,在固定通信业务中,固定数据及互联网业务收入达到1971亿元,比2016年增长9.5%(见图D-3),在电信业务收入中占比由2016年的15.2%提升到15.6%,拉动电信业务收入增长1.4个百分点,对全行业业务收入增长贡献率达到21.9%。受益于光纤接入速率大幅提升,家庭智能网关、视频通话、IPTV等融合服务加快发展。2017年,IPTV业务收入121亿元,比2016年增长32.1%;物联网业务收入比2016年大幅增长86%。

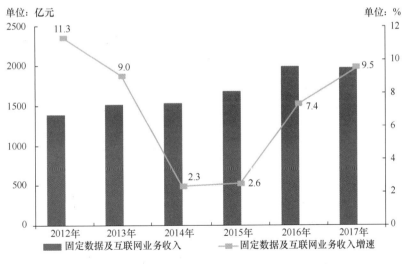

图D-3　2012—2017年固定数据及互联网业务收入情况

2017年,在移动通信业务中,移动数据及互联网业务收入5489亿元,比2016年增长26.7%(见图D-4),在电信业务收入中的占比从2016年的38.1%提高到43.5%,对收入增长的贡献率达到152.1%。

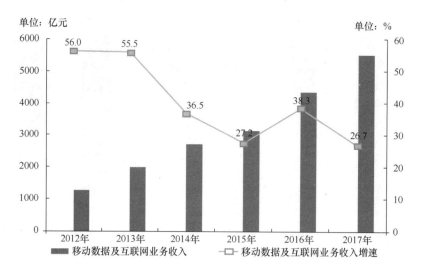

图D-4 2012—2017年移动数据及互联网业务收入情况

随着高速互联网接入服务发展和移动数据流量消费快速上升，语音业务（包括固定语音和移动语音）继续呈现大幅萎缩态势。2017年完成语音业务收入2212亿元，比2016年下降33.5%，在电信业务收入中的占比降至17.5%，比2016年下降7.3个百分点（见图D-5）。

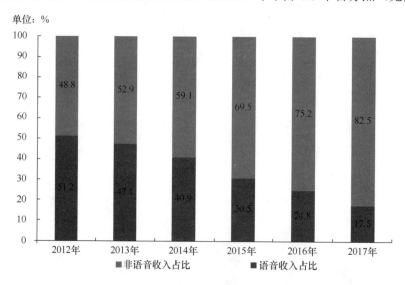

图D-5 2012—2017年电信收入结构（语音和非语音）情况

二、网络提速和普遍服务效果显现

（一）电话用户规模稳步扩大，移动电话普及率首次破百

2017年，全国电话用户净增8269万户，总数达到16.1亿户，比2016年增长5.4%。其中，移动电话用户净增9555万户，总数达到14.2亿户，移动电话用户普及率达到102.5部/百人，比2016年提高6.9部/百人，全国已有16个省市的移动电话普及率超过100部/百人。固定电话用户总数达到1.94亿户，比2016年减少1286万户，每百人拥有固定电话数下降至

14部（见图D-6）。

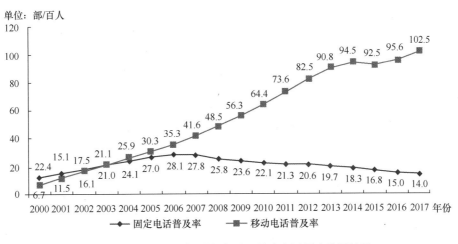

图D-6　2000—2017年固定电话、移动电话用户发展情况

（二）网络提速效果显著，高速率宽带用户占比大幅提升

进一步落实网络提速要求，加快拓展光纤接入服务和优化4G服务，努力提升用户获得感。截至12月底，3家基础电信企业的固定互联网宽带接入用户总数达到3.49亿户，全年净增5133万户。其中，50Mbps及以上接入速率的固定互联网宽带接入用户总数达到2.44亿户，占总用户数的70%，占比较2016年提高27.4个百分点；100Mbps及以上接入速率的固定互联网宽带接入用户总数达到1.35亿户，占总用户数的38.9%，占比较2016年提高22.4个百分点。截至12月底，移动宽带用户（3G和4G用户）总数达到11.3亿户，全年净增1.91亿户，占移动电话用户的79.8%。4G用户总数达到9.97亿户，全年净增2.27亿户（见图D-7和图D-8）。

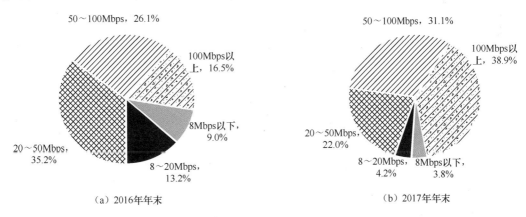

图D-7　2016—2017年固定互联网宽带各接入速率用户占比情况

（三）普遍服务继续推进，农村宽带用户增长加速

2017年，电信业完成3.2万个行政村通光纤的电信普遍服务任务部署。全国农村宽带用户达到9377万户，全年净增用户1923万户，比2016年增长25.8%，增速较2016年提高9.3个百分点；在固定宽带接入用户中占26.9%，占比较2016年提高1.8个百分点（见图D-9）。

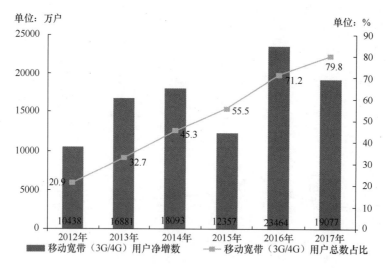

图D-8　2012—2017年移动宽带用户（3G/4G）发展情况

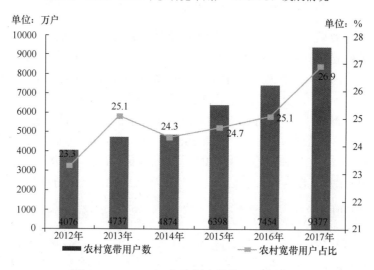

图D-9　2012—2017年农村宽带接入用户情况

（四）行业融合加深，新业务发展动能强劲

加快培育新兴业务，扎实提高IPTV、物联网、智慧家庭等服务能力。2017年，IPTV用户数达到约1.22亿户，全年净增3545万户，净增用户占光纤接入净增用户总数的53.5%（见图D-10）。

三、移动数据流量消费等新兴业务继续大幅攀升

（一）移动互联网应用加快普及，户均流量翻倍增长

4G移动电话用户扩张带来用户结构不断优化，支付、视频广播等各种移动互联网应用普及，带动数据流量呈爆炸式增长。2017年，移动互联网接入流量消费达到246亿GB，比2016年增长162.7%，增速较2016年提高38.7个百分点。全年月户均移动互联网接入流量达到1775MB/月/户，是2016年的2.3倍，12月当月户均接入流量高达2752MB/月/户（见图D-11和图D-12）。其中，手机上网流量达到235亿GB，比2016年增长179%，在移动互联网总流量中占95.6%，成为推动移动互联网流量高速增长的主要因素。

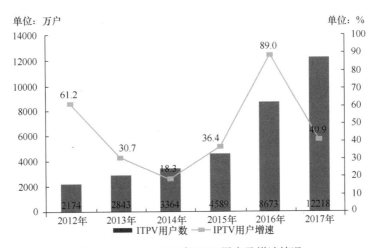

图D-10　2012—2017年IPTV用户及增速情况

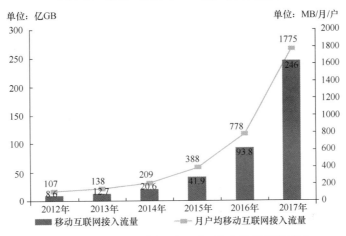

图D-11　2012—2017年移动互联网接入流量增长情况

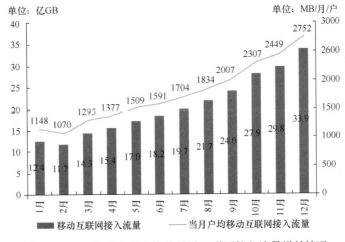

图D-12　2017年各月当月户均移动互联网接入流量增长情况

（二）互联网应用替代作用增强，传统业务持续下降

2017年，全国移动电话去话通话时长2.69万亿分钟，比2016年减少4.3%，降幅较2016

年扩大2.8个百分点（见图D-13）。全国移动短信业务量6644亿条，比2016年减少0.4%。其中，由移动用户主动发起的点对点短信量比2016年减少30.2%，占移动短信业务量比重由2016年的28.5%降至19.9%。彩信业务量只有488亿条，比2016年减少12.3%。移动短信业务收入358亿元，比2016年减少2.6%。

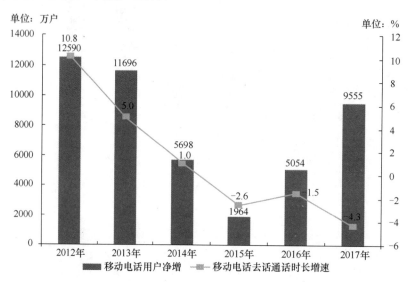

图D-13 2012—2017年移动电话去话通话时长增速和移动用户净增情况

四、网络基础设施建设继续加强

（一）信息网络建设扎实推进，4G移动网络深覆盖

电信运营商着力提升网络品质，加快光纤网络建设，完善4G网络覆盖深度，不断消除覆盖盲点，移动网络服务质量和覆盖范围继续提升。2017年，全国净增移动通信基站59.3万个，总数达到619万个，是2012年的3倍。其中4G基站净增65.2万个，总数达到328万个（见图D-14）。

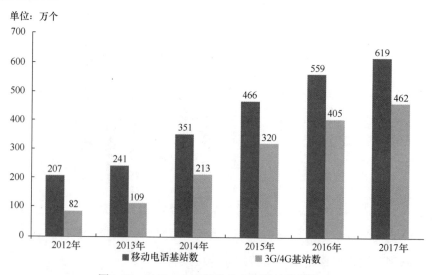

图D-14 2012—2017年移动电话基站发展情况

（二）光缆加快建设，网络空间综合实力加强

2017年，新建光缆线路长度705万公里，全国光缆线路总长度达到3747万公里，比2016年增长23.2%。"光进铜退"趋势更加明显，截至12月底，互联网宽带接入端口数量达到约7.79亿个，比2016年净增0.66亿个，同比增长9.3%（见图D-15）。其中，光纤接入（FTTH/0）端口比2016年净增1.2亿个，达到6.57亿个，占互联网接入端口的比重由2016年的75.5%提升至84.4%。xDSL端口比2016年减少1639万个，总数降至2248万个，占互联网接入端口的比重由2016年的5.5%下降至2.9%（见图D-16）。

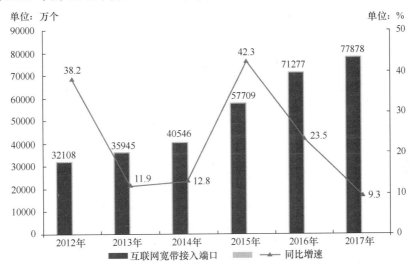

图D-15　2012—2017年互联网宽带接入端口发展情况

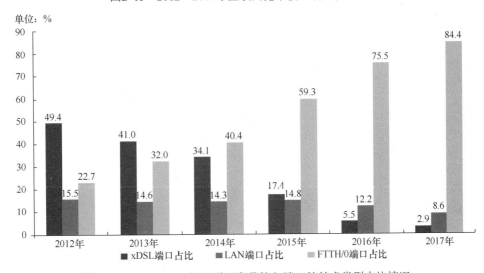

图D-16　2012—2017年互联网宽带接入端口按技术类型占比情况

五、东、中、西部地区协调发展

（一）东部地区电信业务收入继续占据半壁江山，中、西部地区占比有所上升

2017年，东部地区实现电信业务收入6759亿元，比2016年增长6.6%，占全国电信业务收入的比重为53.5%，占比较2016年减少0.5个百分点。中部和西部地区实现电信业务收

入分别为2908亿元和2978亿元,分别比2016年增长7.4%和8.5%,占比分别为23%和23.5%,比2016年分别提升了0.1个和0.4个百分点(见图D-17)。

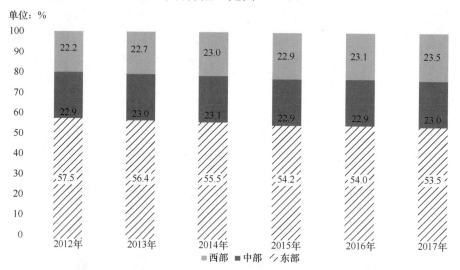

图D-17　2012—2017年东、中、西部地区电信业务收入比重

(二)东、中、西部地区光纤宽带接入用户渗透率均超过八成,西部地区提升明显

2017年,东、中、西部地区光纤接入用户分别达到14585万户、7708万户和7100万户,比2016年分别增长24.9%、29.3%和38.5%。西部地区增速比东部地区和中部地区分别快13.6个和9.2个百分点。东、中、西部地区光纤接入用户在固定宽带接入用户中的占比分别达到83.2%、85.2%和85.9%,其中西部地区较2016年大幅提高10.4个百分点(见图D-18)。

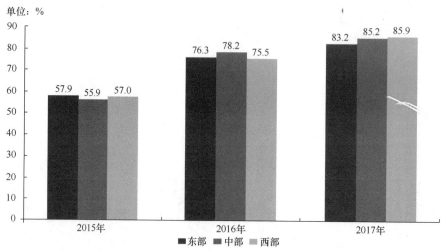

图D-18　2015—2017年东、中、西部地区光纤宽带接入用户渗透率

(三)东、中、西部地区移动数据业务均呈现加快发展态势,西部地区增长接近2倍

2017年,东、中、西部地区移动互联网接入流量分别达到121亿GB、59.9亿GB和64.9亿GB,比2016年分别增长151%、154%和198.1%,西部地区增速比东部地区、中部地区增速分别高47.1个和44.1个百分点(见图D-19)。东、中、西部地区月户均流量分别达到1780MB/

月/户、1680MB/月/户、1865MB/月/户，西部地区比东部地区和中部地区分别高85MB/月/户和185MB/月/户。

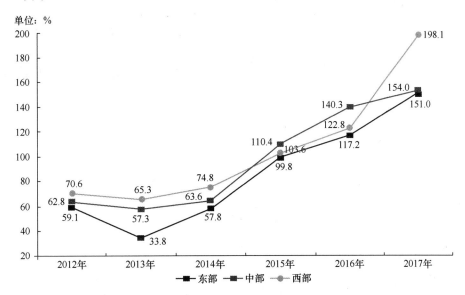

图D-19　2012—2017年东、中、西部地区移动互联网接入流量增速

附录 E 2017年中国电子信息制造业运行情况

2017年，我国宏观环境持续好转，内需企稳回暖，外需逐步复苏，结构调整、转型升级步伐加快，企业生产经营环境得到明显改善。电子信息制造业实现较快增长，生产与投资增速在工业各行业中保持领先水平，出口形势明显好转，效益质量持续提升。

一、生产情况

（一）生产保持较快增长

2017年，规模以上电子信息制造业增加值比2016年增长13.8%，增速比2016年加快3.8个百分点；快于全部规模以上工业增速7.2个百分点，占规模以上工业增加值的比重为7.7%。其中，12月增速为12.4%，比11月回落2.6个百分点。

（二）出口形势有所好转

2017年，出口交货值同比增长14.2%（2016年为下降0.1%），快于全部规模以上工业出口交货值增速3.5个百分点，占规模以上工业出口交货值比重为41.4%。其中，12月出口交货值同比增长13.2%，比11月回落3.4个百分点（见图E-1）。

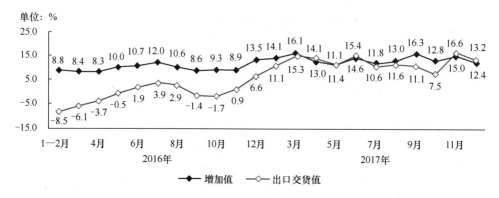

图E-1 2016年以来电子信息制造业增加值和出口交货值分月增速

（三）通信设备行业生产、出口保持较快增长

2017年，生产手机19亿部，比2016年增长1.6%，增速比2016年回落18.7个百分点；其中智能手机14亿部，比2016年增长0.7%，占全部手机产量的比重为74.3%。实现出口交货值比2016年增长13.9%，增速比2016年加快10.5个百分点。2017年手机月度生产情况如图E-2所示。

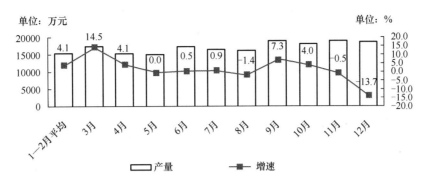

图E-2 2017年手机月度生产情况

(四) 计算机行业生产、出口情况明显好转

2017年,生产微型计算机设备30678万台,比2016年增长6.8%(2016年为下降9.6%),其中笔记本计算机17244万台,比2016年增长7.0%;平板电脑8628万台,比2016年增长4.4%。实现出口交货值比2016年增长9.7%(2016年为下降5.4%)。2017年微型计算机设备月度生产情况如图E-3所示。

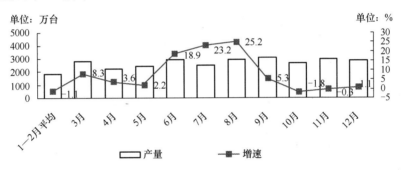

图E-3 2017年微型计算机设备月度生产情况

(五) 家用视听行业生产持续低迷,出口增速加快

2017年,生产彩色电视机17233万台,比2016年增长1.6%,增速比2016年回落7.1个百分点;其中液晶电视机16901万台,比2016年增长1.2%;智能电视10931万台,比2016年增长6.9%,占彩电产量比重为63.4%。实现出口交货值比2016年增长11.8%,同比加快10个百分点。2017年彩色电视机月度生产情况如图E-4所示。

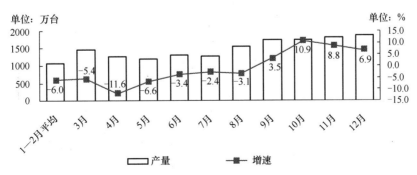

图E-4 2017年彩色电视机月度生产情况

（六）电子元件行业生产稳中有升，出口增速加快

2017年，生产电子元件44071亿只，比2016年增长17.8%。实现出口交货值比2016年增长20.7%，增速比2016年加快18.1个百分点。2017年电子元件月度生产情况如图E-5所示。

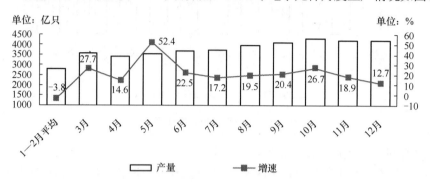

图E-5　2017年电子元件月度生产情况

（七）电子器件行业生产、出口实现快速增长

2017年，生产集成电路1565亿块，比2016年增长18.2%。实现出口交货值比2016年增长15.1%（2016年为下降0.7%）。2017年集成电路月度生产情况如图E-6所示。

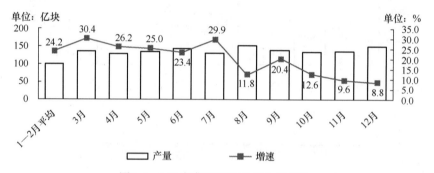

图E-6　2017年集成电路月度生产情况

二、效益情况

（一）行业效益持续改善

2017年，全行业实现主营业务收入比2016年增长13.2%，增速比2016年提高4.8个百分点；实现利润比2016年增长22.9%，增速比2016年提高10.1个百分点（见图E-7）。主营业务收入利润率为5.16%，比2016年提高0.41个百分点；企业亏损面16.4%，比2016年扩大1.7个百分点，亏损企业亏损总额比2016年下降4.6%。2017年年末，全行业应收账款比2016年增长16.4%，高于同期主营业务收入增幅3.2个百分点；产成品存货比2016年增长10.4%，增速同比加快7.6个百分点。

（二）运行质量进一步提升

2017年，电子信息制造业每百元主营业务收入中的成本、费用合计为95.63元，比2016年减少0.24元；产品存货周转天数为12.9天，比2016年减少0.4天；应收账款平均回收周期为71.1天，比2016年增加2.7天。每百元资产实现的主营业务收入为131.4元，比2016年增加7.3元；人均实现主营业务收入为119.8万元，比2016年增加11.2万元；资产负债率

为 57.3%，比 2016 年下降 0.2 个百分点。

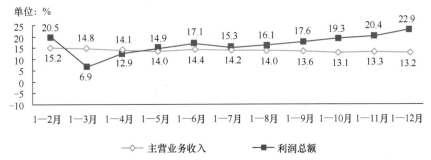

图E-7 2017年电子信息制造业主营业务收入、利润增速变动情况

三、固定资产投资情况

（一）固定资产投资保持高速增长

2017 年，电子信息制造业 500 万元以上项目完成固定资产投资额比 2016 年增长 25.3%，增速比 2016 年加快 9.5 个百分点，连续 10 个月保持 20%以上高位增长（见图 E-8）。电子信息制造业本年新增固定资产同比增长 35.3%（2016 年为下降 10.9%）。

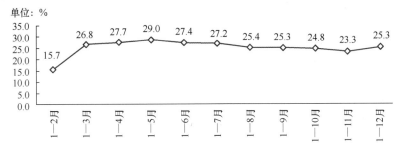

图E-8 2017年电子信息制造业固定资产投资增速变动情况

（二）通信设备、电子器件行业投资增势突出

2017 年，整机行业中通信设备投资较快增长，完成投资比 2016 年增长 46.4%，同比加快 16.1 个百分点；家用视听行业完成投资比 2016 年增长 7.6%；电子计算机行业完成投资比 2016 年下降 2.3%；电子器件行业完成投资比 2016 年增长 29.9%；电子元件行业完成投资比 2016 年增长 19.0%（见图 E-9）。

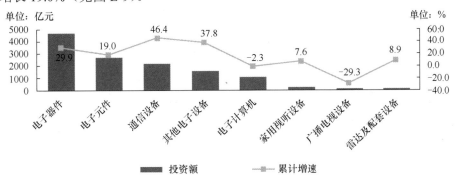

图E-9 2017年分行业固定资产投资情况

（三）内资企业投资增长较快

2017年，内资企业完成投资比2016年增长29.1%，其中国有企业和有限责任公司增长较快，增速分别为40.5%和32.5%。中国港、澳、台企业完成投资比2016年增长10.5%。外商投资企业完成投资比2016年增长13.7%。

（四）西部地区投资增速领跑，东北地区投资明显好转

2017年，东部地区投资增长平稳，完成投资同比增长17.1%，增速比2016年回落1.6个百分点，其中河北、广东投资增长较快，分别增长46.4%和41.9%；中部地区投资增长较快，完成投资同比增长25.7%，增速比2016年提高11.7个百分点，其中江西、安徽投资增长较快，分别增长76.2%和24.6%；西部地区投资增速领跑，完成投资同比增长46.1%，增速比2016年提高26.3个百分点，其中云南、贵州、四川投资增长较快，同比分别增长338.9%、120.9%和118.0%；东北地区投资由降转升，完成投资同比增长39.7%（2016年为下降29.6%），黑龙江、辽宁投资分别增长109.7%和60.8%。

鸣　　谢

《中国互联网发展报告 2018》（以下简称《报告》）的组织编撰工作得到了政府、科研机构、互联网企业等社会各界的支持与关心，共有 86 位业界专家参与了《报告》的编写工作，这些专家文章中的分析和观点，增强了《报告》的准确性和权威性，也使得《报告》更具参考价值，对我国社会各界更具有指导意义。

在此，谨向那些为《报告》的编写付出辛勤劳动的各位撰稿人，向支持《报告》编写出版工作的各有关单位和社会各界表示衷心的感谢。

国家互联网应急中心
中国信息通信研究院
中国科学院计算机网络信息中心
中国科学院计算技术研究所
工业和信息化部信息中心工业经济研究所
北京邮电大学
重庆邮电大学
中共上海市委党校
北京教育科学研究院
中国知识产权报社
中国联合网络通信有限公司研究院
中国移动通信集团河北有限公司
艾瑞咨询集团
北京易观智库网络科技有限公司
中国人寿电子商务有限公司
深圳证券交易所综合研究所
北京农信互联科技集团有限公司
中电科卫星导航运营服务有限公司
同程旅游集团